大学物理实验

主　编　秦　颖　王艳辉

副主编　李建东　戴忠玲

U0184949

DAXUE WULI SHIYAN

中国教育出版传媒集团

高等教育出版社·北京

内容简介

本书是在大连理工大学基础物理实验教学中心多年教学改革工作的基础上编写而成的,是大连理工大学国家级线下一流课程"大学物理实验"的主讲教材。全书共分六章。绪论介绍了大学物理实验课程的地位和作用、教学目标、教学环节和要求;第 1 章系统介绍了测量、误差、不确定度及数据处理的基础知识;第 2 章介绍了物理实验中常用的测量方法与操作技术;第 3 章、第 4 章、第 5 章和第 6 章分别是基础性实验、综合性实验、设计性实验和专题研究实验,共 54 个实验项目。本书坚持基础与创新、知识与能力并重,增加了基础性实验、综合性实验的深度和广度,提升了专题研究实验的先进性和挑战度,并将"设计与创新"贯穿于全部实验项目之中,更适合能力培养和创新推动。

本书可作为高等学校理工科类各专业大学物理实验课程的教材或参考书,也可供广大物理爱好者、科技工作者、工程技术人员、实验人员等参考。

图书在版编目(C I P)数据

大学物理实验 / 秦颖,王艳辉主编. --北京:高等教育出版社,2022.8

ISBN 978-7-04-058549-0

Ⅰ.①大… Ⅱ.①秦… ②王… Ⅲ.①物理学-实验-高等学校-教材 Ⅳ.①O4-33

中国版本图书馆 CIP 数据核字(2022)第 061572 号

DAXUE WULI SHIYAN

策划编辑	马天魁	责任编辑 马天魁	封面设计 王凌波	版式设计	杨 树
责任绘图	于 博	责任校对 刘俊艳 刘丽娴	责任印制 韩 刚		

出版发行	高等教育出版社	网 址	http://www.hep.edu.cn
社 址	北京市西城区德外大街 4 号		http://www.hep.com.cn
邮政编码	100120	网上订购	http://www.hepmall.com.cn
印 刷	北京印刷集团有限责任公司		http://www.hepmall.com
开 本	787mm×1092mm 1/16		http://www.hepmall.cn
印 张	23.75		
字 数	530 千字	版 次	2022 年 8 月第 1 版
购书热线	010-58581118	印 次	2022 年 8 月第 1 次印刷
咨询电话	400-810-0598	定 价	48.30 元

物理实验是一门实验科学,它作为物理理论的源泉和基础,广泛而深刻地影响着人类对物质世界的认知,推动着整个自然科学的发展。纵观物理学史,几乎每个物理理论的产生都源于实验、立于实验。物理实验的思想、方法和技术与化学、材料科学、信息科学、生物学、天文学等学科的融合渗透,为现代科学技术的突破和发展奠定了坚实的基础。物理实验是理工科大学生的第一门必修实践基础课,被引入高等教育已有一百多年的历史,在高等学校人才培养中一直发挥着极其重要的作用。尤其是在全面推行素质教育的新形势下,物理实验课程不仅肩负着系统训练学生的实验技能、传授实验知识和方法的重任,而且承载着启迪学生的创新意识、培养学生的创新能力和科学素养的重要使命。

近年来,为适应新形势下人才培养要求,大连理工大学基础物理实验中心以"夯实基础,突出创新,培养能力,提高素质,立德树人"为目标,对大学物理实验课程实施了全方位改革——更新、改造了实验仪器,拓展、深化、丰富了教学内容,优化、重构了课程内容体系,提升了实验的创新性和挑战度,打造了国家级一流本科课程"大学物理实验"。本教材与新课程体系相配套,是对几年来课程改革成果的凝练和总结。本教材内容包括基础性实验、综合性实验、设计性实验及专题研究实验四个层次,并精心设计各层次实验项目的比例和实验内容,将"设计与创新"贯穿于整个实验课程,使教材更适合能力培养和创新推动。本教材的特点主要有以下几个方面:

(一)在基础性、综合性实验层次,增加实验内容的深度和广度。在每个实验中除常规必做实验内容外增加设计研究环节,在强化学生基本实验知识和实验技能培养的基础上,引导学生灵活运用所学的知识、方法去解决实际问题,在基础训练中培养学生的创新意识。

(二)在专题研究实验层次,设置科研创新模式的专题研究实验项目。这些实验项目来源于竞赛项目和科研项目,其内容注重多学科知识的交叉,与前沿领域和先进科学技术密切相关,以提升实验内容的先进性和挑战度。学生在实验中接受类科研式训练,需要根据研究任务自主探索、钻研,整个过程都具有一定的挑战性。

(三)与数字资源相结合,扩大教材容量,增加教材的灵活性和时效性,满足线下线上混合式教学的需求。近几年我们开发、构建了多种网络教学资源,包括教学视频、电子课件、预习指导、数据处理、操作指导微视频、补充拓展资料。本教材将利用二维码技术与这些网络资源深度融合。学生通过手机扫码来实现线下线上的跳转学习,以提高学习兴趣和学习效果。在后续的教学实践中,我们将会继续丰富、优化、更新线上资源,以满足不断增长的教学需求。

(四)融入育人元素,在知识传授中对学生进行价值引领。本教材通过两种方式加入育人元素:(1) 在每个实验项目的引言中增加相关实验设计思想、实验方法、实验仪器的历史背景和应用前景介绍,突出这些科学思想和方法对社会发展的作用,把学生对物理实验的认识提升到一个全新的高度,让学生体会物理实验的魅力,提高学生学习物理实验和将来从事科学实验工作的自豪感;(2) 把相关物理学史料融入教材,作为线上资源的一部分,与具体实验项目相结合,多角度、多方面展示物理实验在科学发展中的地位,以及科学家勇于探索的科学精神和自强爱国的优秀品质,让学生从中受到熏陶、得到感悟,培养学生正确的价值观、人生观。

实验教学是一项集体事业,从课程体系的建立到实验内容的改革、完善再到教材的编写都是实验中心整个教学团队辛勤耕耘的结果,是全体教师经验和智慧的结晶。为了提高教材的编写质量,部分教材内容由青年教师和实践经验丰富的老教师共同执笔完成,这样不仅可以将老教师宝贵的教学实践经验和青年教师思维灵活、工作效率高的优势相结合,而且有利于青年教师快速成长,提升了整个团队的教学水平。除主编和副主编审阅、修改每个实验项目外,部分实验项目还邀请了多位兼职参与实验教学的教师进行审阅,这些教师充分发挥他们的专业和科研优势,对教材提出了非常宝贵的修改建议。

除主编和副主编外,参加本教材编写的教师还有刘升光、白洪亮、刘渊、王茂仁、李会杏、吴兴伟、王明娥、王淑芬、王真厚、关放、海然、庄娟、杨华、常葆荣、张莹莹、张家良、张扬、王乔、闫慧杰、宋健、刘艳红、李聪(排名不分先后),各位教师所编写的内容已在相应实验后注明。在这里,我们还要感谢姚志、滕永杰、李敬安、刘勇、周楠、邱宇、王译、魏来、黄火林、马春雨、李小松等教师对部分实验项目的修改、审阅或为本教材编写提供的建议,以及他们的无私奉献。本教材也凝聚了一些未能直接参加编写和审阅的教师们的辛勤劳动与奉献,编者在此一并表示衷心的感谢!在编写过程中参阅了国内兄弟院校编写的大学物理实验教材,汲取了宝贵经验,我们在此致以诚挚的谢意!本教材的编写工作得到大连理工大学物理学院的大力支持和学校出版基金的资助,我们深表感谢!

由于教材编写工作量大,书中如有疏漏和不妥之处,敬请各位读者批评指正。

编者
2021 年 11 月

目 录

绪 论

一、物理实验在科学发展中的地位和作用

1. 物理实验是物理理论建立和发展的基础

物理实验用实验的方法去研究、探索物理规律，从而实现对物理规律的认知和验证. 物理实验并非自古以来就有，它是人类在漫长岁月中逐渐摸索得到的.13 世纪，罗杰·培根第一次提出了科学需要实验的观点："检验前人说法的唯一方法只有观察和实验." 16 世纪，伽利略首先把实验的方法应用于物理学的研究，开创了实验物理学的先河，使物理学走向真正科学的正确道路，并迅速发展起来.纵观物理学发展史，任何物理概念的确立、物理规律的发现都是以大量的实验事实为依据的，无论是经典物理学，还是近代物理学，其建立和发展均离不开物理实验.

经典力学是牛顿在伽利略的斜面实验、胡克的弹性实验、玻意耳的空气压缩实验等实验结果的基础上概括总结出来的，因此经典力学中的基本定律几乎全部是实验结果的总结与推广，如自由落体定律、惯性定律等；电磁学的研究是 1785 年库仑利用扭秤测量电荷之间的作用力并发现库仑定律开始的，随后安培定律、电流的磁效应、法拉第电磁感应定律等也在实验中被发现，最后导致麦克斯韦的电磁场理论的建立.焦耳经过近四十年的不懈努力，用各种方法进行四百多次实验，精确地测得热功当量的数值，促使能量守恒及转化定律得以建立，同时也为热力学的建立奠定了基础.光的干涉、衍射、偏振以及双折射等现象也都是首先在实验中发现的，光的波动学说也是通过杨氏干涉实验确立的.

近代物理学的产生本身就源于物理实验.迈克耳孙-莫雷实验与经典电磁理论的不一致，导致了爱因斯坦狭义相对论的产生，确立了崭新的时空观.黑体辐射实验曲线与理论公式的不符，导致了普朗克"能量量子论"假设的出现，随后的塞曼效应实验、光电效应实验、康普顿散射实验等研究结果导致了量子力学理论的建立.除此之外，还有许多物理实验的发现也对近代物理学的发展做出了卓越贡献.例如，卢瑟福通过金箔对于 α 粒子的散射实验，确立了原子的核式结构模型；戴维孙-革末实验，证明了电子具有波动性，为"微观粒子波粒二象性"提供了有力的证据；弗兰克-赫兹实验发现电子与原子发生碰撞时能量的转移是量子化的，为能级的存在提供了直接的证据；碱金属光谱精细结构的观测，导

致了电子自旋的发现;施特恩-格拉赫实验证实了原子角动量量子化特性;等等.这些实验在科学发展史上无不具有划时代的意义.

2. 物理实验是检验物理理论的标准

可验证性是真、伪科学的本质区别之一,科学强调和尊重实验事实对科学理论的检验.建立在实验基础上的物理理论是否正确也必须经过实验来检验,实验是检验物理模型、确立物理定律的终审裁判.例如,被誉为17世纪自然科学最伟大成果之一的万有引力定律,它在发表之初,遭到了许多人的质疑,甚至是激烈反对.哈雷彗星的发现、地球形状的测定、行星摄动的发现,一次次验证了万有引力定律的正确性,尤其是1798年卡文迪什用精巧的扭秤实验完成了引力常量的测定,使万有引力定律由一个定性的陈述变成一个精确的定量规律,万有引力定律因此才得到科学界的广泛承认;1865年,麦克斯韦运用数学方法对大量的实验定律和电磁现象进行总结,得到了一组数学形式简洁、对称、完美的电磁场方程组,并据此预言了电磁波的存在.但由于没有实验验证,这一成果很难令人信服.直到20多年后,赫兹通过"电火花"实验证实了电磁波存在,成功地测出了电磁波的传播速度(等于光速),科学完整的电磁理论体系才被确立和认可,并成为物理学发展进程中一个划时代的里程碑.1905年,爱因斯坦提出的光量子假说终结了长达三百多年的光的微粒说和波动说之间的争论,很好地解释了光电效应实验结果,但当时并不被人们所接受,直到密立根用了十年时间以严密的实验证实了爱因斯坦的光电方程之后,光量子理论才得到世人的公认.回溯物理学发展的历程,这样的事例不胜枚举.历史无可争辩地说明,物理理论形成与发展的基础是实验,实验贯穿物理学发展始终,并推动物理学不断向前发展.

3. 物理实验是科学技术发展的动力和源泉

著名物理学家丁肇中说过:"自然科学理论不能离开实验室的基础,特别是物理学,它是从实验开始的."以实验为本的物理学,是自然科学中的核心学科,它为所有其他自然科学学科和一切技术学科提供理论原理和实验方法,对推动科学技术的发展和人类文明的进步起着重要作用.

(1) 物理理论和实验技术的发展是社会科技进步的源泉.力学和热学的发展为以蒸汽机为代表的第一次工业技术革命奠定了基础.蒸汽机的使用和普及极大地推动了纺织、采矿、冶炼等工业及交通运输的迅猛发展,使工业技术取代了农业技术成为了当时技术的主要内容.电磁场理论的建立直接导致了第二次产业技术革命的到来.电磁场理论是电气技术的先导,基于电磁场理论设计制造的电机、电子设备及光学仪器,使人类社会进入了电子技术时代,无线电、雷达、电视等电子技术随之产生,为后来电子产业的发展和互联网时代的到来奠定了重要基础.时至今日,在我们的现代生活中,已很难找到与麦克斯韦的发现无关的领域.近代物理学的产生和发展,更是将科学引入了一个新的时代.人类的研究开始向广袤的宇宙扩展,深入原子结构的微观世界,以及生命领域,进而诱发了许多新兴技术的产生和发展,并籍此改变了人类的生产与生活方式,使人类进入原子能、电子计算机、空间技术等高新技术时代,也使社会生产从电气化时代向自动化时代发展.

（2）物理理论和实验技术是新兴学科、交叉学科产生的前导，推动着整个自然科学的发展.一个新的实验结果根据正确的理论可以推出未发现的自然物质和现象，从而引发新的研究领域、新的发展方向乃至新的技术学科.如，量子力学和相对论的建立，催生出了核能、半导体、超导等新领域，同时也促进了集成电路技术、激光技术等一批新技术飞速发展；超高真空技术的实现，使超高真空下的结构与能谱测试手段相继问世，开拓了表面物理的新领域；X射线的发现和由之衍生的电子衍射与中子衍射，导致了晶体结构分析的发展，为凝聚态物理和材料科学的研究奠定了基础，而且也促进了化学、生物学和矿物学的研究.时至今日，X射线技术已经广泛应用于物理学、化学、材料科学、生物医学等众多领域，与X射线研究有关的诺贝尔物理学奖、化学奖、生理学或医学奖就有十多项.被称为20世纪中后期5大科学成就的"物质的基本结构、宇宙大爆炸理论、DNA（脱氧核糖核酸）分子双螺旋模型、大地板块构造学说、信息论控制论系统论"，以及20世纪5大尖端技术成果的"核能与核技术、航天和空间技术、信息技术、激光技术、生物技术"，它们都植根于经典物理的某一分支，源于物理理论和物理实验技术的发展.物理学的新理论、新实验技术，通过与其他自然科学学科、工程技术的相互结合广泛地影响着社会，推动着科学快速发展.

在未来，物理理论和实验技术的进展仍会日新月异，也将会为高新技术的发展提供更大的推动力.

二、物理实验课程在人才培养中的地位和作用

大学物理实验是我国高校理工科类专业的一门独立的必修基础课程，与理论课具有同等重要的地位，同时由于实验课程的实践性、应用性和综合性，在人才培养中具有独特的优势.尤其是随着时代的发展和科学技术的进步，物理实验教学的新理念、新内容、新手段不断涌现，计算机技术、传感器技术、光纤技术、光声谱技术、磁共振技术、核物理技术、X射线显微技术、真空技术、光学信息处理技术等现代科技成果已走进物理实验的课堂，传统的由力、热、电、光、近代物理来划分的实验内容体系已被基础性实验、综合性实验、设计性实验、研究性实验等多层次教学体系所取代，教学模式也由"教师为主体"的围观式、模仿式教学模式转变为"学生为主体"的多元化教学模式，这使得物理实验在高等教育人才培养中的地位和作用变得越来越突出，其主要作用可以概括为以下几个方面：

1. 系统地传授基本实验知识、实验思想和实验方法

从基础性实验到研究性实验，其实验内容或者是物理学史上著名实验的变形，或者是科技、工程领域常用技术方法的体现，或者是当代科研成果的转化，每个实验项目都根据培养目标精心选择、设计而成，每个实验都蕴藏着精巧完善的实验设计思想、简洁巧妙的测量研究方法.这些思想和方法是学生以后从事科学实验的基础，是创新、发明的必备条件.在物理实验教学过程中，让学生通过对各种物理量的测量、实验现象的观察及实验结果的分析，系统地学习和掌握基本的实验知识、实验思想和各种常用的测量方法及技巧，引导学生理解并体会这些方法和思想的内涵，为后续课程的学习和以后从事科学研究工

作或其他工程技术工作打下良好的实验基础.

2.培养实验能力,提升综合实验素质

实验教学的一个重要目标就是培养学生的实验能力,提高学生的综合素质.这些能力主要包括以下几个方面.

自主研习能力:能够自行阅读实验教材或参考资料,正确理解实验内容,在实验前做好相关的调研及准备工作.

动手操作能力:能够借助教材和仪器说明书,正确调整和使用常用仪器,对操作过程中遇到的一般问题能独立进行简单处理,排除简单故障.

观察思考能力:能够动脑和动手相结合,洞察每一个实验细节,严谨、有序地进行实验观测,高效地获取和理解知识,完成实验目标.

分析和解决问题能力:能够理论联系实际,综合应用多学科知识对实验现象进行分析和判断,并运用所学的知识解决实验中的问题.

写作表达能力:能够正确记录和处理实验数据,规范表达实验结果,对实验结果进行正确的分析评价,并撰写规范完整的实验报告或实验研究论文.

实验设计能力:能够根据实验题目要求和给定的实验条件,自主设计实验方案,合理选择测量仪器,拟定具体的操作程序并予以实施.

3.推动创新教育,培养创新人才

物理实验是培养学生创新意识和创新能力的起点,在高校创新人才培养中起着基础性的关键作用.经过多年的改革和发展,当今的物理实验教学已将创新教育贯穿于整个实验课程,从实验内容体系到教学方法和手段,都为循序渐进培养学生的创新品质提供了充分的条件.基础性与综合性实验在强调基本训练的基础上,通过问题引导、启发、讨论等教学模式,潜移默化地培养学生勤于思考、乐于探究的习惯,激发学生的创新意识和创新兴趣;自主灵活的设计性实验以及多学科交叉、与科技前沿密切相关的研究性实验,将实验理论与实际应用、动手操作和创新设计紧密结合,为学生探索、创新提供了广阔的空间;尤其是物理实验教学中多种创新教育平台的引入和搭建,将课内、课外教学有机结合,通过科研项目、实验竞赛、实验仪器改造等方式引领学生参加科技创新活动,有效助推了高素质拔尖人才的培养.

4.引领价值观,培养优秀品质

物理实验课程在培养学生的品德修养、引领学生树立正确的人生观和价值观方面具有得天独厚的优势,主要体现在以下几个方面:

(1)物理实验不仅是一门理论性和实践性很强的课程,而且是包含着科学态度和科学精神的价值观体系,在传授实验知识的同时,也在潜移默化、润物无声地培养学生实事求是、精益求精、严谨治学的科学态度,以及不畏失败、持之以恒、探索创新的科学精神.

(2)物理实验的操作过程就是运用辩证唯物主义观点去分析、研究、验证物理现象和规律.在物理实验教学中,可以顺畅自然地渗透马克思主义哲学思想,有效培养学生的哲学思维,引导学生正确认识客观事物,建立科学的世界观和正确的方法论.

（3）物理实验背景内容大多涉及十分具有教育意义的物理学史,蕴藏着科学家追求真理、敢为人先、锲而不舍、淡泊名利、拼搏奉献的感人故事.物理实验教学可以让学生感悟和学习物理学家崇高的思想品质,对学生进行价值引领,培养学生正确的价值观、人生观.

（4）物理实验中的一些测量方法和技术与前沿领域和高新技术密切相关,在教学过程中,可以让学生及时了解国家科技发展成果,关注科技发展前沿,树立民族自豪感和国家荣誉感,引导学生将自身的学习和发展与国家命运相联系,激发学生的爱国情怀和时代责任感.

三、物理实验的教学环节及要求

1.课前预习

实验预习是学生理解实验、完成实验的关键环节,一个实验能否顺利进行并且达到预期的教学目标,很大程度上取决于学生在实验前的预习是否充分,尤其是随着实验内容的不断改革、拓展深化,有限的课时内要完成的教学目标大大提高,这使得课前实验预习质量变得更加重要.课前预习要做到以下几点:

（1）明确实验任务.

通过阅读教材,了解实验的目的和要求,明确实验中需要测量哪些物理量,每个待测量分别需要什么实验仪器,采用什么测量方法,哪些是课堂中的必做实验内容,哪些是选做的拓展内容,实验中的重点和难点是什么.

（2）理解实验原理和测量方法.

仔细阅读实验教材并查阅有关资料,尽量弄懂实验所依据的原理、公式及其适用条件,了解实验所用的测量方法及其物理思想,了解实验方法的应用范围.除本实验采用的方法外,还有哪些方法也可实现对待测量的测量,这些方法的优缺点是什么.如果希望在课堂中完成拓展实验内容,在预习中还要做更多的知识储备,充分理解实验原理和测量方法,掌握其精髓才能学以致用.

（3）了解实验仪器.

阅读教材中对有关仪器的介绍或者通过实验中心的网络教学资源对所用仪器的相关知识进行初步学习,包括仪器的结构、主要功能、工作原理、工作条件、操作方法和应用领域等.有些实验项目有相应的虚拟仿真实验,预习时可以参阅.如果需要,也可以提前到实验中心的预习专用实验室去观察实物.

（4）撰写预习报告.

根据实验室给出的"实验预习要求",在预习思考题的引导下完成预习报告.在撰写预习报告时要注意:① 不要照抄教材,要在理解的基础上用自己的语言简明扼要地叙述;② 对涉及的测量公式,要给出公式的简要推导过程及式中各量的物理含义和适用条件;③ 对涉及的原理图、电路图、光路图等,要在弄懂的基础上认真绘制;④ 列出实验中的主要注意事项;⑤ 根据实验任务画好记录数据的表格(可以画在白纸上).表格设计要合理、规范,以便在实验中可以随时观察和分析数据的规律性.

2.课堂操作

实验操作是物理实验的核心环节,到实验室后要遵守有关的规章制度,爱护仪器设备,注意安全,按实验流程进行操作.实验操作的主要流程如下:

（1）对照实验仪器,仔细阅读有关仪器的操作指南和操作注意事项,进一步了解仪器的结构、功能、规格、使用方法.切记,不要乱动仪器,不要盲目操作.

（2）记录已知条件,如实验室的环境温度、湿度、仪器的性能参量、实验中给定的一些参量、物理常量等.

（3）认真听取教师对实验要求、重点、难点和注意事项的讲解,进一步明确实验的具体要求和操作要领.

（4）按要求调整仪器,使仪器达到最佳的工作状态.在调整过程中,每一步都要想一想为什么,注意体会仪器的调整思想,掌握仪器的调整技巧.如果是电学实验,那么要合理布置仪器,接线完毕后,应先自己做一次检查,再请指导教师复查,确认正确无误后才能接通电源.

（5）观察实验现象,对物理量进行测量,记录测量数据.在整个过程中,要脑手并用,积极思考.在进行一些操作之前,要先想想可能会出现什么结果,头脑里要有清晰的物理图像,如果得到的结果与预期不符,那么要追根溯源,仔细分析原因,找出改进措施,绝不能拼凑数据.对实验中出现的各种现象要仔细观察,不放过任何一个细节,并且要有意识地去学着分析、讨论.如果实验中遇到异常现象或仪器故障,那么要多动脑筋,在教师启发引导下自己寻找故障原因,尽量自己动手解决.

读数时,要根据第 1 章所学的知识合理选择仪器量程,使测量精度达到最高,读数时还应尽量防止视差.记录数据时,不要用铅笔,不得涂改原始数据,要实事求是地将原始数据记录在预先准备好的表格中,并正确表达数据的有效数字和单位.对于多次重复测量,测量过程中要尽量保持实验条件不变,不要使仪器受到振动或移动.如果记录的数据有错误,那么可用一斜线轻轻划掉,在旁边写上正确值,使正、误数据都能清晰可辨,以供分析测量结果和误差时参考.要记住,原始数据是实验最珍贵的资料,必须认真对待.

（6）实验完毕后,要暂时保持测试条件,请教师审阅数据记录,经教师确认并签字后,整理实验台,复原仪器,离开实验室.

3.课后总结——撰写实验报告

实验报告是对所做实验的系统总结,是学生知识、能力的集中体现,也是表达、交流实验成果的媒介.实验报告要求书写工整、结构合理、表述清晰、简明扼要、图表规范、正确表达结果并进行分析讨论.实验报告一般包括以下内容:

（1）实验名称、实验者姓名、实验时间.

（2）实验目的、实验原理、实验仪器、实验内容和步骤.这些内容如果已写在预习报告中,可以在预习报告的基础上修改补充.

（3）实验结果.

首先要将原始测量数据整理到实验报告上,要求在实验报告上以列表形式完整而清晰地表达原始数据,使阅读者能纵观全局,一目了然.然后再按要求完成计算、作图、不确定度估算及结果表达.在计算时,务必列出主要计算公式、代数过程,要做到言之有据,结果可信;在用不确定度表达测量结果时,要注意测量值及其不确定度有效数字的取位;作图时,要用坐标纸作图,坐标、刻度、单位、描点、连线、图名等要正确、规范.如果采用作图软件作图,那么最后呈现出的图形也要满足实验作图规范.

（4）分析讨论.

这是实验报告中最开放、最灵活的部分,讨论内容不受限制,可以深入探讨观察到的实验现象,可以对实验结果和误差原因进行解释分析,也可以对实验本身的设计思想、实验仪器、测量方法及其改进进行讨论评述,特别提倡的是写出自己的心得体会或提出建设性的意见.分析讨论部分为学生在更高层次理解实验提供一个自由思考的空间.

一份成功的实验报告就是一篇科学论文的雏形,希望同学们在学习过程中不断提高实验报告的撰写水平,为以后从事科学研究工作奠定良好的基础.

四、物理实验室学生实验规则

（1）实验前,要充分做好预习准备工作,按要求写好预习报告,经教师检查后方可进行实验.

（2）进入实验室后,要服从安排,在名单上签名并按名单上的序号对号入座,未经教师允许,不准私下调换座位.

（3）要保持实验室的安静、整洁.严禁在实验室抽烟、吃零食,严禁将书包、衣服、水杯等放在实验台上.实验期间不要谈论与实验学习无关的话题,严禁喧哗、嬉闹.

（4）实验过程中,要坚持安全第一,严格遵守操作规则和注意事项,特别对光、电、综合类等带电实验和高危实验,未经实验指导教师许可,不得擅自开机、操作.

（5）要自觉爱护仪器设备,实验操作前,务必要了解仪器的构造、使用方法,以便正确调试使用仪器.不准擅自拆卸仪器、挪动调换仪器,仪器发生故障应立即报告,损坏仪器要照章赔偿.

（6）要坚持实事求是的科学态度,认真、独立地进行操作,如实记录实验数据,不得弄虚作假,不准抄袭,若发现违背者,立即终止实验,实验成绩按零分计;实验时要携带学生卡,如有代替或找他人做实验者,按校规处罚.

（7）实验完毕,要将记录的数据给老师签字确认,然后将使用过的仪器、工具、材料等放回原处,关闭有关电源,将桌面清理干净并将仪器整理好,凳子摆放整齐.严禁把草纸等垃圾留在实验台上.实验后,未经教师检查签字而离开者,按旷课论处.

（8）要遵守实验室纪律,上课不要迟到,迟到 15 分钟以内,按时间长短扣分,迟到超过 15 分钟,取消本次实验资格.

（9）由于教学资源有限,不允许无故取消实验预约.如请病假,要有就医证明或诊断书,请事假必须有院系盖章、辅导员签字的请假条,否则按旷课论处.无故旷课者,不允许补做实验,实验成绩记零分.

（10）写好的实验报告要在做完实验的一周之内提交,交实验报告时,必须附上经指导教师签字的测量原始数据.实验报告要自己独立完成,如发现实验报告雷同,均按零分计.

第1章
测量不确定度及数据处理基础

1.1 测量与误差

科学实验离不开对物理量的测量,测量是实验的基本手段.由于仪器分辨率的局限性,实验环境条件的影响,测量结果不可能绝对准确,即任何测量都存在误差,这是误差存在公理.在学习数据处理之前首先要对测量和误差有个深入了解,本节的学习目标是:(1)理解测量和误差的定义;(2)掌握测量和误差的分类;(3)了解各类误差产生的主要原因;(4)掌握各类误差的特点和处理方法;(5)学会在具体实验中区分各类误差并能正确处理它们.

1.1.1 测量及分类

视频 1.1.1
测量及分类

物理实验离不开对物理量的测量.测量是用实验方法获得物理量量值的过程,就是将待测物理量与选作计量标准的同类物理量进行比较,并得出其倍数的过程.

一个物理量必须包括两部分:数值(即度量倍数)和单位(即选定的计量标准).

按测量对象和测量结果的关系来分类,测量可分为直接测量和间接测量.

直接测量:可以用测量仪器仪表或量具直接读出测量值的测量,称为直接测量.例如用米尺测量长度、用温度计测量温度、用电压表测量电压等都是直接测量,所得的物理量如长度、温度、电压等称为直接测量量.

间接测量:有些物理量无法进行直接测量,而需要依据待测物理量与若干个直接测量量的函数关系求出,这样的测量就称为间接测量.如用单摆测重力加速度 g,其中周期 T、摆长 l 是直接测量量,而 g 的测量就是间接测量.物理实验中涉及的大多数测量都属于间接测量.

按测量条件来分类,测量又可分为等精度测量和不等精度测量.

等精度测量:在整个测量过程中,影响和决定误差大小的全部因素(条件)始终保持不变的测量称为等精度测量,比如由同一个测量者,在相同的环境条件下,使用同一台仪器、同样的测量方法,对同一被测量进行多次重复的测量.当然,在实际测量中极难做到影响和决定误差大小的全部因素始终保持不变,因此一般情况下只有近似的等精度测量.

不等精度测量:在不同的测量条件下,或不同的测量者对同一物理量进行多次测量,各次测量结果的可靠程度不同,这样的测量称为不等精度测量.

注意:处理不等精度测量的结果时,需要根据每个测量值的"权重系数"进行"加权平均",而等精度测量的误差分析和数据处理相对简单.本书所介绍的物理量的多次测量,若无另加说明,都近似为等精度测量,其误差分析和数据处理都是针对等精度测量而言的.

1.1.2 测量误差

视频 1.1.2
测量误差

1. 真值与测量值

每一个待测物理量客观上都有确定的数值,称之为真值,对其进行测量而得到的值称为测量值.但测量时,由于理论的近似性、实验仪器分辨率或灵敏度的局限性、环境条件的不稳定性等因素的影响,测量结果不可能绝对准确,所以测量值不可能绝对等于真值.

真值是一个理想概念,只有定义严密时通过完善的测量才可能获得,它一般无从得知.但在某些特定情况下,真值也是可以确定的:① 理论真值,如三角形的内角和为180°,一个整圆周角为360°;② 约定真值,也称规定真值,是指用约定的办法确定的最高基准值,是一个充分接近真值的值,如基准米定义为"光在真空中(1/299 792 458)s 时间间隔内所经路径的长度"等.在实际测量中,通常以没有系统误差情况下、足够多次测量的算术平均值作为约定真值;③ 相对真值,把高一级标准器的指示值作为低一级标准器的真值,此真值称为相对真值.

2. 测量误差

所得到的测量值与待测物理量真值之间总会存在某种差异,这种差异就称为测量误差.

若某物理量的测量值为 x,真值为 x_0,则测量误差 Δx 可表示为

$$\Delta x = x - x_0 \tag{1.1.1}$$

由测量得到的数据,都毫无例外地包含一定大小的测量误差,没有误差的测量结果是不存在的.虽然我们一般不知道真值,因此不能计算误差(只有在少数特定情况下,如上文提到的三种情况,才能计算误差),但是我们能分析误差产生的主要因素,能减小或基本消除某些误差分量对测量的影响.对测量结果中未能消除的误差,可以估计出它们的极限值或表征误差分布特征的参量,如后面介绍的标准偏差.误差的普遍性要求我们必须重视对测量误差的分析,重视不确定度评定,尽可能完整地表示测量结果.

1.1.3 误差的分类

视频 1.1.3
误差的分类

在定量分析中,由各种原因造成的误差,按照其性质可分为系统误差、随机误差(或称偶然误差)和粗大误差(或称过失误差)三类.

1. 系统误差

系统误差是在对同一被测量进行多次重复测量的过程中,保持恒定或以可预知的方式变化的误差.其特征是可预知的,它是一种非随机性的误差.

系统误差对测量结果的影响是使测量结果向一个方向偏离,或使测量值按一定规律变化,具有重复性、单向性.

(1) 系统误差产生的原因.

系统误差是由固定不变或者按确定规律变化的因素所造成的,主要包括以下几个方面:

① 仪器误差.它是由于仪器的结构、标准不完善引起的误差,如天平不等臂、分光计读数装置的偏心、电表的示值与实际值不符等仪器缺陷引入的误差;仪器使用不当,安装调整不妥,或不满足规定的使用状态引入的误差,如不水平、不垂直、偏心、零点不准等.

② 理论误差(方法误差).它是由于测量所依据的理论公式本身具有近似性,或实验条件不能达到理论公式所规定的要求,或实验方法本身不完善所带来的误差.如用单摆测重力加速度时,所用公式具有近似性;热学实验中没有考虑散热所导致的热量损失;伏安法测电阻时,不考虑电表内阻对实验结果的影响等.

③ 环境误差.它是由于外部环境,如温度、湿度、光照等与仪器要求的环境条件不一致而引起的误差,它也是随机误差的来源.

④ 操作误差.它是由于观测者个人感官和运动器官的反应或习惯不同而产生的误差,它因人而异,并与观测者当时的精神状态有关.如用停表计时时,总是超前或滞后;对仪表读数时总是偏向一方斜视等.

(2) 系统误差的分类.

系统误差可分为已定系统误差和未定系统误差.

已定系统误差是指符号和绝对值已经确定的系统误差分量.实验中应尽量消除已定系统误差,或对测量结果进行修正.如对电表、螺旋测微器的零点误差进行修正;电流表内接、外接时,忽略电表内阻引起的误差等.

未定系统误差是指符号和绝对值未被确定而未知的系统误差分量,一般难于消除或修正.在实验中常用估计误差限的方法,只能估计其取值分布范围,如螺旋测微器制造时的螺纹公差等.未定系统误差是 B 类不确定度分量的主要来源.

大量测量的实践表明,系统误差分量对测量结果的影响常常显著地大于随机误差分量对测量结果的影响.因此实验中要重视对系统误差的分析,根据具体的实验条件、系统误差的特点,找出产生系统误差的主要原因,采取适当措施尽量减小它对测量结果的影响.但是因为系统误差的研究涉及对测量设备和测量对象的全面分析,并与测量者的经验、水平以及测量技术的发展密切相关,所以较为复杂和困难.同学们可以通过实验逐渐学习对系统误差的分析,并在不同的实验中学会减小或消除系统误差的方法.

2. 随机误差

在测量中,即使消除了产生系统误差的一切因素,所测数据仍有一定的误差,这种误差即随机误差.随机误差是指在同一条件下,多次重复测量同一量值时,各次的大小和符号均以不可预知规律变化的误差.它的产生原因十分复杂,它是由测量过程中出现的各种不显著而又难于控制的随机因素综合影响所造成的,是具有不确定性的一类误差.如电表轴承摩擦力矩的变动、螺旋测微器测头的压紧力在一定范围内变化、操作读数时在一定范围内视差的变动、数字仪表末位取整数时的随机舍入、环境方面的扰动、测量人员感觉器官的生理变化等,以及它们的综合影响都可以成为产生随机误差的因素.

随机误差的大小和符号虽然不知,但就误差的总体分布而言,却具有统计规律性.随机误差是 A 类不确定度分量的主要来源.

测量值的随机误差分布规律有正态分布、t 分布、三角分布和均匀分布等,但对于测量次数足够多的等精度测量,其随机误差大多数趋于正态分布,本书以正态分布为主进行介绍.

正态分布也称"常态分布",又名高斯分布,是一种在数学、物理及工程等领域都非常重要的概率分布,在统计学的许多方面有着重大的影响力.

在同一条件下,多次重复测量同一量值时,当测量次数趋于无穷大时,测量误差 δ 值出现的次数 n 满足正态分布,分布曲线如图 1.1.1 所示.随机误差分布具有以下特性:

① 有界性:绝对值很大的误差出现的概率趋于零.误差的绝对值不会超过某一个界限.

② 单峰性:绝对值小的误差出现的概率比绝对值大的误差出现的概率大.

③ 对称性:绝对值相等的正误差和负误差出现的概率相等.当测量次数无限多时,随机误差的算术平均值因正、负误差相互抵消而趋于零,故对称性有时也称抵偿性.

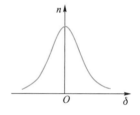

图 1.1.1　正态分布曲线

3. 粗大误差

在一定条件下,测量结果明显偏离真值时所对应的误差,称为粗大误差.产生粗大误差的原因有读数错误、测量方法错误、测量仪器有缺陷等,其中人为因素是主要的,这可通过提高测量者的责任心和加强对测量者的培训等方法来解决.包含粗大误差的测得值称为异常值,测量要避免出现高度显著的异常值,已被谨慎确定为异常值的个别数据要剔除.文献中有多种异常值的判断方法.

1.1.4　系统误差的处理方法

因为实验中系统误差对测量结果的影响常常大于随机误差,所以如何处理系统误差以减小它对测量结果的影响变得尤为重要.对已定系统误差,可以通过对结果进行修正的方法来消除其影响;对一些未定系统误差,可以通过方案选择、参量设计、计量器具校准、环境条件控制、计算方法改进等环节消除或减小其对测量结果的影响;对于不能消除的未定系统误差,需要合理评定,将其影响作为 B 类不确定度分量表达出来.

视频 1.1.4 系统误差的处理方法

视具体情况不同,实验中处理系统误差的方法主要有以下几种.

1. 仪表调零及零点修正

带有刻度读数的量具或仪表,如游标卡尺、螺旋测微器、电表等都有零位(零点).因此,在使用它们时必须进行零位调整或修正,否则将引入系统误差.例如,指针式多用表使用前需进行机械调零,使表针位于电压(电流)零的位置,使用欧姆挡测电阻时还需将两表笔短接进行欧姆调零,使表针位于电阻零的位置;数显仪表如数字毫伏表等调零时需要将显示位首位的"负号"调整到闪烁状态;光功率计等调零时需关闭或完全遮挡待测光源等.对于不方便调零的仪器,如螺旋测微器,测量时可读出零点误差值,然后对测量结果进行修正.

2. 单向测量消除空程差

空程差(回程差)是实验中常见的系统误差之一,在类似螺母和丝杠构成的转动与读数机构中,因螺母与丝杠之间有螺纹间隙,如图 1.1.2 所示,在开始旋转丝杠或者反向旋转丝杠时,丝杠需要转过一定角度才能与螺母啮合,结果导致与丝杠连接在一起的鼓轮已有读数改变,而由螺母带动的机构尚未产生位移,造成虚假读数,从而产生空程差.其消除方法为:① 确定好测量方向,正式测量前先沿测量方向移动一段距离后再进行读数(读数前消除空程差);② 测量中始终沿设定好的方向进行测量,不能反向行进.

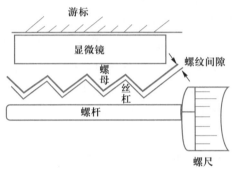

图 1.1.2   空程差产生原因示意图

3. 正反向测量消除迟滞误差

物理实验中使用的一些仪器或器件由于存在迟滞也会给测量结果带来误差.比如,金属丝在弹性区内由于弹性滞后,其应变落后于应力,使加载线与卸载线不重合,即产生迟滞误差;一些传感器由于敏感元器件材料的物理性质或机械部件的缺陷,也会出现迟滞误差,使正(输入量增大)、反(输入量减小)行程输出曲线不重合.为消除迟滞误差对测量结果的影响,通常采用正反向(或加载和卸载)分别测量,然后将对应的结果取平均值.

4. 补偿法

补偿法也叫抵消法或异号法,实验中如果改变测量中某些条件,对待测量 x 进行两次测量,使两次测量误差 Δx 互为相反,即 $x_1 = x + \Delta x$,$x_2 = x - \Delta x$,那么求两次测量结果的算数平均值即可消除误差分量 Δx 对测量结果的影响,即

$$x = \frac{1}{2}(x_1 + x_2) \tag{1.1.2}$$

如实验中测量光栅衍射角时,为了消除入射光与光栅不垂直的影响,我们就采用了这种方法.

5. 交换法

根据误差产生的原因,在测量中将某些条件相互交换,使产生系统误差的原因对测量结果起相反作用,如 $x_1 = x + \Delta x$,$x_2 = -x + \Delta x$,则

$$x = \frac{1}{2}(x_1 - x_2) \tag{1.1.3}$$

即两次测量结果作差,就可以达到消除系统误差的目的.比如对于实验中经常用到的各种数字式仪表的零点误差,除可以通过调零或读出误差值对结果进行修正外,还可以通过正

反向两次测量,然后结果作差来消除其对测量结果的影响.

直流平衡电桥比较臂不准确所带来的系统误差也可以用交换法加以消除,电路如图 1.1.3(a)所示,当电桥平衡时有

$$R_x = \frac{R_1}{R_2} R_{S1} \tag{1.1.4}$$

交换待测电阻 R_x 和可调电阻的位置,如图 1.1.3(b)所示,不改变比较臂,重新调节电桥平衡,有

$$R_x = \frac{R_2}{R_1} R_{S2} \tag{1.1.5}$$

则 $R_x = \sqrt{R_{S1} R_{S2}}$,因为结果与比较臂无关,所以消除了比较臂不精确带来的系统误差.同理,天平不等臂的系统误差也可以这样来消除.

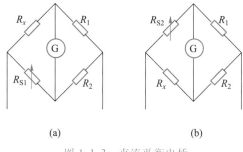

图 1.1.3　直流平衡电桥

6. 替代法

在测量条件不变的情况下,用测量装置测量一待测量后,若用已知量替换待测量后重新测量,保证两次的测量条件完全相同,则已知量的量值等于待测量的量值,这样可以达成消除系统误差的目的.例如,当用天平测量某一待测物体的质量时,可先使用中介物(如干净细沙),使之与待测物平衡,然后用标准的砝码替换待测物,再次调节天平平衡,则待测物的质量等于标准砝码的质量,利用这一方法可以消除天平不等臂所引起的系统误差.

7. 半周期法

半周期法可用来消除周期性系统误差.所谓周期性系统误差,是指测量过程中呈周期性变化的系统误差.如齿轮转动引起的正弦误差,其表达式可以写为

$$\delta = a\sin\varphi \tag{1.1.6}$$

显然相隔半个周期的误差值互为相反,二者的和为零.因此要消除这种误差,只需要相隔半个周期作两次测量,然后将两次测量的结果求平均值,这种消除系统误差的方法称为半周期法.再如,实验中所用分光计的偏心差也属于周期性系统误差,其周期为 360°.为消除该误差,设计仪器时相隔 180° 设置两个游标,如图 1.1.4 所示,实验时需对两个游标分别读数以得到测量值,然后求平均值即可消除偏心差对测量的影响.

8. 对称测量法

线性系统误差是指在整个测量过程中,随某因素而线性递增或递减的系统误差.如果

某个物理量在测量过程中存在随时间变化的线性系统误差,那么其重复测量值也会随时间线性变化,如图 1.1.5 所示.实验时若选择某时刻为中点,等间隔对称安排测量点,则对称点两次读数的算术平均值总与中点的测量值相等,这样即可有效地减小测量的线性系统误差,这种方法称为对称测量法.应该指出的是,随时间变化的系统误差,短时间内均可看成是线性的,即使是非线性的,只要是递增或递减的,采用此法均可将其基本(或部分)消除.

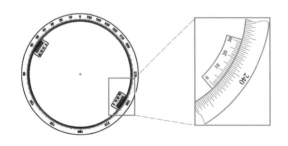

图 1.1.4　分光计读数盘

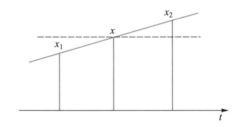

图 1.1.5　随时间线性变化的系统误差

以上列举了几种常见的减小或消除系统误差的方法,正确使用这些方法的前提是对系统误差的产生、特点等要有全面的认识.事实上,由于受经验和认识水平的限制,并不是所有的系统误差都能被充分认识并被有效处理,这就要求我们在实践中不断地探究、思考,逐步完善实验的理论和方法,尽可能减小系统误差对实验的影响.

1.1.5　测量的精密度、准确度和精确度

精密度、准确度和精确度是评价测量结果时常用的几个术语,它们表达的物理意义不同,使用时要注意区分.

1. 精密度

计量的精密度,是指在相同条件下,对被测量进行多次反复测量,测得值之间的一致(符合)程度.从测量误差的角度来说,精密度所反映的是测得值的随机误差.若测量的精密度高,则测量数据比较集中,表明随机误差较小,但系统误差的大小并不明确.

2. 准确度

计量的准确度,是指被测量的测得值与其"真值"的接近程度.从测量误差的角度来说,准确度所反映的是测得值的系统误差.若测量的准确度高,则测量数据的平均值偏离真值较小,表明系统误差较小,但数据分散的情况即随机误差的大小并不明确.

3. 精确度

计量的精确度(也常简称精度),是指被测量的测得值之间的一致程度以及与其"真值"的接近程度,即精密度和准确度的综合概念.从测量误差的角度来说,精确度是测得值的随机误差和系统误差的综合反映.

如果一组测量数据相互差异较小,即数据比较集中,它的随机误差就小,我们就说它的精密度高;如果一组测量数据的平均值偏离真值较小,它的系统误差就小,我们就说它

的准确度高.但是精密度高其准确度不一定高,同样地,准确度高其精密度也不一定高.测量精确度高,是指随机误差与系统误差都比较小,这时测量数据比较集中且在真值附近.

下面以打靶时弹着点为例,说明测量的精密度、准确度和精确度之间的关系,如图 1.1.6所示.

在图 1.1.6(a)中,弹着点比较集中,但都偏离靶心,说明精密度高而准确度低.

在图 1.1.6(b)中,弹着点比较分散,但平均起来靠近靶心,说明精密度低而准确度高.

在图 1.1.6(c)中,弹着点都集中在靶心附近,说明精密度和准确度都高,即精确度高.

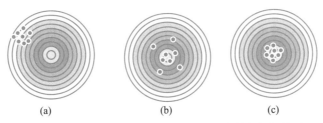

(a)　　　　　　　　　(b)　　　　　　　　　(c)

图 1.1.6　测量的精密度、准确度和精确度与射击打靶的对比

1.2　有效数字及其运算

在实验中我们通常需要从测量仪器上读取并记录数据,而且还常常需要对这些数据进行运算并给出测量结果.但是由于测量误差的存在,如何进行数据记录和运算才能真实合理地给出测量结果是实验数据处理和测量过程中一个基本而又重要的问题.如果记录或运算结果的数据位数取多(或取少),就不能正确反映测量精度,因此在数据记录和运算时必须遵守一定的规则,即有效数字取位及运算规则.本节的学习目标是:(1)理解有效数字的定义;(2)学会在实验中正确读取和记录数据的方法,尤其是常用仪器的读数方法;(3)掌握有效数字的修约规则;(4)掌握有效数字的基本运算规则;(5)学会根据有效数字的运算规则确定测量结果的有效数字位数.

1.2.1　有效数字

视频 1.2.1
有效数字

实验中所处理的数值有两种,一种是准确值(如测量次数、公式中的常量等),另一种是测量值.前面已经指出,测量不可能得到被测量的真值,只能得到近似值.记录的实验数据反映了近似值的大小,并且应在某种程度上表明误差的存在.直接测量结果的有效数字包括仪器刻度数(准确数字)＋估读数(也称可疑数字,一般取 1 位可疑数字,有时根据需要取 2 位可疑数字),简单地说就是测量中有意义的数字.测量结果的精度与所用的测量方法及仪器有关,记录或运算数据时,其精度不能超过或低于测量所能达到的精度.

1．有效数字的读取

通过仪表、量具等读取原始数据时,要充分反映计量器具的准确度,通常要把计量器具所能读出或估计的位数全读出来.有效数字位数的多少直接反映实验测量的精度,不能随意取舍.

(1) 对游标类量具,如游标卡尺、分光计方位角的游标度盘、水银大气压力计的读数游标尺等,一般应读到游标分度值的整数倍.

(2) 对数显仪表及有十进标度盘的仪表,如数字电压表、电阻箱、电桥等,一般应直接读取仪表的示值.

(3) 对指针式仪表,一般要估读到最小分度值的 1/10~1/4.由于人眼分辨能力的限制,一般不可能估读到最小分度值的 1/10 以下.

(4) 对于可估读到最小分度值以下的计量器具,当最小分度值不小于 1 mm 时,通常要估读到最小分度值的 1/10,如螺旋测微器和读数显微镜鼓轮;少数情况下也可只估读到最小分度值的 1/5 或 1/2.

(5) 对于实验中的原始数据,少数情况下读数的间隔要用到 0.2×10^n 或 0.5×10^n.

2. 有效数字的位数

(1) 数据左起第一位非 0 数起,到最末一位欠准数的全部数字个数,称为有效数字的位数.如 0.006 30 m 是三位有效数字;如果最后一位或几位是"0",那么也必须写上,例如 6.26 cm 是三位有效数字,而 6.260 cm 是四位有效数字.

(2) 在十进制单位换算中,测量数据的有效数字位数不变.例如,对于 82.7 mm,若以 m 为单位表示,则是 0.082 7 m,仍然是三位有效数字.

(3) 计算公式中的常数,如 π、e、$\sqrt{2}$ 及 1/3 等,其有效数字位数可根据需要任意选取.在计算中,一般应比参加运算的各数中有效数字位数最多的那个数多取一位.

(4) 测量结果的有效数字位数粗略地表明了测量的准确度,即测量值的有效数字位数越多,测量结果的相对误差就越小,测量就越准确.有效数字位数取决于被测物本身的大小和所使用仪器的精度.对同一个被测物来说,高精度的仪器测量的有效数字位数多;低精度的仪器测量的有效数字位数少.例如,长度约为 2.5 cm 的物体,若用分度值为 1 mm 的米尺测量,则其测量值为 2.50 cm;若用螺旋测微器测量(最小分度值为 0.01 mm),则其测量值为 2.500 0 cm.用同一精度的仪器测量长度,被测物大的测量结果的有效数字位数多,被测物小的测量结果的有效数字位数少.例如,用分度值为 1 mm 的米尺测量长度为 2.50 cm 的物体和长度为 12.50 cm 的物体,后者测量结果的有效数字位数多.

1.2.2　有效数字运算的基本规则

视频 1.2.2
有效数字运算的基本规则

可靠数字与可靠数字进行四则运算,结果仍为可靠数字;可靠数字与可疑数字或可疑数字之间进行四则运算,其结果为可疑数字.

对于较为粗略的测量,有效数字中的可疑数只保留一位,直接测量如此,间接测量也是这样.根据这一原则,为了简化有效数字的运算,我们约定下列规则:

(1) 有效数字进行加法或减法运算,其结果的可疑位置与参与运算的各量中的可疑

位置最高者相同.如:

$$14.\underline{6}1+2.21\underline{6}+0.006\ 72 = 16.832\ 72 = 16.8\underline{3}$$

式中,下面加横线的有效数字表示可疑数.

（2）有效数字进行乘法或除法运算,乘积或商的结果的有效数字位数一般与参与运算的各量中有效数字位数最少者相同.如:

$$4.17\underline{8}\times10.\underline{1} = 42.\underline{197\ 8} = 42.\underline{2}$$

（3）乘方、开方运算的有效数字位数一般与其底数的有效数字位数相同.

（4）计算公式中的系数不是测量而得,不存在可疑数,因此可以视为有无穷多位有效数字,书写时也不必写出后面的"0".例如 $R = D/2$, R 的有效数字位数仅由直接测量值 D 的有效数字位数决定.无理数 π, $\sqrt{2}$, $\sqrt{3}$ 等在公式中参加运算时,其取的有效数字位数应比最终结果多一位.

（5）有效数字的修约:根据有效数字的运算规则,为使计算简化,在不影响最后结果应保留位数的前提下,可以在运算前按比结果多留一位的原则对数据进行修约,最后计算结果也应该按有效数字的定义进行修约.其修约原则是"四舍六入五凑偶",即要舍弃的数字大于 5 则入、小于 5 则舍,等于 5 则把被保留的最后一位凑成偶数.这种舍入法则的依据是使被舍弃数字"入"与"舍"的概率相等.

修约应该一次完成,不能多次连续修约.例如使 0.347 保留一位有效数字,不能先修约成 0.35,接着再修约成 0.4,而应当一次修约成 0.3.

对于较为重要的测量,为了评定测量结果的质量,需要计算测量结果的不确定度.在这种情况下,要求抓两头,即抓好原始实验数据读取和最后结果表示这两个环节;放中间,即中间运算可多取几位,不无端地减少位数;待计算出不确定度后,再根据不确定度所在位确定测量结果的可疑位.

1.2.3　有效数字的科学表示法

在书写很大或很小的数字,而有效数字位数又不多时,数字的大小将和有效数字位数发生矛盾,此时,人们通常在小数点前保留一位整数,将后面写成 $\times10^{n}$（n 可正可负）的形式,这称为有效数字的科学表示法.例如,0.000 000 021 m 可写成 2.1×10^{-8} m.再如,把 120 V 转换成以 mV 为单位时,只能写成 1.20×10^{5} mV,而不能写成 120 000 mV 或者 12.0×10^{4} mV.

视频 1.2.3 有效数字的科学表示法

1.3　不确定度与测量结果的评定

前面我们已经讨论过,任何测量都有一定的误差,因此如何表达这种含有误差的实验结果就成为不确定度分析中首先要解决的问题.对于已定系统误差,应该把它从实验结果中扣除,不存在如何表达的问题.下面讨论包含未定系统误差和随机误差的实验结果的表示方法.

虽然误差是客观存在的,但我们不能准确得到它.误差是理想条件下的一个定性的概念,反映测量误差大小的术语"精确度"也是一个定性的概念.误差是不以人的认识程度而改变的客观存在,而测量不确定度与人们对被测量和影响测量过程的因素的认识有关.测量不确定度表征被测量之间的分散性,是与测量结果相联系的参量.它反映了测量结果不能被肯定的程度,同时它也是一个物理量,可以定量表示.不确定度是误差理论发展和完善的产物,是建立在概率论和统计学基础上的概念,它澄清了一些模糊的概念因而便于使用.测量不确定度反映的是测量结果的不可信程度,是可以根据实验、资料、经验等信息定量评定的量.

本节的主要内容就是介绍如何用测量不确定度对测量结果进行评价,其学习目标是:(1)理解不确定度的概念;(2)掌握不确定度的分类和评定方法;(3)学会对直接测量结果进行不确定度的分析计算;(4)学会对间接测量结果进行不确定度的分析计算.

视频 1.3.1
直接测量结
果的最佳值
及其随机误
差的估计

1.3.1   直接测量结果的最佳值及其随机误差的估计

1. 直接测量结果的最佳值(算术平均值)

根据随机误差的统计规律,当测量次数无限多时,正、负误差的代数和趋于零,被测量的算数平均值即该量的真值.但是实际测量中测量次数有限(一般应使测量次数 $n \geqslant 6$),因此,取算术平均值比取任何一个测量值作为真值的最佳值都更有把握,且能减小随机误差的影响.因此,在同一条件下,对同一量测量了 n 次,算术平均值可以作为直接测量量 x 的最佳近似值(简称最佳值),即

$$\overline{x} = \frac{1}{n} \sum_{i=1}^{n} x_i \qquad (1.3.1)$$

注意:这是不存在已定系统误差情况下的最佳值,若存在已定系统误差,则须对算数平均值进行修正.

2. 随机误差的统计规律

当 n 趋于无穷大时($n \to \infty$),随机误差 δ 为正态分布,借助概率论和数理统计的原理可以导出误差分布函数式(1.3.2).

$$f(\delta) = \frac{1}{\sqrt{2\pi}\, \sigma} \mathrm{e}^{-\frac{\delta^2}{2\sigma^2}} \qquad (1.3.2)$$

这种分布称为正态分布,式中的特征量 σ 为

$$\sigma = \sqrt{\frac{\sum \delta_i^2}{n}} = \sqrt{\frac{\sum (x_i - \mu)^2}{n}} \qquad (n \to \infty) \qquad (1.3.3)$$

σ 称为均方差或测量列的标准误差,其中 x_i 表示测量值,μ 代表真值,δ_i 为测量值的随机误差,(1.3.2)式为概率密度函数.σ 与 μ 作为正态分布的两个参量,决定了正态分布的位置和形态.

需要注意的是,标准误差 σ 和各测量值的误差 δ_i 有着完全不同的含义,δ_i 是实在的误

差值,亦称真误差;而 σ 并不是一个具体的测量误差值,它反映的是测量列的随机误差概率分布特性,是一个统计性的特征值.

在等精度测量中,对某物理量测量 n 次,若某一误差 δ 出现 n_i 次,则

$$P = \frac{n_i}{n} \tag{1.3.4}$$

比值 P 称为误差 δ 出现的概率.

概率密度函数 $f(\delta)$ 表示随机误差 δ 落入单位区间的概率,即

$$f(\delta) = \frac{\mathrm{d}P}{\mathrm{d}\delta} \tag{1.3.5}$$

根据概率理论的归一化条件,正态分布函数 $f(\delta)$ 在 $(-\infty, +\infty)$ 区间的积分为 1,有

$$\int_{-\infty}^{+\infty} f(\delta)\,\mathrm{d}\delta = 1 \tag{1.3.6}$$

即随机误差在 $(-\infty, +\infty)$ 区间内出现的概率为 100%.

如图 1.3.1 所示,通过积分可以求出正态分布函数在三个区间的概率:

$$\int_{-\sigma}^{+\sigma} f(\delta)\,\mathrm{d}\delta = 0.682\,6 \approx 68.3\% \tag{1.3.7}$$

$$\int_{-2\sigma}^{+2\sigma} f(\delta)\,\mathrm{d}\delta = 0.954\,4 \approx 95.4\% \tag{1.3.8}$$

$$\int_{-3\sigma}^{+3\sigma} f(\delta)\,\mathrm{d}\delta = 0.997\,3 \approx 99.7\% \tag{1.3.9}$$

可见,标准误差 σ 所表示的统计学意义是:测量列中任一测量值的随机误差落到 $[-\sigma, +\sigma]$ 内的概率约为 68.3%,或者说约有 68.3% 的测量值的随机误差会出现在 $[-\sigma, +\sigma]$ 内.随机误差落到 $[-2\sigma, +2\sigma]$ 内的概率约为 95.4%;随机误差落到 $[-3\sigma, +3\sigma]$ 内的概率约为 99.7%.

因为随机误差落到 $[-3\sigma, +3\sigma]$ 内的概率为 99.7%,所以可以认为随机误差超过 $\pm 3\sigma$ 范

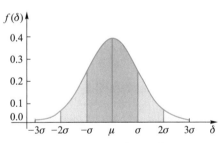

图 1.3.1 正态分布与置信区间

围的概率是极小的,故称其为极限误差.因此可以认为随机误差的绝对值大于 3σ 的测量值是"坏值",这就是上文所提到的"粗大误差",应予以剔除.在分析多次测量的数据时,这是很有用的 3σ 判据.

3. 实验标准(偏)差

测量列是指一组测量值,在等精度测量时(同一条件下)得到的各测量值的可靠性是相同的.我们不能具体指出其中某一测量值随机误差的实际大小,而只能研究随机误差以多大的可能性出现在某一范围内.

实际上,因为测量不能得到真值,而且测量次数是有限的,所以测量值的随机误差也不能确定,实验时可以求出最佳值(平均值),以及测量值与最佳值的差——残差(也称偏差),即

$$\nu_i = x_i - \overline{x} \tag{1.3.10}$$

由误差理论知,随机误差引起测量值 x_i 的分散性用实验标准(偏)差 s 表征(统计学中称为样本标准差),其公式为

$$s = \sqrt{\frac{1}{n-1} \sum_{i=1}^{n} (x_i - \overline{x})^2} \tag{1.3.11}$$

因为该式是由贝塞尔提出的,所以标准差 s 的表达式也称为贝塞尔公式.标准差 s 的计算需要用计算器的统计运算功能(请同学们看说明书自学).

s 反映了随机误差的分布特征:s 小表示测得值密集,随机误差的分布范围窄,精密度高;s 大表示测得值分散,随机误差的分布范围宽,精密度低,如图 1.3.2 所示.

4. 算术平均值的实验标准(偏)差

在相同条件下,对同一测量量进行 m 组测量(每组均为 n 次测量),可以得到 m 个算术平均值,各个独立测量列的 m 个算数平均值也具有分散性,按统计学理论经严格的数学推导可得,算数平均值的标准差为

$$s_{\overline{x}} = \frac{s}{\sqrt{n}} = \sqrt{\frac{1}{n(n-1)} \sum_{i=1}^{n} (x_i - \overline{x})^2} \tag{1.3.12}$$

可见,算术平均值的标准差是测量列的标准差的 $1/\sqrt{n}$.因为算术平均值的标准差 $s_{\overline{x}}$ 与测量次数 n 的平方根成反比,所以增加测量次数 n 可提高测量精度.但是在 $n>10$ 后,n 再增加时 $s_{\overline{x}}$ 的减小效果已不明显,如图 1.3.3 所示.因此,在实际测量中,单凭增加测量次数 n 来提高测量精度,其作用有限且没有必要.要提高测量精度还是要从仪器的精度、理论方法、测量方法、实验条件、测量者等方面考虑.因此,在科学研究中,测量次数一般取 10~20,而在物理实验教学中,测量次数一般取 6~10.

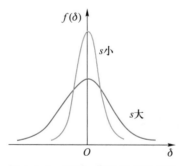

图 1.3.2　不同 s 值时的 $f(\delta)$ 曲线

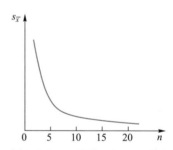

图 1.3.3　$s_{\overline{x}}$ 随着 n 的变化曲线

与测量列的标准误差 σ 的统计意义一样,算术平均值的随机误差落在区间 $[-s_{\overline{x}}, +s_{\overline{x}}]$ 内的概率约为 68.3%.

1.3.2　测量不确定度

视频 1.3.2 测量不确定度

20 世纪 70 年代初,国际上已有越来越多的计量学者认识到使用"不确定度"代替"误差"来表征测量结果的可信赖程度更为科学,从此,不确定度这个术语逐渐在测量领域内

广泛应用.国际计量局(BIPM)1980 年提出了实验不确定度表示建议书(INC-1).1993 年发表的《测量不确定度表示指南 ISO1993(E)》得到了国际计量局等 7 个国际组织的认可,该指南由国际标准化组织(ISO)起草.

2017 年 12 月 29 日,中华人民共和国国家质量监督检验检疫总局、中国国家标准化管理委员会发布了中华人民共和国国家标准 GB/T 27418—2017《测量不确定度评定和表示》,该标准 2018 年 7 月 1 日起实施。

1.不确定度的概念

测量不确定度是对被测量的真值所处量值范围的评定,表示因测量误差的存在而导致被测量的真值不能确定的程度.不确定度反映了可能存在的误差分布范围,即随机误差分量和未定系统误差分量的联合分布范围.

实验数据处理时,通常先做误差分析,必要时谨慎地剔除高度异常值,修正已定系统误差,然后再评定不确定度.不确定度与误差是两个完全不同的概念,不确定度总是不为零的正值,而误差可能为正值,可能为负值,也可能十分接近零.不确定度可具体评定,而误差一般因真值未知而不能计算.

2.不确定度的简化评定方法

测量不确定度是独立而又密切与测量结果相联系的,是表明测量结果分散性的一个参量.在测量结果的完整表示中,应该包括测量不确定度.测量不确定度用标准差表示时称为标准不确定度,如用置信区间的半宽度(即标准差的倍数)表示则称为扩展不确定度.

测量结果可以用合成标准不确定度 u_c 或扩展不确定度 U 表示.本教材采用扩展不确定度 U 的表示方法,下面介绍的内容只与其相关.若需要了解合成标准不确定度 u_c 的计算方法,可以查阅相关资料.

根据不确定度理论,因为误差的来源很多,所以测量结果的不确定度一般包括多个分量.在修正了已定系统误差之后,余下的全部误差按评定方法可分为两类扩展不确定度分量:A 类分量 U_A,是用统计方法估算的不确定度分量;B 类分量 $U_{jB}(j=1,2,3,\cdots)$ 是用其他方法(非统计方法)估算的不确定度分量.

(1)A 类不确定度分量 U_A 的评定.

测量次数 n 趋于无穷大时,被测量的概率密度服从正态分布,但这只是一种理想情况,在实际测量时,测量次数总是有限的,概率密度曲线将有所变形,称之为 t 分布(或学生分布),如图 1.3.4 所示(图中实线为正态分布,虚线为 t 分布).t 分布是一簇曲线,其形态变化与自由度 ν 有关,自由度 ν 等于自变量的数量 n 减去约束条件的数量 m,即 $\nu=n-m$,一般 n 个自变量的平均值会有一个约束条件,则 $\nu=n-1$.而线性拟合时有两个约束条件(回归系数 a、b),则 $\nu=n-2$.

t 分布和正态分布的主要区别是:t 分布曲线的峰值低于正态分布,而且上部较窄、下部较宽.n 越小,自由度 ν 越小,t 分布曲线越低平,越偏离正态分

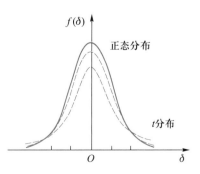

图 1.3.4　t 分布和正态分布的比较

布曲线;而随着测量次数 n 的增加,t 分布越来越接近正态分布;当测量次数 $n \to \infty$ 时,t 分布过渡到正态分布.

对于有限次测量的结果,若要保持同样的置信概率,就需要扩大置信区间,当测量次数为 n 时,把算术平均值的标准差 $s_{\bar{x}}$ 乘以一个大于 1 的因子 $t_\nu(P)$,作为概率为 P 的 A 类不确定度分量,记为 U_A,有

$$U_A = t_\nu(P) s_{\bar{x}} = t_\nu(P) \frac{s}{\sqrt{n}} \tag{1.3.13}$$

式(1.3.13)导出过程比较复杂,本书不做推导,在进行数据处理时可直接使用.式中 $t_\nu(P)$ 简称 t 因子,也称为置信概率为 P 时的置信因子.

表 1.3.1 给出了常用不同置信概率 P、不同自由度 ν 下的 t 因子.

表 1.3.1   常用不同置信概率 P、不同自由度 ν 下的 t 因子

P	ν											
	2	3	4	5	6	7	8	9	10	15	20	∞
0.683	1.32	1.2	1.14	1.11	1.09	1.08	1.07	1.06	1.05	1.04	1.03	1
0.900	2.91	2.35	2.13	2.02	1.94	1.90	1.86	1.83	1.81	1.76	1.73	1.65
0.950	4.30	3.18	2.78	2.57	2.45	2.36	2.31	2.26	2.23	2.13	2.09	1.96
0.997	9.93	5.84	4.60	4.03	3.71	3.50	3.36	3.25	3.17	2.98	2.86	2.58

由表 1.3.1 可见,当测量次数 n 增加时,t 因子减小,但当 $n \geqslant 10$,即 $\nu(=n-1) \geqslant 9$ 时,t 因子减小的趋势变得很慢,t 因子已经接近于 $1(P=0.683)$、$2(P=0.95)$、$3(P=0.997)$,置信区间 $[-ts_{\bar{x}}, +ts_{\bar{x}}]$ 趋于稳定.因此,在一般物理实验中,多次测量取 $n=10$ 次左右.

置信概率实际上是所求量落在估计区间概率的大小,要想置信概率增大,在样本数一定的情况下,只能扩充估计区间.例如分别取置信概率 0.950 和 0.997 作同一问题的区间估计,则 0.997 的估计区间要比 0.950 的估计区间大.在不同的使用场合可以选择不同的概率:在军事、医学上常用 99.7% 的概率,在一些要求不高的场合可以用 68.3% 的概率,本教材约定使用 95.0% 的概率.

置信概率 $P=0.950$ 的 t 因子也可由式(1.3.14)近似算出:

$$t_\nu \approx 1.959 + \frac{2.406}{\nu - 1.064} \quad (\nu \geqslant 3) \tag{1.3.14}$$

若需要其他概率的 t 因子可以查阅相关资料.

(2)B 类不确定度分量 U_B 的近似评定.

B 类不确定度分量是根据经验或其他信息用非统计方法估算的不确定度分量.B 类不确定度分量主要涉及未定系统误差,在实验中引入未定系统误差的因素较多,因此 B 类不确定度分量通常有多个,对其进行全面评定非常复杂.在物理实验中我们通常只考虑因测量仪器误差而引入的 B 类不确定度分量.

计量器具的误差限值用 Δ_i 表示,仪器测量误差在 $[-\Delta_i, \Delta_i]$ 范围内是按一定概率分布的.如果只考虑仪器误差,则 B 类不确定度分量为

$$U_B = k_P \frac{\Delta_i}{C} \tag{1.3.15}$$

式中，k_P 为置信因子，C 为置信系数.置信概率 P 与置信因子 k_P 之间的关系如表 1.3.2 所示.

表 1.3.2　置信概率 P 与置信因子 k_P 之间的关系

P	0.500	0.683	0.900	0.950	0.955	0.990	0.997
k_P	0.675	**1.00**	1.65	1.96	**2.00**	2.58	**3.00**

根据概率统计理论，对于正态分布函数，其置信系数 $C = 3$；对于均匀分布函数，其置信系数 $C = \sqrt{3}$；对于三角分布函数，其置信系数 $C = \sqrt{6}$.目前对于仪器的质量标准服从的分布性质说法不一，或者对某些仪器的分布性质不清楚，因此很多文献就统一简化为均匀分布来处理，取 $C = \sqrt{3}$.

因为许多计量仪表、器具的误差产生原因比较复杂，很多情况下不能确定 C 值，所以本课程本着不确定度取偏大值的原则，在许多直接测量中 U_B 近似取计量器具的误差限值 Δ_i，即

$$U_B \approx \Delta_i \tag{1.3.16}$$

（3）总不确定度 U 的计算.

总扩展不确定度（简称总不确定度）U 是将两类分量按"方和根"的方法进行合成，即

$$U = \sqrt{U_A^2 + U_B^2} \tag{1.3.17}$$

本教材约定，在实验数据处理时，采用置信概率约为 0.950 的总扩展不确定度 U.

在计算总不确定度时，为了简化计算，当一个分量小于最大分量的三分之一时，因为其对总不确定度的结果影响很小，所以计算时可以忽略它.

3. 单次测量的总不确定度

在实验中，当未定系统误差远大于随机误差时，我们通常采用单次测量；有时因实验条件所限，也会进行单次测量.对于单次测量，A 类不确定度为零，所以总不确定度为

$$U \approx U_B$$

由于在单次测量中，测量误差主要包括两部分：估计误差 $\Delta_{估}$，即估计读数的最大允许误差，以及仪器的最大允许误差 Δ_i，二者相互独立，所以

$$U_B = \sqrt{\Delta_{估}^2 + \Delta_i^2} \tag{1.3.18}$$

在通常情况下，估计误差 $\Delta_{估}$ 比仪器误差限 Δ_i 小得多，可以忽略，故此时 B 类不确定度即等于 Δ_i.但是也有例外，例如用电子秒表测量时，电子秒表内部的石英晶体振荡频率的不确定度小于 10^{-5} s，显示的最小分度值（即 Δ_i）为 0.01 s，但是实验者在判定计时开始和结束时，会有 0.1～0.2 s 的估计误差，$\Delta_{估}$ 远远大于 Δ_i.

1.3.3　大学物理实验常用测量仪器的误差限

（1）钢直尺（米尺）（分度值为 1 mm）.

由于余弦、瞄准和估读等误差，取其误差限为 0.3 mm，实验中也可以约定取 0.5 mm.

视频 1.3.3
大学物理实
验常用测量
仪器的误差
限

（2）游标卡尺.

常用游标卡尺按其精度可分为 3 种,即 0.02 mm、0.05 mm、0.1 mm,其误差限分别为 0.02 mm、0.05 mm、0.1 mm.

（3）螺旋测微器（千分尺）.

大学物理实验使用的千分尺精度为一级,分度值为 0.01 mm,其误差限规定为 0.005 mm.

（4）机械停表和数字毫秒表.

实验中使用的机械停表的分度值一般为 0.1 s,其误差限亦为 0.1 s.

数字毫秒表的时基值分别为 0.1 ms、1 ms、10 ms,其误差限分别为 0.1 ms、1 ms、10 ms.

（5）水银-玻璃温度计.

实验室使用的水银-玻璃温度计,其误差限为 0.5 ℃.

（6）旋钮式电阻箱.

测量用的旋钮式电阻箱分为 0.02、0.05、0.1、0.2 四个等级.电阻箱内电阻器阻值的误差与旋钮的接触电阻误差之和构成电阻箱的仪器误差.用相对误差表示,有

$$\frac{\Delta_i}{R} = \left(a + b \, \frac{m}{R} \right) \% \tag{1.3.19}$$

式中,m 为所用十进电阻箱旋钮的个数;R 为所用的电阻值;a 和 b 为电阻箱的等级和对应的常数,如表 1.3.3 所示.

表 1.3.3   电阻箱的等级和对应的常数

等级 a	0.02	0.05	0.1	0.2
常数 b	0.1	0.1	0.2	0.5

（7）电磁测量指示仪表（简称电磁仪表）.

电磁仪表的准确度分为 0.1、0.2、0.5、1.0、1.5、2.5、5.0 七个等级,在规定的条件下使用时,其误差限为

$$\Delta_i = x_m \cdot N\% \tag{1.3.20}$$

式中,x_m 为仪表的量程,N 为仪表的准确度等级.

（8）单臂成品电桥.

其误差限为

$$\Delta_i = \frac{C}{100} \left(\frac{R_N}{k} + R_x \right) \tag{1.3.21}$$

式中,C 为准确度等级（与倍率和测量范围有关,见产品使用说明书）;k 一般取 10;R_N 为基准值,即该量程内的最大阻值（取最大的 10 的整数次幂）;R_x 为标度盘示值,即测量值.

（9）电势差计.

其误差限为

$$\Delta_i = \frac{C}{100} \left(\frac{V_N}{10} + V_x \right) \tag{1.3.22}$$

式中,C 为准确度等级;V_N 为基准值,指第 1 测量盘第 10 点的电压值(仪器能测量的最大的 10 的整数次幂);V_x 为标度盘示值,即测量值.

1.3.4 直接测量结果的表示

前面介绍了直接测量结果的最佳值和测量结果的扩展不确定度,这样就可以给出测量结果的完整表示:

$$x = \bar{x} \pm U \tag{1.3.23}$$

式中,$\bar{x}$ 可以是多次测量的算术平均值,也可以是单次测量值,如果测量中有已定系统误差,则 $\bar{x}$ 为修正后的值,U 是概率约等于 0.950 的扩展不确定度.U 一般只取 1~2 位有效数字,如果修约前 U 的首位数字较小(如 1、2),一般取 2 位,首位数字大于 2 时通常取 1位.算术平均值的有效数字取位要根据扩展不确定度进行有效数字修约,即量值 $\bar{x}$ 与扩展不确定度 U 的末位数字要对齐.修约原则与上文有效数字的修约原则相同.

式(1.3.23)给出的测量结果表示真值落在区间 $[\bar{x}-U, \bar{x}+U]$ 内的概率约为 95.0%,或者说该区间有约 95.0% 的可能性包含真值.

视频 1.3.4
直接测量结
果的表示

1.3.5 相对扩展不确定度

相对扩展不确定度(简称相对不确定度)U_r 是扩展不确定度 U 与被测量值 x 之比,即

$$U_r = \frac{U}{x} \tag{1.3.24}$$

相对扩展不确定度 U_r 用百分数表示,一般取 2 位有效数字.有了相对不确定度的概念后,前面的不确定度可以称为绝对不确定度,一般就简单地称为不确定度.

相对扩展不确定度可以更为直观地评价测量结果的精度.如电表某一量程的不确定度是某一个确定的值,当用其测量时,在量程范围内,随被测量量值的增大,其相对不确定度会越来越小,因此使用仪表时要求在满量程的 2/3 以上使用,这样可以减小测量误差.

例 1.3.1　用 0.2 级,量程为 20 kΩ 的万用表测量某个电阻的阻值,测量结果(R/kΩ)为:3.92,3.89,3.88,3.86,3.88,3.87,3.86,3.85,3.87,3.89.给出最终结果表示.

视频 1.3.5
相对扩展不
确定度

解:计算平均值:$\bar{R} = \dfrac{1}{10} \sum\limits_{i=1}^{10} x_i = 3.877$ kΩ

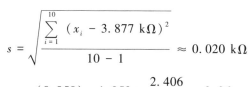

$$s = \sqrt{\frac{\sum\limits_{i=1}^{10} (x_i - 3.877 \text{ kΩ})^2}{10-1}} \approx 0.020 \text{ kΩ}$$

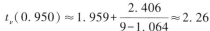

$$t_\nu(0.950) \approx 1.959 + \frac{2.406}{9-1.064} \approx 2.26$$

A 类不确定度:

视频
例 1.3.1

$$U_A = (t/\sqrt{n})\, s = (2.26/\sqrt{10}) \times 0.020 \text{ kΩ} \approx 0.014 \text{ kΩ}$$

B 类不确定度：

$$U_B = \Delta_i = \frac{N}{100} x_m = \frac{0.2}{100} \times 20 \ k\Omega = 0.04 \ k\Omega$$

因此，总扩展不确定度为

$$U = \sqrt{U_A^2 + U_B^2} = \sqrt{0.014^2 + 0.04^2} \ k\Omega = 0.04 \ k\Omega$$

修约结果的平均值为

$$\overline{R} = 3.88 \ k\Omega$$

因此，最终结果为

$$R = (3.88 \pm 0.04) \ k\Omega$$

1.3.6   间接测量不确定度的评定

若间接测量量 F 为互相独立的直接测量量 $x, y, z, \cdots$ 的函数，即

$$F = f(x, y, z, \cdots) \tag{1.3.25}$$

则因为 $x, y, z, \cdots$ 都含有误差，所以 F 也必然含有误差. 若 $x, y, z, \cdots$ 是彼此独立的直接测量量，不确定度分别为 $U_x, U_y, U_z, \cdots$，则它们必然影响间接测量结果，间接测量量 F 的不确定度与各直接测量量的不确定度之间的关系式称为不确定度传递公式. 因为不确定度是微小量，相当于数学中的"增量"，所以间接测量量的不确定度计算公式与数学中的全微分公式类似. 考虑到用不确定度代替全微分，以及不确定度的统计性质（方和根），可以给出间接测量量 F 的不确定度传递公式.

$$dF = \frac{\partial f}{\partial x} dx + \frac{\partial f}{\partial y} dy + \frac{\partial f}{\partial z} dz + \cdots \tag{1.3.26}$$

$$U_F = \sqrt{\left(\frac{\partial f}{\partial x}\right)^2 U_x^2 + \left(\frac{\partial f}{\partial y}\right)^2 U_y^2 + \left(\frac{\partial f}{\partial z}\right)^2 U_z^2 + \cdots} \tag{1.3.27}$$

公式（1.3.25）两边取自然对数，然后再求偏微分，就可以给出间接测量量 F 的相对不确定度.

$$\frac{U_F}{F} = \sqrt{\left(\frac{\partial \ln f}{\partial x}\right)^2 U_x^2 + \left(\frac{\partial \ln f}{\partial y}\right)^2 U_y^2 + \left(\frac{\partial \ln f}{\partial z}\right)^2 U_z^2 + \cdots} \tag{1.3.28}$$

式（1.3.27）和式（1.3.28）就是间接测量量的绝对不确定度和相对不确定度的传递公式.

在应用不确定度传递公式估算间接测量量的不确定度时应注意：如果函数形式是若干个直接测量量相加减，那么计算间接测量量的绝对不确定度比较方便；如果函数形式是若干个直接测量量相乘除，那么函数两边先取自然对数，再求偏微分，即利用式（1.3.28）计算间接测量量的相对不确定度，然后再求其绝对不确定度比较简单.

具体计算过程是：先求出各直接测量量的最佳值及其扩展不确定度，给出各直接测量量的结果表达式；然后将各直接测量量的最佳值代入间接测量量的函数公式，计算得到待测物理量 F 的最佳值（对参与运算的数和中间运算结果都不修约，只在算出不确定度后，表示最后结果前再修约）；再利用不确定度的传递公式，求出待测物理量的不确定度 U_F

(在运算过程中,不确定度可多保留几位有效数字);不确定度的最终有效数字取位原则与直接测量时的原则一样,保留 1~2 位有效数字;然后按上文的有效数字修约原则,对待测物理量的量值进行有效数字修约;最终给出间接测量量量 F 的结果表达式.

$$F = \overline{F} \pm U_F \tag{1.3.29}$$

表 1.3.4 是常用函数的不确定度传递和合成公式.

表 1.3.4 常用函数的不确定度传递和合成公式

函数表达式	不确定度的传递公式
$F = x \pm y$	$U_F = \sqrt{U_x^2 + U_y^2}$
$F = xy$ $F = x/y$	$\dfrac{U_F}{F} = \sqrt{\left(\dfrac{U_x}{\overline{x}}\right)^2 + \left(\dfrac{U_y}{\overline{y}}\right)^2}$
$F = \dfrac{x^m y^n}{z^k}$	$\dfrac{U_F}{F} = \sqrt{m^2\left(\dfrac{U_x}{\overline{x}}\right)^2 + n^2\left(\dfrac{U_y}{\overline{y}}\right)^2 + k^2\left(\dfrac{U_z}{\overline{z}}\right)^2}$
$F = kx$	$U_F = kU_x$
$F = \sqrt[k]{x}$	$\dfrac{U_F}{F} = \dfrac{1}{k}\dfrac{U_x}{\overline{x}}$
$F = \sin x$	$U_F = |\cos x| U_x$
$F = \ln x$	$U_F = \dfrac{U_x}{\overline{x}}$

前面有关有效数字的运算法则仅是一种粗略的方法,由不确定度决定有效数字位数才是根本的方法.它是大学物理实验课程的教学要点之一,我们将在多数实验中贯彻重视误差分析的思想.虽然原则上几乎所有物理量的测量都能评定不确定度,但是考虑到大学物理实验课程的基础性,我们会在部分实验中安排评定某一类不确定度,只在少数实验中要求做完整的不确定度评定练习.对于一些操作性强的实验,我们重点考察学生的动手实践能力,对不确定度的评定不做要求.

例 1.3.2 有一质量为 $m = (213.04 \pm 0.05)$ g 的铜圆柱体,用 0~125 mm、精度为 0.02 mm 的游标卡尺测得其高度(h/mm)为:80.38,80.38,80.36,80.38,80.36,80.38;用一级 0~25 mm 螺旋测微器测得其直径(d/mm)为:19.465,19.466,19.465,19.464,19.467,19.466.求该铜圆柱体的密度.

视频
例 1.3.2

解:(1)求高度的算术平均值及不确定度.

$$\overline{h} = \frac{1}{6}\sum_{i=1}^{6} h_i \approx 80.373\ 3\ \text{mm}$$

$$s = \sqrt{\frac{\sum_{i=1}^{6}(h_i - 80.373\ 3\ \text{mm})^2}{6 - 1}} \approx 0.010\ 3\ \text{mm}$$

h 的 A 类不确定度:

$$t_\nu(0.950) \approx 1.959 + \frac{2.406}{5-1.064} \approx 2.57$$

$$U_A = t\frac{s}{\sqrt{n}} = \frac{2.57 \times 0.010\ 3}{\sqrt{6}} \text{ mm} \approx 0.010\ 8 \text{ mm}$$

游标卡尺的示值误差为 0.02 mm,即 h 的 B 类不确定度为

$$U_B = 0.02 \text{ mm}$$

因此,h 的总扩展不确定度为

$$U_h = \sqrt{U_A^2 + U_B^2} = \sqrt{0.010\ 8^2 + 0.02^2} \text{ mm} = 0.023 \text{ mm}$$

再对 h 的算术平均值进行有效数字修约,得到 h 的最终结果:

$$h = (80.373 \pm 0.023) \text{ mm}$$

(2)求直径的最佳值及不确定度.

$$\bar{d} = \frac{1}{6}\sum_{i=1}^{6} d_i = 19.465\ 5 \text{ mm}$$

$$s = \sqrt{\frac{\sum_{i=1}^{6}(d_i - 19.465\ 5 \text{ mm})^2}{6-1}} \approx 0.001\ 05 \text{ mm}$$

则 d 的 A 类不确定度为

$$U_A = t\frac{s}{\sqrt{n}} = \frac{2.57 \times 0.001\ 05}{\sqrt{6}} \text{ mm} \approx 0.001\ 102 \text{ mm}$$

一级千分尺的仪器误差限为 0.005 mm,则 d 的 B 类不确定度为

$$U_B = 0.005 \text{ mm}$$

因此,d 的总扩展不确定度为

$$U_d = \sqrt{U_A^2 + U_B^2} = \sqrt{0.001\ 102^2 + 0.005^2} \text{ mm} = 0.005 \text{ mm}$$

再对 d 的算术平均值进行有效数字修约,得到 d 的最终测量结果:

$$d = (19.466 \pm 0.005) \text{ mm}$$

(3)求密度及其不确定度.

$$\bar{\rho} = \frac{4m}{\pi \bar{d}^2 \bar{h}} = \frac{4 \times 213.04}{\pi \times 19.466^2 \times 80.373} \text{ g/mm}^3 \approx 0.008\ 906\ 5 \text{ g/mm}^3 \approx 8.906\ 5 \text{ g/cm}^3$$

$$\frac{U_\rho}{\bar{\rho}} = \sqrt{\left(\frac{U_m}{m}\right)^2 + \left(2\frac{U_d}{\bar{d}}\right)^2 + \left(\frac{U_h}{\bar{h}}\right)^2}$$

$$= \sqrt{\left(\frac{0.05}{213.04}\right)^2 + \left(\frac{2 \times 0.005}{19.466}\right)^2 + \left(\frac{0.023}{80.373}\right)^2}$$

$$\approx 6.331 \times 10^{-4}$$

$$\approx 0.063\%$$

$$U_\rho = 8.906\ 5 \times 0.063\% \text{ g/cm}^3 = 0.006 \text{ g/cm}^3$$

再对 $\bar{\rho}$ 进行有效数字修约,得

$$\bar{\rho} = 8.907 \text{ g/cm}^3$$

最终结果为

$$\rho = (8.907 \pm 0.006) \text{ g/cm}^3$$

1.3.7 不确定度均分原则

视频 1.3.7
不确定度的
均分原则

在间接测量结果中,每个独立的直接测量量的不确定度都会对最终结果的总不确定度有贡献.不确定度的均分原则(简称均分原则)就是要求按照不确定度的传递公式将测量结果的总不确定度均分到每个直接测量量中,使得各个直接测量量的不确定度对总不确定度的贡献相同.如果认为各个不确定度分量对函数的影响相等,那么

$$U_F = \sqrt{a_1^2 U_1^2 + a_2^2 U_2^2 + a_3^2 U_3^2 + \cdots} = \sqrt{n a_i^2 U_i^2} \qquad (1.3.30)$$

所以按均分原则分配的不确定度量值为 $U_i = \dfrac{U_F}{\sqrt{n}\, a_i}$,其中 a_i 为第 i 个不确定度分量的传递系数.

不确定度均分原则既是我们比较评价各物理量的测量方法和选择使用测量仪器的依据,又是指导设计实验方案的出发点,在具体实验方案设计中具有重要的指导意义.

在一般实验中,按照均分原则的要求,在经济合理的前提下,对测量结果影响较大的物理量,可以选择精度较高的实验仪器,而对测量结果影响较小的物理量,则不必选择精度高的实验仪器.因为正常测量时不确定度的 A 类分量远小于仪器误差限所决定的 B 类分量,所以分析计算时可仅考虑仪器误差限所决定的 B 类分量的影响.另外,利用该原则确定实验方案时还需根据均分原则的计算结果对实验做必要的调整:对容易测量的分量可适当减小其不确定度,对难于测量的分量应适当增大其不确定度.

1.4　常用实验数据处理方法

用简明而又科学的方法处理、表达和分析实验数据,并从中找出事物的内在规律或得到最佳的测量结果,这就是数据处理.数据处理的方法有很多种,我们在实际工作中往往同时采用几种方法(如列表法、作图法、逐差法、最小二乘法等),从不同的方面分析和表达实验数据.所用的处理方法不同,得到结果的准确程度也不同.

本节主要介绍物理实验中常用的几种数据处理方法,主要学习目标如下:(1)掌握列表法处理数据的规则和要求,明确列表法处理数据的优缺点,学会用列表法记录和处理数据;(2)掌握作图法处理数据的规则和要求,明确作图法处理数据的优缺点,能够熟练规范作图,并能通过所作图线获得测量结果;(3)理解什么是逐差法,明确逐差法处理数据的要求以及逐差法的优缺点,学会用逐差法处理数据;(4)理解什么是最小二乘法,明确

最小二乘法处理数据的优缺点,学会用最小二乘法处理数据;(5) 学会根据实际需要合理选择数据处理方法,高效获得满足要求的测量结果.

1.4.1   列表法

在记录和数据处理时,列出清晰的表格,可以简单而明确地表示出有关物理量之间的对应关系.列表法便于随时检查和发现问题,并有助于找出有关物理量之间的规律、归纳和推导出相应的物理规律、求出经验公式等.在数据处理时,可把某些中间项列入表中,以利于对比、验证数据是否有错,方便计算和分析.

数据表格没有统一规定,但在设计表格时要尽量做到简单明了,并满足如下基本要求:

(1) 在表的上方应有表头,并写明表格的编号、名称等.

(2) 在表的标题栏中要交代清楚各物理量的名称和符号,并写明单位,单位不要重复记在各数据的后面.

(3) 表中数据要正确反映测量结果的有效数字.

(4) 必要时,在表的合适位置注明所使用测量仪器的型号、量程、等级等,以及测量有关的环境参量、引用的常量和物理量等.

例如,伏安法测量电阻实验数据见表 1.4.1.

表 1.4.1   伏安法测量电阻

测量次数 n	1	2	3	4	5	6	7	8	9
电压 U/V	1.00	2.00	3.00	4.00	5.00	6.00	7.00	8.00	9.00
电流 I/mA	2.00	4.01	6.05	7.85	9.70	11.83	13.75	16.02	17.86
电阻 $R(=U/I)/\Omega$	500	499	496	510	515	507	509	499	504

注:电压表:1.0 级,量程 15 V,内阻 15 kΩ;毫安表:1.0 级,量程 20 mA,内阻 1.20 Ω.

1.4.2   作图法

作图法(或称图解法)是把一系列数据之间的关系和变化情况用图线直观地表示出来,从而求出相应的物理公式或被测物理量的数值的方法.用作图法处理数据是物理实验课训练的基本内容之一.

常见的物理实验图线有 3 种:

(1) 物理量的关系曲线、元件的特性曲线、仪器仪表的定标曲线等,这类曲线一般是光滑连续的曲线或直线.

(2) 仪器仪表的校准曲线,这类曲线的特点是两物理量之间并无简明的函数关系,其图线是无规的折线(实验时连成折线).

（3）计算用图线,这类曲线是根据较精密的测量数据,按作图规则精心细致地绘制在坐标纸上的,以便按要求计算实验结果.

1. 作图的基本规则

（1）选择坐标纸.作图一定要用坐标纸.常用的坐标纸有直角坐标纸、单对数坐标纸、双对数坐标纸、极坐标纸等.

本课程主要采用直角坐标纸(毫米方格纸).应选择合适的坐标分度值,以确定坐标纸的大小.原则上实验数据中可靠数字的最后一位应该对应坐标纸上的最小分格,以保证数据计算结果的精度;如果不是为计算用的图线,那么可根据具体情况选择合适的坐标比例画图.

（2）合理选择坐标轴、坐标轴的比例和坐标轴的起点.一般以横轴表示自变量,纵轴表示因变量.在轴上等间距标明该物理量的数值,标度单位应选用1、2、5及其倍数的数值,而不选用3、7、9这样难以标点的数值.要使图线比较对称地充满整张图纸,不要缩在一边或一角,因此,坐标轴起点的取值要视需要而定,不一定是零.

（3）标明轴的方向、轴名、图名.要用箭头标出坐标轴的方向,标明坐标轴所代表的物理量及其单位,物理量和单位之间用"/"分开.在图的下方中间的位置写上图名.要用铅笔作图,以便修改.

（4）正确标点.根据测量数据,用"+"在图中标出各数据的坐标,使与数据对应的坐标准确地落在"+"的中心.若要在一张图上同时画出几条曲线,则必须用不同的符号标出,如可用"×""⊗""⊕"等.

（5）正确画线.画线时一定要用直尺、曲线板等作图工具,把数据点连成直线、光滑曲线或折线.因为存在误差,所以直线或曲线不一定要通过所有的实验点,而应使大多数的点尽可能在线上,不在线上的点尽可能在线的两侧均匀分布,这具有对各测量值取平均的作用.标点和连线都要细而清晰.

（6）利用图线求解.在利用所作直线求斜率(或截距)等参量时,一定要在线上取点(不能取实际测量点),取点的间距要尽可能大一些(一般不要超过原始数据的最大和最小点),以减小计算的误差,并且用不同于数据点的符号标出取用点.有关的计算不要写在图纸上,要保持图面的整洁、清晰和美观.

（7）在图纸下部适当的位置可以附加必要而简洁的说明,如实验日期、作者、必要的实验条件与图注等,将图纸与实验报告订在一起.

注意:物理实验中的纵坐标和横坐标代表不同的物理量,其分度值与空间坐标不同,故不能用量取直线倾角求正切值的办法求斜率.

例 1.4.1 伏安法测线性电阻实验数据如表 1.4.2 所示,试用作图法求电阻.

表 1.4.2 伏安法测线性电阻实验数据表

电压 U/V	0.00	1.00	2.00	3.00	4.00	5.00	6.00	7.00	8.00	9.00	10.00
电流 I/mA	0.00	2.00	4.01	6.05	7.85	9.70	11.83	13.75	16.02	17.86	19.94

解：如图 1.4.1 所示作图，在图上选取 A、B 两点，求出斜率 k.

$$k = \frac{(18.85 - 0.95) \times 10^{-3}}{9.50 - 0.50} \text{ A/V} = \frac{17.90}{9.00} \times 10^{-3} \text{ A/V}$$

$$R = \frac{1}{k} = \frac{9.00}{17.90} \times 10^{3} \text{ Ω} \approx 503 \text{ Ω}$$

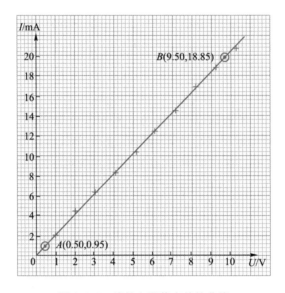

图 1.4.1　线性电阻伏安特性曲线

2. 作图法处理数据的优点

（1）直观：可以把测量数据间的关系、变化规律或发展趋势形象直观地用图线表示出来.

（2）简便：在测量精度要求不高或者进行粗测时，可以通过作图法粗略地求得一些结果（最大值、最小值、转折点、周期等）.

（3）有取平均的效果：图线是根据多个数据点描绘出的光滑曲线，或按描直线的原则画出的直线，这相当于多次测量取平均的作用.

（4）利用"内插法"和"外推法"，从图线上可以直接读出没有进行观测的数值.

从图线中易于发现测量中的错误，比如个别点偏离特别大；可以对实验的误差进行分析，还可以把复杂的函数关系简单化（用取对数或倒数的方法进行曲线改直）.

但是，作图法在数据处理时，受图纸大小限制，当观测数据有效数字位数较多、分布范围较广时，会因所需图纸太大而无法实现.另外，作图有一定的随意性，对同一组数据，不同的人作图会得到不同的结果，即使是同一个人，其先后两次作图结果也会有所不同，因此，作图法的误差很难估计.因此，作图法只适用于粗略的数据处理，如果计算精度要求较高，那么需要用下文介绍的最小二乘法来进行回归分析.

3. 曲线改直

如果已知图线不是直线，那么可利用函数关系将曲线改直.例如，已知 $y = a e^{bx}$，则可以令 $z = e^{bx}$，得 $y = az$.

视频 1.4.3
逐差法

1.4.3 逐差法

在处理数据时,有一种准确度比较高的简便方法,称之为逐差法,它在处理线性关系且自变量等间距变化的问题中比较有效.逐差法计算简便,特别是检查数据时,可以随测随检,便于及时发现数据差错和数据规律.

原则上讲,对于自变量与因变量之间的多项式函数关系:

$$y = \sum_{i=0}^{n} a_i x^i \tag{1.4.1}$$

只要自变量是等间距变化的,都可以采用多次逐差法处理数据.逐差法选用测量数据的原则是:所有的数据都要用上,但每个数据都不能重复使用.如果一次逐差是常量,那么说明函数是线性的,即式(1.4.1)中 $n=1$;如果二次逐差是常量,那么说明函数关系是包含二次多项式的,即式(1.4.1)中 $n=2$.

本教材主要介绍逐差法的一般应用,即自变量是等间距变化的,且与因变量之间的函数关系为线性关系 $y=a+bx$,用一次逐差法.

在一般情况下,用逐差法处理数据要具备两个条件:自变量是等间距变化的,测量数据必须为偶数对.

把实验中测量的数据分成前后两组($n=2m$),有

自变量 x:

$$x_1, x_2, \cdots, x_i, \cdots, x_m, x_{m+1}, x_{m+2}, \cdots, x_{m+i}, \cdots, x_{2m}$$

因变量 y:

$$y_1, y_2, \cdots, y_i, \cdots, y_m, y_{m+1}, y_{m+2}, \cdots, y_{m+i}, \cdots, y_{2m}$$

将后组数据与前组对应数据相减,有

$$\begin{cases} \Delta y_1 = y_{m+1} - y_1 = b(x_{m+1} - x_1) = b\Delta x_m \\ \cdots\cdots\cdots \\ \Delta y_i = y_{m+i} - y_i = b(x_{m+i} - x_i) = b\Delta x_m \\ \cdots\cdots\cdots \\ \Delta y_m = y_{2m} - y_m = b(x_{2m} - x_m) = b\Delta x_m \end{cases} \tag{1.4.2}$$

再求上面差值的平均值:

$$\overline{\Delta y} = \frac{1}{m}\sum_{i=1}^{m} \Delta y_i = \frac{1}{m}\sum_{i=1}^{m} (y_{m+i} - y_i) = \frac{1}{m}\sum_{i=1}^{m} b(x_{m+i} - x_i) = \frac{1}{m}\sum_{i=1}^{m} b\Delta x_m = b\Delta x_m$$

$$\tag{1.4.3}$$

于是得到

$$b = \frac{\overline{\Delta y}}{\Delta x} = \frac{\dfrac{1}{m}\sum_{i=1}^{m} \Delta y_i}{\Delta x_m} \tag{1.4.4}$$

由式(1.4.4)可以看出,采用逐差法处理数据时,把 $n(n=2m)$ 个数据分成前后两组,

每组都包含 m 个数据,将前后两组对应项相减再求平均.在实际求解中可只求出因变量 y 相差 m 个间距的平均值,因为 x 是等间隔变化的,所以对自变量 x 求出一个相差 m 个间距的 Δx_m 即可.除这种分组方法外,也可按其他规律分组,但是这种前后分组方法的间隔最大,误差最小.

逐差法的优点:可以充分利用单行程等间距测量的数据,达到对充分多的数据取平均的效果,保持了多次测量的优越性,减小了随机误差;最大限度地保证不损失有效数字,减小了相对误差.

例 1.4.2   在拉伸法测弹性模量实验中,已知拉力 F_i 与望远镜中读得的标尺刻度 n_i 之间的函数关系为

$$n_i = \frac{8lH}{\pi bED^2}F_i + n_0$$

所测数据如表 1.4.3 所示.若已知光杠杆常量为 $b = 44.74$ mm,钢丝直径为 $D = 0.598$ mm,钢丝长度为 $l = 736.2$ mm,镜尺距为 $H = 683.7$ mm,试用逐差法求出钢丝的弹性模量 E.

表 1.4.3   拉伸法测弹性模量标尺刻度与对应拉力的关系

测量顺序	1	2	3	4	5	6	7	8	9	10
拉力 F_i/N	0.00	10.00	20.00	30.00	40.00	50.00	60.00	70.00	80.00	90.00
标尺刻度 n_i/mm	10.2	15.0	18.9	22.8	27.1	30.7	34.9	38.8	42.9	46.3
$(F_{i+5} - F_i)$/N	50.00									
$(n_{i+5} - n_i)$/mm	20.5	19.9	19.9	20.1	19.2					

解:将数据分成前后两组,对应项求差,则由逐差法可求线性关系的斜率 k:

$$k = \frac{1}{5}\frac{\sum(n_{i+5} - n_i)}{50.00 \text{ N}} = 0.398\ 4 \text{ mm/N}$$

代入其他数据,可得

$$E = \frac{8lH}{\pi bkD^2} \approx \frac{8 \times 736.2 \times 683.7}{3.141\ 6 \times 44.74 \times 0.598^2 \times 0.398\ 4} \text{ N/mm} \approx 2.01 \times 10^{11} \text{ N/m}^2$$

1.4.4   线性拟合法

视频 1.4.4
线性拟合法

前面介绍的作图法处理数据虽然具有简明直观等优点,但是由于作图具有一定的主观随意性,即使对同一组数据,其结果也往往因人而异;逐差法虽然数据处理简单,但有条件限制且不能减小具有随机性的未定系统误差的影响.

为了克服以上两种方法的缺点,人们通常采用更严格的数学解析方法.从一组实验数据中找出一条最佳的拟合直线或者曲线(即寻找到一个误差最小的实验方程)称为方程回归,也称拟合.其中最常用的方法是最小二乘法,用此方法可求出直线斜率、截距以及与实验目的有关的其他参量,给出的函数关系式称为回归方程,或者称为最佳直线方程.

1. 最小二乘法的基本原理

最小二乘法是一种根据实验数据求未知量"最佳"估值的方法,该方法能够充分利用测量所获得的信息,减小误差对结果的影响.最小二乘法原理为:若能找到一条最佳的拟合直线(或者说最佳拟合方程 $y = a + bx$),则各测量值与这条拟合直线上各对应点的值之差(即 y_i 的残差)的平方和,在所有的拟合直线中应该是最小的,即

$$A = \sum_{i=1}^{n} \nu_i^2 = \sum_{i=1}^{n} (y_i - \hat{y}_i)^2 = \sum_{i=1}^{n} [y_i - (a + bx_i)]^2 = \min \tag{1.4.5}$$

最小二乘法原理就是求式(1.4.5)为最小值时的 a、b 值.其中 $\hat{y}_i$ 是把一组测量中的 x_i 代入拟合方程得到的最佳估值,因此残差是测量列中某一测量值 y_i 与该测量的最佳估值 $\hat{y}_i$ 之差,记为

$$\nu_i = y_i - \hat{y}_i \tag{1.4.6}$$

最小二乘法直线拟合,原则上要求因变量 y_i 的误差互不相关且分布特征大致相同,如标准差 s_{y_i} 大致相同,即等精(密)度.实际上这些要求常被放宽,例如当各 y_i 的重复性标准差较小且各不相同,但未定系统误差极限相近时,就可用最小二乘法.

直线拟合时一般选择误差限相对较小的量作自变量,另一量作因变量.

根据求极值的条件,即 A 对 a、b 的一阶偏导数为零,可得

$$\begin{cases} \dfrac{\partial A}{\partial a} = \dfrac{\partial \left(\sum\limits_{i=1}^{n} \nu_i^2 \right)}{\partial a} = \dfrac{\partial \left[\sum\limits_{i=1}^{n} (y_i - \hat{y}_i)^2 \right]}{\partial a} = -2 \sum\limits_{i=1}^{n} (y_i - a - bx_i) = 0 \\[3mm] \dfrac{\partial A}{\partial b} = \dfrac{\partial \left(\sum\limits_{i=1}^{n} \nu_i^2 \right)}{\partial b} = \dfrac{\partial \left[\sum\limits_{i=1}^{n} (y_i - \hat{y}_i)^2 \right]}{\partial b} = -2 \sum\limits_{i=1}^{n} (y_i - a - bx_i) x_i = 0 \end{cases} \tag{1.4.7}$$

整理后,得

$$\begin{cases} na + \left(\sum\limits_{i=1}^{n} x_i \right) b = \sum\limits_{i=1}^{n} y_i \\[3mm] \left(\sum\limits_{i=1}^{n} x_i \right) a + \left(\sum\limits_{i=1}^{n} x_i^2 \right) b = \sum\limits_{i=1}^{n} x_i y_i \end{cases} \tag{1.4.8}$$

引入算术平均值的符号:

$$\bar{x} = \frac{1}{n} \sum_{i=1}^{n} x_i, \quad \bar{y} = \frac{1}{n} \sum_{i=1}^{n} y_i, \quad \overline{x^2} = \frac{1}{n} \sum_{i=1}^{n} x_i^2, \quad \overline{y^2} = \frac{1}{n} \sum_{i=1}^{n} y_i^2, \quad \overline{xy} = \frac{1}{n} \sum_{i=1}^{n} x_i y_i$$

可以给出斜率和截距的表达式:

$$\begin{cases} b = \dfrac{\sum (x_i - \bar{x}) y_i}{\sum (x_i - \bar{x})^2} = \dfrac{\overline{x \cdot y} - \bar{x} \cdot \bar{y}}{\overline{x^2} - (\bar{x})^2} \\[3mm] a = \bar{y} - b\bar{x} \end{cases} \tag{1.4.9}$$

由式(1.4.9)计算得到的 a、b 值即线性回归方程的最佳估值,将计算得到的 a、b 值代入直线方程 $y = a + bx$,即可得到由实验数据 (x_i, y_i) 所拟合的最佳直线方程,即一元线性回归方程.

2. 因变量及斜率、截距的标准差估算

因变量标准差 s_y 是反映拟合质量的参量之一. 由 n 组测量值求 a、b 两个未知量,即有两个约束条件,故自由度 $\nu = n-2$. 因变量标准差 s_y 和斜率、截距的标准差 s_b、s_a 分别为

$$s_y = \sqrt{\frac{S}{\nu}} = \sqrt{\frac{\sum (y_i - a - bx_i)^2}{n-2}} \quad (1.4.10)$$

$$s_b = \frac{s_y}{\sqrt{\sum (x_i - \bar{x})^2}} = \frac{s_y}{\sqrt{n[\overline{x^2} - (\bar{x})^2]}} \quad (1.4.11)$$

$$s_a = s_y \frac{\sqrt{\overline{x^2}}}{\sqrt{n[\overline{x^2} - (\bar{x})^2]}} = s_b \sqrt{\overline{x^2}} \quad (1.4.12)$$

式(1.4.10)—式(1.4.12)的计算不难实现,许多软件(Excel、Origin 等)都有现成函数,有的软件对输入数据画出直线后还能给出斜率、截距值.截距、斜率等参量的 A 类不确定度为

$$U_{aA} = ts_a, \ U_{bA} = ts_b \quad (1.4.13)$$

t 因子可以查表 1.3.1 得到.

3. 相关系数

利用最小二乘法原理通过一组实验数据 (x_i, y_i) 求得线性回归系数 a、b 值,是在预先假定 y-x 为线性关系时,来确定线性拟合方程 $y = a+bx$ 的.但是这一结果是否合理,即 y-x 是否符合线性关系,通常可用相关系数来检验,一元线性回归的相关系数 r 定义为

$$r = \frac{\overline{x \cdot y} - \bar{x} \cdot \bar{y}}{\sqrt{[\overline{x^2} - (\bar{x})^2][\overline{y^2} - (\bar{y})^2]}} \quad (1.4.14)$$

相关系数 r 反映了数据的线性相关程度,即表示两个被测量之间的关系与线性方程拟合的程度.可以证明 $|r| \leqslant 1$,即 r 总是在 $[-1, +1]$ 区间. $|r| = 1$,表示 x、y 完全线性相关,拟合直线通过全部实验数据点(由于实验存在误差所以很难做到);$|r|$ 越接近 1,表示实验数据点越聚集在拟合直线附近,即 x、y 越符合线性相关,用直线拟合比较合理(或者如果通过函数式已经确认为线性关系,那么说明该实验的测量精度高).

$r > 0$ 时,拟合直线的斜率为正,称之为正相关;$r < 0$ 时,拟合直线的斜率为负,称之为负相关;$r = 0$ 时,称之为不相关.

4. 能化为线性回归的非线性回归

非线性回归是一个复杂的问题,并无固定的解法,但若某些非线性函数经过适当变换后成为线性函数,则仍可用线性回归方法处理.

对于指数函数、对数函数、幂函数,可以通过变量代换,将它们变换成线性函数,再进行拟合.也可以用计算器进行相关的回归计算,直接求解实验方程.现在市场上有很多函数计算器具有多种函数的回归功能,操作很方便.对更复杂一些的函数,可以自编程序或采用计算机作图软件来进行拟合.

例如,对指数函数 $y = ae^{bx}$(式中 a 和 b 为常数)等式两边取对数,可得

$$\ln y = \ln a + bx$$

令 $\ln y = y'$，$\ln a = b_0$，即得直线方程：

$$y' = b_0 + bx$$

这样便可把指数函数的非线性回归问题变为一元线性回归问题.

又如，对幂函数 $y = ax^b$ 来说，等式两边取对数，得

$$\ln y = \ln a + b\ln x$$

令 $\ln y = y'$，$\ln a = b_0$，$\ln x = x'$，即得直线方程：

$$y' = b_0 + bx'$$

幂函数的非线性回归问题同样转化成了一元线性回归问题.

由此可见，对于任何一个非线性函数，只要能设法将其转化成线性函数，就可以用线性回归方法处理.

5. Excel 中直线拟合的 LINEST 函数法

Excel 提供了最小二乘法计算直线参量的现成函数. LINEST 函数能够方便地用于直线拟合与多元回归的计算，如表 1.4.4 所示.

视频　Excel 中直线拟合的 LINEST 函数法

表 1.4.4　Excel 中的 LINEST 函数

参量	LINEST 函数
斜率 b	$= \text{INDEX}(\text{LINEST}(y_1:y_n, x_1:x_n, 1, 1), 1, 1)$
截距 a	$= \text{INDEX}(\text{LINEST}(y_1:y_n, x_1:x_n, 1, 1), 1, 2)$
因变量标准差 s_y	$= \text{INDEX}(\text{LINEST}(y_1:y_n, x_1:x_n, 1, 1), 3, 2)$
斜率标准差 s_b	$= \text{INDEX}(\text{LINEST}(y_1:y_n, x_1:x_n, 1, 1), 2, 1)$
截距标准差 s_a	$= \text{INDEX}(\text{LINEST}(y_1:y_n, x_1:x_n, 1, 1), 2, 2)$
残差平方和 S	$= \text{INDEX}(\text{LINEST}(y_1:y_n, x_1:x_n, 1, 1), 5, 2)$

例 1.4.3　某同学测量弹簧弹性系数的数据如下：

F/g	2.00	4.00	6.00	8.00	10.00	12.00	14.00
y/cm	6.90	10.00	13.05	15.95	19.00	22.05	25.10

视频
例 1.4.3

其中，F 为弹簧所受的作用力（换算为砝码的质量），y 为弹簧伸长后的位置示值，已知 $F = k(y - y_0)$，试用最小二乘法处理数据，求弹簧的弹性系数 k 及弹簧的初始位置 y_0.

解：由于 F（砝码）的精度较高，所以将其作为自变量，将上式变形得到

$$y - y_0 = \left(\frac{1}{k}\right)F$$

再与线性方程 $y = a + bx$ 比较，得

$$x = F, \quad a = y_0, \quad b = \frac{1}{k}$$

（1）用式(1.4.9)—式(1.4.12)计算（计算过程多取几位有效数字），可得

$$a \approx 3.914\ 285\ 714\ \text{cm} \approx 3.914\ 3\ \text{cm}$$

$$b \approx 1.511\ 607\ 143\ \text{cm/g} \approx 1.511\ 6\ \text{cm/g}$$

$$s_y \approx 0.049\ 099\ 025\ \text{cm}$$

$$s_b \approx 0.004\ 6\ \text{cm/g}$$

$$s_a \approx 0.041\ \text{cm}$$

（2）变量替换（计算过程多取几位有效数字），可得

$$y_0 = a = 3.914\ 3\ \text{cm}$$

$$k = \frac{1}{b} = \frac{1}{1.511\ 6}\ \text{g/cm} \approx 0.661\ 55\ \text{g/cm}$$

（3）用式(1.4.13)计算，可得不确定度：

$$U_{y_0} = t s_a = 2.57 \times 0.041\ \text{cm} = 0.11\ \text{cm}$$

$$U_b = t s_b = 2.57 \times 0.004\ 6\ \text{cm/g} = 0.012\ \text{cm/g}$$

$$\frac{U_k}{k} = \frac{U_b}{b} = \frac{0.012}{1.512} = 0.79\%$$

$$U_k = 0.79\% \times 0.661\ 55\ \text{g/cm} = 0.005\ \text{g/cm}$$

（4）结果表示：

$$k = (0.662 \pm 0.005)\ \text{g/cm}$$

$$y_0 = (3.91 \pm 0.11)\ \text{cm}$$

$$b = (1.512 \pm 0.012)\ \text{cm/g}$$

（5）线性回归方程为

$$y = 3.91 + 1.512 F$$

式中，y 的单位是 cm，F 的单位是 g.

第1章数字学习资源

（秦颖   李建东   王艳辉）

第2章
物理实验常用测量方法与操作技术

测量是科学实验中的重要手段之一,一个较完整的测量应该包括测量对象、测量方法、测量技术、测量结果和测量单位.测量方法和测量技术是能否便捷、精确地获得测量值的关键.科学家们十分重视实验方法的研究,伽利略在用实验方法发现真理的过程中,获得了极其重要的自然法则和物理定律.爱因斯坦在《物理学的进化》中,高度评价了伽利略的发现以及他所使用的科学推理方法,认为其是人类历史上最伟大的成就之一.任何实验都离不开对实验仪器熟练和精准的操作,这是完成一切实验工作的保证.丁肇中在1974年发现了 J/ψ 粒子,打开了基本粒子家族的大门,靠的就是高分辨率双臂质谱仪以及对其精准的操作技术.

因此,在物理实验中,要提高测量的精确度,实验的设计思想、方法以及正确熟练的操作技术都非常重要.本章主要介绍一些常用的物理实验测量方法和操作技术.

2.1 物理实验测量方法

任何物理实验都离不开物理量的测量.物理量测量是指以物理理论为依据,以实验装置和实验技术为手段进行测量的过程.随着科学技术的飞速发展,待测物理量越来越广泛,测量方法和手段也越来越成熟、越来越先进.对同一待测物理量,可能会有多种测量方法,不同的测量方法的精度可能也不相同.选用何种测量方法要视待测物理量的测量范围和对测量精度的要求而定.实际上,在物理实验中不同的测量方法之间往往是相互联系的,有时无法截然分开.在进行物理实验时,综合使用各种测量方法,有助于进行实验的设计和实验方案的选择,这是科学实验和研究的基础.物理实验中常用到的基本测量方法可概述为以下几种.

2.1.1 比较法

比较法是物理实验中最普遍、最常用的测量方法之一,它通过将待测量与同类物理量的标准量进行直接或间接比较而得到待测量的量值.由于比较的标准量、比较的方法和条件有差异,所以比较法可以分为直接比较法和间接比较法.

1.直接比较法

直接比较法是将待测量与经过校准的仪器或量具进行直接比较,测出其量值大小的方法.这种测量工具常称为直读式测量工具,例如测量长度用的米尺、游标卡尺、螺旋测微器;测量时间用的秒表和数字毫秒仪;测量电流用的电流表;测电压用的电压表;测量电阻用的欧姆表;等等.值得注意的是,用于直接比较法测量的量具及仪器必须是经过预先标定的,测量的量值可以由仪器的指示值直接读出.

2.间接比较法

当某些物理量难以进行直接比较测量时,可以利用各物理量之间的函数关系,将被测物理量转换为另一种能直接比较测量的物理量,从而得出被测量的量值,这种方法称为间接比较法.例如,在使用示波器通过李萨如图形测量正弦信号频率时,将待测频率的正弦信号与标准频率的正弦信号分别输入示波器进行合成,调整标准信号的频率,当两个信号的频率成简单整数比时,可以形成稳定的李萨如图形,根据李萨如图形横纵方向最大交点数与两信号频率之比的关系,就可以求出被测信号的频率.间接比较测量有时可以直接借助一些仪器来完成,这样的仪器称为比较系统,如天平、电桥、电位差计等.为了进行精确比较,还需要采用一定的方法,常用的有零示法、交换法、替代法等,其中交换法和替代法已在 1.1.4 节中做了介绍,这里我们介绍零示法.

零示法是以示零器指示零作为比较系统平衡的判据,并以此为测量依据的方法.如使用天平称衡时,要求天平指针指零;用平衡电桥测电阻时,要求桥路中检流计指针指零.图 2.1.1 展示了在惠斯通电桥中使用零示法测量的原理.采用三个标准的电阻 R_1、R_2 和 R_0,当电桥达到平衡时,检流计 G 中的电流 $I_g = 0$,可以根据 $R_x = \dfrac{R_1}{R_2} R_0$ 求出待测电阻 R_x 的值.在测量过程中,保持 R_1/R_2(比例臂)为某一定值,通过调节 R_0,使 $I_g = 0$,可以确定 R_x 的测量值.由于零示法是利用比较系统的平衡状态进行测量的,所以有时也称之为平衡法.

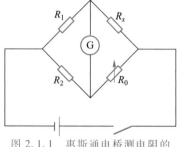

图 2.1.1   惠斯通电桥测电阻的
实验原理图

2.1.2   转换法

在某些物理量不容易直接测量,或某些现象直接显示有困难时,可以把所要观测的变量转换成其他变量(力、热、声、光、电等物理量的相互转换)进行间接观察和测量,这就是转换法.转换法利用了物理量之间的各种效应和定量的函数关系,一般可以分为参量换测法和非电学量的电测法两大类.

1.参量换测法

在特定实验条件下,利用物理量之间的某种变换关系,来测量某一物理量的方法称为参量换测法.利用这种方法可以把不可测的量转换成可测的量,把测量不准的量转换为能测量准的量,此方法几乎贯穿所有物理实验.例如,在测量钢丝的杨氏模量 E 时,可以利用应变与应力呈线性变化的规律,将对 E 的测量转换成对应力(F/S)和应变($\Delta L/L$)的测量,得到 $E = \dfrac{F/S}{\Delta L/L}$;利用单摆周期随摆长的变化关系可以测定重力加速度;利用光栅方程可以测定光栅常量 d 或光波波长 λ 等.

2.非电学量的电测法

在物理实验中,电信号的放大很容易实现,目前将电信号放大数十个数量级已不是难事,因此,在非电学量测量中,人们常将非电学量转换为电学量,并将其放大后进行测量.下面介绍几种典型的非电学量的电测法.

热电转换:热电转换是将热学量转换为电学量进行测量的一种方法.常见的热电转换元件有热敏电阻、热电偶等.热敏电阻是电阻值随温度显著变化的半导体器件,它可将温度的变化转换为电阻值的变化,并以电流或电压变化的形式反映出来;热电偶可将对温度的测量转换为对热电偶的温差电动势的测量,当其热端和冷端的温度不同时,即产生温差电动势,通过测量这个电动势即可知道两端温差.

光电转换:光电转换是将光通量的变化转换为电学量变化的一种方法.常见的光电转换器件有光电管(其中的光电倍增管被用于极微弱光信号的检测)、光敏电阻、光电池、光敏二极管和光敏三极管等.光敏元件是基于半导体内光电效应的光电转换传感器,以光敏电阻为例,当掺杂的半导体薄膜受到光照时,其电导率发生变化,进而导致回路中电压(或电流)等电学量的改变,电学量的改变情况反映了光敏电阻接收的光通量的变化情况.应该指出的是,由于元件存在非线性,所以光敏电阻一般用在控制电路中,不适合作为测量元件.

压电转换:压电转换是将压力的变化转换为电学量变化的一种测量方法.压电转换分成两种,一种是直接转换,例如压电式传感器,它的敏感元件由压电材料制成,压电材料受力后引起内部正负电荷中心产生相对位移而发生极化,同时在它的两个相对表面上出现正负相反的电荷,此电荷经电荷放大器、测量放大和变换阻抗后成为正比于所受外力的电学量输出.另一种是间接转换,如液体表面张力测量等实验中使用的拉力传感器,它是将力作用在应变片上引起形变,从而改变其阻值,当该应变片接入电桥时,阻值变化引起电桥失衡,通过比较桥路电压的变化,来测量应变片受力情况.

磁电转换:磁电转换是利用磁电效应将对磁学量的测量转换为对电学量的测量的一种方法.例如,磁电式传感器是一种能将非电学量的变化转换为感应电动势的传感器,因此也称为感应式传感器.在磁电转换中,霍尔元件和磁敏电阻等是实现磁电转换的磁敏元件.

2.1.3　放大法

实验中经常遇到一些微小物理量的测量,为了提高测量精度,我们要采用合适的手段对需要测量的值进行放大,测量后利用放大过程中的关系换算回微小物理量的值.常用的放大法有积累放大法、机械放大法、光学放大法和电磁放大法.

1. 积累放大法

在物理学中,如果对一些微小物理量直接进行测量,那么可能会遇到测量仪器精度的限制,从而产生较大的测量误差.为了减小这种误差,人们通常采用积累放大法进行测量.例如,光的等厚干涉实验就是用此方法测量相邻干涉条纹间距的.如图 2.1.2 所示,如果相邻干涉条纹的间距 l 为 0.02 mm,测量仪器的误差限为 $\Delta l = 0.002$ mm,那么直接测量相邻条纹间距时,测量值的相对误差为

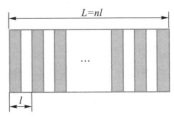

图 2.1.2　干涉条纹示意图

$$\frac{\Delta l}{l} = \frac{0.002}{0.02} \times 100\% = 10\%$$

如果采用积累放大法测量 100 个条纹的总间距,则 $L = 2.000$ mm,其相对误差为

$$\frac{\Delta l}{L} = \frac{0.002}{2.000} \times 100\% = 0.1\%$$

可见,采用积累放大法可以有效减小测量的相对误差,提高测量精度.因此,在实际操作中,我们一般选择测量若干(n)个条纹的总间距 $L = nl$,而不是去测量单个间距.

2. 机械放大法

在实验中,当测量微小长度或角度时,为了提高测量的精度,将最小刻度用机械原理和装置加以放大,这种方法称为机械放大法.游标卡尺、螺旋测微器就是利用机械放大法进行精密测量的.如图 2.1.3 所示是螺旋放大法测量原理图,将与被测物关联的测量尺面与螺杆连在一起,固定一个圆盘在螺杆尾端,组成一个轮盘.例如,在千分尺中,将轮盘边缘等分成 50 格,轮盘每旋转一圈,刚好使测量尺面移动螺距0.5 mm.假如轮盘周长为 50 mm,那么轮盘边缘每一格的弧长等于 1 mm,因此当轮盘上变化 1 mm 时,测量尺面移动 0.01 mm,微小位移的放大倍数为

$$E = \frac{1}{0.01} = 100$$

可见,采用这样的装置后,测量精度提高了 100 倍.

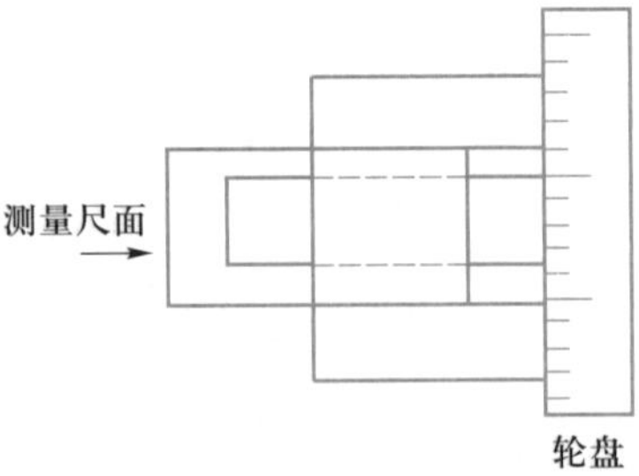

图 2.1.3　螺旋放大法测量原理图

3. 光学放大法

光学放大法有两种,一种是通过光学仪器放大被测物的像,以便观察.如实验室中常

用的测微目镜、读数显微镜等,这些仪器在观察中只起放大视角的作用.另一种是将被测微小物理量(如微小长度、微小角度等)本身进行放大,并进行实际测量,实验中用到的光电检流计、光杠杆等就属于这一种.如图 2.1.4
所示,将平面镜与待测物体连接在一起,当它们
一起转过 θ 角时,来自某处的入射光线被镜面反
射后,偏离了 2θ 角.显然,物体转过的角度被放
大到原来的两倍.在实际使用中也可将角度测量
转换为长度测量,例如在拉伸法测量金属丝杨氏
模量实验中,测量金属丝微小长度变化的光杠杆
镜尺法就是这种方法,详见实验 3.1.

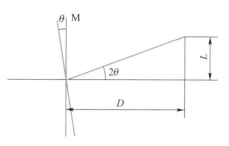

图 2.1.4　微小物理量光学放大原理图

4．电磁放大法

在电磁学实验中,要测量微小的电流或电压,我们常用电磁放大法.电磁放大法已经成为科学研究和工程应用中常用的测量方法之一.在物理学实验中,利用光电效应测量普朗克常量的实验中对微弱光电流的测量,就是利用放大电路将微弱光电流放大后再进行测量的;电学实验中的示波器也是将电信号放大后再进行观察和测量的.

2.1.4　补偿法

补偿法是采用可调的附加装置,补偿实验中某部分能量损失或能量转化,使得实验条件满足或接近理想条件的一种实验方法.例如,当电压表并联于电源两极进行测量时,由于有电流 I 流过电压表,所以电压表的读数不是待测电源的电动势 E,而是端电压 U($U=E-Ir$,r 是电源的内阻).要精确测量未知电动势 E_x,可按照图 2.1.5 所示电路,其中 E_s 是标准电源电动势,调节 E_s,使电流计 G 指零,则回路中两个电源的电动势必然方向相反、大小相等.此时我们称电路得到了补偿,根据 E_s 就可以得到 E_x.

用电势差计测电动势就是一种典型的补偿法测量.图 2.1.6 是实际的电势差计原理图.它由两个回路组成,$ERR_{AB}E$ 构成辅助回路,$E_xR_{AC}GE_x$(或 $E_sR_{AC}GE_s$)组成补偿回路,辅助回

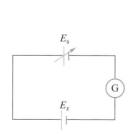

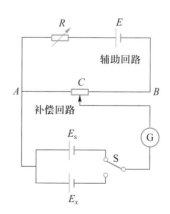

图 2.1.5　补偿法测电动势原理图　　图 2.1.6　实际的电势差计原理图

路提供的恒定电流 I_0 流过标准电阻 R_{AB}，U_{AC} 就相当于图 2.1.5 中的 E_s，测量时将 U_{AC} 与未知电动势 E_x 进行比较，当检流计 G 指零时，$E_x = U_{AC}$. 此例中 E_s 的作用是校准工作电流 I_0.

惠斯通电桥实际上也是一种电压补偿（电桥平衡时，桥臂上电压互为补偿，检流计示零）的测量装置.可见，完整的补偿测量系统由待测装置、测量装置和示零装置组成.示零装置显示出待测量和补偿量的大小关系.补偿法除了用于补偿测量外，还常用于校正系统误差.例如，在光学实验中为防止由于光学器件的引入而影响光程差，通常在光路中人为地配置光学补偿器来抵消这种影响.迈克耳孙干涉仪中设置的补偿板就是一种光学补偿器.

2.1.5　模拟法

以相似理论为基础，设计一个与研究对象在物理或数学上相似的模型，通过研究模型获得研究对象性质和规律的方法，称为模拟法.模拟法可以使我们解决一些体积庞大（例如大型水坝）和危险（例如核反应堆）装置的物理测量问题.根据其性质和特点，模拟法可以分为物理模拟法、数学模拟法和计算机模拟法.

1. 物理模拟法

人为制造的"模型"与实际"原型"有相似的物理过程和相似的几何形状，以此为基础的模拟方法即物理模拟法.例如，为了研究高速飞行的飞机各部位所受的力，人们制造一个与原型飞机几何形状相似的模型，将模型放入风洞，从而产生一个与实际飞机在空中飞行完全相同的物理过程，通过对模型飞机受力情况的测试，便能以较短的时间、方便的空间和较小的代价获得可靠的实验数据.空间技术发展过程中的许多实验工作都是首先在实验室中试验，取得初步成果后，再通过发射人造地球卫星完成进一步试验的.

2. 数学模拟法

模型和原型在物理实质上不同，但遵循相同的数学规律，这种利用模型的研究方法称为数学模拟法，又称类比法.例如，恒定电流的电场和静电场是本质不同的场，但是描述它们性质的数学方程具有相同的形式，根据相似性原理，难以直接测量的静电场电势分布就可以通过测量恒定电流的电场电势分布来得到.

3. 计算机模拟法

计算机模拟法是指执行由某种计算机编程语言（如 Matlab 或者 IDL）设计的程序源代码，从而实现物理过程（实验数据）可视化的一种方法.虚拟实验系统通过解剖实验过程，使用键盘和鼠标控制仿真仪器画面动作来模拟真实实验仪器，完成模块中相应的实验内容.在软件设计上，人们把完成各种模块中的内容看成从问题空间到目标空间的一系列变化，从此变化中找到一条达到目标的求解途径，从而完成仿真实验过程.此方法利用计算机来丰富实验教学的思想、方法和手段，改革传统实验教学模式，使实验教学和科学技术协调发展，提高了实验教学技术.

2.1.6 扫频法与扫场法

在有些测试中,我们需要动态观察物理量在频率(或磁场等)连续变化过程中的响应情况,这时就需要使用扫频法(或扫场法).扫频是指信号在一个频段内,频率由高到低(或由低到高)连续变化的过程.它主要用来测试元器件的频率特性,也经常用于网络的阻抗特性和传输特性测量.例如在 RLC 电路研究实验中,可以设置信号源在给定的频率范围内以一定的步长循环输出信号(扫频),这样在示波器上就能直观地观察到 R、L、C 元件的幅频特性了.扫场法是在恒定磁场上叠加一周期性变化的交变磁场,以实现磁场在一定范围内周期性变化的动态测量过程,如在核磁共振实验中就可以采取这种方法来观测共振信号.

2.1.7 振动与波动法

1. 振动法

振动是指物体在一定位置附近作往复运动,是自然界最普遍的现象之一。在各种振动形式中,简谐振动是最简单、最基本的振动形式.在物理实验中,许多被测物理量与简谐振动系统的振动参量有关,只要测出振动系统的振动参量,利用被测量与振动参量的关系就可以得到被测量.如利用单摆测量重力加速度,利用扭摆或三线摆测定转动物体的转动惯量等,都是通过测量振动系统的振动周期来实现的.前面提到的李萨如图形法也是振动测量法的一种,它利用两个振动方向相互垂直的简谐振动合成之后形成新的运动图像来测量频率、相位差等物理量.

2. 共振法

共振是一种特殊的振动形式,是指系统受外界激励作受迫振动时,在外界激励的频率等于系统固有频率时,系统从外界大量吸收能量,受迫振动的振幅达到最大值(弱阻尼情况)的现象.共振是物理系统在特定频率(波长)下发生的,这些特定频率(波长)称为共振频率(波长).共振频率往往与决定系统性质的一些物理量有关,因此通过共振频率的测量可以确定与之有关的物理量.如核磁共振实验中通过共振频率来测量共振核的朗德 g 因子;微波系统中利用共振吸收来测量微波波长(波长表);弗兰克-赫兹实验中,通过汞原子对电子能量的吸收来测量汞原子的第一激发电位等,都是利用共振法实现相关测量的.另外,大家熟悉的 RLC 电路的谐振从本质上讲也是一种共振现象,当电路参量(如电容等)发生变化时,根据谐振频率的变化情况可以得到参量的变化情况.

3. 干涉法和衍射法

满足相干条件的两列波在空间相遇时,会形成明暗相间的干涉条纹,通过对干涉条纹的观测,可以求出波长、介质折射率等物理量,还能进行微小长度或其他相关物理量的测量,这种测量方法称为干涉法.如在物理实验中,利用迈克耳孙干涉仪可以测量激光波长、钠黄线的波长差、空气的折射率;利用牛顿环器件形成的干涉图样,可以测量平凸透镜的曲率半径.全息照相利用的也是光的干涉原理,在全息干板上记录拍摄物的振幅和相位信息.

光通过狭缝、小孔或者微小阻挡物时会产生衍射现象。衍射法是指利用光的衍射原理对相关物理量进行测量的方法。如在物理实验中,利用光栅衍射形成的谱线可以测定光波波长或光栅常量;利用光栅光谱仪,可以测量物品所含的元素成分及含量;利用 X 射线衍射仪,可以精确测定物质的晶体结构、应力等。

4. 驻波法

驻波是一种特殊的干涉现象,在同一介质中,在同一直线上沿相反方向传播的两列相干波叠加后即形成驻波.由于驻波有稳定的振幅分布,比较容易测量,所以驻波法在物理实验中有广泛应用.例如,在弦振动实验中,可以通过驻波来研究共振频率与驻波波长、张力、弦的线密度等参量的关系;在驻波法测量超声波波速实验中,可以通过测量发射换能器和接收换能器间形成的驻波波长,来计算超声波的波速.光是一种电磁波,在激光器的谐振腔内,只有满足驻波条件的光在腔内往返传播时才能被加强,形成稳定的激光输出,通过对激光输出的模式进行分析,可了解电磁波沿光传输方向的稳定分布情况.

2.2　基本实验操作技术

在实验时,采用正确的操作技术对测量仪器进行调整,不但可以将系统误差减小到最低限度,更是对实验结果准确性和可靠性起着重要的甚至是决定性的作用.任何正确的测量结果都来自仔细的调节、严格的操作、认真的观察和合理的分析.在实验过程中,必须养成良好的习惯,在进行测量前首先要调整好仪器,并且按正确的操作规程去做.

实验操作技术涉及的内容较多,这里只介绍一些大学物理实验中常用的、具有一定普遍意义的操作技术,以及电学实验、光学实验的基本操作规程.

2.2.1　物理实验的常见操作技术

1. 仪器初态和安全位置调节

仪器初态是指仪器设备在进入正式调整和实验前的状态.正确的初态可保证仪器设备安全,实验顺利进行.对于有调整螺丝的仪器,在正式调整前,应先使调整螺丝处于松紧合适的状态,具有足够的调整量,以便于仪器的调整,这在光学实验中通常会遇到.例如在光学仪器中,分光计载物台的调整螺钉、迈克耳孙干涉仪上的平面反射镜的调整螺钉等.在电学实验中,开机前通常需要仪器处于安全位置,如在分压电路中,滑动变阻器要处于使电压最小的位置;在电学仪器未打开电源之前,应使输出调节旋钮处于使输出为最小的位置等.

2. 消除视差调节

在实验观测中,经常会出现不同观测者读数结果不一致的现象,这主要是视差导致的.所谓视差,是指待测物和量具的标度面不重合,当眼睛在不同位置观察时,读出的指示值就会有差异.例如,在用直尺测量物体长度的过程中,如图 2.2.1 所示,如果待测物和直尺的标度面不重合,那么当选择三个不同的视角(A、B 和 C)观测时,会发现由于视线和标度盘不垂直,使得视角 A 和 C 的读数偏大和偏小,只有选择视角 B 进行读数才会得到正确的结果.要想知道待测物与量具的标度面是否重合,只要移动视角就可以判断出来.在实验观测中,要消除视差,应使视线垂直于标度盘刻度进行读数.

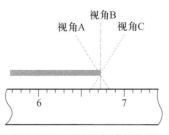

图 2.2.1　不同视角读数差异

光学实验中的视差较为复杂,除了观测者的读数方法外,在进行实验时仪器没有调节好也会造成较大的视差.在光学物理量测量中,经常会用到望远镜、显微镜以及带叉丝的测微目镜等实验装置,其基本光路如图 2.2.2 所示.它们的共同点是在目镜焦平面内侧附近装有一个十字叉丝,如果待测物体经物镜后成像(AB)在叉丝所在位置,那么人眼经目镜观察到叉丝与物体的最后虚像(A_1B_1)都在明视距离处的同一平面上,这样就无视差.要消除视差,可以仔细调节叉丝和物镜之间的距离,始终保持待测物体经物镜成像在叉丝所在平面上.具体的操作方法是一边调节,一边左右、上下移动眼睛,看看待测物体的像与叉丝像之间是否有相对运动,直到二者无相对运动为止.

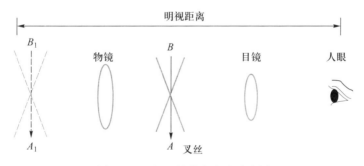

图 2.2.2　望远镜基本光路示意图

3. 逐渐逼近调节

在仪器调节过程中,任何调整都不能一蹴而就,而是要经过仔细、反复的调节.一个简便而有效的技巧是逐次逼近法.例如调节电桥平衡、调节电势差计、调节分光计望远镜光轴与仪器的旋转主轴垂直等,都要采用逐次逼近法.特别是对于配有零示仪器的实验,采用反向逐次逼近的调节技术,能较快达到目的.如图 2.2.3 所示,当输入量为 x_1 时,零示仪器向左偏转 5 个分度,当输入量为 x_2 时,向右偏转 3 个分度,可判断出平衡位置应出现在 $x_1<x<x_2$ 范围内.再输入 $x_3(x_1<x_3<x_2)$,零示仪器向左偏转 2 个分度;输入 $x_4(x_3<x_4<x_2)$,向右偏转 1 个分度,则平衡位置将出现在 $x_3<x<x_4$ 范围内.依照

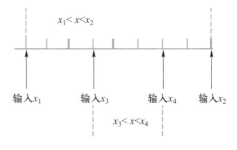

图 2.2.3　逐次逼近调节示意图

逐次逼近的调节技术可快速找到平衡点.

4. 水平、竖直调节

许多实验仪器要求在水平或竖直状态下工作,如天平、气垫导轨、三线摆等.因此,我们在实验中经常需要对实验仪器进行水平或竖直调节.水平调整常用水准仪,竖直调整常用悬垂线.几乎所有需要调整水平或竖直状态的实验仪器都在底座上装有三个调节螺丝(或一个固定脚,两个可调脚),通过调节底脚螺丝,借助水准仪或悬垂线,可将实验仪器调至水平或竖直状态.

5. 先定性后定量、先粗调后细调原则

在测量某一物理量随另一物理量变化时,为了避免测量的盲目性,应采用先定性后定量的原则进行测量.即定量测量之前,先定性地观察实验的全过程,掌握物理变化规律,然后再进行定量测量,以免实验中途出现问题而返回重测.在实验曲线变化较陡峭时还应多测几个实验点,测量间隔要小一些.在许多情况下,要调整仪器处于最佳状态,必须先进行粗调,再细调.

例如,在实验测定如图 2.2.4 所示的物理变化曲线时,可以先观察 y 随 x 的改变而变化的情况,然后在分配测量间隔时,采用不等间距测量,在 x_0 附近多测量几个点,这样可以得到比较正确合理的曲线图.

此外,物理实验中还涉及空程误差的消除和零点调节及修正,这两种实验方法已在 1.1.4 节中做过介绍,这里不再赘述.

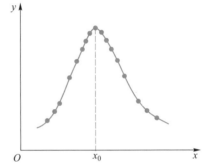

图 2.2.4   不同间距测量数据点的分析

2.2.2   电学实验和光学实验的基本操作

电学实验和光学实验作为大学物理实验的两个重要组成部分,还有其特有的操作要求(流程),下面加以简单介绍.

1. 电学实验的基本操作和要求

(1) 准备.

绘制、识别电路图:要弄懂各种图形和符号的含义,划分出电路图的各个部分,并认识其作用;不管电路繁简如何,所有实验电路都分为四个部分:电源、调节控制部分、测量指示部分(如电表等)和待测研究对象.要懂得各组成部分的调整方式,了解使用仪器的规格、指标和使用情况.只有这样才能确定实验时的步骤,否则实验将是盲目而不清晰的.

(2) 合理布局.

把经常要操作的仪器放在近处,把需要读数的仪表放在易于读数的位置,根据走线合理、操作方便、实验安全的原则布置仪器.

（3）正确连接.

用回路连接的方法,一个电路可以分解成若干个闭合回路,应逐个回路接线.图2.2.5是回路连接法示意图,可以供初学者参考.图中"起"表示单元回路接线的起始点,"终"表示终止点,箭头表示接线方向,可以发现接线总是连续地从一个元器件到另一个元器件,直至回路达到闭合.对于正负极性的仪器应注意极性的连接,千万不能接错极性.

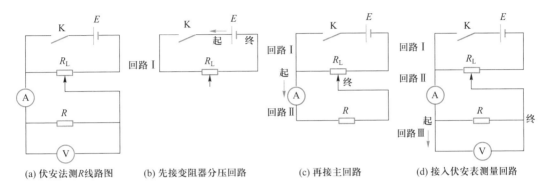

(a) 伏安法测R线路图　　(b) 先接变阻器分压回路　　(c) 再接主回路　　(d) 接入伏安表测量回路

图 2.2.5　回路连接法示意图

（4）电路与故障检查.

电路连接后要做通电前检查,查线仍然使用回路法,对每个回路及器材元件逐个检查,例如电表、电源极性和电表量程是否正确,实验装置中的滑动变阻器的滑片或电位器旋钮是否已置于安全位置等,确认无误后,方可通电.

（5）瞬态实验现象观察.

在检查线路和一切安全状态都正确后,瞬间接通线路,观察线路中各种仪器的反应是否正常,如电表指针偏转情况等.一切正常时才可以合上开关进行实验,并做好随时在不正常情况下关闭开关的准备.

（6）安全与实验仪器整理.

在实验中,要改变线路或调换线路中元件时,一定要断开开关后进行.实验完毕后,断开电源,整理实验仪器,将其恢复至初态.整理实验桌,安全离开实验室.

2. 光学实验的基本操作和要求

光学实验是大学物理实验的重要组成部分,光学实验中使用的透镜、波片、光栅、偏振片等大多是由玻璃材料经抛光、镀膜、掩膜等复杂工艺制造而成的,属精密器件.进行光学实验前必须对实验中经常用到的基础知识、操作方法和调试技巧有充分的了解,以避免操作不当而造成光学仪器和元件不可修复的损坏.

（1）光学仪器调节的一般要求.

必须在熟悉仪器性能和使用方法后操作光学仪器,如实验中用到的分光计上有各种不同作用的螺钉(十几个),只有了解每个螺钉的作用才能顺利对其进行调节,否则仪器状态只能越调越乱;使用显微镜(读数显微镜)进行物镜调焦时,必须把物镜降到最低,从下往上对物镜进行调焦,以避免物镜与待测物碰撞,损坏物镜等.光学仪器的调整需要耐心细致、边调节、边观察、边分析光学现象,判断调节是否符合调节目的,调节过程中动作要轻、柔、慢,不可粗鲁、盲目操作.

（2）拿取光学元件的一般要求.

拿取光学元件时应分清其光学面（抛光面）和非光学面（磨砂面）,在任何时候都不能用手直接碰触光学元件光学面,以防污染甚至腐蚀光学面,造成元件永久损伤.光学元件以玻璃材质为主,使用时应轻拿轻放,避免受到冲击、碰撞,特别注意不能使光学元件从手中或测试仪器上滑落,用后应及时放回存储盒（或包装盒）内,必要时需要做防潮处理,放置到干燥皿中.

（3）光学元件的清污.

光学元件的光学面落有灰尘时,需用洗耳球吹去灰尘,不能用嘴吹气,更不能随意擦拭.光学元件表面有污染时,应使用干净的专业擦镜纸覆盖在元件表面,然后滴上无水酒精（或丙酮、异丙醇等）沿一个方向拖曳,尽可能使试剂均匀蒸发,不留条纹或斑点.严禁用手指按住擦镜纸进行反复擦拭,以避免损坏元件光学面.必要时,应将污染的光学元件交给实验指导教师,不得擅自处理.

衍射光栅的构造特殊,推荐的清洁方法是用压缩空气或鼓风机除去表面的灰尘.避免使用任何直接的方法接触光栅表面,更不能使用超声波清洗,因为这样可能使光栅表面与玻璃基片分离.

（4）激光器的使用.

实验室中最常见的单色光源是氦氖激光器（目前在要求不高的实验中半导体激光器也可使用,但其方向性较气体激光器差）,使用时应注意如下问题:① 氦氖激光器正常工作时需要高压（高于 1 000 V）,使用时应防止触及激光电源的高压输出端子以防电击,并且激光电源禁止空载运行;② 在任何时间、任何情况下都不准直视（迎着光束射来的方向看）激光束和它的反射光束,不准对激光器件做任何目视准直操作,否则会造成眼底不可逆转的损伤;③ 使用激光时,实验人员应从身上除去任何带有抛光表面的饰物,如手表、徽章等,以避免反射光束射入眼睛造成伤害;④ 激光功率较高时,还应佩戴激光防护镜,在使用激光防护镜时,应注意其防护的激光波长.

（5）准直和共轴调节.

几乎所有的光学仪器都要求仪器内部各个光学元件的轴与主轴重合.为此,要对各光学元件进行共轴调整.下面以实验室中最常见的共轴调节为例加以简单说明,调节要求为:使导轨上的激光光束平行于导轨,并沿着凸透镜的光轴传输.调节可分为粗调和细调两个步骤.

粗调就是用目测法判断,使激光管平行于导轨,各元件所在平面基本上互相平行,各光学元件和光源的中心等高,使各元件光轴大致重合.

细调则是利用光学系统本身或借助其他光学仪器,依据光学的基本规律来调整.其调整过程和判别方法大致如下:

① 首先调节激光光束平行于导轨.一般来说借助于小孔,固定小孔高度不变,沿着导轨移动小孔,使光束一直都能刚好通过小孔即可（利用了平行线的高处处相等）.不符合调节要求时,如果小孔靠近激光器时光束不能刚好通过小孔,则需要调节激光器的前端（出

光口)高度,此时调的是光线的高度;小孔在远端不能刚好通过时,调节激光器后端,此时调节的是光束的传输方向.反复调节直至符合要求.

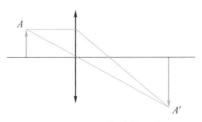

图 2.2.6　凸透镜成像示意图

② 利用凸透镜成像规律判断透镜的光轴与光束是否重合.如图 2.2.6 所示,凸透镜成倒立的实像,也就是说,如果发光点在光轴的上方,那么像点在光轴的下方;如果发光点刚好在光轴上,那么像点也应该在光轴上.要判断发光点是否在光轴上,只需将激光束调节时的小孔置于凸透镜的后方,不改变小孔高度,看成像是否能够通过小孔(或以小孔为中心对称分布)即可.与光束调节类似,近端不符合要求时,调节透镜高度(光轴的高度),远端不符合要求时,调节透镜的倾角(光轴的方向).

(6) 扩束.

激光器是实验室中常用的单色光源,出射的光束为相干性良好的窄束平行光(发散角小,近似平行).在使用中,有时需要根据实际情况,对光束进行必要变换,常见的变换有两种:

① 将窄束的平行光变为扩展光,如在迈克耳孙干涉实验中观察非定域干涉时,就需要做此变换.具体方法很简单,只需要在激光器后加一短焦距凸透镜,并且保证光束沿凸透镜光轴传输就可以实现.

② 将窄束的平行光变换为宽束平行光,具体做法如图 2.2.7 所示,取短焦距凸透镜 A 和长焦距凸透镜 B 各一个,使二者共焦,使窄束平行光从短焦距透镜 A 入射,从长焦距透镜 B 出射的即宽束平行光.为保证扩束质量,必要应在共焦点处加一针孔滤波器 C(直径非常小的小孔).

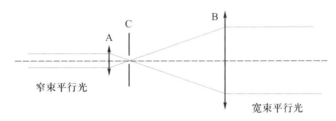

图 2.2.7　扩束镜扩束原理示意图

除了上述提到的实验规范和调节技术,在实际实验中还有其他更为具体的调节方法和技巧.培养独立的实验处理和判断能力,逐步提高实验技能,养成科学、严谨、实事求是的科学实验素养,需要在实验学习过程中不断积累、慢慢总结.

第 2 章参考文献

(王真厚　王艳辉　李建东　秦颖)

实验 3.1 拉伸法测量杨氏模量

一、实验背景及应用

弹性模量是工程材料重要的性能参量,从宏观角度来说,弹性模量是衡量物体抵抗弹性变形能力的量度;从微观角度来说,弹性模量是原子、离子或分子之间键合强度的反映.凡影响键合强度的因素均能影响材料的弹性模量,如键合方式、晶体结构、化学成分、微观组织、温度等.因合金成分不同、热处理状态不同、冷塑性变形不同等,金属材料的弹性模量会有 5% 或者更大的波动.但是总体来说,金属材料的弹性模量是一个对组织不敏感的力学性能指标,合金化、热处理(纤维组织)、冷塑性变形等对弹性模量的影响较小,温度、加载速率等外在因素对其影响也不大,所以在一般工程应用中,人们把弹性模量当成常量.

弹性模量包括杨氏模量、切变模量、体积模量(压缩模量)等,其中杨氏模量是最常见的一种,它由英国物理学家托马斯·杨(Thomas Young,1773—1829)提出.根据胡克定律,在物体的弹性限度内应力与应变成正比,比例系数 E 即杨氏模量.在应力超过弹性限度后,物体的变形会进入弹塑性阶段.此时,如果撤去外力,物体产生的变形有一部分消失(即弹性变形),但还留下一部分不能消失,这部分变形称为塑性变形或残余变形.这也揭示了事物发展量变和质变的两种状态,并不是量变就能引起质变,而是量变发展到一定程度时,事物内部的主要矛盾运动形式发生了改变,进而才能引发质变.就像物体弹性变形到塑性变形,增加外力只是引起质变的外部条件(外因),物体内部原子的排列发生滑移和孪晶才是引起质变的根本原因(内因).

杨氏模量是表征材料抗拉或抗压能力的物理量,其值越大,使材料发生一定弹性变形的应力也越大,即材料刚度越大,亦表明在相同的应力作用下,材料发生的弹性变形越小.杨氏模量的测定对研究金属材料、光纤材料、半导体材料、纳米材料、聚合物材料等各种材料的力学性质有重要意义,还可用于机械零部件设计、生物力学、地质测量等领域.测量杨氏模量的方法有静态拉伸法、梁弯曲法、动力学共振法、内耗法等,近来还出现了利用光纤位移传感器、莫尔条纹、电涡流传感器等的实验技术和方法.本实验采用拉伸法测量杨氏模量.

二、实验教学目标

（1）用拉伸法测定金属丝的杨氏模量.
（2）掌握光杠杆镜尺法测定长度微小变化的原理,学会测量方法.
（3）学习用最小二乘法处理实验数据.

三、实验仪器

杨氏模量测量系统如图 3.1.1 所示,包括金属丝、光杠杆系统(实验架、标尺、光杠杆反射镜、望远镜)、数字拉力计及长度测量工具(钢卷尺、螺旋测微器、游标卡尺)等.

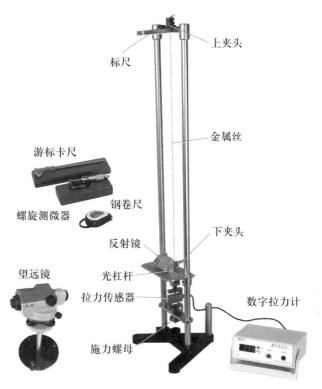

图 3.1.1　杨氏模量测量系统示意图

1. 实验架

实验架是金属丝杨氏模量测量的主要平台.待测金属丝通过下夹头与拉力传感器相连,采用螺母旋转加力方式.拉力传感器输出拉力信号,数字拉力计显示金属丝受到的拉力值.光杠杆反射镜转轴支座被固定在一台板上,后支脚尖自由放置在夹头表面.

2. 望远镜系统

望远镜系统包括望远镜支架和望远镜.望远镜支架上的调节螺丝可用来对望远镜进行微调.望远镜放大倍数为12,最近视距为0.3 m,含目镜十字丝(纵线和横线).望远镜示意图如图 3.1.2 所示.

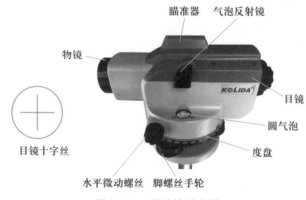

图 3.1.2　望远镜示意图

3. 数字拉力计

数字拉力计面板如图 3.1.3 所示.

电源:AC220 V±10%,50 Hz.

显示范围:0~±19.99 kg(三位半数码显示).

最小分辨力:0.001 kg.

含有显示清零功能(短按清零按钮显示零),含有直流电源输出接口:输出直流电,给背光源供电.

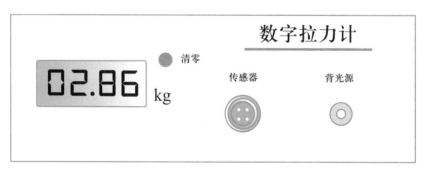

图 3.1.3　数字拉力计面板图

四、实验原理

1. 杨氏模量

一粗细均匀的金属丝,长度为 L,截面积为 S,其上端固定,下端受外力 F 的作用伸长了 ΔL.单位截面积上所受的作用力 F/S 称为应力,单位长度的伸长量 $\Delta L/L$ 称为应变.在材料弹性形变范围内,应力 F/S 和应变 $\Delta L/L$ 成正比,即

$$\frac{F}{S} = E\frac{\Delta L}{L} \tag{3.1.1}$$

这个定律称为胡克定律.式中的比例系数

$$E = \frac{F/S}{\Delta L/L} \tag{3.1.2}$$

称为该材料的杨氏模量.

实验证明:杨氏模量 E 与外力 F、物体的长度 L 和截面积 S 的大小无关,只取决于金属丝的材料.

根据式(3.1.2),只要测出等号右端的各量,便可求得杨氏模量.加于金属丝的外力 F 以及金属丝的原长 L 和截面积 S 都可用一般的测量方法测得.实验的主要问题是形变量 ΔL 是一个微小量,在本实验中为 10^{-1} mm 数量级,一般较难测准.本实验采用光杠杆镜尺法,可以测量微小形变量,并且测量精度高.

2. 光杠杆原理

如图 3.1.4 所示,假定开始时标尺上刻度 x_1 成像在望远镜分划板的十字丝横线上,即从望远镜中读得的标尺读数为 x_1.金属丝被拉长 ΔL 后,光杠杆的后支脚随之下落 ΔL,带动平面镜转动角度 θ,此时标尺上刻度 x_2 成像在横线上.刻度值的变化量为 $\Delta x = x_2 - x_1$,它与 ΔL 成正比.当 $\Delta L \ll b$ 时,θ 很小,则有

$$\frac{\Delta L}{b} = \frac{\Delta x/2}{H} \tag{3.1.3}$$

其中 H 是光杠杆反射镜到标尺的距离,b 为反射镜的后支脚到两个前支脚连线的垂直距离,称为光杠杆常量.这样可以得到

$$\Delta L = \frac{b}{2H}\Delta x \tag{3.1.4}$$

将式(3.1.4)代入式(3.1.2)可得

$$E = \frac{2FLH}{Sb\Delta x} \tag{3.1.5}$$

代入金属丝的截面积 $S = \dfrac{\pi D^2}{4}$(D 为金属丝直径),则杨氏模量为

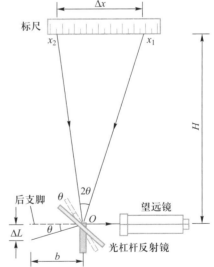

图 3.1.4　光杠杆装置原理图

$$E = \frac{8FLH}{\pi D^2 b\Delta x} \tag{3.1.6}$$

如果金属丝所受的力为 F_i,对应标尺的刻度值为 x_i,则有

$$x_i = \frac{8LH}{\pi D^2 bE}F_i + x_1 \tag{3.1.7}$$

即 x_i 与 F_i 呈线性关系,用最小二乘法得到直线斜率即可求得杨氏模量 E.

五、基本实验内容与步骤

1. 实验内容与步骤

（1）打开数字拉力计电源开关，预热 10 min，背光源应被点亮，标尺刻度应清晰可见．数字拉力计面板上显示此时加到金属丝上的力．

（2）旋松光杠杆后支脚上的锁紧螺钉，调节光杠杆后支脚至适当长度（以后支脚尖能尽量贴近但不接触金属丝，同时两前支脚能置于台板上的同一凹槽中为宜）．用光杠杆的三足尖在平板纸上压三个浅浅的痕迹，通过作垂线的方式画出后支脚到两前支脚连线的高（即光杠杆常量）．然后用游标卡尺测量光杠杆常量 b，此过程重复 6 次，将实验数据记入表 1（详见校内网络资源）．最后将光杠杆置于台板上，并使后支脚尖贴近金属丝且处于金属丝正前方．

（3）旋转施力螺母，先使数字拉力计显示小于 2.5 kg，然后施力由小到大（避免回转），给金属丝施加一定的预拉力［（3.00±0.02）kg］，将金属丝原本存在弯折的地方拉直．

（4）用钢卷尺测量金属丝的原长 L，钢卷尺的始端放在金属丝上夹头的下表面，另一端对齐下夹头的上表面，重复测量 6 次，将实验数据记入表 2．

（5）用钢卷尺测量反射镜中心到标尺的垂直距离 H，钢卷尺的始端放在标尺板上表面，另一端对齐反射镜中心划线处，重复测量 6 次，将实验数据记入表 3．

（6）用螺旋测微器测量不同位置、不同方向的金属丝直径视值 D_i（至少 6 处），注意测量前记下螺旋测微器的零差 D_0，将实验数据记入表 4．

（7）将望远镜移近并正对实验架台板（望远镜前沿与平台板边缘的距离在 20～30 cm 范围内均可）．左右移动望远镜位置使其正对金属丝．松开支架上的调节螺钉，利用粗瞄准器，上下移动望远镜位置使其正对反射镜中心，然后拧紧螺钉．利用气泡反射镜观察圆气泡位置，调整望远镜 3 个脚螺丝手轮使气泡居中．

（8）小角度调节反射镜俯仰角，直到从望远镜中能看到标尺背光源发出的明亮的光．

（9）旋转目镜调节手轮，使得十字丝清晰可见．调节物镜的调焦手轮，使得视野中标尺的像清晰可见．

（10）再次仔细调节反射镜的角度，使十字丝对齐 ≤3.0 cm 的刻度线（避免实验做到最后超出标尺量程）．调节水平微动手轮，使十字丝纵线对齐标尺中心．

注：下面步骤中不能再搬动或调整望远镜，并尽量保证实验桌不要有震动，以保证望远镜稳定．在加力和减力过程中，施力螺母不能回旋．

（11）短按数字拉力计上的"清零"按钮，记录此时对齐十字丝横线的刻度值 x_1．

（12）缓慢旋转施力螺母，逐渐增加金属丝拉力，每隔 1.00（±0.02）kg 记录一次标尺刻度，直到加力至 9.00 kg 并记录数据后再额外加力约 0.50 kg．然后反向旋转施力螺母至 9.00 kg，记录数据．逐渐减小金属丝的拉力，每隔 1.00（±0.02）kg 记录一次标尺的刻度，直到减力至 0.00 kg．将以上实验数据记入表 5 中对应位置．

（13）实验完成后，旋松施力螺母，使金属丝自由伸长，并关闭数字拉力计．

2. 注意事项

（1）望远镜、光杠杆反射镜和标尺所构成的光学系统一经调好,在测量标尺读数 x_i 时都不要再变动,否则所测数据无效.

（2）严禁用手触摸光学器件的光学表面.

（3）注意防止光杠杆反射镜掉落,打碎镜子.

（4）实验架有最大加力限制功能,实验中最大实际加力不应超过 13.00 kg.

六、拓展实验内容

除了本实验中采用的光杠杆法测量金属丝杨氏模量之外,人们也提出了梁弯曲法、动力学共振法、等厚干涉法和电桥法等多种方法.请同学们利用所学的劈尖等厚干涉原理和直流双臂电桥的四端测电阻的方法,设计实验装置、准备实验器材、拟定实验步骤进行测量,并比较各种测量方法的优缺点和实验难点.

1. 等厚干涉法

用两平行光学玻璃片,先将下片在水平位置固定好,上片的一端与下片的一端对齐且可灵活绕这一端转动,这样可制成空气劈尖,以半导体激光作光源(图 3.1.5).用读数显微镜观测干涉条纹,通过测量干涉条纹宽度的变化,即可得到金属丝的伸长量,即

$$\Delta L=\frac{\lambda D}{2}\left(\frac{1}{a'}-\frac{1}{a}\right) \tag{3.1.8}$$

其中,ΔL 为金属丝的伸长量,D 为金属丝到劈棱的距离,a 和 a' 为金属丝伸长前后相邻条纹间的距离.根据式(3.1.2)和式(3.1.8),只要测量出 a 和 a' 的值,就可计算出金属丝的杨氏模量.

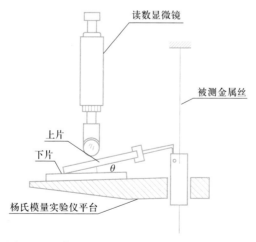

图 3.1.5 等厚干涉法测金属丝杨氏模量示意图

2. 电桥法

金属丝在拉伸前后其电阻值将发生变化,且拉伸前后阻值之比等于长度之比的平方,于是,可得到金属丝的伸长量:

$$\Delta L = L \sqrt{\frac{R'}{R} - 1} \qquad (3.1.9)$$

R 和 R' 分别为金属丝拉伸前后的电阻,L 为拉伸前金属丝的长度.根据式(3.1.2)和式(3.1.9),只要用直流双臂电测出金属丝拉伸前后的电阻 R 及 R',就可计算出金属丝的杨氏模量.

被测金属丝按四端连接法接在电桥相应的 C_1、C_2、P_1、P_2 接线端子上,如图 3.1.6 所示.其中,C_1、C_2 为电流端子,P_1、P_2 为电压端子.P_1、P_2 之间为被测电阻,并保持两点之间距离大于 1 m.逐渐增加砝码,依次从双臂电桥面板上读出相应的电阻值.

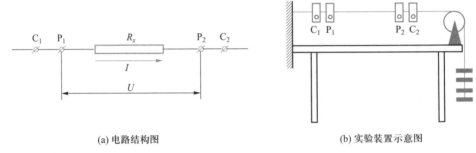

(a) 电路结构图   (b) 实验装置示意图

图 3.1.6   直流双臂电桥测金属丝的杨氏模量

七、思考题

(1)光杠杆镜尺法测量长度微小变化的原理是怎样的?其放大倍数与哪些量有关?如何提高光杠杆镜尺法测量微小伸长量的灵敏度?提高灵敏度有无限制?

(2)实验中为什么要用不同的长度测量仪器分别测量多种长度?试分析你的实验结果中哪一项误差最大.如何改进?

实验 3.1 数字学习资源

(刘渊   周楠   秦颖   戴忠玲)

实验 3.2   拉脱法测液体表面张力系数

一、实验背景及应用

1751 年,匈牙利物理学家塞格纳(Jan Andrel Segner,1704—1777)首次提出表面张力的概念.任何系统处于稳定平衡时,其势能应为最小.对于液体表面层,为了使其势能最小,表面层分子具有挤入液体内部的趋势,即液面应该具有收缩的趋势,而促使液面呈收缩趋势的力则为液体的表面张力.液体的表面张力是液体的重要性质之一,其实质是分子间相互作用力的宏观表现.依据表面张力能解释涉及液体表面的众多现象,如毛细现象、浸润现象以及泡沫的形成和喷液成雾等.

"出淤泥而不染,濯清涟而不妖."荷花出淤泥而不染是由于荷花表面有一层超疏水材料.超疏水性是一种特殊的润湿性,一般指水滴在固体表面呈球状,接触角大于 $150°$,滚动角小于 $10°$,荷叶上露珠的形成就是表面张力的体现.在生活中充分利用表面张力,可以有效提高生活质量,如洗衣粉含有表面活性剂,可以减小表面张力,因此可以有效去除衣服上的污渍;在工业技术中,表面张力会影响混凝土断裂能及其应变软化、乳胶漆及其漆膜性能等,因此表面张力在焊接、电镀以及液体输送等技术中都有重要的应用.表面张力在生物学、医学以及微循环系统中也有重要的应用,例如通过检测肺泡液体的表面张力系数可以对相关疾病进行检测,这是由于肺泡内的黏液是一种表面活性物质,具有调节肺泡内壁液层表面张力的作用,使肺泡不会涨破或萎缩,对调节呼吸过程具有重要的意义.液体的表面张力系数在农业生产中也有广泛的应用,例如表面张力系数较大的农药会在叶面上形成液滴,影响叶片对农药的吸收,需要加入表面活性物质降低表面张力系数,使其在植物的表面呈延展分布从而提高植物对药液的吸收,提高药效和使用率.因此,精确测量表面张力系数至关重要.

液体表面张力系数的测定方法较多,有拉脱法、毛细法、滴定称重法、平板法、最大气泡压力法、激光衍射法和激光散射法等,本实验采用拉脱法.

二、实验教学目标

（1）加深对液体表面性质的理解.

（2）观察拉脱法测量液体表面张力的物理过程和物理现象,并学会用物理学概念和定律进行分析和研究.

（3）掌握用拉脱法测量水的表面张力系数及用最小二乘法处理数据.

三、实验仪器

FD-NST-B 型液体表面张力系数测量仪（图 3.2.1）、液体容器、力敏传感器、游标卡尺、吊环、砝码、镊子、被测液体.

本实验所用的硅压阻式力敏传感器由弹性梁（弹簧片）和贴在梁上的传感器芯片组成.该芯片由 4 个扩散电阻集成一个微型的惠斯通电桥,如图 3.2.2 所示,当有拉力作用于弹性梁上时,梁受力弯曲,扩散电阻阻值发生变化,U_{out} 两端产生电压信号,该信号通过放大电路和信号处理系统后输出,电压和拉力成正比.

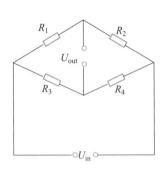

图 3.2.1　FD-NST-B 型液体表面张力系数测量仪　　　图 3.2.2　力敏传感器内部芯片结构

四、实验原理

1. 液体表面张力的微观机理

分子间作用力存在于任何物质中,当分子间距极小时表现为斥力,而当分子间距稍大时则表现为引力,引力随着分子间距的增大而急速趋于零,如图 3.2.3(a)所示.对于液体,如图 3.2.3(b)所示,内部分子受到的周围分子的作用力是对称的,因此合力为零;而表面层分子由于其受力不对称,表面层分子在振动中远离液体内部分子,此时所受到的斥力比较小,导致表面层分子间距大多数时候大于分子平衡间距,分子较为稀疏,此时分子间作用力表现为引力.

表面分子间的微观吸引力(表面张力)在宏观上表现为液体的内聚性与吸附性,吸附性使液体可以粘附在其他物体上,内聚性使液体能抵抗拉伸引力,导致液体表面有自动收缩的趋势,此时表面能最小.

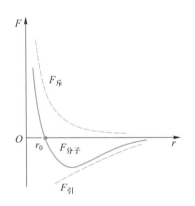

(a) 分子间作用力与距离的关系　　　　(b) 液体内部分子和表面层分子的受力示意图

图 3.2.3

表面张力的大小与受力液面上受力分割线的长度成正比,方向沿着液体的切线方向并且与分割线垂直.液体表面张力系数为作用在单位长度上液体表面张力的大小,即

$$F_张 = \alpha l \tag{3.2.1}$$

其中 $F_张$ 为液体表面张力，α 为液体的表面张力系数，其单位为 N/m，l 为液体表面受力横截面的长度．液体表面张力系数不仅和液体的种类及形成界面的物质有关，还和液体的温度、纯度有关，随温度的升高，液体表面张力系数降低；掺入不同的杂质可以升高或降低液体的表面张力系数．

2. 实验原理

采用拉脱法测量液体表面张力系数时，采用圆形吊环进行拉膜，记录数据时间点选择内、外两层水膜即将接触前最后一个瞬间，此时采用一级近似，则有

$$F_张 = 2\alpha\pi(D_{out} - d) \tag{3.2.2}$$

其中 D_{out} 和 d 分别为吊环的外直径和吊环壁的厚度，为了确定表面张力系数的大小，准确测量表面张力至关重要．

为了测定水表面张力的大小，将圆形吊环浸入水中，而后缓慢使水位下降，此时吊环底部将形成一层水膜，缓慢拉膜，随着拉膜的进行，水膜逐渐变薄直至断裂，拉膜过程示意图如图 3.2.4 所示．在拉膜初期，吊环受力情况如图 3.2.4(a) 所示，此时吊环除受到向上的拉力 $\boldsymbol{F}$、自身的重力 $m\boldsymbol{g}$ 作用外，还受到水的表面张力 $\boldsymbol{F}_张$ 和吊环吸附起的液体的重力 $m'\boldsymbol{g}$ 的作用，其受力的平衡方程为

$$F - mg - F_张\cos\theta - m'g = 0 \tag{3.2.3}$$

其中 θ 为表面张力与竖直方向的夹角．因为液体表面层分子间距较大，所以分子间作用力表现为引力，内、外层水膜一旦接触，引力将使两层水膜重叠成一层，吊环急速上升，水膜会很快断开．在两层水膜接触前最后一个稳态，两层水膜间液体可忽略不计，水膜接触点处 $F_张 = F_1 - mg$，如图 3.2.4(b) 所示，此时吊环受力的平衡方程为

$$F_1 - mg - F_张 = 0 \tag{3.2.4}$$

而水膜断裂后如图 3.2.4(c) 所示，吊环受力的平衡方程为

$$F_2 - mg = 0 \tag{3.2.5}$$

由式(3.2.2)、式(3.2.4)和式(3.2.5)可得表面张力系数 α 的表达式：

$$\alpha = \frac{F_1 - F_2}{2\pi(D_{out} - d)} \tag{3.2.6}$$

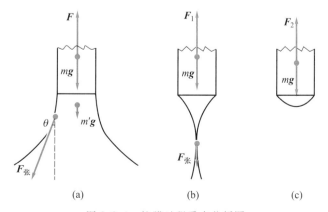

图 3.2.4　拉膜过程受力分析图

五、基本实验内容与步骤

1. 实验内容

(1) 对力敏传感器定标,确定力敏传感器的电压示值与外部拉力间的对应关系.

(2) 测量水表面张力的大小.

(3) 测量水膜的长度.

2. 实验步骤

(1) 调水平,确保吊环处于水平状态;调竖直,确保力敏传感器的挂钩处于竖直状态.

(2) 开机预热,在预热过程中将吊环挂在吊钩上,并调整测量仪电压值小于 20.0 mV.

(3) 为了确定力与电压之间的关系,需要进行力敏传感器的定标.在定标过程中,将 7 片质量为 0.5 g 的片码依次均匀放置在吊环上,吊环稳定后,记录不同质量下的电压值;而后,依次将片码取下,同时记录电压值.(注意:定标区域确定后,不能轻易变动测量仪零点.)

(4) 利用 NaOH 溶液清洗吊环,并用清水冲洗干净,而后用热风吹干.

(5) 将水加入容器,水位可参考装置外壁刻度线.拧松放气阀门,容器内的水将通过仪器中间小孔进入容器下部,调整吊环方向,使吊环处于水位上方.调紧放气阀门,通过挤压气囊,将容器下方的水逐渐挤压到上方,此过程需要缓慢进行,直至水与吊环下沿接触形成水膜(注意:必须在吊环内部装载砝码的平台与水面接触前让水面停止上升!).随后,轻微拧松阀门进行拉膜,在拉膜的过程中仔细观察表面张力系数测量仪电压值的变化,并记录水膜即将拉断前瞬间的电压值和断裂后稳定的电压值.为了提高测量精度,应重复测量 8 次.

(6) 利用游标卡尺测量吊环的壁厚和外直径.

(7) 整理仪器,将容器内待测液体排净后倒掉;将吊环和片码放置于收纳盒内.

3. 注意事项

(1) 应严格调整吊环水平和挂钩竖直.

(2) 开机后应预热仪器至少 10 min,预热过程中需挂上吊环.

(3) 在定标过程中要均匀放置片码,待吊环稳定后再进行数据记录.

(4) 使用力敏传感器时所加的力不宜大于 0.098 N,以免损坏传感器.

(5) 拉膜要缓慢且应尽量减少液体的波动.

六、拓展实验内容

测定液体表面张力系数的方法有很多,除拉脱法外,还有毛细法、最大气泡压力法等,请查阅相关资料,分析以上两种方法的原理,绘制原理示意图,自主设计实验.

实验仪器:柱形毛细管、锥形毛细管、玻璃槽、待测液体、发光二极管(LED)、毛细管夹、乳胶软管、滴液漏斗、支管试管、U 形压力计、含液体的洗瓶等.

七、思考题

（1）分析实验的系统误差和随机误差,提出减小误差的措施.

（2）在吊环即将拉断水膜的瞬间,电压表数值如何变化? 为什么?

（3）水温和水的纯度将如何影响水的表面张力系数?

（4）如何利用表面张力现象分析和解释植物根茎中的毛细现象?

实验 3.2 数字学习资源

（王淑芬　王茂仁　秦颖　戴忠玲）

实验 3.3　弦振动实验

一、实验背景及应用

自然界中到处都存在着振动.广义地说,任何一个物理量随时间的周期性变化都可以称为振动.一定振动的传播称为波动,简称波,如机械波、电磁波等.各种形式的波有许多共同的特征和规律,如都具有一定的传播速度,都伴随着能量的传播,都能产生反射、折射、干涉和衍射等现象.当波的强度较小时,波的传播具有独立性.几列波叠加可以产生许多独特的现象,驻波就是其中一例.

19 世纪 80 年代,赫兹设计了一套电磁波振荡器,在距离振荡器 10 m 远的暗室中放置了探测此电磁波的检波器,并且在暗室远端的墙壁上覆盖可反射电磁波的锌板,利用入射波与反射波叠加产生驻波的原理,可以测出产生驻波时振荡器的频率,再通过改变检波器的距离测出驻波的波长,从而证明了电磁波的存在和麦克斯韦关于电磁波的速度等于光速的预测,给由法拉第和麦克斯韦等人建立的经典电磁理论大楼"封了顶",为日后无线电、电视和雷达的发展奠定了基础.

弦振动实验利用弦线上产生的驻波,研究驻波波长与振动频率、张力以及弦线密度的关系.常用的实验方法有两种:电动音叉法、磁电激励法.电动音叉法的振动频率相对固定,而磁电激励法的振动频率一般连续可调,可以研究频率对驻波的影响,实验内容更加丰富.本实验采用磁电激励法来研究驻波及其特性.

二、实验教学目标

（1）掌握驻波的形成条件,观察波在弦线上的传播.

（2）掌握弦线多次谐频的共振频率与弦线波腹数的关系.

（3）研究弦线的基频、弦长、拉力间的关系.

（4）学习用最小二乘法计算弦线上的波速及线密度.

三、实验仪器

交变信号源、数字拉力计、示波器、弦振动实验装置（包括导轨、电磁线圈 A 和 B、劈尖及拉力传感器）、待测钢丝（附带标签上标有钢丝直径、线密度及最大张力）.

弦振动实验装置如图 3.3.1 所示，其中劈尖的作用是把钢丝架起来（二劈尖的间距即弦长）.电磁线圈 A（也叫驱动传感器）和交变信号源相连，形成频率可调的空间磁场，驱动钢丝振动.电磁线圈 B（也叫接收传感器）和示波器相连.线圈 A 驱动钢丝振动→线圈 B 的介质发生变化→线圈 B 的磁场发生变化→线圈 B 产生感应电流→示波器显示感应电流变化（量程合适）.转动施力螺母可改变钢丝的松紧程度.拉力传感器和数字拉力计相连，钢丝受力大小在数字拉力计中显示，单位为 kgf，即千克力（1 kgf = 9.801 N）.

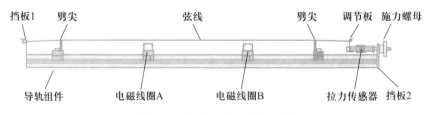

图 3.3.1 弦振动实验装置示意图

四、实验原理

1. 弦上驻波的形成

如图 3.3.2 所示，当弦线上有周期性振源振动时，所产生的横波传播到弦线的两个固定端 A、B 后，一部分透射，另一部分反射.因为振源还在继续振动，所以这就造成弦线上既有从振源附近的波动中心出发向两个固定端传输的前进波，也有从两个固定端向对面另一固定端反射的反射波.在一般情况下，因为这些波的相位不同，振幅很小，在弦线上不能稳定叠加，所以振动现象不显著.

然而，对于某一弦线，在张力不变的情况下，如果弦线的长度和波长（或振源频率）之间满足某种关系，前进波和许多反射波都具有相同的相位，使得弦线上各点都做振幅各自恒定的简谐振动，就会形成稳定驻波.这时，弦线上有些点振动的振幅最大，称为波腹；有些点的振幅为零，称为波节.

振源越接近驻波波腹（距离固定端 1/4 波长奇数倍），驻波振幅越大、波形越规范.振源越接近驻波波节（距离固定端 1/4 波长偶数倍），驻波振幅越小.如振源刚好位于对应该振源频率的驻波波节位置，则无法形成驻波.

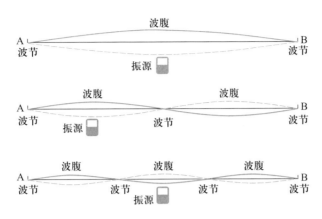

图 3.3.2　波的叠加及驻波的形成

2. 弦上驻波的特点

如果令弦长为 L，形成驻波的波长为 λ，则形成驻波的条件是弦长是半波长的整数倍，即

$$L = n\frac{\lambda}{2}, n = 1,2,3,\cdots \tag{3.3.1}$$

以 λ_n 表示与某一 n 值对应的波长（n 表示波腹的个数，称为波腹数），由上式可得容许的波长：

$$\lambda_n = \frac{2L}{n}, n = 1,2,3,\cdots \tag{3.3.2}$$

即在弦线上形成驻波时，对应的波长是不连续的，用现代物理的语言说，波长是"量子化"的。由关系式 $f = \dfrac{u}{\lambda}$ 可知，频率也是量子化的，相应的可能频率为

$$f_n = n\frac{u}{2L}, n = 1,2,3,\cdots \tag{3.3.3}$$

$u_{理} = \sqrt{\dfrac{F}{\rho_l}}$ 为不考虑色散时弦线上的理想波速，F 为弦线上的张力，ρ_l 为弦线的线密度。每一个频率对应于一种可能的振动方式，由式（3.3.3）决定的频率振动方式，称为弦线振动的简正模式，其中最低频率 f_1 称为基频，其他较高频率 $f_2, f_3, \cdots$ 都是基频的整数倍，称为二次谐频，三次谐频……

简正模式的频率称为系统的固有频率。如上所述，一个驻波系统可能有许多个固有频率，这和弹簧振子只有一个固有频率不同。

当外界驱动源以某一频率激起系统振动时，如果这一频率与系统的某个简正模式的频率相同（或相近），就会激起强驻波，这种现象称为共振，对应的频率称为共振频率。利用弦振动演示驻波时，观察到的就是驻波共振现象。系统究竟按哪种模式振动，取决于初始条件。在一般情况下，一个驻波系统的振动是它的各种简正模式的叠加。

五、基本实验内容与步骤

实验前准备:将劈尖、电磁线圈按图 3.3.1 所示的相对位置置于导轨上.拉力传感器连接数字拉力计,驱动传感器连接信号源,接收传感器连接示波器,均开机通电预热至少 10 min,将信号源设置为输出正弦波形.按下数字拉力计上的"清零"按键,将示数清零.

注意:如果拉力传感器有拉力,绝对不能按"清零"键.

1. 测量弦线的多次谐频

(1) 悬挂钢丝:将二劈尖按要求对称放置.在挡板 1 和调节板上装一根钢丝弦线,根据弦线标签记录相应的钢丝直径 d、线密度 ρ_l 及最大张力 F_m,将弦线架在劈尖上方,并调节弦线张力 F 达到设定值.

(2) 预设示波器:适当调节信号幅度(推荐 5 V_{p-p},细弦的信号幅度略大,粗弦的信号幅度略小),同时调节示波器垂直增益为 5 mV/div,水平增益为 2 ms/div,选择示波器采样选项(Aquire)中的获取方式为高分辨方式.

(3) 放置传感器(参考图 3.3.2):调整驱动传感器和接收传感器位置靠近波腹位置,每次保证二者间距不太近(大于 10 cm),避免互相干扰.

(4) 寻找共振基频:缓慢增大信号源的频率,即驱动频率(建议先根据公式计算出频率理想值,在该值附近以 1 Hz/s 步距粗调,出现振幅最大的波形后,再以每隔 10 s 调整 0.1 Hz 的步距微调),观察示波器屏幕中的波形变化(注意频率调节过程不能太快,因为弦线形成驻波需要一定的能量积累和稳定时间,否则来不及形成驻波).若弦线的振幅太大,则会造成弦线碰撞驱动传感器或接收传感器,此时应减小信号源的输出幅度.适当调节示波器的通道增益,直到示波器接收到的波形稳定且振幅接近或达到最大值.此时示波器上显示的信号的频率就是共振频率,该频率与信号源输出的信号频率(即驱动频率)相同或相近,故可以读出驱动频率作为共振频率.

(5) 寻找多次谐频:估算 n 次谐频理想值,将线圈传感器移到图 3.3.2 中对应 n 次谐频驻波波腹的位置,按上述步骤寻找发生 n 次谐频共振所对应的共振频率 $f_n(n=2,3,\cdots)$.

(6) 根据上面测到的 λ,利用公式 $\lambda f_{理} = \sqrt{\dfrac{F}{\rho_l}}$ 计算多次谐频非色散理想值,并计算实际共振频率与非色散理想值的相对误差.(大连地区重力加速度 $g = 9.801$ m/s².)

注意:信号源误操作会导致输出信号频率不随读数窗显示值变化,从而找不到共振频率,此时需要将信号源关闭 10 s 后再重新打开.

2. 固定张力,改变弦长,用最小二乘法计算弦线上的行波传播速度

(1) 旋松施力螺母到弦线拉力小于 0.5 kgf,改变劈尖位置,使弦长 L 分别为 70.0 cm、65.0 cm、60.0 cm、55.0 cm、50.0 cm、45.0 cm.

注意:必须先旋松弦线再改变劈尖位置.

（2）再重新拉紧弦线至所需拉力（不同弦长对应的张力保持恒定），将驱动传感器和接收传感器均靠近波腹（弦线中间），保持 10 cm 间距，寻找并记录各弦长对应的基频.

（3）由式（3.3.3），以弦长的倒数（$1/L$）为自变量，共振频率为因变量，用最小二乘法计算弦线上的波速及不确定度，要求写出计算过程并给出波速的结果表达式.

3．测量弦线的线密度（固定弦长，改变张力）

（1）旋松施力螺母到弦线拉力小于 0.5 kgf，改变劈尖位置，按要求调整弦长，将线圈传感器放到合适位置.

（2）改变弦线张力，使之分别为 $0.4F_m$、$0.5F_m$、$0.6F_m$、$0.7F_m$、$0.8F_m$（F_m 为所用弦线的最大张力），寻找并记录各张力对应的基频.

（3）根据式（3.3.4）（见下文），以张力为自变量，对应共振频率的平方为因变量，用最小二乘法计算弦线的线密度及其不确定度，要求写出计算过程并给出线密度的结果表达式.

六、拓展实验内容

因为实验所用钢丝不是均匀柔软弦，所以必须考虑色散，而不能简单认为 $\lambda f=\sqrt{\dfrac{F}{\rho_l}}$，实际钢丝弦的 λf 不是与波长无关的量，其实际色散关系可近似由下式给出：

$$\lambda f=\sqrt{\frac{F}{\rho_l}+\frac{A}{\lambda^2}} \tag{3.3.4}$$

式（3.3.4）中的 A 是一个小的、正的常量，如果是理想柔软弦，则常量 A 为零.

测量不同柔软度的钢丝在不同拉力及弦长下的多次谐频，利用修正公式（3.3.4）计算常量 A 的大小，分析刚性色散修正公式中影响常量 A 的因素.

注意：

（1）在给弦线施加张力时，严禁超过给定的最大张力值.

（2）在测量多次谐频时，务必使传感器避开预计的驻波波节位置.

（3）如果拉力传感器有外力，就绝对不能按传感器的"清零"键.

（4）记录数据时，数据末位为仪器实际读数估读位.

七、思考题

（1）弦线振动时，在弦线上传播的波是横波还是纵波？为什么？

（2）弦线上的驻波是由哪两列波叠加合成的？在弦长不是半波长整数倍时，为什么观测不到驻波现象？

（3）共振频率、本征频率、固有频率、自然频率、自由振荡频率分别是什么？它们的大小有什么差别？

（4）地震时,地震波中的纵波与横波在地壳中的传播速度分别是多少？它们分别是由什么因素决定的？哪一种造成的破坏更大？为什么？

实验 3.3 数字学习资源

（王茂仁 秦颖 庄娟）

实验 3.4   常用测温元件的定标及相关参量测量

一、实验背景及应用

温度是最基本的物理量之一,是度量物体热平衡条件下冷热程度的物理量,它反映了物体内部微粒无规则运动的平均动能.温度不仅紧密关系着人们的生活环境,而且是科研、生产中的重要物理量之一.温度的测量与控制在工农业生产、国防和科学研究等领域具有十分重要的作用.例如,在工业生产中,温度的准确测量和控制是保证生产效率和产品质量的前提,更是生产安全的重要保障.在一些场合中,过高的温度会对设备或系统产生热损伤,影响其使用寿命或使其失效.

在温度计发明之前,人们主要靠经验描述温度的高低,无法定量、精确地检测温度. 16 世纪末,意大利物理学家伽利略发明了一种利用空气热胀冷缩原理的气体温度计.1821 年,德国物理学家泽贝克发现温差电效应,制成热电偶传感器,将温度转化为电信号,从而将温度的计量提升到一个新的高度.1876 年德国物理学家西门子制造出第一支铂电阻温度传感器.20 世纪以来,随着科学技术的发展,温度的测量手段极大丰富.在半导体技术的支持下,人们相继开发了半导体热敏电阻传感器、PN 结温度传感器和集成温度传感器.依据波与物质的相互作用规律,人们发明了微波温度传感器、红外线温度传感器和声学温度传感器.根据物体辐射红外线的能量密度与物体本身的温度符合普朗克定律,人们制成了红外温度传感器.随着激光技术的飞速发展和对光纤技术的研究,光纤温度传感器在越来越多的行业中得到应用.此外,光谱方法和激光干涉法适用于高温火焰、气流和等离子体等的温度测量.如今,从纳开量级的超低温到上亿开量级的超高温,均可进行测量.

在自然界中,很多物质的物理属性以及众多的物理效应均与温度有关,因此可利用它们随温度的变化规律来间接测量温度.温度传感器将物体的温度转化为电信号输出,容易实现对温度的自动测量和自动控制,具有结构简单、测量范围大、稳定性好、精度高等优点.温度传感器在制作和使用过程中需定期进行标定和校准.在本实验中,我们将对常用的几种测温元件的温度特性进行测量,学习热电偶、金属热电阻、半导体热敏电阻和 PN 结测温的原理,完成温度传感器的标定和校准.

二、实验教学目标

（1）了解测量温度的常用方法.
（2）掌握热电偶的测温原理,对热电偶进行定标.
（3）掌握利用半导体热敏电阻的电压-温度曲线计算热敏指数的原理.
（4）掌握利用半导体 PN 结的正向压降-温度曲线计算玻耳兹曼常量的原理.
（5）学会测量热电偶、热敏电阻及 PN 结的温度特性.

三、实验仪器

智能温控辐射式加热器、数字万用表、E 型热电偶探头（含冷热端）、加热制冷模块、热敏电阻、三极管、导线、恒流源.

四、实验原理

根据感温元件是否与被测介质接触,测温方法可分为接触式和非接触式.非接触式测温法,如辐射式测温法、光谱式测温法、声波测温法等,与被测对象不接触,具有响应速度快、测温范围大、测温上限高、不会干扰温度场等优点,但存在受被测对象发射率和中间介质的影响大、测温系统结构复杂、价格昂贵等缺点.接触式测温法以热平衡现象为基础,即温度传感器要与被测对象充分接触并达到热平衡,因此与被测对象的传热过程限制了其响应速度,与被测对象的接触会对被测温度场产生干扰;而且接触式测温法不适于测量很高的温度,不适于测量小物体、腐蚀性强的物体以及运动着的物体.接触式温度传感器结构简单、成本低,在满足被测物体热容大于温度传感器热容的前提条件下,其测量准确,可以测得物体的真实温度,还可以测得物体内部某点的温度.接触式测温主要有四种类型：膨胀式测温、压力式测温、热电式测温和电阻式测温.

热电式测温元件包括热电偶和 PN 结温度传感器,电阻式测温元件包括金属热电阻和半导体热敏电阻温度传感器.下面对它们进行介绍.

1.热电偶

将两种不同的金属或不同成分的合金（热电极）两端彼此焊接成一闭合回路,若两个接触点处的温度 T 与 T_0 不同,那么回路中就会产生热电动势,这种现象称为热电效应或温差电效应,这两种金属的组合体称为热电偶,如图 3.4.1 所示,其中 A、B 代表热电极,T_0 为冷端（或自由端）温度,T 为热端（或工作端）温度.根据热电极材料的不同,热电偶分为 S、B、E、K、R、J、T、N 等类型.热电偶属于自发电型传感器,测量时不需外加电源,可以直接驱动动圈式仪表.其作为工业上最常用的温度检测元件之一,优点是测量精

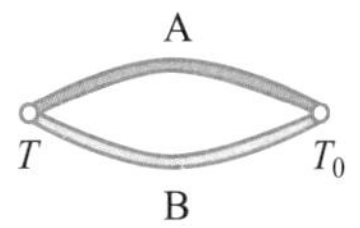

图 3.4.1 热电偶示意图

度高、范围大、准确、可靠、性能稳定、热惯性小、构造简单和使用方便.

热电偶回路中的热电动势包括两部分:接触电动势和温差电动势.

当两种电子浓度不同的导体 A 和 B 接触时,接触面上就会发生电子扩散现象,即电子就会从电子浓度高的导体流向电子浓度低的导体.假设导体 A 和 B 的电子浓度分为 N_A 和 N_B(且 $N_A>N_B$),则电子扩散导致 A 失去电子而带正电荷,B 获得电子而带负电荷,进而在接触处产生电场,在 A 和 B 之间形成一个接触电动势.该接触电动势的大小与两种导体的材料、接触点的温度有关,而与导体的直径、长度和几何形状无关.对于温度为 T 的接触点,其产生的接触电动势为

$$E_{AB}(T) = \frac{kT}{q}\ln\frac{N_A}{N_B} \tag{3.4.1}$$

式中 k 为玻耳兹曼常量,q 为电子电荷量.

对于任何一种导体,当其两端温度不同时,两端自由电子浓度也不同,即温度高的一端电子浓度大,温度低的一端电子浓度小,这会导致导体内的电子从高温到低温扩散.这种由于温度梯度的存在而产生的电动势称为温差电动势,它与温度的关系为

$$E_A(T,T_0) = \int_{T_0}^{T} \sigma\,\mathrm{d}T \tag{3.4.2}$$

式中 σ 为汤姆孙系数,表示 1 ℃ 的温差所产生的电动势差,其大小与材料性质及两端的温度有关.

因此,热电偶回路中热电动势的大小可以写成

$$E_{AB}(T,T_0) = E_{AB}(T) - E_{AB}(T_0) - \int_{T_0}^{T}(\sigma_A - \sigma_B)\,\mathrm{d}T = f(T) - f(T_0) \tag{3.4.3}$$

$E_{AB}(T,T_0)$ 只和组成热电偶的热电极材料及两端温度有关,而与热电偶的大小、热电极的长短及粗细无关,因此热电偶的测温原理是以热电动势与两端温度的单值关系为依据的.使用热电偶时,热端被置于温度场中,冷端则保持在某一恒定温度,即 $f(T_0)$ 始终保持为常量,则热电偶的热电动势便为热端温度 T 的函数:

$$E_{AB}(T,T_0) = f(T) - C \tag{3.4.4}$$

函数 $f(T)$ 是非常复杂的,一般可写成多项式的形式.当在规定范围内使用热电偶,准确度要求又不是特别高时,可取其一级近似,即

$$E_{AB}(T,T_0) = a + bT \tag{3.4.5}$$

式中 a、b 可由实验测定.用实验方法测量热电偶的热电动势与热端温度之间的关系曲线,称为对热电偶定标.定标后的热电偶才可以作为温度计使用.

根据中间导体定律,当热电偶的回路中接入第三种金属导体时,若后者的两个接入点温度相同,则热电偶冷热两端的热电动势不变.因此可按照图 3.4.2(a) 或(b)接入热电动势测量仪器(用 G 表示),组成热电偶温度传感器.当采用图 3.4.2(a)电路时,可使冷端

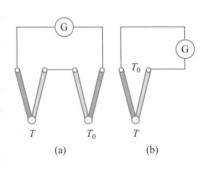

图 3.4.2 热电动势测量电路

温度 T_0 保持恒定(比如水的冰点).当采用图 3.4.2(b)电路时,测量方法比较简单,T_0 取室温,但由于室温并不十分稳定,且连接测量仪器的两接头处的温度也可能有微小差别,所以准确度相对较低.

在整个测温区间内,热电动势 E_{AB} 与热端温度 T 之间并非线性关系.对于常用的热电偶,E_{AB} 与 T 的关系由热电偶分度表给出.在冷端温度 $T_0 = 0\ ^\circ\!C$ 时,由测得的 E_{AB},通过查询分度表,可得到 T.若要测量其他冷端温度时的热电动势 $E_{AB}(T, T_n)$,可根据中间温度定律,算出 $E_{AB}(T, 0)$,即

$$E_{AB}(T, 0) = E_{AB}(T, T_n) + E_{AB}(T_n, 0) \tag{3.4.6}$$

之后便可由分度表得到 T.

2. 金属热电阻

当温度升高时,绝大多数金属的电阻值随之增大.金属热电阻在测温和控温中有广泛的应用,是中低温区最常用的一种温度检测元件.用于制造热电阻的材料,其电阻温度系数要大,热容、热惯性要小,电阻与温度的关系最好呈线性.常用的金属热电阻有铂、铜电阻.其中铂电阻的测量精确度最高,它不仅广泛应用于工业测温,而且被制成各种标准温度计供计量和校准使用.

金属热电阻的阻值随温度的变化规律为

$$R(T) = R_0(1 + \alpha T + \beta T^2 + \gamma T^3) \tag{3.4.7}$$

式中,$R(T)$ 为温度 T 时的阻值,R_0 为温度 $0\ ^\circ\!C$ 时的阻值,α、β、γ 为常量.因 β、γ 很小,故上式在很多场合下可近似表示为

$$R(T) = R_0(1 + \alpha T) \tag{3.4.8}$$

α 称为电阻温度系数.

3. 半导体热敏电阻

半导体材料的热电特性极为显著,因此常用作温度传感器.半导体的导电机制比较复杂,起电输运作用的载流子为电子或空穴.载流子的浓度受温度的影响很大,因此半导体的电阻率受温度的影响也很大.由半导体材料制成的热敏器件,根据其电阻率随温度变化的特性不同,大致分为 NTC(负温度系数)、PTC(正温度系数)和 CTC(临界温度系数)型.在温度测量中,使用较多的是 NTC 型热敏电阻.半导体热敏电阻具有极高的灵敏性和响应速度,体积也可以做得很小,非常适用于具有温区小、测量精度高、长期稳定性好、响应速度快等要求的特殊应用场合,已广泛使用在自动控制和科学仪器中,并在物理、化学和生物学研究等方面得到了广泛的应用.

在一定的温度范围内,NTC 型热敏电阻的阻值与温度近似满足如下关系:

$$R = R_0 e^{B(\frac{1}{T} - \frac{1}{T_0})} \tag{3.4.9}$$

式中 R 是热力学温度 T 时的电阻,R_0 为热力学温度 $T_0 = 300\ K$(工业标准一般取 298.15 K)时的电阻.B 为材料常量(热敏指数),不仅与材料性质有关,而且与温度有关.在一个不太大的温度范围内,B 可以视为常量.在热力学温度 T_0 时,电阻温度系数为

$$\alpha = \frac{1}{R_0}\left(\frac{\mathrm{d}R}{\mathrm{d}T}\right)_{T=T_0} = -\frac{B}{T_0^2} \tag{3.4.10}$$

将式(3.4.9)变形得到

$$\ln R = B\frac{1}{T} + C \tag{3.4.11}$$

可用作图法或最小二乘法求得斜率 B，并由式(3.4.10)计算电阻温度系数.

4. PN 结温度传感器

在一块本征半导体的两侧分别掺入三价和五价杂质元素，便形成 P 区和 N 区，如图 3.4.3 所示.由于在它们的交界处存在电子和空穴的浓度差异(即 N 区电子浓度很高，P 区空穴浓度很高)，载流子必然从浓度高的一侧向浓度低的一侧扩散.当 P 区空穴向 N 区移动时，就在 P 区边界处留下了不能移动的负电荷；当 N 区自由电子向 P 区移动时，就在 N 区边界处留下了不能移动的正电荷.因此在边界处，产生了一个内建电场，电场的方向由 N 区指向 P 区.载流子受到电场力的作用而做漂移运动，它的方向与扩散运动相反，最终使载流子扩散与漂移达到动态平衡，在 P 区和 N 区的交界面附近，形成了一个很薄的空间电荷区，即 PN 结.在外加电压时 PN 结显示出它的基本特性：单向导电性.PN 结构成的二极管和三极管的伏安特性对温度有很大的依赖性，利用这一点可以制造 PN 结温度传感器和晶体管温度传感器.PN 结温度传感器具有灵敏度高、线性较好、热响应快和体积小、轻巧、易于集成化等优点，因此其应用日益广泛，尤其在温度数字化、温度控制以及用微机进行温度实时信号处理等方面，PN 结温度传感器是其他测温仪器无法比拟的.

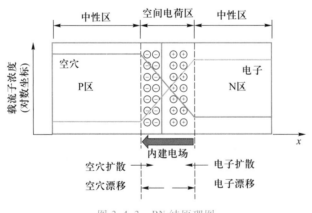

图 3.4.3   PN 结原理图

PN 结的正向电流 I、正向压降 U 满足下式：

$$I = I_s(\mathrm{e}^{qU/kT} - 1) \tag{3.4.12}$$

其中 q 为电子电荷量的绝对值，k 为玻耳兹曼常量，T 为热力学温度，I_s 为反向饱和电流(和 PN 结材料的禁带宽度以及温度等有关).通过半导体物理知识可以证明：

$$I_s = cT^r\exp\left(-\frac{qU_0}{kT}\right) \tag{3.4.13}$$

其中 c 是与结面积、杂质浓度等有关的常量,本实验中 $c = 2.10 \times 10^7$ A,r 是常量,U_0 为绝对零度时 PN 结材料的导带底和价带顶间的电势差.

将式(3.4.13)代入式(3.4.12),由于 $e^{qU/kT} \gg 1$,两边取对数,可得

$$U = U_0 - \left(\frac{kT}{q} \ln \frac{c}{I} \right) - \frac{kT}{q} \ln T^r \tag{3.4.14}$$

其中非线性项 $\frac{kT}{q} \ln T^r$ 相对甚小,可以忽略.

因此,上式可写为

$$U = U_0 + \alpha T \tag{3.4.15}$$

其中,

$$\alpha = -\frac{k}{q} \ln \frac{c}{I} \tag{3.4.16}$$

在恒流供电条件下,α 为常量,PN 结的正向压降几乎随温度升高而线性下降,这就是 PN 结温度传感器测温的依据.通过测量半导体 PN 结的电压-温度曲线并线性拟合,可以获得 α 值,从而计算玻耳兹曼常量 k.另外,由该曲线外推,还可求得绝对零度时半导体材料的禁带宽度:

$$E_{g0} = qU_0 \tag{3.4.17}$$

必须指出的是,上述结论仅适用于杂质全部电离、本征激发可以忽略的温度区间.(对于通常的硅二极管来说,温度范围为 $-50 \sim 150$ ℃.)

在实际测量中,因通过二极管的电流不只是扩散电流,还有耗尽层复合电流和表面电流,故求得的常量 k 往往偏小.将三极管的基极与集电极短接作为正极,发射极作为负极,可构成一只 PN 结.选取性能良好的三极管,采用这种共基极线路,且处于较低的正向偏置,表面电流的影响可以忽略,复合电流主要在基极出现,集电极电流中仅有扩散电流.此时集电极电流与结电压将满足式(3.4.12).

五、基本实验内容与步骤

温度传感器在制作和使用过程中需定期进行标定和校准.校准温度计的方法有固定点法和比较法两种.固定点法的依据是物质在相变过程具有确定不变的温度,常用的点有冰的熔点与水的沸点.比较法需要将待校准温度计与一支标准温度计一同放入一个具有稳定温度的恒温容器内进行比较.本实验采用比较法进行定标.

1. 半导体热敏电阻及半导体 PN 结定标

(1)确保样品池风扇不受其他物体遮挡,波段开关调至"空挡",使用配套的连接线将 PN 结的物理特性及玻耳兹曼常量测定仪与样品池对应相连.

(2)接通电源,检查温度显示屏、电压显示屏、状态指示灯是否都正常工作,如不正常应迅速关机,由教师对仪器进行检查.

(3)开机后温度表显示测量室的温度 T,电压表显示当前被测样品的电压 U(单位:V).

被测样品的电阻值 $R = U/I$，I 是通过被测样品的恒定电流，本仪器为 26 μA．

（4）拨动样品切换开关至左侧，转动波段开关至加热模式，因为前期升温迅速，所以选择小功率加热，当温度升至 40 ℃后，改选大功率加热．

（5）每隔 5 ℃记录一次热敏电阻的电压和温度，测量温度范围：30~70 ℃．

（6）拨动样品切换开关至右侧，转动波段开关至制冷模式（冷却挡），确保风扇转动．

（7）每隔 5 ℃记录一次 PN 结的压降和温度，测量温度范围：70~30 ℃．

（8）实验结束，关闭电源．

注意：禁止在仪器通电的情况下拔插温控线、测试线．

2．热电偶定标

（1）实验室已将 E 型［镍铬−铜镍（康铜）］热电偶热端探头插入 NKJ 型智能温控辐射式加热器中，冷端探头保持室温．

（2）将热电偶测量导线接入数字万用表，以便测量不同温度下热电偶的热电动势．

（3）将数字万用表调至 200 mV 挡位，加热器选为自控模式，冷却开关为关闭状态．

（4）打开加热器电源，设置加热器腔室温度，当其温度稳定后记录热端温度值，同时记录热电偶的热电动势．每隔 5 ℃记录一次，测量温度范围：30~70 ℃．

（5）将加热器腔室温度设置为 20 ℃，打开冷却开关，待温度降至 30 ℃以下后关闭仪器．

六、拓展实验内容

铜电阻定标．采用单臂电桥电路测量阻值 R，通过智能温控辐射式加热器改变温度 T，完成铜电阻 R-T 定标曲线的测量．

（1）将铜电阻插入 NKJ 型智能温控辐射式加热器中．

（2）自行设计单臂电桥电路用于测量铜电阻的阻值（约为几十欧）．

（3）加热器选为自控模式，冷却开关为关闭状态．

（4）打开加热器电源，设置加热器腔室温度，当其温度稳定后记录铜电阻温度，同时测量阻值．每隔 10 ℃记录一次，测量温度范围：30~70 ℃．

（5）将加热器腔室温度设置为 20 ℃，打开冷却开关，待温度降至 30 ℃以下后关闭仪器．

（6）绘制电阻温度特性曲线，写出如定标公式（3.4.8）形式的电阻值与温度关系式．

七、思考题

（1）还有什么测温技术？列举一二，并加以说明．

（2）不同类型的标准热电偶所能测量的温度范围分别大致为多少？

（3）半导体热敏电阻物理特性与常规金属电阻温度特性有何区别？

（4）试分析玻耳兹曼常量计算结果与标准玻耳兹曼常量（$k = 1.38 \times 10^{-23}$ J/K）的误差产生的原因.

实验 3.4 数字学习资源

（吴兴伟 邱宇 戴忠玲 秦颖）

实验 3.5 导热系数和比热容的测定

一、实验背景及应用

导热系数是指在稳定传热条件下,1 m 厚的材料,两侧表面的温差为 1 度（K 或 ℃）,在一定时间内,通过 1 m² 面积传递的热量,单位为瓦每米开［W/(m·K),此处 K 可用 ℃ 代替］,它表征物体导热能力的大小.不同物质的导热系数各不相同;相同物质的导热系数与其结构、密度、湿度、温度、压力等因素有关.同一物质在含水率低、温度较低时,其导热系数较小.一般来说,固体的导热系数比液体的大,而液体的又要比气体的大.在常温常压下,液态水的导热系数约为 0.59 W/(m·K),空气的导热系数约为 0.026 W/(m·K),冰的导热系数高达 2.2 W/(m·K),金属的导热系数更大,例如银在 100 ℃ 时,其导热系数高达 412 W/(m·K).这种差异很大程度上是不同状态物质其分子间距不同所导致的.工程计算中用的导热系数值都是由专门试验测定出来的.

比热容（简称比热）是指没有相变和化学变化时,1 kg 均相物质温度升高 1 K 所需的热量,用于表征单位质量的某种物质升高（或下降）单位温度所吸收（或放出）的热量,单位为 J/(kg·K).

以往测量导热系数和比热大都用稳态法,这要求温度和热流量均要稳定,在学生实验中比较难以实现,因而导致测量的重复性、稳定性、一致性差,进而使误差增大.为了减小稳态法测量的误差,本实验采用了一种新的测量方法——准稳态法.准稳态法测量只要求温差恒定和温升速率恒定,而不必通过长时间的加热达到稳态,就可通过简单计算得到导热系数和比热,提高了课堂效率.

二、实验教学目标

（1）了解准稳态法测量导热系数和比热的原理.
（2）学习热电偶测量温度的原理和使用方法.
（3）用准稳态法测量不良导体的导热系数和比热.

三、实验仪器

ZKY-BRDR 型准稳态法比热·导热系数测定仪一台、实验样品两套(橡胶和有机玻璃,每套四块)、加热板两块、热电偶两支、导线若干、保温杯一个.

四、实验原理

1. 准稳态法测量原理

考虑如图 3.5.1 所示的一维无限大导热模型:一无限大不良导体平板厚度为 $2R$,初始温度为 t_0,现在平板两侧同时施加均匀的指向中心面的热流密度 q_c,则平板各处的温度 $t(x,\tau)$ 将随加热时间 τ 而变化.

以试样中心为坐标原点,上述模型的数学描述可表达如下:

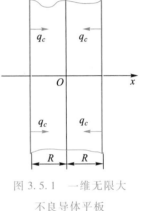

$$\begin{cases} \dfrac{\partial t(x,\tau)}{\partial \tau} = a\dfrac{\partial^2 t(x,\tau)}{\partial x^2} \\[2mm] \dfrac{\partial t(R,\tau)}{\partial x} = \dfrac{q_c}{\lambda} \\[2mm] \dfrac{\partial t(0,\tau)}{\partial x} = 0 \\[2mm] t(x,0) = t_0 \end{cases}$$

图 3.5.1　一维无限大
不良导体平板

式中 $a = \dfrac{\lambda}{\rho c}$,$\lambda$ 为材料的导热系数,ρ 为材料的密度,c 为材料的比热.

由此可以给出上述方程的解(具体过程参见二维码中的附录):

$$t(x,\tau) = t_0 + \frac{q_c}{\lambda}\left[\frac{a}{R}\tau + \frac{1}{2R}x^2 - \frac{R}{6} + \frac{2R}{\pi^2}\sum_{n=1}^{\infty}\frac{(-1)^{n+1}}{n^2}\left(\cos\frac{n\pi}{R}x\right)e^{-\frac{an^2\pi^2}{R^2}\tau}\right] \tag{3.5.1}$$

考察 $t(x,\tau)$ 的解析式(3.5.1)可以看到,随着加热时间的增加,样品各处的温度将发生变化,而且式中的级数求和项由于指数衰减的原因,会随加热时间的增加而逐渐变小,直至可以忽略不计.

定量分析表明,当 $\dfrac{a\tau}{R^2}>0.5$ 时,上述级数求和项可以忽略.这时式(3.5.1)变成

$$t(x,\tau) = t_0 + \frac{q_c}{\lambda}\left(\frac{a\tau}{R} + \frac{x^2}{2R} - \frac{R}{6}\right) \tag{3.5.2}$$

这时,在平板中心面处有 $x=0$,因而有

$$t(x,\tau) = t_0 + \frac{q_c}{\lambda}\left(\frac{a\tau}{R} - \frac{R}{6}\right) \tag{3.5.3}$$

在平板加热面处有 $x=R$,因而有

$$t(x,\tau) = t_0 + \frac{q_c}{\lambda}\left(\frac{a\tau}{R} + \frac{R}{3}\right) \tag{3.5.4}$$

由式(3.5.3)和式(3.5.4)可见,当加热时间满足条件$\frac{a\tau}{R^2} > 0.5$时,在平板中心面和加热面处温度和加热时间呈线性关系,温升速率同为$\frac{aq_c}{\lambda R}$,此值是一个和材料导热性能和实验条件有关的常量,此时加热面和中心面间的温度差为

$$\Delta t = t(R,\tau) - t(0,\tau) = \frac{1}{2}\frac{q_c R}{\lambda} \tag{3.5.5}$$

由式(3.5.5)可以看出,此时加热面和中心面间的温度差 Δt 和加热时间 τ 没有直接关系,保持恒定.系统各处的温度和时间是线性关系,温升速率也相同,我们称此种状态为准稳态.当系统达到准稳态时,由式(3.5.5)得到

$$\lambda = \frac{q_c R}{2\Delta t} \tag{3.5.6}$$

根据式(3.5.6),只要测量出进入准稳态后加热面和中心面间的温度差 Δt,并由实验条件确定相关参量 q_c 和 R,就可以得到待测材料的导热系数 λ.

另外,在进入准稳态后,由比热的定义和能量守恒关系,可以得到下列关系式:

$$q_c = c\rho R \frac{\mathrm{d}t}{\mathrm{d}\tau} \tag{3.5.7}$$

比热为

$$c = \frac{q_c}{\rho R \dfrac{\mathrm{d}t}{\mathrm{d}\tau}} \tag{3.5.8}$$

式中$\dfrac{\mathrm{d}t}{\mathrm{d}\tau}$为准稳态条件下平板中心面的温升速率(进入准稳态后各点的温升速率是相同的).

由以上分析可以得到结论:只要在上述模型中测量出系统进入准稳态后加热面和中心面间的温度差以及中心面的温升速率,即可由式(3.5.6)和式(3.5.8)得到待测材料的导热系数和比热.

2. 热电偶温度传感器

本实验用热电偶温度传感器进行测温,其详细测温原理见实验 3.4 常用测温元件的定标及相关参量测量.

五、基本实验内容与步骤

1. 仪器介绍

(1) 设计考虑.仪器设计必须尽可能满足理论模型.

无限大平板的条件是无法满足的,实验中总是要用有限尺寸的试件来代替.根据实验分析,当试件的横向尺寸大于试件厚度的六倍时,可以认为传热只在试件的厚度方向进行.

为了精确确定加热面的热流密度 q_c,我们利用超薄型加热片作为热源,其加热功率在整个加热面上均匀并可精确控制,加热片本身的热容可忽略不计.为了在加热片两侧得到相同的热阻,采用四个样品块的配置,可认为热流密度为功率密度的一半,如图 3.5.2 所示.

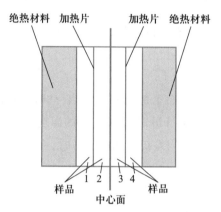

为了精确测量温度和温差,用两个分别放置在加热面和中心面中心部位的热电偶作为传感器来测量温差和温升速率.实验仪主要包括主机和实验装置,另有一个保温杯用于保证热电偶的冷端温度在实验中保持一致.

（2）准稳态法比热·导热系数测定仪（见图 3.5.3）.

① 加热电压调节旋钮:调节加热电压的大小（范围:16.00~19.99 V）.

图 3.5.2   被测试件安装示意图

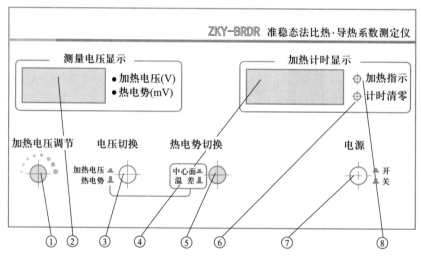

图 3.5.3   准稳态法比热·导热系数测定仪面板示意图

② 测量电压显示:显示两个电压,即"加热电压（V）"和"热电势（mV）".

③ 电压切换键:该键按下,测量电压表显示加热片加热电压;该键弹起,测量电压表显示热电偶温差电动势.

④ 加热计时显示:显示加热时间,前两位表示分,后两位表示秒,最大显示 99:59;打开仪器后方的"加热控制"开关后开始计时.

⑤ 热电势切换键:在中心面热电势和中心面—加热面的温差电动势之间切换.按下该键,测量电压表显示中心面热电偶和保温杯热电偶间的温差电动势.该键弹起,测量电压表显示中心面热电偶和加热面热电偶间的温差电动势.

⑥ 计时清零键:当不需要当前计时显示数值而需要重新计时时,可按此键实现清零.

⑦ 电源开关:打开或关闭实验仪器.

⑧ 加热指示灯:指示加热控制开关的状态.灯亮时表示正在加热,灯灭时表示加热停止.

(3)接线原理.实验时,将四只热电偶中的两只分别置于样品的加热面和中心面,另两只置于保温杯中,接线原理如图 3.5.4 所示.

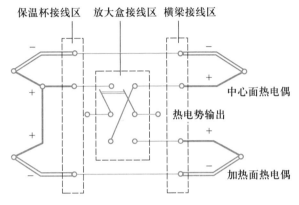

图 3.5.4　准稳态法装置接线原理图

图 3.5.3 中的热电势切换键⑤相当于图 3.5.4 中的切换开关,开关合在上边时热电势输出的是中心面热电势(中心面与室温的温差电动势),开关合在下边时保温杯内的两只热电偶的热电势相互抵消,测量的是加热面与中心面的温差电动势.

2.温差测量

(1)连接线路前,应先用万用表检查两只热电偶冷端和热端的电阻值,一般应为 3~6 Ω,如果偏差大于 1 Ω,则可能是热电偶有问题,此情况应请指导教师帮助解决.

(2)设定加热电压.检查各部分接线是否有误,同时检查后面板上的"加热控制"开关是否关上(若已开机,则可以根据前面板上加热指示灯的亮和灭来确定,亮表示加热控制开关打开,灭表示加热控制开关关闭).若加热控制开关没有关,则应立即关上它.

开机后,先让仪器预热 10 min 左右再进行实验.在记录实验数据之前,应该先设定所需要的加热电压,步骤为:先将电压切换键③按下,到"加热电压"挡位,再由"加热电压调节"旋钮调节所需要的电压(参考加热电压:18 V,19 V).

(3)测定样品的温度差和温升速率.将测量电压显示调到"热电势"的"温差"挡位,如果显示温差电压小于 0.004 mV(可以是负值),就可以开始加热了;否则应等待一段时间,直到显示值小于 0.004 mV 再加热.

打开"加热控制"开关并开始记数.(记数时,建议每隔 1 min 分别记录一次中心面热电势和温差电动势).

实验中准稳态的判定原则是温差电动势和温升热电势趋于恒定.实验中,有机玻璃一般在 8~20 min、橡胶一般在 5~15 min,达到准稳态.超薄加热膜的有效热流密度为

$$q_c = \frac{U^2}{2FR}(\text{W/m}^2)$$

R 为加热膜的阻值,可用万用表测量. $F = \frac{1}{A} \times 0.09\ \text{m} \times 0.09\ \text{m}$, A 为修正系数,对于有机玻璃和橡胶, $A = 0.85$. U 为所设置的加热膜电压.

注意事项:当记录完一次数据后需要进行下一次实验(或由一种样品切换为另一种样品)时,应先关闭加热控制开关,之后旋转螺杆松动实验样品以便使加热膜快速冷却,直至温差电动势显示小于 $0.004\ \text{mV}$(可以是负值)后,方可进行下一次测试;实验中应注意加热面和中心面热电偶的安装,切勿弯折!

六、拓展实验内容

(1)如果实验中不测量中心面和加热面间的温差电动势,而直接测量加热面相对于室温的温差电动势,那么应如何接线?对比实验所用的测量方法,试分析这样接线的优劣.

(2)材料的导热系数由哪些因素决定?它与温度有何关系?可查阅资料进一步了解.

七、思考题

(1)热流和水流、电流相比有何区别?

(2)根据铜-康铜热电偶加热后的冷端热电势判断该热电偶的铜、康铜接线方式.

实验 3.5 数字学习资源

(王明娥   王茂仁   秦颖)

实验 3.6   直流电桥的使用

一、实验背景及应用

电桥是一种常用的电学测量仪器,具有灵敏度高、结构简单、线性度好、易于实现对温度的补偿等优点.目前,电桥已经被广泛应用于生产领域的自动化控制以及人工智能控制方面,如冰箱中的温度控制器、遥感遥控装置、电子秤传感器装置、各种压力传感器装置等.根据桥式电路思想制成的电桥有很多种,按照所用电源种类可分为直流电桥和交流电桥.直流电桥主要用来测量电阻,交流电桥除用来测量电阻外,还可用来测量电感、电容、电介质的损耗等电学量.电桥按照比例臂的个数可分为单臂电桥和双臂电桥,按照工作时的状态可分为平衡电桥和非平衡电桥.非平衡电桥按照其桥路两端输出电压特性又可分为等臂电桥、输出对称电桥(或卧式电桥)、电源对称电桥(或立式电桥).

电桥是由英国发明家克里斯蒂在 1833 年发明的.1843 年,惠斯通根据克里斯蒂提出的设想,研制出惠斯通电桥并将其推广应用.由于惠斯通是第一个将这种电桥用于测量电阻的人,人们习惯将这种电桥称为惠斯通电桥.由此可见,对于一个新事物而言,推广应用和发明同样重要.

本实验采用直流电桥测量电阻,包括直流单臂电桥测量中值电阻(阻值为 1 Ω ~ 1 MΩ)和直流双臂电桥测量低值电阻(阻值在 1 Ω 以下)两部分内容.

二、实验教学目标

(1) 掌握直流单臂电桥测量中值电阻的原理和方法.
(2) 了解影响单臂电桥灵敏度的要素.
(3) 掌握直流双臂电桥的原理及其测量低值电阻的方法.
(4) 掌握先粗调、后细调的调节方法.

三、实验仪器

直流单臂电桥:九孔板、检流计、阻尼保护电阻(阻尼开关)、阻值为 100 Ω/1 kΩ/10 kΩ/100 kΩ 的标准电阻、标准六位电阻箱、滑动变阻器、电路开关、四个待测电阻、直流稳压电源、短接片及导线若干.

直流双臂电桥:QJ44 型直流双臂电桥测量仪、四端电阻器、待测铜线及铝线、千分尺、导线若干.

四、实验原理

1.直流单臂电桥(惠斯通电桥)的原理

(1) 单臂电桥原理.如图 3.6.1 所示,R_1、R_2、R_s 及 R_x 构成电桥的四个臂,四个连接点分为 A、B、C、D,AC 之间连接电源 E、滑动变阻器 R 以及开关 K_1,BD 之间称为"桥",BD 之间连接检流计 G、开关 K_2 和阻尼保护电阻R_0(防止检流计中电流过大).

电路连接无误后,闭合 K_1 连通电路,调节 R_s,使检流计指示零,此时 B、D 两点电势相等,即电桥达到平衡,容易证明,R_1、R_2、R_s 及 R_x 满足

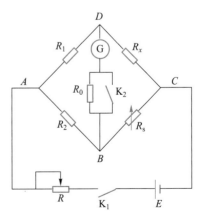

图 3.6.1　单臂电桥原理图

$$\frac{R_1}{R_2} = \frac{R_x}{R_s} \tag{3.6.1}$$

$$R_x = \frac{R_1}{R_2} R_s = M R_s \tag{3.6.2}$$

R_1、R_2 为固定电阻,称为比例臂,其值为 100 Ω,1 kΩ,10 kΩ 及 100 kΩ 等.通常我们把比值 $\dfrac{R_1}{R_2}$ 称为倍率 M;R_s 为可调标准电阻,称为比较臂;R_x 为待测电阻,称为测量臂.

　　(2) 单臂电桥的灵敏度.灵敏度是衡量仪器测量性能的重要指标.通过对灵敏度的研究可加深对仪器的构造和原理的理解,进而提高实验的测量精度.直流单臂电桥测电阻采用的是平衡比较法,故在电源输出电压一定的情况下,其测量精度主要取决于用于比较的标准电阻,以及用于指示零点的检流计.一般来说,标准电阻的精度可以达到很高,而对于检流计,指针是否指向零点主要靠人眼的辨识能力.如果检流计的偏转小于 0.2 格,那么人眼是不能察觉的.为了更系统地研究灵敏度,我们引入以下两个概念:检流计的灵敏度和电桥的灵敏度.

　　首先定义检流计的灵敏度 $S_{检流计}$:电桥平衡后,桥路上的电流变化所引起的指针偏转格数 Δn 与电流变化量 ΔI_g 之比,即

$$S_{检流计} = \frac{\Delta n}{\Delta I_g} \tag{3.6.3}$$

　　再定义电桥的灵敏度 $S_{电桥}$:在处于平衡的电桥里,将待测电阻 R_x 改变一个相对微小量 ΔR_x,所引起的检流计指针偏转格数 Δn 与 $\Delta R_x / R_x$ 之比,即

$$S_{电桥} = \frac{\Delta n}{\Delta R_x / R_x} \tag{3.6.4}$$

电桥的灵敏度越大,说明电桥越灵敏,例如,$S_1 = 200$,代表的是 R_x 改变 1% 时,检流计指针会偏转 2 格;相对于 $S_2 = 100$,S_1 的灵敏度高,是 S_2 的 2 倍.

　　理论和大量实验都证明,电桥的灵敏度主要受以下几个因素影响.

　　① 电桥的灵敏度与检流计的灵敏度相关.检流计的灵敏度越高,则电桥的灵敏度越高.但是提高检流计的灵敏度的同时也会使电桥平衡的调节变得越来越困难.因此选择合适的灵敏度至关重要.

　　② 电桥的灵敏度与电桥两端分压成正比.因此,适当提高电桥两端分压,有利于测量精度的提高,但同时要注意各个元件的额定工作电压,以免损坏元件.

　　③ 电桥的灵敏度与桥臂上四个电阻的阻值及搭配有关.大量实践证明,桥臂上四个电阻之和越小,即 $R_1 + R_2 + R_s + R_x$ 越小,电桥的灵敏度越高;当四个桥臂总电阻之和一定时,$R_1/R_2 + R_s/R_x$ 越小,电桥的灵敏度越高,即相应比例臂上的电阻值相差越小,电桥灵敏度越高.

　　2. 直流双臂电桥测低值电阻

　　在单臂电桥测中值电阻的例子中,因为其待测电阻均采用两端接线法,如图 3.6.2(a) 所示,所以其导线、导线与电阻两端接点处都不可避免地存在电阻,把二者统一称为附加电阻,阻值记为 $r(r = r_1 + r_2)$,故单臂电桥法实际测得的阻值是 $R_x + r$,只有当待测电阻阻值

远远大于 r,即 $R_x \gg r$ 时,才能用单臂电桥测电阻.

对于低值电阻,其阻值在 1 Ω 以下,甚至更低,此时 R_x 与 r 处于同一量级或者 $R_x<r$,显然两端接线法的附加阻值已经不可忽略.理论和实验都证明,四端接线法可以在很大程度上消除附加阻值对测量结果的影响.

如图 3.6.2(b)所示为四端接线法示意图,C_1、C_2 称为电流端(外端),通常连接电源,从而将附加电阻(引线电阻和接触电阻)合并到电源回路中;P_1、P_2 称为电压端(内端),通常连接测量电压用的高电阻回路或电流为"0"的补偿回路,因而内端的附加电阻对测量结果的影响可以忽略.因此采用四端接线法可以使低值电阻的测量结果更加精确.本实验采用可更换金属丝的四端电阻器,以实现不同金属丝的四端接线.

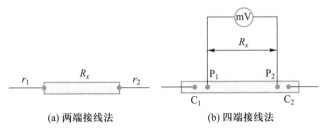

图 3.6.2

将四端接线法运用到平衡电桥中,可得到直流双臂电桥,如图 3.6.3 所示.相比于直流单臂电桥,双臂电桥增加了 R_3、R_4 两个高值电阻,构成了一个六臂电桥,设计电桥满足 $R_1/R_2 = R_3/R_4$.因为其有两个比例臂,故称之为双臂电桥.

下面对双臂电桥电路进行分析.因为待测的 R_x 为低值电阻,从电桥平衡和提高电桥的灵敏度两方面考虑,R_s 应采用小电阻,且为了保持电桥的对称,R_x 和 R_s 都应采用四端接线法;电阻 R_x 和 R_s 的电压端(P_1、P_2 和 P_1'、P_2')附加电阻分别串联于高值电阻 R_1、R_3 和 R_2、R_4 中,其影响大大减小;两个靠外侧的电流端(C_1 和 C_1')的附加电阻可以串联到电源回路中,对电桥没有影响;两个靠内侧的电流端(C_2 和 C_2')的接触电阻和二者之间导线的电阻可能对测量结果产生影响,把它们放在一起考虑,用 r 表示.

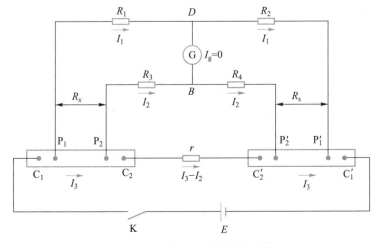

图 3.6.3　直流双臂电桥原理图

对于直流双臂电桥,当适当调节 R_1、R_2、R_3、R_4 和 R_s 的阻值,使电桥达到平衡,此时检流计中电流 $I_g = 0$,运用基尔霍夫定律,可得到以下三个回路方程:

$$\begin{cases} I_3 R_x = I_1 R_1 - I_2 R_3 \\ I_3 R_s = I_1 R_2 - I_2 R_4 \\ I_2(R_3 + R_4) = (I_3 - I_2) r \end{cases} \tag{3.6.5}$$

解联立方程得到

$$R_x = \frac{R_1}{R_2} R_s + \frac{R_4 \, r}{R_3 + R_4 + r}\left(\frac{R_1}{R_2} - \frac{R_3}{R_4}\right) \tag{3.6.6}$$

上式即双臂电桥的平衡条件.若使 $\dfrac{R_1}{R_2} = \dfrac{R_3}{R_4}$,则上式中右边第二项为零,消除了 r 对测量结果的影响,最后得

$$R_x = \frac{R_1}{R_2} R_s = M R_s \tag{3.6.7}$$

这里需要指出的是,在实际双臂电桥中,不能完全确保 $\dfrac{R_1}{R_2} = \dfrac{R_3}{R_4}$,为使附加电阻 r 对测量结果的影响进一步减小,可以在 C_2 和 C_2' 之间采用粗铜线连接,且电阻与导线接头要旋紧,尽量减小附加电阻值.

五、基本实验内容与步骤

1. 自组直流单臂电桥测中值电阻

(1) 根据实验原理图,在九孔板上连接线路,并检查线路是否连接无误.

(2) 粗调:接通电路,将电源电压调至 2 V 左右,接通阻尼保护电阻 R_0(保持 K_2 断开),调节 R_s 使检流计指针逐渐指向零点[电阻箱 R_s 的调节应遵循"先大后小"的原则,即先将电阻箱阻值调到最大(99 999.9 Ω),而后依次调节 ×10 000、×1 000、×100、×10、×1、×0.1 挡位];此时可增加电源电压至 4 V 左右,继续调节电阻箱阻值使电桥初步平衡.

(3) 细调:闭合桥路上的开关 K_2(此时电阻 R_0 被短路),调节 R_s,使检流计指针再次指零;此时记下电阻箱的各挡位的值,即 R_s.

(4) 采用同样方法测量其他待测电阻.

(5) 测量单臂电桥的灵敏度 $S_{电桥}$.在电桥平衡的基础上,调节 R_s,使其改变(增加或减小)一相对微小量,如 1%,2%,…,5%,记录桥路中检流计指针偏转的格数 n,将其代入式(3.6.4)即可求出电桥的灵敏度 $S_{电桥}$,至少测量 3 次,取平均值(选做).

(6) 实验完成后先断开电源,再拆线.

2. 利用双臂电桥测量低值电阻

(1) 熟悉 QJ44 型直流双臂电桥测量仪,其面板如图 3.6.4 所示.为了提高测量精度,

同时不至于使检流计受到较大电流冲击,其检流计有灵敏度调节旋钮.实验开始时应先将灵敏度调到最小(逆时针旋转,灵敏度减小),进行粗调.该双臂电桥中比较臂的读数由倍率"H"、步进读数"E"和划线盘读数"F"三部分组成,则 $R_x = H(E+F)$.

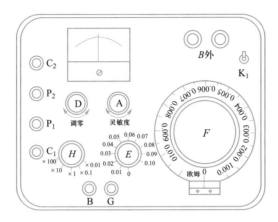

图 3.6.4　QJ44 型直流双臂电桥测量仪面板示意图

(2) 将双臂电桥开关打开,预热 5 min 后调节调零旋钮 D,使检流计指零.此零点为检流计的机械零点.

(3) 将待测金属丝按四端接线法接入四端电阻器,旋紧 C_1、C_2、P_1、P_2 接线柱.此时待测金属丝的接入长度(P_1P_2 间距)决定待测电阻 R_x 值.

(4) 估计待测电阻的阻值,旋转倍率"H"旋钮,选择合适的倍率,此时应将步进与划线盘阻值均调到最大(但不能超出其最大示值).

(5) 粗调:调节灵敏度旋钮"A"至灵敏度最低(逆时针旋转,灵敏度减小),顺次按下电流开关"B"和检流计开关"G",调节比较臂步进旋钮"E"和划线盘"F"(先大后小原则),使检流计指针指向零点,电桥初步平衡("G"按钮应点动使用,以便保护检流计).

(6) 细调:再次调节灵敏度旋钮"A"至灵敏度最高(顺时针旋到头,灵敏度最大),细调比较臂,使检流计指零,此时电桥达到平衡.一般只需要调节划线盘即可实现细调.

(7) 顺次松开"G""B"旋钮,记录比较臂的读数 H、E、F.

(8) 用同样的方法测量其他待测金属丝电阻.

(9) 测试完毕,应先将"B""G"按钮复位,关掉双臂电桥开关,然后方可拆线.

3. 金属丝几何尺寸的测量

为计算金属丝的电阻率,需要测量金属丝的几何尺寸.金属丝的长度可由直尺(四端电阻器自带直尺)读出,即 P_1P_2 两端间的距离.金属丝直径采用螺旋测微器测量,在金属丝上选择不同位置至少测量 6 次,然后取平均值.

注意:

(1) 使用单臂电桥时,为防止检流计中电流过大,请务必按照待测电阻标称值,选择合适的倍率,且 R_s 应先调至最大(99 999.9 Ω),调节时可先粗调,后细调(闭合 K_2 开关即可进行细调).

（2）对于两种电桥的调节,都要遵循从大到小、逐渐逼近的调节方法,以提高实验效率,切忌随意乱扭旋钮.

（3）使用双臂电桥时,由于待测电阻的阻值较小,通过其的电流可能较大,故在测量中通电时间应尽量短暂;测量完毕,应及时断电.双臂电桥测量仪的两个开关,即电流开关按钮"B"和检流计开关按钮"G"务必点动使用,顺序是先按下"B",后按下"G",松开时相反,以免损坏仪表.

（4）双臂电桥读数时应注意划线盘的读数方法,其最小刻度为 0.000 05,读数结果应包含小数点后 5 位数字.

六、拓展实验内容

（1）在单臂电桥测量电阻实验中,如果只给出一个可调的标准电阻 R_s（精度较高,缺少两个比例电阻）,一根粗细均匀的电阻丝 l（其上有可滑动的按键 D,调节 D 可将电阻丝分为 l_1 和 l_2）,如何利用该电阻丝测量待测电阻 R_x? 画出原理图,写出测量方案,注意消除可能存在的系统误差,提高测量精度.

（2）在单臂电桥测量电阻实验中,检流计用于判断电桥是否达到平衡,请你设计出可行的实验方案保护检流计,使流入检流计的电流始终安全,同时又不降低测量精度.

（3）请列举测量电阻的方法,说说它们各自的优缺点.

七、思考题

（1）在直流单臂电桥测电阻实验中,接通电源后,打开检流计开关,无论怎样调节 R_s,检流计指针都始终偏向一侧,试分析电路可能出现的问题.应如何解决?

（2）在直流单臂电桥测电阻实验中,我们主要通过检流计是否指零来判断电桥是否达到平衡.根据你所选用的比例臂和六位电阻箱可调阻值范围,计算检流计中可能流入的电流最大值.该值是否超过检流计允许通过的最大电流? 本实验中采取了怎样的措施保护检流计?

（3）用直流单臂电桥和直流双臂电桥测电阻时,影响测量精度的因素分别有哪些?请分析误差主要来源.

实验 3.6 数字学习资源

（王明娥   秦颖   刘渊   王译）

实验 3.7　数字示波器的原理和使用

一、实验背景及应用

　　示波器是形象地显示信号幅度随时间变化的波形显示仪器,是一种综合的信号特性测试仪,已成为测量电学量以及研究可转换为电压变化的其他非电学量的重要工具,被誉为电子工程师的眼睛.

　　示波器的发展经历了从模拟到数字化的过程.模拟示波器是第一代示波器,以 20 世纪 40 年代电子示波器兴起为起点,到 20 世纪 70 年代达到高峰,其型谱系列非常完整,其中带宽 1 GHz 的多功能插件式示波器标志着当时科学技术的高水平.但从 20 世纪 80 年代之后,模拟示波器在技术上没有更大的进展,开始逐渐让位于数字示波器.

　　数字存储示波器(DSO)属第二代示波器,具有记忆、存储、数据处理功能和丰富的触发方式.其自动测量和波形存储功能曾令许多工程师赞叹不已,但在测量具有低频调制的高频信号时,会出现无法克服的混叠失真问题,并且不能显示出信号的动态特性.为克服这一缺点,一种兼具模拟示波器和数字存储示波器优点的数字荧光示波器出现在工程师的面前.

　　数字荧光示波器(DPO)为第三代示波器,能实时显示、存储和分析复杂信号的三维信息,能够捕捉到复杂动态信号中的全部细节和异常情况及其出现的频繁程度.数字荧光示波器在波形捕获速率、显示能力和连续高速采样能力上较模拟示波器和数字存储示波器都有很大的改进.数字荧光示波器因其作用强大,可以完成复杂信号的捕获、显示、分析,加上灵活的触发方式和自动数字测量功能,已成为测量领域的佼佼者.

　　目前国内品牌的中低端数字示波器在性能上已经可以和国外品牌的同类产品抗衡,但是当带宽达到 4 GHz 及以上时,数字示波器的技术门槛极高,在市场上已经无法购买核心芯片,国内厂家只能依靠自主芯片设计才能实现突破.

二、实验教学目标

　　(1)了解数字示波器的主要结构以及显示波形的基本原理.
　　(2)了解示波器面板上各旋钮的作用,掌握示波器的一般使用方法.
　　(3)学会用示波器观察信号的波形,并测量其幅值、周期和频率.
　　(4)观察李萨如图形并利用李萨如图形测量未知信号频率.
　　(5)测量频率相同的两个信号的相位差.

三、实验仪器

　　DS2072A 型数字示波器、DG1000Z 型函数/任意波形发生器、九孔板、二极管、电容、电阻等.

四、实验原理

1. 数字示波器的基本原理

数字示波器的规格型号众多,内部结构复杂,但基本原理相同.如图 3.7.1 所示,当待测信号经过一个电压放大与衰减电路后,将其放大(或衰减)到后续电路可以处理的范围内,而后由采样电路按一定的采样频率对连续变化的模拟波形进行采样,由模数转换器(A/D)将采样得到的模拟量转换成数字量,并将这些数字量存放在存储器中,而后通过中央处理器(CPU)和逻辑控制电路把存放在存储器中的数字量以波形的形式显示在显示屏上供使用者观察和测量.

由于已将模拟信号转换为数字量存放在存储器中,因而可以利用数字示波器对其进行各种数学运算(如两个信号相加、相减、相乘和快速傅里叶变换等)或自动测量等操作,同时也可以利用输入/输出接口与计算机或者其他设备进行数据通信.

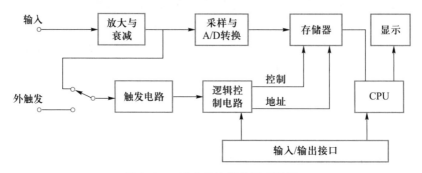

图 3.7.1　数字示波器的原理框图

（1）采样和采样率.在模拟信号(电压信号)进入示波器后,需要将连续信号转换为数字信号(A/D 转换),一般把从连续信号到离散信号的过程叫采样.采样是数字示波器运算和分析的基础,数字存储示波器的采样是通过测量等时间间隔波形的电压幅值,并将电压值转化为用八位二进制代码表示的数字信息的形式完成的.等时间间隔采样如图 3.7.2 所示,采样电压之间的时间间隔越小,重构出来的波形就越接近原始信号.采样频率(也称为采样速度或者采样率)即每秒从连续信号中提取并组成离散信号的采样个数.按照奈奎斯特定理和香农采样定理,对于一个最高频率为 f_{max} 的信号采样时,采样频率必须大于 $2f_{max}$ 才有可能从采样值中重构原来的信号.实际上,为保证波形的分辨率,往往要求采样频率为最高频率的 4~10 倍,如果采样频率过低则会造成信号的混叠现象.

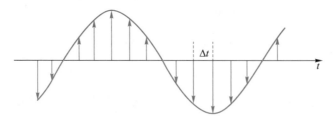

图 3.7.2　等时间间隔采样示意图

在对模拟信号进行模数转换时,转换器的位数对于示波器来讲至关重要,它决定了数字存储示波器的垂直分辨率(即示波器能够分辨的最小电压增量)的大小.模数转换器有 8 位、12 位或更高位编码,对于采用 8 位编码的数字示波器,其垂直最小量化单位就是 1/256,即约 0.390 6%,如果该示波器纵向共分为 8 个格子,当前的垂直挡位设置为 1 V/div,则

$$1\ 000\ \text{mV} \times 8 \times 0.390\ 6\% \approx 31.25\ \text{mV} \tag{3.7.1}$$

即该示波器在该挡位下可分辨的最小电压增量约为 31.25 mV.也就是说,用该示波器测量电压时,如果当前的垂直挡位设置为 1 V/div,那么测量值有 31.25 mV 的误差是正常的,因为对于小于 31.25 mV 的电压变化,示波器已经无法分辨.因此,当我们做电压测量时应该尽可能使波形充满整个屏幕,以充分利用 8 位分辨率.

值得注意的是,这里讲的垂直分辨率仅仅是由模数转换器的位数决定的,在实际使用中,垂直分辨率还受显示屏分辨率和插值算法的影响.

（2）存储和存储深度.数字示波器的存储是把经过模数转换后的 8 位二进制波形信息存储到示波器的高速互补金属氧化物半导体(CMOS)存储器中,这是个"写"的过程.数字示波器所用的存储器采用循环缓存,如图 3.7.3 所示,模数转换器不停地将采到的数字信号送入存储器,当存储器被填满后,最老的数据点将被最新的数据点替换,并逐一替换下去.

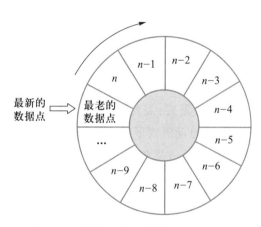

图 3.7.3　数字示波器存储器的循环缓存

对数字存储示波器而言,其最大存储深度(也称为容量)是一定的.在最大存储深度一定的情况下,存储速度越快,存储时间就越短,它们之间是一个反比关系.存储速度等效于采样率,存储时间等效于采样时间,采样时间由示波器的显示窗口所代表的时间决定.以我们实验所用的 DS2072A 型数字示波器为例:其屏幕水平刻度分为 12 格,每格所代表的时间为时基,则该示波器的采样时间为

$$采样时间 = 时基 \times 12 \tag{3.7.2}$$

而

$$最大存储深度 = 采样率 \times 采样时间 \tag{3.7.3}$$

由以上关系式可知,如果采样时间过长,那么由于最大存储深度是固定的,所以需要降低采样率,但这势必造成波形质量的下降;如果增大存储深度,则可以以更高的采样率来测

量,以获取不失真的波形.

存储器的容量决定了示波器的水平分辨率,水平分辨率常以屏幕每格含多少个取样点(点/div)来表示,如果存储器的容量为 1 kb,水平方向有 10 格,则水平分辨率为

$$(1\ 024 \div 10)\ \text{点/div} \approx 100\ \text{点/div} \tag{3.7.4}$$

或用百分数表示:1/1 024 ≈ 0.1%.如果时基选择为 1 ms,则采样的时间间隔为 0.01 ms,即在未考虑信号处理和屏幕分辨率的情况下,此时的时间分辨率为 0.01 ms.

(3) 触发.由于数字示波器的存储器是一个循环缓存,所以新的数据会不断覆盖老的数据,直到采集过程结束.如果没有触发电路,那么这些数据新老交替,在屏幕上观察到的波形会不停地来回"晃动".触发就是为了在这些数据中隔离出"感兴趣"的数据或进行波形同步(使波形稳定),实际就是按照要求设置条件,当存储器中出现满足条件的缓存数据时,示波器捕获该数据及其邻近部分,并将其显示在屏幕上.触发条件的唯一性是精确捕获数据的首要条件.设置触发时应重点关注触发源、触发点、触发电平、触发模式和触发方式.

触发源:就是用哪个通道的信号作为触发对象.触发源可以是任意通道的信号,也可以是外部信号或交流电源频率信号(电源触发).

触发点:有时也叫触发延迟,就是示波器让波形停留的时刻.设置好触发条件后,触发点的位置所对应的波形都是符合触发条件的,或者说将符合条件的波形隔离在这个触发位置.为了观察特定波形之前的更多事件,需将触发点向显示窗口右方移动,即延迟触发;而为了观察特定波形之后的更多事件,则需将触发点向显示窗口左方移动,即超前触发.

触发模式:为满足不同的观测需要,需要不同的"触发模式",常用的有自动触发、正常(普通)触发、单次触发三种.在自动模式下,示波器首先按照触发条件进行触发,当超过设定的时间没有满足触发条件时,示波器将强制触发,显示信号.当我们对一个信号的特征不了解时,就应该选用"自动模式",这种模式可以保证在其他触发设置都不正确时示波器也会有波形显示.在正常模式下,示波器只有在触发条件满足时才会有波形显示,否则屏幕上什么都没有.正常模式有利于观测复杂信号的波形细节,当对一个特定信号设置了特定的触发条件,尤其是满足触发条件的时间间隔比较长时,就应该选用正常模式.在单次触发模式下,示波器一直处于等待状态,直至出现符合触发条件的波形时,才进行一次触发,随后即停止波形采样.

数字示波器的触发方式非常丰富,这里仅介绍最常用的几种.

边沿触发:这是最简单、最常用的触发方式,这种触发方式仅需甄别信号的边沿、极性和电平.当被测信号的电平变化方向与设定相同(上升或下降),其值变到与触发电平相同时,示波器被触发,并捕捉波形.

宽度值/毛刺值触发:用于捕捉信号中特定的宽度或毛刺信号,在实际测试中应用较多.

间隔触发:根据相邻的同极性沿的间隔时间来触发.

TV 触发:专门为电视信号设计的触发方式,使用视频信号中的同步信号作为触发信号.

（4）带宽.带宽称为示波器的第一指标.所有示波器都会在较高频率时出现低通频率响应衰减,在示波器的输入端加正弦波,幅度衰减至 -3 dB（70.7%）时的频率点就是示波器的带宽.如果我们用 100 MHz 带宽的示波器测量幅值为 1 V、频率为 100 MHz 的正弦波,那么实际得到的幅值不会小于 0.707 V.带宽的限制会对信号的捕获带来如下影响:① 被测信号的上升沿变缓;② 信号的频率分量减少;③ 信号的相位失真.示波器的带宽越高,实际测量也就越精确,当然价格和成本也会更高,在实际使用中,示波器的带宽一般应为所测信号最大频率的 3～5 倍.

对于数字存储示波器,常用有效存储带宽（BWa）来表征其实际带宽.BWa 等于模数转换器的最高采样速率除以带宽因子 k,其中带宽因子 k 取决于数字存储示波器的内插算法.对于脉冲波,一般取 $k=4$,此时具有 1 GS/s 采样率的数字存储示波器的有效存储带宽为 250 MHz.

2. 数字示波器的应用

（1）测量信号的幅值、周期和频率.测量信号幅值、周期的基本方法是直接测量法,又称为标尺法.如图 3.7.4 所示,屏幕所显示波形的峰峰值电压 $U_{\text{p-p}}$ 即波形在一个周期内最高点（波峰）至最低点（波谷）间对应的电压值,等于波形高度 h 乘以屏幕上单位高度对应的电压值 a,即

$$U_{\text{p-p}}=ha \tag{3.7.5}$$

式中,h 的单位为大格（div）,a 的单位为 V/div,$U_{\text{p-p}}$ 的单位为 V.

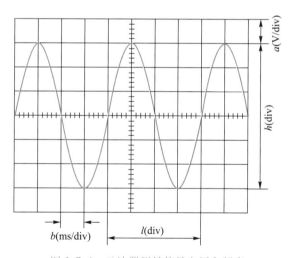

图 3.7.4　示波器测量信号电压和频率

同理,波形的周期 T 等于波形在屏幕上一个周期对应的宽度 l 乘以水平方向单位长度对应的时间 b,即

$$T=lb \tag{3.7.6}$$

式中,l 的单位为 div,b 的单位为 ms/div.

频率为

$$f=\frac{1}{T} \tag{3.7.7}$$

数字示波器在测量较为规范的信号时提供了对部分数据的直接读取功能和光标功能.其流程如图 3.7.5 所示.

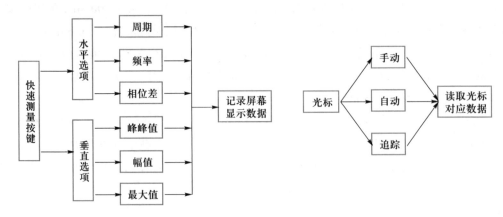

图 3.7.5   数字示波器的数据查询流程

示波器除可以测量信号的幅值、周期、频率等参量外,还可以测量脉冲信号的宽度、时间间隔、上升时间(前沿)和下降时间(后沿)等参量.

(2) 图形法(李萨如图)测量信号的频率.正弦信号的频率除可以采用以上方法进行测量外,还可以用李萨如图形来进行测量.示波器工作在"Y–T 模式",如图 3.7.6(a) 所示,即以同等时间间隔对待测信号的电压值采样,经一系列过程后在屏幕上依次显示,此时所显示波形的横轴为时间量.当需要对两个波形的信号进行比较,如观察一个特定信号在经过某电路前后的波形及相位的变化或观察一个正弦波经不同倍频电路后频率及相位的变化时,使用"Y–T 模式"读数则不方便,此时需要使用示波器的"X–Y 模式".在此模式下,示波器将从 CH1 通道输入的信号作为 x 轴,从 CH2 通道输入的信号作为 y 轴进行合成.

由两个互相垂直的、频率成简单整数比的简谐振动所合成的规则的、稳定的闭合曲线称为李萨如图形.李萨如图形与水平轴、垂直轴的最多交点数 n_x 与 n_y 之比等于 y 轴和 x 轴输入的两正弦信号的频率之比,即

$$n_x : n_y = f_y : f_x \tag{3.7.8}$$

图 3.7.6(b) 和(c)分别是以图 3.7.6(a)中波形 U_{x1}、U_{x2} 为 x 轴,U_y 为 y 轴得到的李萨如图形,U_{x1} 和 U_{x2} 信号的频率相同,因而交点数比均为 $1:2$,但两者初相位不同,因此李萨如图形的形状不同.

五、基本实验内容与步骤

1. 观察未知信号波形,测量未知信号的周期、频率和峰峰值

将未知信号输入通道 CH1/CH2,按动自动键"AUTO"或调节信号输入通道上端垂直控制区域的分辨率旋钮"SCALE"以及水平控制区域的分辨率旋钮"SCALE",使屏幕上的波形大小、长短合适,记录相关数据.

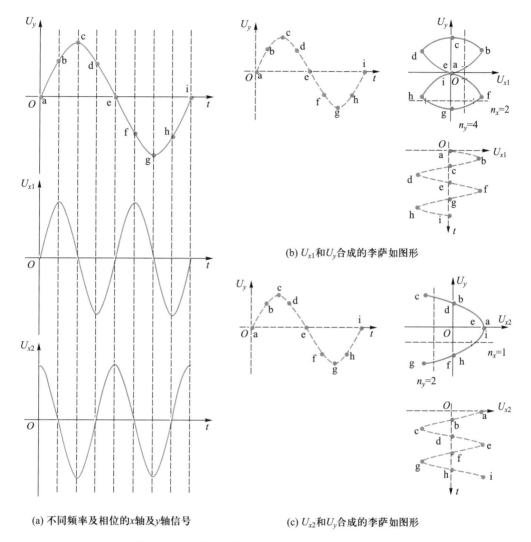

(a) 不同频率及相位的x轴及y轴信号

(b) U_{x1}和U_y合成的李萨如图形

(c) U_{x2}和U_y合成的李萨如图形

图 3.7.6　不同初始相位、相同频率比的李萨如图形

2. 用示波器直接观测半波整流信号的周期、频率和峰峰值

（1）将实验室提供的未知信号接到图 3.7.7 中的 A、B 端,将 C、D 端接入通道 CH1/CH2.

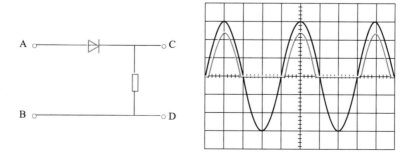

图 3.7.7　半波整流电路及波形图

（2）通过调整信号输入通道上端垂直控制区域的分辨率旋钮"SCALE"以及水平控制区域的分辨率旋钮"SCALE"，使屏幕上的波形大小、长短合适.如波形不稳定，则可通过调节触发控制区域的触发信号源和触发电平所在位置，使波形稳定.

（3）观察未知信号经整流电路后波形发生的变化，记录相关数据.

3．利用光标法记录波形信息，并绘制波形图

利用 Cursor（光标）按钮选择追踪模式，屏幕上可以显示两个光标的 x、y 和 Δx、Δy.读数规则为：x 读数为光标处距离触发点的时间，左负右正；y 读数为光标处信号的电压值；Δx 和 Δy 是 B 光标相对于 A 光标的位置，Δx 读数为时间，左负右正；Δy 读数为电压值，上正下负.实验中采用相对读数，记录 Δx 和 Δy.

4．用李萨如图形法测量信号的频率

（1）按动水平控制区域的菜单按键"MENU"调出选项菜单，按动选项菜单中"时基"选项所对应的设置按键，通过"多功能调节旋钮"将"时基"选项中默认的"Y-T 模式"改为"X-Y 模式".

（2）利用垂直控制区域中 CH1（水平方向）和 CH2（垂直方向）通道对应的位移旋钮"POSITION"，使起始光点位于屏幕中心.

（3）将实验室提供的未知信号输入示波器的通道 CH1/CH2，将函数信号发生器的函数信号输出端接示波器的另一个通道 CH2/CH1，如发现波形某一方向的大小不合适则调整示波器垂直控制区域中相应方向的分辨率旋钮"SCALE".

（4）调整函数信号发生器输出信号的频率，使李萨如图形稳定，观察不同频率比的李萨如图形，记录图形和相应数据，分别计算实验室提供的未知信号的频率.

注意：在实验中使用示波器和信号源时，应注意"共地".

六、拓展实验内容

用示波器测量两个同频信号的相位差.用示波器测量相位差主要有双迹法和图形法两种方法.双迹法又称时间法，如图 3.7.8 所示，将两电压信号分别加到双踪示波器的两个输入端，调节示波器，使屏幕上显示稳定的波形，并使两个波形都对称于示波器中心横线，读出一个周期所占横轴的长度 L 和两个波形过零点的间隔 ΔL，则两信号相位差为

$$\varphi = 2\pi \frac{\Delta L}{L} \qquad (3.7.9)$$

图形法将两个同频正弦电压信号分别加到示波器 x 轴、y 轴，可得到如图 3.7.9（a）所示的椭圆，在图中读出李萨如图形在 $y(x)$ 轴的截距 $a(c)$ 和最大位移 $b(d)$ 值，则两正弦信号的相位差为

$$\varphi = \arcsin \frac{a}{b} = \arcsin \frac{c}{d} \qquad (3.7.10)$$

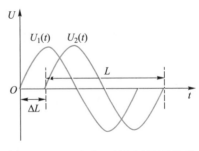

图 3.7.8　双迹法（时间法）测相位差

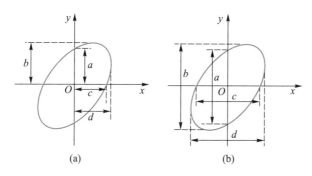

图 3.7.9　图形法测相位差

实验中,采用如图 3.7.9(b)所示的测量方法,以取得更高的精度,相位差的计算公式不变.应该注意的是,通过李萨如图形来测量相位差,不能判断两信号哪个是超前或滞后的,并且当相位差 φ 接近于零时,椭圆退化并接近直线,即 a(或 c)值很小,此时 φ 值很难测准.

实验中,拥有固定相位差的同频信号可由图 3.7.10 的 RC 串联电路产生,正弦信号接到 A、B 端,示波器的两个通道 CH1 和 CH2 分别接到 C、D 和 A、B 端.示波器工作在"Y–T 模式",测量图 3.7.8 中的 L 和 ΔL,或工作在"X–Y 模式",测量图 3.7.9 中的 a、b、c、d,即可计算出两信号的相位差.

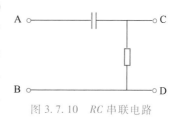

图 3.7.10　RC 串联电路

七、思考题

(1)利用标尺法测量电压信号的峰峰值和周期时,为什么要求显示的波形尽可能充满整个屏幕,完整周期数尽可能少?

(2)用标尺法测量周期时,信号的周期等于一个周期对应的宽度 l 乘以时基 b,这里有两种读取 l 的方法,如图 3.7.11 所示,哪一种读法更好? 为什么?

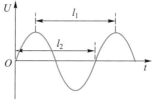

图 3.7.11　标尺法测周期

(3)数字示波器在时基"Y–T 模式"下,采用光标追踪模式,光标的 x、y 值是相对于哪一点的读数? Δx 和 Δy 是相对于哪一点的读数?

(4)在观测李萨如图形时,发现波形不停旋转,这是什么原因? 应该如何解决?

(以下各题为多项选择题)

(5)利用示波器观察波形时,在输入信号正确无误的情况下,造成信号不稳定的根本原因是(　　).

A. 触发源选择不正确

B. 触发电平超出触发源所能提供的电压范围

C. 没有使用示波器的"抓屏"功能

D. 没有按下"Auto"键进行自动设置

（6）利用示波器快速测量功能测量某一参量时,如果显示的是"＊"号而不是具体数值,造成这一现象的可能原因是（　　）.

A. 待测信号超出所选量程

B. 触发参量选择不正确,波形不稳定

C. 示波器程序错误

D. 测量与时间有关的参量时,垂直增益选择错误,信号"过低"

（7）利用示波器自动测量功能测量相位差时,为使测量得到的数据跳动小、更稳定,可采取的措施有（　　）.

A. 合理选择垂直增益,使波形尽可能高

B. 合理选择水平增益,使完整周期数尽可能少

C. 修改信号获取模式,选择高分辨率显示,以减小噪声干扰

D. 使用"抓屏"功能

（8）关于数字示波器的光标功能,下列说法正确的是（　　）.

A. 当所测波形为闭合图形时,只能选择手动模式

B. 当所测波形为闭合图形时,可以选择追踪模式

C. 当所测波形的电压随时间单值变化时,只能选择追踪模式

D. 当所测波形的电压随时间单值变化时,追踪模式和手动模式都可选择

实验 3.7 数字学习资源

（王淑芬　李建东　王茂仁　秦颖　刘渊　李敬安）

实验 3.8　铁磁材料的磁化曲线和磁滞回线的测量

一、实验背景及应用

人类对铁磁材料（铁磁质）的使用具有悠久的历史.早在战国时期,我国古代劳动人民就在长期的生产实践中从铁矿石中认识了磁石,发明了一种指示南北方向的指南器——司南.如今,我们在生活、生产中已无法离开铁磁材料.从空调、冰箱等家用电器,到风力与水力发电机等电气设备,再到手机、计算机等电子产品,均使用了铁磁材料.我国是磁性材料的生产大国.

　　铁磁材料的特征是,在外磁场的作用下能被强烈磁化,故磁导率很高;有明显的磁滞效应,磁化了的铁磁质在完全撤去外磁场后仍能保留部分磁性;在一定温度(居里温度)以上,呈现顺磁性.根据铁磁质的性能,一般将它分为硬磁材料和软磁材料.硬磁材料具有磁能积大、矫顽力大、剩磁较高、磁滞回线宽和稳定性高的特点,主要包括金属硬磁材料、铁氧体硬磁材料和稀土硬磁材料.软磁材料具有磁电转换的特殊功能,且有饱和磁感应强度高、磁导率高、矫顽力小、损耗低和环境稳定性好的优点,主要包括纯铁、硅钢、坡莫合金、软磁铁氧体、非晶态合金、纳米晶软磁合金和软磁复合材料等.

　　磁化曲线和磁滞回线是铁磁材料分类和选用的主要依据.通过实验测量磁化曲线和磁滞回线,对深入了解铁磁材料和理解磁滞现象有着重要意义.铁磁材料的磁滞回线有动态和静态之分.静态磁滞回线的形状与磁化场的大小有关,而动态磁滞回线还与磁化的频率有关.磁化场不同,磁化的频率不同,磁滞回线的形状往往不同.在测量静态磁滞回线时,铁磁样品中仅存在磁滞损耗,而在测量动态磁滞回线时,不仅有磁滞损耗还有涡流损耗.对同一样品材料,在相同的磁化场作用下,动态磁滞回线较静态磁滞回线横向加宽,即封闭曲线内面积大一些,这表明交变磁化的损耗加大.

　　用示波器法观察铁磁材料的动态磁滞回线具有直观、快速、方便、可实时在线观察的优点.本实验通过示波器来测绘不同磁性材料的磁滞回线和基本磁化曲线,以加深对材料磁特性的认识.

二、实验教学目标

　　(1)掌握磁滞、磁滞回线和磁化曲线的概念,加深对铁磁材料的主要物理量:矫顽力、剩磁和磁导率的理解.

　　(2)学会用示波器法测绘基本磁化曲线和磁滞回线.

　　(3)根据磁滞回线确定磁性材料的饱和磁感应强度、剩磁和矫顽力.

　　(4)观测不同磁性材料的磁滞回线,比较磁滞回线的变化.

三、实验仪器

　　DH4516N 型动态磁滞回线测试仪,包括测试样品、功率信号源、可调标准电阻、标准电容和接口电路等.仪器面板如图 3.8.1 所示.

　　测试样品有两种,一种是圆形罗兰环,材料是锰锌功率铁氧体,磁滞损耗较小;另一种是 EI 型硅钢片,磁滞损耗较大.信号源的频率在 20~200 Hz 间可调;可调标准电阻 R_1、R_2 均为无感交流电阻,R_1 的调节范围为 0.1~11 Ω,R_2 的调节范围为 1~110 kΩ;标准电容的调节范围为 0.1~11 μF,其介质损耗很小.

　　样品的参量如下.

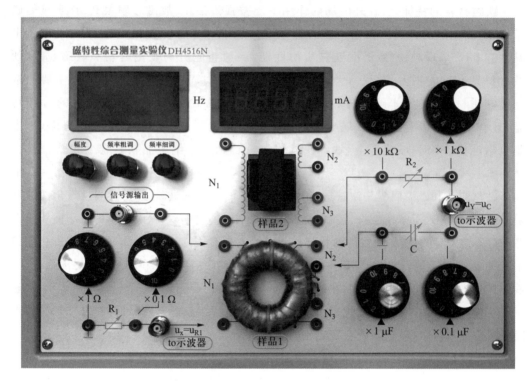

图 3.8.1   DH4516N 型动态磁滞回线测试仪面板

样品 1:平均磁路长度为 $L = 0.130$ m,铁芯实验样品截面积为 $S = 1.24 \times 10^{-4}$ m^2,线圈匝数为 $N_1 = 150$ 匝、$N_2 = 150$ 匝、$N_3 = 150$ 匝.

样品 2:平均磁路长度为 $L = 0.075$ m,铁芯实验样品截面积为 $S = 1.20 \times 10^{-4}$ m^2,线圈匝数为 $N_1 = 150$ 匝、$N_2 = 150$ 匝、$N_3 = 150$ 匝.

四、实验原理

1. 磁化曲线

处在磁场中受磁场影响又反过来影响磁场的物质称为磁介质.磁介质受外磁场作用呈现磁性的现象称为磁化.磁介质会因磁化而产生附加磁场,可使原磁场减弱、增强或大大增强,相应的磁介质分别称为抗磁质、顺磁质和铁磁质.

磁介质的磁化规律可以用磁感应强度 B、磁化强度 M 和磁场强度 H 来描述.具体关系为

$$B = \mu_0(H+M) = (1+\chi_m)\mu_0 H = \mu_0 \mu_r H = \mu H \tag{3.8.1}$$

其中,χ_m 为磁化率,μ_0 为真空磁导率,μ_r 为相对磁导率,μ 为磁导率.铁磁质的 μ_r 远大于 1,且并非常量,而是随 H 的变化而改变的,即 $\mu_r = f(H)$,为非线性函数,因此 B 与 H 也是非线性关系,如图 3.8.2 所示.

　　铁磁材料未被磁化时的状态称为去磁状态,此时 H 和 B 均为零.随着 H 的增加,B 也增加.当 H 增加到一定值(H_s)后,B 几乎不再随 H 的增加而增加,这说明磁化已达饱和.从未磁化到饱和磁化的这段磁化曲线 Oa 称为材料的起始磁化曲线,如图 3.8.2 所示.

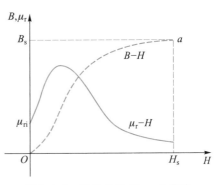

图 3.8.2　磁化曲线和 μ_r-H 曲线

2. 磁滞回线

　　各种铁磁材料的起始磁化曲线都是不可逆的.当铁磁材料的磁化达到饱和之后,如果将磁场强度减小,那么 B 也随之减小,但其过程并不沿着磁化时的 Oa 段退回,而且当磁化场撤去,即 $H=0$ 时,铁磁材料仍然保持一定的磁性,此时的 B 称为剩磁(剩余磁感应强度),用 B_r 表示.若要使被磁化的铁磁材料完全退磁,则必须加上一个反向磁场并逐步增大其磁场强度.当反向磁场强度增加到 $H=-H_c$ 时,$B=0$,达到退磁.图 3.8.3 中的 bc 段曲线为退磁曲线,H_c 为矫顽力(它的大小反映铁磁材料保持剩磁状态的能力).继续增强反向磁场,铁磁材料将沿反向被磁化,达到反向饱和.如果减小反向磁场强度至 0,那么同样会出现剩磁现象,再正向增加磁场强度,得到图 3.8.3 所示的封闭曲线 $abcdefa$,称之为铁磁材料的磁滞回线.如图 3.8.4 所示,硬磁材料的磁滞回线宽,软磁材料的磁滞回线窄,通过测量磁滞回线可得到矫顽力 H_c,由此可判定铁磁材料的类型.

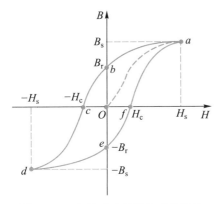

图 3.8.3　起始磁化曲线与磁滞回线

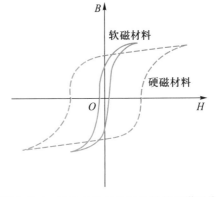

图 3.8.4　硬磁材料与软磁材料的磁滞回线

　　B 的变化始终落后于 H 的变化的现象,称为**磁滞现象**.实验表明,经过多次反复磁化后,铁磁材料达到稳定的磁化状态,B-H 的量值关系曲线形成一个稳定的闭合的“磁滞回线”,通常以这条曲线来表示该材料的磁化性质.磁滞回线所包围的面积表示在一个磁化循环中损耗的能量,称之为磁滞损耗.这种反复磁化的过程称为“磁锻炼”.若采用交流电路,动态测量磁滞回线,则每个状态都是经过充分的“磁锻炼”的,可以随时获得稳定的磁滞回线.

　　从初始状态($H=0$,$B=0$)开始,在交变磁场强度最大值由弱到强单调增加的过程中,可以得到面积由小到大的一簇磁滞回线,如图 3.8.5 所示.其中最大面积的磁滞回线称为极限磁滞回线.图 3.8.5 中原点 O 和各个磁滞回线的顶点 $A_1,A_2,\cdots,A$ 所连成的曲线,称为铁磁材料的基本磁化曲线.不同的铁磁材料其基本磁化曲线是不相同的.在测量基本磁化曲线时,每个磁化状态都要经过充分的"磁锻炼",否则,得到的 B-H 曲线即开始介绍的起始磁化曲线,两者不可混淆.

3. 退磁

因为铁磁材料磁化过程的不可逆性及具有剩磁的特点,在测定磁化曲线和磁滞回线时,必须将铁磁材料预先退磁,消除样品中的剩余磁性,以保证外加磁场 $H=0$ 时,$B=0$.在理论上,要消除剩磁 B_r,只需通一反向励磁电流,使外加磁场的磁场强度正好等于铁磁材料的矫顽力即可.实际上,矫顽力的大小我们通常并不知道,因而无法确定退磁电流的大小.我们从磁滞回线得到启示,如果采用交变电流使铁磁材料的磁化达到饱和,然后不断改变励磁电流的方向,与此同时逐渐减小励磁电流,直到零,那么该材料的磁化过程就是一连串逐渐缩小且最终趋于原点的环状曲线,如图 3.8.6 所示.当 H 减小到零时,B 亦同时降为零,达到完全退磁.

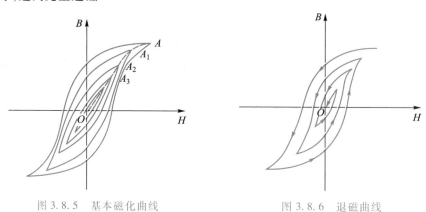

图 3.8.5   基本磁化曲线   图 3.8.6   退磁曲线

4. 示波器法测绘磁滞回线原理

用示波器测量 B-H 曲线的实验电路如图 3.8.7 所示.

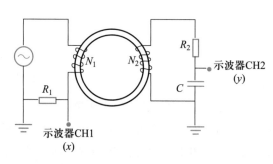

图 3.8.7   示波器法测绘磁滞回线电路图

在圆环状磁性样品上绕有励磁线圈 N_1 匝和测量线圈 N_2 匝,当 N_1 通以交变电流 i_1 时,样品内将产生磁场,其磁感应线在罗兰环内呈闭合回路.根据安培环路定理有

$$i_1 = \frac{HL}{N_1} \tag{3.8.2}$$

式中 L 为环状样品的平均磁路长度. R_1 两端的电压 U_{R_1} 为

$$U_{R_1} = \frac{L R_1}{N_1} H \qquad (3.8.3)$$

上式表明磁场强度 H 与 U_{R_1} 成正比. 将 R_1 两端的电压送到示波器的 x 输入端, 即 $U_x = U_{R_1}$, 则示波器 x 方向的电压值反映了磁场强度 H 的大小.

　　为了测量磁感应强度 B, 在次级线圈 N_2 上串联一个电阻 R_2 与电容 C 构成一个回路, 同时 R_2 与 C 又构成一个积分电路. 线圈 N_1 中交变磁场 H 在铁磁材料中产生交变的磁感应强度 B, 因此在线圈 N_2 中产生感应电动势, 根据法拉第电磁感应定律有

$$\mathscr{E}_2 = \frac{\mathrm{d}\psi}{\mathrm{d}t} = N_2 S \frac{\mathrm{d}B}{\mathrm{d}t} \qquad (3.8.4)$$

式中 S 为线圈 N_2 的横截面积.

　　$R_2 C$ 积分电路中的电流为

$$i_2 = \frac{\mathscr{E}_2}{\sqrt{R_2^2 + (1/\omega C)^2}} \qquad (3.8.5)$$

式中 ω 为交变电源的角频率. 若 R_2 和 C 都选择得足够大, 使 $R_2 \gg 1/\omega C$, 则有

$$i_2 \approx \frac{\mathscr{E}_2}{R_2} \qquad (3.8.6)$$

　　电容 C 两端的电压为

$$U_C = \frac{Q}{C} = \frac{1}{C} \int i_2 \mathrm{d}t = \frac{N_2 S}{C R_2} B \qquad (3.8.7)$$

　　将电容 C 两端电压送至示波器的 y 输入端, 即 $U_y = U_C$, 则示波器 y 方向的电压值反映了磁感应强度 B 的大小. 可见, 只要通过示波器测出 U_x、U_y 的大小, 即可得到相应的 H 和 B 值.

　　这样, 磁化电流变化一个周期, 示波器将描出一条完整的磁滞回线. 以后每个周期都重复此过程, 在示波器显示屏上即可看到一稳定的磁滞回线图形. 如果由小到大调节磁化电流, 则能在显示屏上观察到由小到大扩展的磁滞回线图形, 如果逐次记录其正顶点的坐标, 并在坐标纸上把它们连成光滑的曲线, 就得到样品的基本磁化曲线.

　　若不满足 $R_2 \gg 1/\omega C$ 这一条件, 则由于相位失真, U_y-U_x 经常会出现图 3.8.8 所示的畸变. 此时, U_y-U_x 所形成的闭合曲线并不能反映 B-H 的关系, 即不能反映磁滞回线的真实形状, 需要适当调节 R_2 和 C 的值, 避免这种畸变, 以得到最佳的磁滞回线图形.

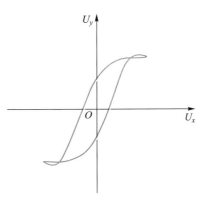

图 3.8.8　畸变的测量曲线

五、基本实验内容与步骤

1. 测绘样品 1 在 50 Hz 交流信号下的磁化曲线和磁滞回线

(1) 按图 3.8.7 所示接线.仪器中与样品相连的线均处于断开状态,需用导线连接.面板上标有红色箭头的实线表示接线的方向,样品的更换通过换接线位置来完成.将 R_1 的电压输出端接入示波器 CH1 通道,C 的电压输出端接入示波器 CH2 通道.

(2) 逆时针调节幅度调节旋钮到底,使励磁电流最小,确认 R_1、R_2 和 C 的值均不为零并满足参量要求.

注意:教师检查电路无误后方可进行下一步.

(3) 接通示波器和磁特性综合测量实验仪电源.调节实验仪频率调节旋钮,使频率约为 50 Hz.按下示波器水平控制区的"MENU"按键,将时基改为"X-Y 模式";按下垂直控制区 CH1 和 CH2 通道的"POSITION"旋钮,使波形居中显示,此时示波器中心点坐标为(0,0)格;设置 CH1、CH2 通道的耦合方式为"直流"(按下触发控制区"MENU"按键,选择触发设置,进行耦合方式的选择).

(4) 单调增加励磁电流,即缓慢顺时针调节幅度调节旋钮,使示波器显示的磁滞回线达到饱和.旋转示波器上垂直控制区 CH1 和 CH2 通道的"SCALE"旋钮,调节示波器一个大格代表的电压值(S_x 和 S_y),按下"SCALE"旋钮,可进行粗调与细调的切换.合理调整参量 S_x 和 S_y,最终使示波器显示出典型美观的极限磁滞回线图形,并使其顶点坐标为(4.00,4.00)格和(-4.00,-4.00)格(亦可调节 R_1 改变 U_x 的值,调节 R_2 和 C 改变 U_y 的值,与调整参量 S_x 和 S_y 搭配使用).如果波形相位失真,则应调节 R_2 和 C 的值,消除畸变.此后,保持 S_x、S_y 和 R_1、R_2、C 值固定不变,并记录下来.

(5) 单调减小励磁电流,即缓慢逆时针调节幅度调节旋钮,直到最后波形显示为一点,完成退磁.

(6) 测量基本磁化曲线.单调增加励磁电流,使磁滞回线正顶点的 x 坐标分别为 0、0.40、0.80、1.20、1.60、2.00、2.40、3.00、4.00,单位为格(指一大格),记录相应的 y 坐标.自拟数据记录表格.

(7) 测量动态磁滞回线.当示波器显示出典型美观的极限磁滞回线图形,且其顶点坐标为(4.00,4.00)格和(-4.00,-4.00)格时,记录磁滞回线在 x 坐标分别为 -4.00、-3.00、-2.00、-1.50、-1.00、-0.50、0.00、0.50、1.00、1.50、2.00、3.00、4.00 格时,相对应的 y 坐标.自拟数据记录表格.

2. 测绘样品 2 在 50 Hz 交流信号下的磁化曲线和磁滞回线,并与样品 1 进行比较

测量方法同样品 1.

六、拓展实验内容

在实际应用场合中,常出现交变磁场与直流磁场同时作用于磁性材料的情况,则磁性材料处于交直流叠加状态,如图 3.8.9 所示.随着交变磁场幅度的高低变化,所产生的磁滞回线也随着直流工作点的变化而呈现不同倾斜状态.在一定的频率下,当交变磁场足够小时,测量处于较小直流偏置下磁性材料的磁滞回线,即退化磁滞回线.退化磁滞回线的倾斜度可用它的平均斜率来计量,称为增量磁导率 μ_Δ,其计算公式为

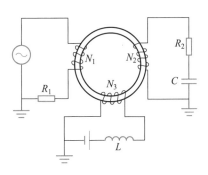

$$\mu_\Delta = \frac{1}{\mu_0}\frac{\Delta B}{\Delta H} \qquad (3.8.8)$$

当 $\Delta H \to 0$ 时,外推的增量磁导率 μ_Δ 等于可逆磁导率 μ_r.直流磁场 H 使磁性材料偏离磁中性化状态,因此常将 H 称为直流偏磁场.μ_r 是 H 的函数,一般 H 越大,μ_r 越小.

图 3.8.9　交直流叠加状态下磁滞回线测量电路图

1. 测量样品 1 的可逆磁导率

选取合适的实验参量,按图 3.8.9 连接实验线路.将直流电源输出调节为零,调节磁特性综合测量实验仪的幅度调节旋钮,反复几次后调节为零,对样品进行磁中性化.

适当调节实验仪的幅度调节旋钮,出现小幅度的磁滞回线.调节直流电源电压,让直流偏磁场 H 从 0 到 H_s 单调增加.注意用电源附带的电流表监测直流磁化电流,不可超过 0.5 A.观察和测量对应每个 H 的可逆磁导率,画出 μ_r-H 曲线.

2. 观测直流磁化场对动态磁滞回线的退化影响

调节实验仪的幅度调节旋钮,出现一饱和磁滞回线.缓慢、小幅度地增加直流电流,观测磁滞回线的变化.进一步加大直流电流,观测磁滞回线的退化现象.学习和理解直流磁化场对磁性材料的磁性能的影响.

注意:在交直流叠加状态下,H 和 B 的计算公式应重新推导.

七、思考题

(1) 还有什么测量磁滞回线的方法?

(2) 用示波器法测绘磁滞回线时,我们通过什么方法获得 B 和 H 这两个磁学量?

(3) 进行极限磁滞回线测量时,需满足什么条件?

(4) 在不同频率下,极限磁滞回线形状会发生怎样的变化?

(5) 试总结交直流叠加磁滞回线的形状特征.

实验 3.8 数字学习资源

（吴兴伟　王艳辉　马春雨　刘渊）

实验 3.9　霍尔效应与应用

一、实验背景及应用

　　霍尔效应是美国物理学家霍尔(E.H.Hall,1855—1938)于 1879 年在研究金属的导电机制时发现的一种电磁效应.当把载流导体置于与电流流向垂直的磁场中时,由于载流子在磁场中的运动而产生了与磁场和电流均垂直的电场,这种现象称为霍尔效应.

　　霍尔效应被发现约 100 年后,该领域的研究取得了突破性的进展,其中不乏华人或华裔科学家的身影.德国物理学家克利青(Klaus von Klitzing,1943—)等在研究极低温度和强磁场中的半导体时发现了量子霍尔效应,并获得了 1985 年诺贝尔物理学奖.美籍华裔物理学家崔琦等在更强磁场下研究量子霍尔效应时发现了分数量子霍尔效应,并获得了 1998 年诺贝尔物理学奖.磁场并不是产生霍尔效应的必要条件,1881 年,霍尔发现在零磁场中也存在载流子运动轨道的偏转,称之为反常霍尔效应.反常霍尔效应是当今凝聚态物理研究的一个重要手段.中国科学院物理研究所和清华大学的研究团队合作攻关,在理论与材料设计上取得了突破性进展,在极低温输运测量装置上成功地观测到了"量子反常霍尔效应".该成果是我国科学家长期积累、协同创新、集体攻关的一个成功典范.

　　霍尔效应的应用十分广泛.半导体材料的霍尔效应显著,通过霍尔效应可以获得半导体材料的导电类型、载流子浓度和迁移率等许多重要参量,这成为研究半导体材料的基本方法.利用这种电磁现象制成的特斯拉计是目前实验室最常用、最方便的磁场测量仪器.此外,利用霍尔效应做成的霍尔器件,以磁场为工作介质,将物体的运动参量转换为数字电压的形式输出,具备传感和开关的功能,例如监测物体的位置、位移、角度、角速度、转速等,将这些变量进行二次变换,可测量压力、质量、液位、流速、流量等.霍尔器件输出量直接与电控单元接口,可实现自动检测等.

　　在本实验中,我们将对有磁场作用时霍尔效应的相关现象做验证,并采用霍尔系数和电导率联合测量的方法,对半导体材料的某些重要参量进行测量,初步了解霍尔效应在半导体材料研究中的重要应用.

二、实验教学目标

　　(1) 了解霍尔效应的原理.

　　(2) 测定半导体材料的霍尔系数和载流子的迁移率.

　　(3) 掌握霍尔效应实验中消除系统误差的方法.

　　(4) 学习利用霍尔效应测量磁场的原理和方法.

三、实验仪器

霍尔效应测量仪(含两个恒流源和数字电压表)、霍尔效应实验仪,如图 3.9.1 所示.

图 3.9.1　霍尔效应测量仪和霍尔效应实验仪

四、实验原理

1. 霍尔效应的产生

霍尔效应从本质上讲是运动的带电粒子在磁场中受洛伦兹力作用而引起的偏移.以 P 型半导体材料为例,在 P 型半导体材料中存在大量的带正电的空穴和少量的电子,两种带电粒子(称为载流子)在外加电场的作用下做定向移动形成电流,实验中我们把该电流称为工作电流(记为 I_s,假设其沿 x 轴正方向).当材料被置于与电流流向垂直的磁场 B(设其沿 z 轴正方向)中时,产生的霍尔效应原理图如图 3.9.2 所示.

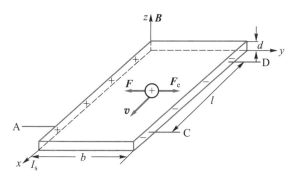

图 3.9.2　霍尔效应原理图

在磁场中,载流子在洛伦兹力 F 的作用下发生偏转,在 A 电极所在端面上积累正电荷,在 C 电极所在端面上产生等量的负电荷,从而产生沿 y 轴正方向的附加电场 E_H,因此,载流子除受到洛伦兹力 F 的作用外,还受到电场力 F_e 的作用,当二者达到平衡时样品两侧的电荷积累达到平衡.为方便问题的讨论,现做如下两个假设:① 参与导电的只有多数载流子;② 所有参与导电的载流子的漂移速度都相同,记为 v.

$$F = evB \tag{3.9.1}$$

$$F_e = eE_H \tag{3.9.2}$$

设样品中载流子浓度为 n,且电流均匀流过样品,则工作电流 I_s 的电流密度可表示为

$$J_s = nev \tag{3.9.3}$$

当平衡时洛伦兹力与电场力相等,并代入式(3.9.3),可得

$$E_H = \frac{1}{ne}J_s B \tag{3.9.4}$$

在式(3.9.4)中,令

$$R_H = \frac{1}{ne} = \frac{E_H}{J_s B} \tag{3.9.5}$$

R_H 称为霍尔系数,单位是 m^3/C.从式(3.9.5)可知,霍尔系数在微观上是由载流子浓度决定的,在宏观上等于正交电场(霍尔电场)和电流密度与磁感应强度乘积之比.考虑到均匀电场中电压和电场的关系以及电流与电流密度的关系:

$$U_H = E_H b \tag{3.9.6}$$
$$I_s = J_s bd \tag{3.9.7}$$

有

$$U_H = \frac{1}{ne}\frac{I_s B}{d} \tag{3.9.8}$$

式(3.9.8)表明霍尔电压除了与工作电流和磁场有关外,还与霍尔元件沿磁场方向的厚度有关,在同等条件下,元件越薄,这种效应就越明显.其原因是,元件越薄,参与导电的载流子就越少,要保证工作电流不变,就需要载流子运动得更快,从而载流子受到的洛伦兹力就越大,就需要更大的电场力来平衡它,所以霍尔电场就越强,对应的霍尔电压就会越大.

2. 霍尔效应的应用

霍尔效应的应用非常广泛,由于篇幅的关系,这里只介绍实验中涉及的几种.

(1)判断半导体材料的导电类型.根据半导体导电理论,半导体内载流子的产生有两种不同的机制:本征激发和杂质电离.因此在半导体中会同时存在电子和空穴两种载流子,以带正电的空穴导电为主的称为 P 型半导体,以带负电的电子导电为主的称为 N 型半导体.实验中可以根据左手定则,通过判断工作电流、磁场和霍尔电压三者之间的关系来判断半导体材料的导电类型:伸出左手,让磁感应线穿过掌心,四指方向为导体中电流方向,如果大拇指指向的是高电位则为 P 型半导体,指向的是低电位则为 N 型半导体.即按图 3.9.2 所示的电流和磁场方向,当 A 电极的电位高于 C 电极时(即 R_H 为正)为 P 型半导体,反之为 N 型半导体.

(2)确定载流子浓度 n.实验中,可以通过测量霍尔电压与电流和磁场的关系,得到霍尔系数的大小.在假定载流子类型唯一,且所有载流子都具有相同的漂移速度的前提下,可以由式(3.9.5)得到载流子浓度:

$$n = \frac{1}{|R_H|e} \tag{3.9.9}$$

(3)测量载流子迁移率 μ.在半导体中,由于本征激发和掺杂,会存在大量的载流子,这些载流子处于无规则的热运动状态.当存在外加电场时,载流子受到电场力作用,做定向运动形成电流(漂移电流),定向运动的速度称为漂移速度.显然在电场中,载流子的平

均漂移速度 v 与电场强度 E 成正比,即

$$v = \mu E \tag{3.9.10}$$

式中 μ 就是载流子的漂移迁移率,简称迁移率,其物理意义为单位电场强度作用下的平均漂移速度,单位为 $m^2 \cdot V^{-1} \cdot s^{-1}$.

载流子迁移率是半导体材料的一个重要参量,主要影响半导体材料的两个性能:① 工作频率;② 电导率(电阻率的倒数).

$$\sigma = ne\mu \tag{3.9.11}$$

式中 σ 为材料的电导率.迁移率越大,导电性能就越好,功耗就越小,材料的电流承载能力就越大.由式(3.9.11)可得

$$\mu = \frac{\sigma}{ne} = |R_H| \sigma \tag{3.9.12}$$

因此,实验中测出电导率 σ 和 R_H,就可求出 μ.

实验中根据待测材料形状的不同,可以采用不同的方法来测量材料的电导率.对于形状规则的待测材料,如图 3.9.2 所示,当磁场为零,流经样品的电流为 I_s 时,可以测量电极 C、D 间的电势差 U_{CD},根据欧姆定律和电阻定律在已知 C、D 间的距离 l 和样品横截面积 $S(S = bd)$ 的条件下,可以得到电导率:

$$\sigma = \frac{I_s l}{U_{CD} S} \tag{3.9.13}$$

这种测量电导率的方法称为标准法.这种方法的特点是原理简单,但对待测材料的要求比较苛刻,必须知道材料的所有几何尺寸,符合这种特点的样品称为标准样品.

(4)利用霍尔效应测磁场.这是霍尔效应的重要应用之一,由式(3.9.8)可得

$$B = \frac{U_H}{I_s \dfrac{R_H}{d}} = \frac{U_H}{I_s K_H} \tag{3.9.14}$$

式中 $K_H = \dfrac{R_H}{d}$ 称为霍尔灵敏度,其物理意义为霍尔元件在单位电流、单位磁感应强度下所获得的霍尔电压的大小.实验中,在已知元件的霍尔灵敏度和元件工作电流的条件下,只要测出磁场中霍尔元件的霍尔电压,利用式(3.9.14)就可以很方便地计算出磁感应强度的大小,实验室中常用的特斯拉计就是利用这种原理制成的.

3. 实验测量中系统误差的分析与消除

如图 3.9.2 所示,在实际测量中测得的 A、C 之间的电压除了霍尔电压外,还包括不等位电势差和热磁副效应引起的电势差,这两类电压值为测量中的系统误差,实验中必须对这些系统误差加以消除.

(1)不等位电势差.如图 3.9.3 所示,将元件置于零磁场中,当工作电流通过霍尔片时,霍尔片中沿着电流流向存在等势面.在理想情况下,电极 A、C 应该在同一个等势面上,否则两个电极间在沿着电流流向上就会存在一个等效电阻 R_0,电流 I_s 流过时,会产生附

加的电压 $U_0 = R_0 I_s$,称之为不等位电势差.显然 U_0 的符号和大小只与电流 I_s 的方向和大小有关,与磁场无关.

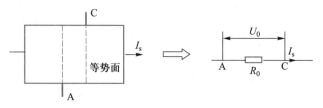

图 3.9.3 不等位电势差

(2)热磁副效应.由于某种原因,霍尔元件内部会存在温度梯度,从而使 A、C 两电极间存在附加电势差,叠加在霍尔电压上.这些电压统称为热磁副效应,而根据温度梯度产生的原因不同,又分为以下几种.

① 能斯特(Nernst)效应.如图 3.9.4 所示,如果样品电极 M 和 N 端接触电阻不同,就会产生不同的焦耳热,使两端温度不同,沿样品 x 轴方向存在热流 Q_x.沿热流(温度梯度)方向扩散的载流子受到磁场作用产生偏转,会在 y 轴方向建立电场,从而在电极 A 和 C 之间产生附加电势差 U_N:

$$U_N \propto Q_x B \tag{3.9.15}$$

这一效应称为能斯特效应.虽与霍尔效应相似,但载流子的运动与电流 I_s 无关,是由热流造成的,因此 U_N 只与磁场有关.

② 埃廷斯豪森(Ettingshausen)效应.如图 3.9.5 所示,在样品 x 轴方向通电流 I_s,由于载流子速度分布的统计性,大于和小于平均速度的载流子在洛伦兹力和霍尔电场力的作用下,沿 y 轴向相反两侧偏转,其动能将转化为热能,使两侧产生温差,形成沿 y 轴方向的温度梯度.温度梯度与通过样品的电流和元件所处磁场的磁感应强度成正比:

$$\frac{\partial T}{\partial y} \propto I_s B \tag{3.9.16}$$

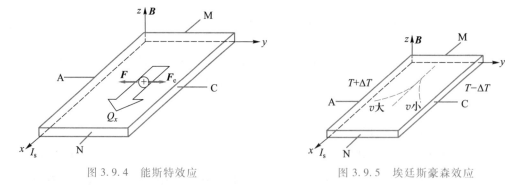

图 3.9.4 能斯特效应   图 3.9.5 埃廷斯豪森效应

由于霍尔电极的材料(金属)与霍尔片(半导体)不同,所以电极和样品形成热电偶,产生温差电动势 U_E,而且有

$$U_E \propto I_s B \tag{3.9.17}$$

这就是埃廷斯豪森效应.U_E 与电流及磁场的大小和方向都有关.

③ 里吉-勒迪克(Righi-Leduc)效应.当有热流 Q_x 沿 x 轴方向流过样品时,载流子将倾向于由热端扩散到冷端.与埃廷斯豪森效应类似,快载流子受磁场偏转的一边温度高,慢载流子受磁场偏转的一边温度低,在 y 轴方向产生温差,这温差将产生温差电动势 U_R:

$$U_R \propto Q_x B \tag{3.9.18}$$

这一效应称为里吉-勒迪克效应.U_R 只与磁场的大小和方向有关.

（3）系统误差的消除方法——霍尔电压的获得.在测量霍尔电压 U_H 时,由于同时存在各种副效应,所以精确测量时应考虑将这些副效应带来的系统误差消除.由前边的讨论可知,霍尔电压 U_H 和温差电动势 U_E 与电流 I_s 和磁场 B 都有关,温差电动势 U_N、U_R 只与磁场 B 有关,不等位电势差 U_0 只与电流 I_s 有关.实验时通过改变工作电流 I_s 和磁场 B 二者的方向可测出 4 个电压数据,假设各电压的测量条件、组成情况如下.

霍尔元件在 $+B$、$+I_s$ 时测得的电压为

$$U_1 = +U_H + U_E + U_N + U_R + U_0 \tag{3.9.19}$$

霍尔元件在 $-B$、$+I_s$ 时测得的电压为

$$U_2 = -U_H - U_E - U_N - U_R + U_0 \tag{3.9.20}$$

霍尔元件在 $-B$、$-I_s$ 时测得的电压为

$$U_3 = +U_H + U_E - U_N - U_R - U_0 \tag{3.9.21}$$

霍尔元件在 $+B$、$-I_s$ 时测得的电压为

$$U_4 = -U_H - U_E + U_N + U_R - U_0 \tag{3.9.22}$$

由式(3.9.19)—式(3.9.22)可得

$$U_H + U_E = \frac{1}{4}(U_1 - U_2 + U_3 - U_4) \tag{3.9.23}$$

可见,将改变磁场和电流方向测得的 4 个电压值代入式(3.9.23)就可以消除能斯特效应、里吉-勒迪克效应和不等位电势差所引入的系统误差.上述消除系统误差的方法称为对称交换测量法.其实质是实验时通过改变实验条件做两次测量,使某个误差分量对测量量的作用效果相反,然后对两次测量结果做数学处理来达到保留待测物理量而消掉该系统误差分量的目的.由于改变实验条件时,埃廷斯豪森效应带来的附加电压 U_E 与霍尔电压 U_H 的变化情况相同,所以通过该方法不能消除其对实验的影响,但是由于一般来说,$U_E \ll U_H$,可以忽略不计,所以有

$$U_H = \frac{1}{4}(U_1 - U_2 + U_3 - U_4) \tag{3.9.24}$$

五、基本实验内容与步骤

（1）保持励磁电流 I_M 不变,改变工作电流 I_s,测量 U_H-I_s 曲线.

（2）保持工作电流 I_s 不变,改变励磁电流 I_M,测量 U_H-I_M 曲线.

（3）使用标准法测量材料的电导率.

（4）测量螺线管的磁场分布.

注意:实验中励磁电流远大于霍尔元件的安全工作电流,若不慎将其接入霍尔元件则会将霍尔元件烧毁;使用对称交换测量法消除系统误差时只能改变工作电流和磁场的方向,不能改变它们的大小.

六、拓展实验内容

测量所用元件的不等位电势差及其随工作电流的变化关系.

根据不等位电势差的产生原因及特点,自行设计直接测量所用霍尔元件的不等位电势差随工作电流的变化关系的实验方案,设计方案时应充分考虑毫伏表可能存在的零点误差对测量的影响,并将其消除.

七、思考题

(1)为什么同等条件下载流子浓度越小,霍尔效应就越明显?

(2)测量霍尔电压过程中得到的 U_1、U_2、U_3、U_4 中包含不等位电势差,应如何根据这四个电压值将不等位电势差计算出来?请写出具体的计算公式,并实际计算 U_H-I_s 测量过程中不同 I_s 下的不等位电势差的大小.

(3)若实验中在样品所在的空间沿着霍尔电场方向存在温度梯度,应如何消除该温度梯度对霍尔电压测量的影响?为什么?

实验 3.9 数字学习资源

(李建东　吴兴伟　秦颖)

实验 3.10　光的等厚干涉

一、实验背景及应用

光的干涉现象是两束或多束相干光相互作用的结果."牛顿环"和"楔形空气薄膜"都是用分振幅方法产生等厚干涉的.当平行光以正入射的方式投射到厚度均匀变化且折射率均匀的薄膜上时,薄膜上、下界面的反射光相遇,会形成干涉条纹,这种沿薄膜等厚线分布的干涉条纹称为等厚干涉条纹.牛顿环实验在物理学发展史上发挥了重要作用.牛顿发现了牛顿环现象,并做了精确的测量研究,已经走到了光的波动学说的边缘,但他由于过分信奉光的微粒学说,所以始终无法解释这个现象.直到 19 世纪初,英国科学家托马斯·杨用波动学说完美地解释了牛顿环现象,推动了光学理论特别是波动理论的确立和发展.

目前,等厚干涉技术在科学研究、工业生产和质量检测等领域中广泛应用,如可以用来测量单色光波长,进行微小长度、角度、形变的测量,精确检验待测工件的表面平整度、球面度、光洁度,也可以测量液体的折射率.例如,在光学元件表面质量检测中将标准件覆盖在待测元件上面,可根据光圈的形状来判断透镜表面是否规整,根据光圈数量判断透镜曲率与标准透镜的偏差.

二、实验教学目标

(1)观察等厚干涉现象,加深对等厚干涉现象的认识和理解.
(2)学习用等厚干涉法测量平凸透镜曲率半径和细丝直径.
(3)掌握读数显微镜的使用方法.
(4)学会用逐差法处理实验数据.

三、实验仪器

读数显微镜、牛顿环器件(图 3.10.1)、钠灯、金属细丝.

图 3.10.1 读数显微镜和牛顿环器件实物照片

四、实验原理

1. 用牛顿环测量平凸透镜曲率半径

牛顿环器件由一块曲率半径很大的平凸玻璃透镜叠放在一块光学平板玻璃上构成,其结构如图 3.10.2 所示.平凸透镜的凸面与平板玻璃之间形成一层空气薄膜,薄膜厚度 d_k 从中心接触点 O 到边缘逐渐增加.若平行单色光垂直照射到牛顿环器件上,则经空气薄膜同玻璃之间的上、下界面反射的两光束存在光程差,它们在平凸透镜的凸面相遇后,将发生干涉.干涉图样是以接触点为中心的一组明暗相间、内疏外密的同心圆环,称为牛顿环,如图 3.10.3 所示.这种干涉条纹是牛顿在 1675 年首先观察到的,所以该现象称为"牛顿环"现象.牛顿环是验证光的波动性质的重要实验之一.

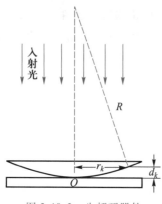

图 3.10.2   牛顿环器件

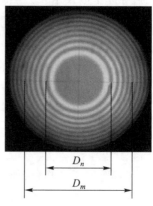

图 3.10.3   牛顿环

设入射单色光波长为 λ,在距接触点 r_k 处将产生第 k 级牛顿环,此处对应的空气薄膜厚度为 d_k,则空气薄膜上、下两界面依次反射的两束反射光的光程差为

$$\delta_k = 2nd_k + \frac{\lambda}{2} \tag{3.10.1}$$

式中,n 为空气的折射率,一般取为 1,$\lambda/2$ 是光从光疏介质(空气)射到光密介质(玻璃)的交界面上反射时产生的半波损失.

根据干涉条件,当两束光相遇时,若光程差是半波长的偶数倍,则干涉相长,光强增强,从上边向下看为亮条纹;若光程差是半波长的奇数倍,则干涉相消,从上边向下看为暗条纹.因此在薄膜上、下界面反射的两束光的光程差满足下式:

$$\delta_k = 2d_k + \frac{\lambda}{2} = \begin{cases} 2k\dfrac{\lambda}{2} & k=1,2,3,\cdots,\text{明环} \\[2mm] (2k+1)\dfrac{\lambda}{2} & k=0,1,2,3,\cdots,\text{暗环} \end{cases} \tag{3.10.2}$$

由图 3.10.2 可得干涉环半径 r_k、膜的厚度 d_k 与平凸透镜的曲率半径 R 之间的关系:$R^2 = (R-d_k)^2 + r_k^2$.因 d_k 远小于 R,故可忽略 d_k^2,从而得到 $r_k^2 = 2Rd_k$.结合式(3.10.2)可以得到产生暗环的条件:

$$r_k^2 = 2Rd_k = kR\lambda \quad k=0,1,2,3,\cdots,\text{暗环} \tag{3.10.3}$$

由此可见,r_k 与 d_k 的平方根成正比.这表明,随着牛顿环级数的增加,牛顿环将越来越密.由于背景光等因素的干扰,我们一般选择牛顿环干涉图样中的暗环为测量对象.

在实际实验中,凸透镜与平板玻璃接触处由于接触压力而引起形变,使接触处不是一个理想的点而是一个圆面.有时因镜面附着尘埃,附加了光程差导致牛顿环的中心为一个暗斑或一个亮斑,因此难以准确判定干涉环的级数和准确测量 r_k.为了克服这些不良因素,我们可以改用差值法消去附加的光程差,同时可用测量暗环的直径来代替测量半径.由式(3.10.3)可得

$$R = \frac{D_m^2 - D_n^2}{4(m-n)\lambda} \qquad (3.10.4)$$

式中, D_m、D_n 分别为第 m 级与第 n 级暗环的直径(图 3.10.3).只要测出 D_m、D_n,由式 (3.10.4)即可计算出曲率半径 R.由于用环数差 $m-n$ 取代了级数 k,所以无须确切知道级数,避免了暗环级数以及圆环中心无法确定的问题.

也可通过作图法求出平凸透镜的曲率半径.只要测出牛顿环的直径,由式(3.10.3)可得

$$D_m^2 = 4R\lambda m \qquad (3.10.5)$$

上式指出 D_m^2 与 m 呈线性关系.通过作图法得出直线的斜率 $4R\lambda$,代入已知的单色光波长,可求出平凸透镜的曲率半径 R.

2. 用劈尖干涉测量金属细丝直径

将两块光学平玻璃叠合在一起,一端接触在一起,另一端插入待测的细丝,则在两块玻璃之间形成一楔形空气劈尖,如图 3.10.4 所示.当一束单色光垂直入射到空气劈尖薄膜的上、下两界面时,反射的两束相干光会发生干涉现象.由于空气劈尖厚度相等之处是平行于两玻璃交线的平行直线,所以干涉条纹是一组明暗相间、等间距的平行条纹(平行于交线).在劈尖厚度为 d_k 处,两束相干光的光程差为

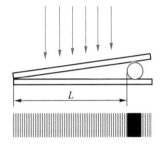

图 3.10.4　空气劈尖干涉

$$\delta_k = 2d_k + \frac{\lambda}{2} \qquad (3.10.6)$$

形成干涉暗条纹的条件是

$$\delta_k = 2d_k + \frac{\lambda}{2} = (2k+1)\frac{\lambda}{2} \quad k=0,1,2,\cdots \qquad (3.10.7)$$

即第 k 级暗条纹对应的空气劈尖厚度为

$$d_k = k\frac{\lambda}{2} \qquad (3.10.8)$$

由式(3.10.8)可知,当 $k=0$ 时, $d_0=0$,对应于两玻璃板搭接处,为零级暗条纹.若在细丝处呈 N 级暗条纹,则待测细丝直径为

$$d = N\frac{\lambda}{2} \qquad (3.10.9)$$

一般由于 N 值较大,且干涉条纹较密,所以实验上不易直接读出 N.可先测出 n 条干涉条纹的距离 l,得出单位长度内的干涉条纹数 $n_0 = n/l$,再测出劈尖交线至细丝处的距离 L.总的干涉条纹数为

$$N = \frac{n}{l}L \qquad (3.10.10)$$

代入式(3.10.9),得细丝直径:

$$d = \frac{\lambda}{2}\frac{n}{l}L \qquad (3.10.11)$$

五、基本实验内容与步骤

1.用牛顿环测量平凸透镜曲率半径

（1）点亮钠灯,预热 5 min.

（2）将读数显微镜镜筒调整至主尺的中央区域.

（3）调节牛顿环器件的螺丝（不能过紧、过松）,直至用肉眼看到很小的牛顿环干涉图样,无畸变,且位于器件的中心,将器件放置到读数显微镜的载物台上,对准物镜的中央.

（4）调整光路,使钠灯发出的单色黄光均匀照射到读数显微镜的45°半反半透镜上,调整镜片角度,使视场最亮,保证经半反半透镜反射的光束垂直入射到牛顿环器件上.

（5）读数显微镜调焦——目镜调焦.转动目镜调焦手轮,直至目镜视场中十字叉丝清晰无视差,且横向叉丝与主尺平行.物镜调焦采取自下而上的调焦方法,直至视场中看到聚焦清晰的牛顿环且无视差.

（6）轻轻移动牛顿环器件,使十字叉丝交点尽量与牛顿环中心重合.

（7）观察并分析牛顿环的分布特征.

（8）测量牛顿环的直径.

① 测量第 6 级至第 15 级暗环的直径.采用单方向测量,即逐级依次读取从左侧第 15 级暗环到右侧第 15 级暗环位置的读数.

② 转动测微鼓轮,以零级暗斑为第零环,向左移动竖直叉丝位置至第 18 级暗环后,反转退回到第 15 级暗环左侧（将空程误差在测量数据之外消除）并开始记录读数.

③ 由于暗环具有一定宽度,为方便测量,实验过程中环的左侧记录的应是竖直叉丝与暗环外侧相切的位置,转动测微鼓轮,使叉丝依次与第 14、第 13、第 12、第 11、第 10、第 9、第 8、第 7、第 6 级暗环的左外侧相切,顺次记录读数.

④ 继续转动测微鼓轮,越过中心 5 条暗环不做测量,使竖直叉丝依次与右侧第 6 级到第 15 级暗环的内侧相切,顺次记录读数.

⑤ 同一级暗环的左右两侧位置读数之差为暗环的直径.

2.用劈尖测量细丝直径

（1）用劈尖器件换下牛顿环器件,调整方法同上,使单色光垂直入射劈尖表面,调节读数显微镜的调焦手轮,使干涉条纹清晰.

（2）调节劈尖器件的方位,使干涉条纹与竖直叉丝平行.

（3）在劈尖中部条纹清晰处,测出 10 级暗条纹的距离 l,重复测量 6 次.

（4）测出两玻璃搭接交线到细丝的有效距离 L.

注意:

（1）在实验过程中,切忌触摸牛顿环器件、劈尖器件、透镜的光学表面,必要时要用专用镜纸轻轻擦拭.

（2）读数显微镜的测微鼓轮在每一次测量过程中只能单方向旋转以避免空程误差.

（3）对读数显微镜物镜调焦时,为防止损坏物镜,正确的调节方法应是自下而上地调焦.

（4）桌面要平稳,不能震动,如数错环数,则需要重新测量.

（5）为保护仪器,不要将牛顿环器件调节螺丝旋得过紧.

六、拓展实验内容

根据等厚干涉原理发展多种物理量探测技术.

（1）单色光源波长的测量.如果已知平凸透镜的曲率半径,设计开展未知单色光源波长的测量实验.

（2）根据等厚干涉条纹可以判断工件的表面结构.能否根据劈尖的干涉条纹来量化光学玻璃的平整度?

（3）折射率是光学领域的一个基本参量,可以反映材料的介电常量、纯度、浓度等信息.能够快速、准确地测量液体折射率在很多情况下是非常重要的.结合等厚干涉原理及劈尖测量细丝直径的实验装置,开展未知液体样品折射率的测量实验.

拓展实验要求:写出具体的理论公式推导过程、实验设计思路,开展系统的实验测量,进行数据分析及误差分析.

七、思考题

（1）如果牛顿环的中心是亮斑而非暗斑,对结果是否有影响?为什么?

（2）测量牛顿环直径时,叉丝交点未通过圆环的中心,因而测量的弦并非真正的直径,这对实验结果是否有影响?为什么?

（3）等厚干涉的方法可以用来测凹透镜的曲率半径吗?

（4）如果读数显微镜目镜的视场不亮,为什么?应如何调节?

实验 3.10 数字学习资源

（海然　刘升光　王淑芬　秦颖）

实验 3.11   迈克耳孙干涉仪的调整和使用

一、实验背景及应用

物理学发展到 19 世纪末期似乎一度趋于完美,一切物理现象几乎都能够从相应的理论(经典力学、经典电磁场和经典统计力学)中得到满意的答案,科学家们当时甚至普遍认为未来物理学的发展只剩下一些修饰工作,"无非在已知规律的小数点后面加上几个数字而已".然而,正在人们为眼前取得的巨大成就而感动、陶醉之时,物理世界灿烂而晴朗的天空中却飘来了两朵不和谐的"乌云",其中之一就是著名的迈克耳孙-莫雷实验.当时的物理学界普遍认为光的传播需要依靠一种特殊的介质"以太",并赋予它一些特殊的性质,比如对可见光透明、无质量、可渗透到所有物质当中、与绝对空间保持绝对静止.由此可推断:地球绕太阳公转势必会遇到"以太风"迎面吹来,并且在地球上测量光速时,不同的方向上得到的数值也应该是不同的.为此,迈克耳孙精心设计干涉仪,并在化学家、物理学家莫雷的帮助下,进行了十多年的研究工作,然而实验结果始终与预期截然相反,不同方向的光速相等,以太并不存在! 这个实验为爱因斯坦相对论的建立奠定了基础.迈克耳孙在精密光学仪器研制、光谱学、度量学等方面的贡献,使他获得了 1907 年诺贝尔物理学奖.

迈克耳孙干涉仪是利用分振幅法产生双光束干涉的经典光学仪器,其原理至今仍然在各个领域中不断展现着强大的生命力.许多现代干涉仪都是以迈克耳孙干涉仪的光路思想为基础设计而成的.此外,它还是很多高精度仪器的关键部件,比如傅里叶变换红外光谱仪就是利用迈克耳孙干涉仪先将光源分为两束,使之产生一定的光程差并形成干涉,再照射到样品上,最后对干涉图函数进行傅里叶数学变换,即可得到光强按频率的分布.而近年来迈克耳孙干涉思想最著名的一次应用就是对引力波的探测.引力波是爱因斯坦在相对论中的一个预言,具体指宇宙中巨大的天体运动所引起的时空弯曲中的涟漪,以波的形式向外传播.这种时空波动从几十亿光年外的太空传播到地球所引起的时空尺度变化已经非常小,似乎根本无法探测.然而,科学家经过一个多世纪的努力,不断尝试提高各种探测器的精度,并最终利用激光干涉引力波天文台(LIGO)实现了对引力波的直接探测,所观测到的引力波来自约 13 亿光年外两个黑洞的碰撞结合所传送出的扰动. LIGO 由两个天文台组成,其中每个天文台都相当于一个超大型的迈克耳孙干涉仪,有两个互相垂直的长约 4 km 的真空管,大功率激光器发出的很纯的激光在各自的通道内经过多次反射和功率倍增,形成干涉.只有这样的测量精度才能检测到小于质子直径的空间伸缩导致的激光干涉的条纹变化.引力波的成功探测实现了对广义相对论的最后的实验验证,毫无争议地获得了 2017 年诺贝尔物理学奖.

我们看到了一个有趣的事实:一百多年前,迈克耳孙-莫雷实验直接导致了相对论的诞生,而在一百多年后的今天,人们再次利用该原理实现了对相对论的实验验证,并开启了人类探索宇宙奥秘的全新时代.由此可见,好的思想不会过时,值得我们反复学习借鉴!

二、实验教学目标

(1)掌握迈克耳孙干涉仪的构造和调节方法.

(2)观察定域和非定域干涉条纹.

(3)学会用迈克耳孙干涉仪测量物理量,如光的波长、空气折射率等.

(4)深刻体会迈克耳孙干涉光路设计思想的精妙,培养创新思维.

三、实验仪器

SGM-2 型干涉仪将迈克耳孙和法布里-珀罗(F-P)两种干涉仪一体化地组装在一个正方形平台式的基座上,下面安装一块厚钢板(起稳定作用),如图 3.11.1 所示.基座侧平板 2 上有两个孔位,可以按两种光路的需要安装并锁紧光源.3 是扩束器,本身可做二维调节,并可按需在双杠式导轨上移动.4 是迈克耳孙干涉仪的定镜(参考镜),法线方位可调.5 是分光板,内侧镀有半透膜,可将入射光分为强度近似相等的两束光.6 是补偿板,材质、厚度与分光板相同.5 和 6 这两块光学平板玻璃的位置出厂前已调好平行,非特殊情况,无需再调.7 和 8 是法布里-珀罗干涉仪的两个反射镜,其中 7 固定安装,而 8 与迈克耳孙干涉仪的动镜 10 安装在拖板 12 上受预置螺旋 9 控制移动,行程可达 10 mm.测微螺旋 11 每转动 0.01 mm,动镜随之移动 0.000 5 mm.毛玻璃屏 13 用于接收迈克耳孙干涉条纹.仪器的传动部件分上下两层,其中 8、9、10 和 12 位于上层,便于预置动镜位置,并受下层测微螺旋 11 的微调控制.

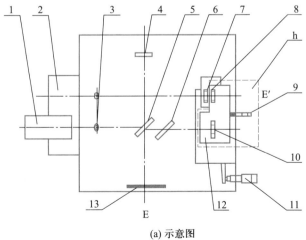

(a) 示意图

(b) 实物图

1—氦氖激光器;2—侧平板;3—扩束器;4—定镜 M_1;5—分光板 G_1;6—补偿板 G_2;7—法布里-珀罗干涉仪定镜 P_1;

8—法布里-珀罗干涉仪动镜 P_2;9—预置螺旋;10—动镜 M_2;11—测微螺旋;12—动镜拖板;13—毛玻璃屏 FG

图 3.11.1   迈克耳孙和法布里-珀罗两用干涉仪

四、实验原理

1. 迈克耳孙干涉仪光路

迈克耳孙干涉仪是利用分振幅法产生双光束干涉的精密光学仪器,其光路如图 3.11.2 所示.从光源 S 发出的一束光射到分光板 G_1 上分为两束光,一束为反射光 I,另一束为透射光 II,二者强度近乎相等.当激光束以 45° 角射向 G_1 时,被分为互相垂直的两束光,它们分别垂直射到定镜 M_1 和动镜 M_2 上,经反射后,这两束光再回到 G_1 的半反射膜上,重新会聚成一束光.由于反射光 I 和透射光 II 为两相干光束,所以可在毛玻璃屏上观察到干涉条纹.G_2 的作用是补偿光束 I 和 II 因穿过分光板的次数不同而产生的附加光程差,使这两束光的光程差完全依赖于其几何路径.我们从毛玻璃屏观察干涉条纹时,看上去光束 II 好像

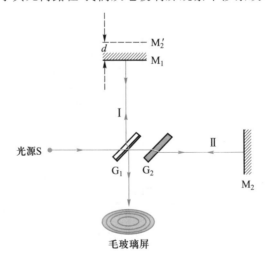

图 3.11.2   迈克耳孙干涉仪光路示意图

是从 M_2' 发射过来的,因此,动镜 M_2 对整个光路的作用可以用其相对于分光板所成的像 M_2' 来等效代替.所以要了解迈克耳孙干涉仪所产生的干涉现象,只要分析 M_1 与 M_2' 之间的空气膜所产生的薄膜干涉即可.

2. 干涉图样的特点

(1) 点光源照明——非定域干涉条纹.激光束经短焦凸透镜会聚后,可看成一个线度小、强度大的点光源 S,它发出球面波照射迈克耳孙干涉仪.经分光板 G_1 分束及 M_1 和 M_2 反射后射向毛玻璃屏的光可以看成由虚光源 S_1 和 S_2' 发出.其中 S_1 为点光源 S 经 G_1 和 M_1 反射后成的像,S_2' 为点光源 S 经 M_2 及 G_1 反射后成的像(等效于点光源 S 经 G_1 及 M_2' 反射后成的像).这两个虚光源 S_1 和 S_2' 所发出的两列球面波,在它们能相遇的空间里处处相干,因此在这个光场中的任何地方放置毛玻璃屏都能看到干涉条纹,这种干涉称为非定域干涉.

需要注意的是,干涉条纹不似具体的光学像那样在空间占有一定的位置并存在固定形状,只有在使用仪器或用眼睛观察时,才有某种具体形状.也就是说,迈克耳孙非定域干涉条纹的形状取决于 S_1、S_2' 与毛玻璃屏 FG 之间的相对位置关系(图 3.11.3).当毛玻璃屏 FG 与 S_1、S_2' 连线垂直时(此时 M_1 与 M_2' 大体平行),将会得到圆条纹,圆心在 S_1、S_2' 连线和毛玻璃屏 FG 的交点 O 处.当毛玻璃屏 FG 与 S_1、S_2' 连线的垂直平分线垂直时(此时 S_1、S_2' 与 FG 的距离大体相等,S_1、S_2' 与毛玻璃屏 FG 近似平行,图 3.11.4)将得到直条纹.其他情况下将得到椭圆或双曲线干涉条纹.

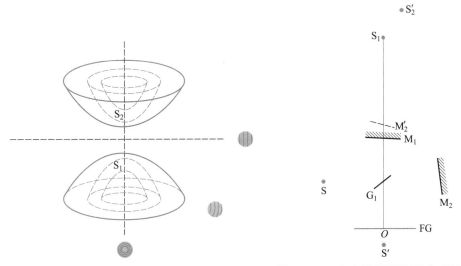

图 3.11.3　迈克耳孙非定域干涉条纹　　　　图 3.11.4　点光源照明图(M_1 与 M_2' 不平行)

接下来借助具体光路(图 3.11.5)分析非定域干涉圆条纹的分布特点.

① 条纹形状.S_1、S_2' 到毛玻璃屏上任一点 P 的光程差为 $\Delta L = S_2'P - S_1P$,当 $r \ll z$ 时,$\Delta L = 2d\cos\theta$,当 d 一定时,θ 相同的光线具有相同的光程差,因此条纹是一组同心圆环.

② 条纹级次.根据光路的几何关系及小角度近似($\cos\theta \approx 1 - \theta^2/2$,$\theta \approx r/z$),可进一步得到光程差的表达式:

$$\Delta L = 2d\left(1 - \frac{r^2}{2z^2}\right) \qquad\qquad (3.11.1)$$

根据亮纹条件,当光程差 $\Delta L = k\lambda$ 时,为亮纹,则有

$$2d\left(1 - \frac{r^2}{2z^2}\right) = k\lambda \qquad\qquad (3.11.2)$$

若 z、d 不变,则 r 越小、k 越大,即靠近中心的条纹干涉级次高,靠边缘的条纹干涉级次低.

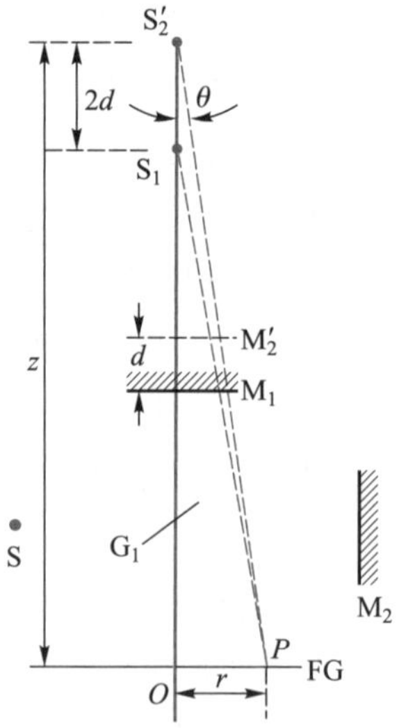

③ 条纹间距.令 r_k 及 r_{k-1} 分别为两个相邻干涉环的半径,则根据式(3.11.2),有

$$2d\left(1 - \frac{r_k^2}{2z^2}\right) = k\lambda$$

$$2d\left(1 - \frac{r_{k-1}^2}{2z^2}\right) = (k-1)\lambda$$

两式相减,得干涉条纹间距:

$$\Delta r = r_{k-1} - r_k \approx \frac{\lambda z^2}{2r_k d}$$

由此可见,条纹间距的大小由四种因素决定.

ⅰ. 干涉圆环越靠近中心(半径 r_k 越小),Δr 越大,干涉条纹中间稀边缘密.

ⅱ. d 越小,Δr 越大.即 M_1 与 M_2' 的距离越小条纹越稀疏,距离越大条纹越密集(图 3.11.6).

ⅲ. z 越大,Δr 越大.即点光源 S、毛玻璃屏 FG 及 M_1、M_2 镜离分光板 G_1 越远,条纹越稀疏.

ⅳ. 波长越大,Δr 越大.

图 3.11.5　点光源照明图

（M_1 与 M_2' 平行）

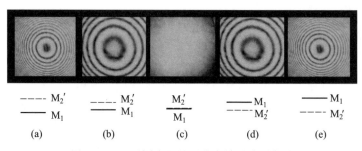

----- M_2'	----- M_2'	$\dfrac{M_2'}{M_1}$	——— M_1	——— M_1
——— M_1	——— M_1		----- M_2'	----- M_2'
(a)	(b)	(c)	(d)	(e)

图 3.11.6　不同光程差下非定域干涉圆条纹

④ 条纹的"吞""吐".缓慢移动 M_2 镜,改变 d,可看见干涉条纹"吞""吐"的现象.这是因为对于某一特定级次 k_1 的干涉条纹(干涉圆环半径为 r_{k_1}),有

$$2d\left(1 - \frac{r_{k_1}^2}{2z^2}\right) = k_1\lambda$$

跟踪比较可知,当移动 M_2 镜使 d 增大时,r_{k_1} 也增大,可以看见条纹"吐"的现象,即条纹从中心向外涌出;当 d 减小时,r_{k_1} 也减小,可以看见条纹"吞"的现象,即条纹从四周向中心陷入.

对圆心处,$r = 0$,$2d = k\lambda$,此时 M_2 镜移动所引起的干涉条纹"吞"或"吐"的数目恒等于

条纹级次的改变,有

$$2\Delta d = N\lambda \qquad\qquad (3.11.3)$$

因此,若已知波长,就可以从条纹的"吞""吐"数目 N,求得 M_2 镜的移动距离,这就是干涉测长的基本原理.同理,若已知 M_2 镜的移动距离和条纹的"吞""吐"数目 N,即可求得光的波长.

（2）扩展光源照明——定域干涉条纹.

① 等倾干涉条纹.如图 3.11.7 所示,M_1、M_2' 互相平行,用扩展光源照明,则以一定角度入射的光线经 M_1、M_2' 反射后,形成倾角相同的相互平行的两束光,其光程差为

$$\Delta L = AC + CB - AD = (2d/\cos\theta) - 2d\tan\theta\sin\theta = 2d\cos\theta$$
$$(3.11.4)$$

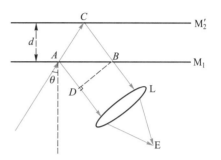

图 3.11.7　扩展光源等倾干涉光路图

由此可见,当 d 一定时,光程差只取决于入射角度.此时在 E 处通过眼睛直接观察,或放置一个会聚透镜,并在其后焦面放置一个光屏去观察,都可以看到一组明暗相间的同心圆环.每一个圆环都相当于一定倾角 θ 的光束相干而成,所以称之为等倾干涉.因为形成干涉的两条光线是平行的,所以可以说等倾干涉条纹定域在无穷远处.

在这些同心圆环中,干涉条纹的级次以圆心处为最高,此时 $\theta = 0$,则有

$$\Delta L = 2d = k\lambda \qquad\qquad (3.11.5)$$

当移动 M_2 镜使 d 增加时,圆心处条纹的干涉级次越来越高,可看见圆条纹从中心"吐"出;反之,当 d 减小时,条纹向中心"吞"进.每"吐"出或"吞"进一条条纹时,d 就增加或减少 $\lambda/2$.

利用式（3.11.4）和式（3.11.5）,并利用 $\cos\theta \approx 1 - \theta^2/2$（当 θ 较小时）,可得相邻两条纹的角距离:

$$\Delta\theta_k = \theta_k - \theta_{k+1} \approx \frac{\lambda}{2d\theta_k} \qquad\qquad (3.11.6)$$

由此公式不难分析出等倾干涉条纹是一组"内疏外密"的同心圆环,且当 d 增大时,圆环从中间"吐"出,条纹变密集;反之,圆环"吞"进,条纹变稀疏.

② 等厚干涉条纹.如图 3.11.8 所示,当 M_1、M_2' 有一很小的角度 α,且 M_1、M_2' 所形成的空气楔很薄时,用扩展光源照明就会出现等厚干涉条纹.等厚干涉条纹定域在镜面附近,若用眼睛观察,则应将眼睛聚焦在镜面附近.当 M_1、M_2' 的交角很小时,经两镜面反射的两束光,其光程差仍可近似表示为 $\Delta L = 2d\cos\theta \approx 2d(1 - \theta^2/2)$.在交棱附近,$\Delta L$ 中的第二项 $d\theta^2$ 可以忽略,光程差主要取决于厚度 d,因此在空气楔上厚度相同的地方光程差相同,观察到的干涉条纹是平行于两镜交棱的等间隔的直条纹.在远离交棱处,空气楔的厚度增大,$d\theta^2$ 项（与波长大小可比）的作用不能忽视,而同一根干涉条纹上光程差相等,为使 $\Delta L = 2d(1 - \theta^2/2) = k\lambda$,必须用增大 d 的方法来补偿由于 θ 的增大而引起的光程差的减小.

因此干涉条纹要向 d 逐渐增大的方向移动,使得干涉条纹逐渐变成弧形,而且条纹弯曲的方向凸向两镜交棱的方向.

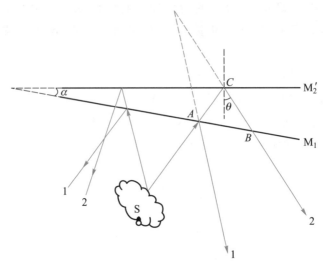

图 3.11.8   扩展光源等厚干涉光路图

五、基本实验内容与步骤

1. 非定域干涉现象的观察和氦氖激光波长的测量

(1) 根据图 3.11.1(b),先将扩束器 3 转移到迈克耳孙光路以外,装好毛玻璃屏 13,打开氦氖激光器电源使激光束从分光板 5 的中心入射,并照射到 M_1 和 M_2 镜.激光器、分光板及补偿板的位置已经固定,无需调节,此时在观察屏上会出现多排亮点.

(2) 调节动镜 M_2 后的两个螺丝来控制镜面倾斜角度,使两组光点中最亮的两个光点重合并出现闪烁,此时 M_1、M_2' 大致平行.

(3) 将扩束器置入光路,并调节扩束器上方和侧方的螺丝来控制扩束器的倾斜角度,确保激光束通过扩束器的透镜中心,并使扩束光照射在分光板 G_1 的中心,此时即可在毛玻璃屏上看到干涉条纹.若没看到干涉条纹,请重复上一步骤的操作.继续调节动镜 M_2 后的两个螺丝,同时观察干涉条纹的变化,获得圆心在屏幕正中的干涉圆环.调节预置螺旋 9 移动动镜位置,获得大小适中的干涉圆环.

(4) 测量时,转动测微螺旋的同时仔细数干涉环"吐"出或"吞"进的环数,在达到 50 环时停转手轮,记下动镜 M_2 的位置,再继续转动测微螺旋,每变化 50 环记下一次 M_2 的位置,直至数到变化 350 环为止.注意:为了避免数环失误,保证测量的准确性,建议先练习数 50 环,再开始正式测量并记录数据.

2. 测量空气的折射率

光程差与光传播介质的折射率有关,若在迈克耳孙干涉实验的一条光路中加入气室,则气室内空气折射率的变化会引起两路光光程差的改变,进而可观察到干涉条纹的吞吐现象.若实验光源波长为 λ,气室长度为 l,且气室内折射率改变 Δn 引起的干涉条纹吞吐的数目为 N,则有

$$\Delta n = \frac{N\lambda}{2l}$$

假设气室内初始时是真空状态,压强为零,折射率为 1,则变化后气室内空气折射率可表示为

$$n = 1 + \frac{N\lambda}{2l}$$

实际测量时气室内并不是真空状态,其内部初始压强不为零,在温度和湿度一定的条件下,且气压不太大时(标准大气压),气体折射率的变化量与气压的变化量成正比,因此上式可修正为

$$n = 1 + \frac{N\lambda}{2l}\frac{p_{\text{amb}}}{\Delta p} \tag{3.11.7}$$

利用式(3.11.7)即可计算空气折射率。其中,激光波长 λ 为 632.8 nm,环境气压 p_{amb} 从实验室的气压计读出(条件不具备时,可取 101 325 Pa),气室长度 l 为 80.0 mm.

实际操作时,将内壁长为 l 的小气室置于迈克耳孙干涉仪光路中,调节干涉仪,获得适量等倾干涉条纹之后,向气室里充气(0~40 kPa),再稍微松开充气囊的阀门,以较低的速率放气的同时,记下干涉环的吞吐数目 N(估计到小数点后 1 位),直至放气终止,压力表指针回零.本实验宜进行多次测量,计算平均值.

注意:
(1)禁止触摸光学元件的透光表面.
(2)法布里-珀罗干涉仪的两个镜面禁止紧贴.
(3)分光板和补偿板这两块光学平板的位置在出厂前已调好平行,禁止调整.
(4)转动测微螺旋和调节螺丝时动作要轻,不要急促或斜向用力.
(5)不要拆卸传动机构,以免影响仪器正常使用.
(6)不要直接逆着激光束的方向观察,避免对眼睛造成损伤.

六、拓展实验内容

1.观察多光束干涉现象

将干涉仪整体转动 90°,使法布里-珀罗干涉仪面向实验者,观察位置转到 E′(图 3.11.9),转动预置螺旋,直到内侧镀有半透半反膜的两平板玻璃 P_1 和 P_2 相距约 1 mm.然后将氦氖激光器安置在法布里-珀罗干涉仪光路上,则激光束在两个镜面 P_1 和 P_2 之间反射形成一列光点,此时须利用镜子的调节旋钮消除镜面间的倾斜角,使这些光点重合,也就是使两镜面近乎平行.这时在光路中加入扩束器 BE 和毛玻璃屏 FG 形成面光源,就能够从该系统的轴向观察到一系列明亮细锐的多光束干涉圆环.经过更细致的调节,如果做到干涉环不随眼睛的移动而发生直径大小的变化,就表明两个镜面是严格平行的.

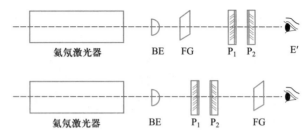

图 3.11.9   迈克耳孙多光束干涉光路图

2. 测量钠灯双线波长差

钠灯所发出的黄光并非严格的单色光,而是由 $\lambda_1 = 589.0$ nm 和 $\lambda_2 = 589.6$ nm 两种波长的光组成的,平均波长为 $\bar{\lambda} = 589.3$ nm.用钠灯照射迈克耳孙干涉仪,两种波长的光将各自形成一套干涉图样,我们观察到的是这两套干涉图样叠加的效果.由于波长的微小差别,对应 λ_1 的亮环位置和对应 λ_2 的亮环位置将随光程差的变化周期性地重合和错开,干涉条纹将交替呈现清楚和模糊(甚至消失)的周期性变化.

当 λ_1 的第 k_1 级亮条纹和 λ_2 的第 k_2 级暗条纹重合时,叠加的干涉条纹最模糊,条纹中心的光程差可表示为

$$\Delta L = 2d_1 = k_1\lambda_1 = \left(k_2 + \frac{1}{2}\right)\lambda_2 \tag{3.11.8}$$

移动动镜 M_2 的位置,条纹逐渐清晰可见,此时各亮环重合,继续移动动镜位置,条纹将再次变得模糊,光程差可表示为

$$\Delta L = 2d_2 = (k_1 + \Delta k)\lambda_1 = \left[\left(k_2 + \frac{1}{2}\right) + (\Delta k + 1)\right]\lambda_2 \tag{3.11.9}$$

条纹可见度出现一个周期的循环,则动镜移动距离 Δd 满足

$$2\Delta d = \Delta k\lambda_1 = (\Delta k + 1)\lambda_2 \tag{3.11.10}$$

则钠光双线波长差可表示为

$$\Delta\lambda = \frac{\lambda_1\lambda_2}{2\Delta d} = \frac{\bar{\lambda}^2}{2\Delta d} \tag{3.11.11}$$

七、思考题

(1) 实验中怎样才能观察到非定域的直条纹和双曲线条纹?

(2) 迈克耳孙干涉仪的分光板 G_1 应使反射光和透射光的光强比接近 $1:1$,这是为什么?

(3) 为什么不放补偿板就调不出白光干涉条纹?

实验 3.11 数字学习资源

(李会杏   刘渊   戴忠玲)

实验 3.12　分光计的调节和介质折射率的测量

一、实验背景及应用

　　光线在传播过程中,遇到不同介质的分界面时,将改变传播方向发生反射和折射,同时光在传播过程中也会发生衍射和散射.在实验中,通过对光线偏转角度进行测量,可以得出介质折射率、光栅常量、光的波长、色散率等许多重要的物理量.因此,精确测量光线偏转角度,在实际应用中具有十分重要的意义.

　　分光计又称光学测角仪,是一种精确测量光线偏转角度的光学仪器,被广泛应用于光学测量当中.该装置比较精密,结构复杂,其基本光学结构是许多光学仪器(如棱镜光谱仪、光栅光谱仪、单色仪等)的基础,依据分光计原理开发的实验仪器被广泛应用于现代科学研究中,例如好奇号火星车就安装了激光分光计用于搜寻构成生命的要素,同时好奇号火星车的机械臂末端还安装了 α 粒子 X 射线分光计,用于测量火星岩石和泥土中不同化学元素的数量.近年来科学家还利用太阳日球层观测飞船上的太阳紫外辐射分光计,观测到太阳风来自一种漏斗状结构的磁场区域,并发现漏斗状的磁场结构底部位于太阳表面网状磁结构的边缘,这使人们对太阳风有了更深入的了解.正是因为分光计有如此广泛的应用,所以学习它的调整思想、方法和技巧在光学实验中具有很强的代表性,熟悉分光计有助于快速了解其他精密的光学仪器.

二、实验教学目标

　　(1)了解分光计的结构和基本原理.
　　(2)掌握分光计的调节思想和调节方法.
　　(3)学会用最小偏向角法测量三棱镜的折射率.

三、实验仪器

　　实验中用到的仪器包括 JJY1′型分光计、平面镜、玻璃三棱镜和汞灯.其中分光计结构最为复杂,其结构如图 3.12.1 所示,它由五部分组成,即底座、望远镜、载物台、平行光管和刻度盘.

1.底座

　　分光计的底座 19 起到支撑整个仪器的作用,底座中心有竖直的仪器转轴,望远镜 8 和刻度盘 21 可以围绕该中心轴转动.

2.望远镜

　　望远镜 8 由目镜、全反射棱镜、分划板和物镜组成.从图 3.12.2 中可以看出,目镜、分划板、全反射棱镜和物镜分别装在可以前后移动的三个套筒中,分划板上刻有双十字叉丝

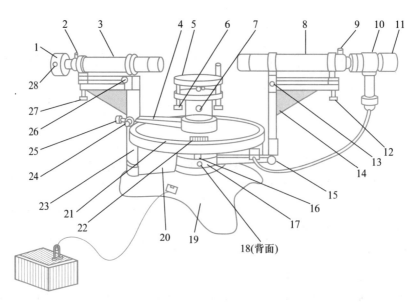

1—狭缝装置;2—狭缝装置锁紧螺钉;3—平行光管;4—制动架(一);5—载物台;6—载物台调平螺钉;
7—载物台锁紧螺钉;8—望远镜;9—目镜锁紧螺钉;10—阿贝式自准直目镜;11—目镜视度调节手轮;
12—望远镜光轴高低调节螺钉;13—望远镜光轴水平调节螺钉;14—支臂;15—望远镜微调螺钉;
16—望远镜止动螺钉;17—制动架(二);18—转座与度盘止动螺钉;19—底座;20—转座;
21—刻度盘;22—游标盘;23—立柱;24—游标盘微调螺钉;25—游标盘止动螺钉;26—平行
光管光轴水平调节螺钉;27—平行光管光轴高低调节螺钉;28—狭缝宽度调节手轮

图 3.12.1   分光计结构示意图

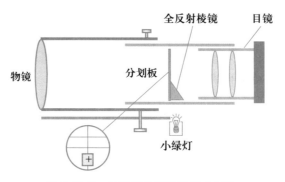

图 3.12.2   自准直望远镜结构示意图

和小"十"字透光刻线,并且上叉丝与小"十"字透光刻线对称于中心叉丝,全反射棱镜的
一个直角边紧贴在小"十"字刻线上.套筒上正对棱镜的另一直角处开有小孔,并在小孔下
方装一小灯.小灯的光进入小孔后经全反射棱镜照亮小"十"字透光刻线.望远镜的光轴可
以通过螺钉 12、13 进行微调,目镜 10 的焦距可用手轮 11 调节,松开螺钉 9,目镜套筒可以
沿光轴移动和转动.

3. 载物台

载物台 5 用来放置待测光学器件,它套在游标盘上,可以绕中心轴旋转,还可以根据
需要升高或降低,调到所需高度后,把锁紧螺钉 7 旋紧即可.载物台下方有三个调平螺钉
6,其用来调节载物台面与中心转轴垂直,三个螺钉的连线呈正三角形.

4. 平行光管

平行光管 3 的作用是产生平行光,它安装在立柱 23 上,平行光管的一端装有会聚透镜,另一端内插入一狭缝调节套筒,狭缝的套筒可通过调节狭缝装置锁紧螺钉 2 前后移动,狭缝的宽度可通过狭缝宽度调节手轮 28 进行调节.

5. 刻度盘

游标盘 22 和刻度盘 21 套在中心轴上,可以绕中心轴旋转,刻度盘下端由一推力轴承支撑,使旋转轻便灵活.刻度盘一周为 360°,刻有 720 等分的刻线,每格为 30′,在游标盘直径两端设有两个游标读数装置,两个游标相隔 180°.游标为 30 格,每格为 1′.

四、实验原理

1. 分光计的调节原理

为了精确测量角度,必须使待测角平面平行于读数盘平面,制造仪器时已使读数盘平面垂直于中心转轴,因而也必须使待测角平面垂直于中心转轴,所以测量前需要对分光计进行调节,使其达到下列要求.

(1)平行光管出射平行光.平行光管的结构如图 3.12.3 所示,当狭缝被光源照明时,前后移动狭缝位置,当狭缝位于平行光管透镜的焦平面上时,从平行光管发出的光即平行光.

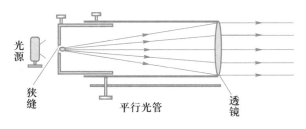

图 3.12.3　平行光管结构示意图

(2)望远镜能接收平行光(即望远镜聚焦于无穷远处).当从平行光管发出的平行光入射到物镜镜筒时,光线将会聚到物镜的焦平面上,如果分划板正好位于物镜的焦平面处,且目镜已调好,则通过目镜可以清晰地看到光线在分划板上成的像,此时望远镜聚焦于无穷远处.在实验中,为使平行光线会聚到物镜的焦平面上,需要对望远镜进行调整,图 3.12.4 是自准直法调节望远镜聚焦于无穷远处的示意图.小绿灯发出的光进入小孔后经全反射棱镜照亮"十"字透光刻线,如果分划板正好处于物镜焦平面上,那么经物镜出射的光即平行光;如果前方有一平面镜将这束平行光反射回来,再经物镜成像于分划板上,那么从目镜中可以同时看清叉丝和"十"字刻线的反射像并且无视差,如图 3.12.4 中的反射"十"字像,这就是用自准直法调节望远镜接收平行光的原理.

(3)望远镜、平行光管的光轴共轴且垂直于转轴.由自准直调整原理可知,如果望远镜的光轴与反射镜面垂直,从图 3.12.5 中可以看出,反射的绿色"十"字像应与分划

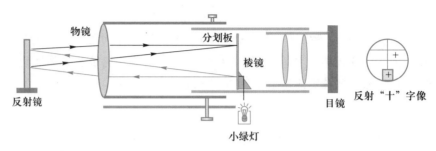

图 3.12.4   自准直法调节望远镜聚焦于无穷远处

板的上"十"字叉丝重合,但此时望远镜的光轴与仪器转轴并不垂直.只有平面镜的前后两个反射面反射的绿色"十"字像都能与分划板的上"十"字叉丝重合时,望远镜光轴才垂直于分光计转轴.因此在调节过程中,既需要调节载物台调平螺钉,改变平面镜的倾斜度,还需要调节望远镜光轴水平调节螺钉,改变望远镜光轴的倾斜度,最终使望远镜光轴不但与平面镜垂直,还与仪器转轴垂直.实验中经常采用的方法为二分之一渐近法,即先调载物台调平螺钉,使像与上部的"十"字叉丝间的距离缩小一半,再调望远镜光轴水平调节螺钉,使像与上部"十"字叉丝重合,然后将平面镜旋转 180°,用同样的方法反复调节几次,直至平面镜的前后两个反射面反射的绿色"十"字像都能与分划板上的"十"字叉丝重合,此时望远镜光轴与仪器转轴垂直.

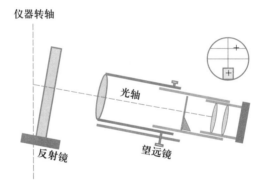

图 3.12.5   望远镜光轴与仪器转轴垂直调节示意图

    望远镜光轴与仪器转轴垂直调节完成后,如果此时平行光管的光轴与望远镜光轴共轴,如图 3.12.6 所示,则经平行光管发出的平行光将聚焦于望远镜分划板的中心位置,此时狭缝像被分划板中心线平分.如果狭缝像没有被分划板中心线平分,那么说明二者不共轴,即平行光管光轴与仪器转轴不垂直,此时应调节平行光管光轴高低调节螺钉 27,直至狭缝像被望远镜分划板中心线平分.

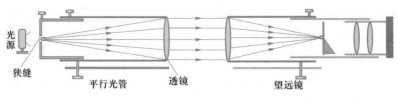

图 3.12.6   望远镜平行光管共轴示意图

2. 分光计的读数原理

分光计是双游标读数装置,测量时要同时记下两游标的读数,其读数方法与游标卡尺类似,如图 3.12.7 中望远镜的位置为 113°45′.

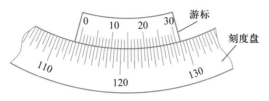

图 3.12.7 刻度盘与游标

在游标盘上设置两个相隔 180° 的对称游标,目的是消除刻度盘中心与分光计中心轴线不重合而造成的偏心差.由于仪器在制造时不容易做到刻度盘中心准确无误地与中心转轴重合,且轴套之间有缝隙,这就不可避免地会产生偏心差,使望远镜绕中心转轴的实际转角 Φ 与游标窗口读得的角度 θ 不一致.如图 3.12.8 所示,O' 为分光计转轴中心,O 为刻度盘中心,当望远镜绕中心转轴转动 Φ 角时,相隔 180° 的两个游标从 T_1、T_2 分别转到 T_1'、T_2',由刻度盘读出的两游标转过的角度值分别为 θ_1 和 θ_2,从几何关系可知

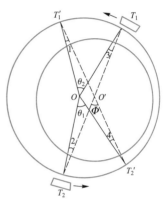

图 3.12.8 刻度盘中心与中心转轴不重合产生的偏心差

$$\Phi + \angle 4 = \theta_1 + \angle 2 \qquad (3.12.1)$$

$$\Phi + \angle 3 = \theta_2 + \angle 1 \qquad (3.12.2)$$

因为 $\angle 1 = \angle 4$,$\angle 2 = \angle 3$,所以由式(3.12.1)和式(3.12.2)相加可得

$$\Phi = (\theta_1 + \theta_2)/2$$

由上式可见,尽管中心转轴与刻度盘不同心,但是只要分别读出两个游标转过的角度,取其平均值就可得到望远镜绕中心转轴的实际转角 Φ.

3. 最小偏向角法测三棱镜折射率的原理

如图 3.12.9 所示,一束单色平行光 S 以入射角 i 射到顶角为 α 的三棱镜 AB 面上,经折射后以角度 i' 从 AC 面射出,由折射定律可知,三棱镜的折射率为

$$n = \frac{\sin i}{\sin r}$$

入射光线 SO 与出射光线 $O'S'$ 之间的夹角 δ 称为偏向角.根据图 3.12.9 的几何关系可知

顶角:

$$\alpha = r + r'$$

偏向角:

$$\delta = (i - r) + (i' - r') = i + i' - \alpha$$

对于给定三棱镜及波长的光线而言,δ 随入射

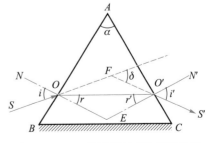

图 3.12.9 三棱镜折射率计算光路图

角 i 而变.可以证明,当 $i=i'$ 时,δ 有极小值 $\delta_{\min}$,称之为最小偏向角,此时有 $i=(\delta_{\min}+\alpha)/2$,$r=\alpha/2$,则有

$$n = \frac{\sin i}{\sin r} = \frac{\sin \dfrac{\delta_{\min}+\alpha}{2}}{\sin \dfrac{\alpha}{2}} \tag{3.12.3}$$

因此,根据测量出的顶角 α 和最小偏向角 $\delta_{\min}$ 即可求出折射率 n.

五、基本实验内容与步骤

1. 分光计的调节

(1) 目测粗调.眼睛从仪器侧面观察,调节望远镜和平行光管光轴的高低调节螺钉 12 和 27,使望远镜和平行光管光轴大致垂直于中心转轴,调节载物台下的三个水平调节螺钉,使载物台大致呈水平状态.粗调是细调的基础,也是细调成功的关键.

(2) 调节望远镜聚焦于无穷远处.利用自准直法进行调节.先调节目镜,打开目镜照明光源,调节手轮 11,改变目镜与分划板之间的距离,使目镜视场中能清晰看到分划板上的叉丝.然后将双面反射镜放到载物台上,为方便下一步望远镜光轴的调节,反射镜需按图 3.12.10(a)或(b)放置.转动载物台使一反射面正对望远镜,从望远镜中找到由镜面反射回来的光斑(模糊的绿色亮"十"字像),之后前后移动目镜套筒 10,改变叉丝到物镜间的距离,使绿色亮"十"字像清晰,如图 3.12.11(a)所示(绿色"十"字成像在分划板的某一位置),最后仔细调节叉丝和物镜之间的距离,直到视差消除.此时望远镜已聚焦于无穷远处.若在望远镜视场中找不到由镜面反射回来的"十"字像,则说明粗调未达到要求,应重新粗调.

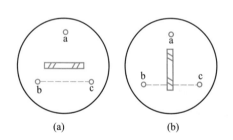

图 3.12.10   平面镜在载物台上的位置
(a,b,c 为载物台下的三个水平调节螺钉)

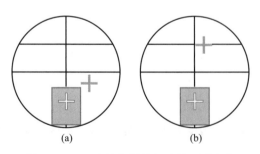

图 3.12.11   叉丝分划板和反射"十"字像

(3) 调节望远镜光轴垂直于分光计转轴.在一般情况下,开始时看到的绿色"十"字像与上"十"字叉丝并不重合,如图 3.12.11(a)所示,首先在前一步的基础上,将载物台转 180°,从望远镜中找到由另一反射面反射的绿色亮"十"字像(若找不到反射像,应怎样调节?),然后采用渐近法调节绿色亮"十"字像与分划板上部"十"字叉丝重合,即用望远镜对准一个反射面,先调载物台螺钉,使像与上部的"十"字叉丝间的距离缩小一半,再调望远镜光轴水平调节螺钉,使像与上部"十"字叉丝重合,如图 3.12.11(b)所示.然后将载物

台转 180°,使望远镜对准另一个反射面,用同样的方法调节,反复几次,直到平面镜两个反射面反射回来的"十"字像均与分划板的上"十"字叉丝重合为止.此时,望远镜光轴已垂直于仪器转轴.调好后,望远镜光轴水平调节螺钉不能再调.

（4）调节平行光管使其发出平行光.关掉目镜照明光源,移开平面镜,然后用汞灯照亮狭缝,将望远镜对准平行光管.从望远镜目镜中观察,在视场中找到狭缝像,前后移动狭缝套筒,使狭缝像清晰,并与分划板上的叉丝无视差,如图 3.12.12（a）所示,此时狭缝已位于平行光管透镜的焦平面上,从平行光管发出的光为平行光.

（5）调节平行光管光轴垂直于仪器转轴.将狭缝套筒旋转 90°,使狭缝像水平,调整平行光管光轴高低调节螺钉 27,升高或降低狭缝像的位置,使得狭缝像对目镜视场的中心对称,如图 3.12.12（b）所示,此时平行光管的光轴垂直于仪器转轴.然后再旋转狭缝套筒,使狭缝像与目镜分划板的垂直刻线平行,注意不要破坏平行光管的调焦,然后将狭缝装置锁紧螺钉 2 旋紧.

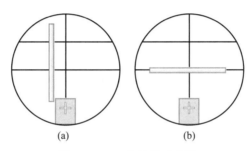

图 3.12.12　狭缝像示意图

2. 三棱镜折射率的测量

（1）调节三棱镜的主截面垂直于仪器转轴.由于三棱镜的两底面一般不是主截面(即使是主截面,载物台也不一定垂直于转轴),所以必须调节三棱镜的主截面垂直于仪器转轴,即调节三棱镜两个光学面的法线垂直于转轴.将三棱镜按图 3.12.13 所示放在载物台上,使 AB,AC,BC 分别垂直于载物台三个螺钉的连线 $a_1 a_2,a_2 a_3,a_3 a_1$.当调节 a_1 时,只改变 AB 面的法线方向,而对 AC 面的法线方向无影响.当调节 a_3 时,只改变 AC 面的法线方向,而对 AB 面的法线方向无影响.利用已调好的望远镜用自准直法调节:转动载物台,在望远镜中找到 AB 面反射回来的绿色亮"十"字像,调节螺钉 a_1 使绿色亮"十"字像与上部"十"字叉丝重合.然后转动载物台找到 AC 面的反射像.调节螺钉 a_3 使"十"字像与上"十"字叉丝重合.反复几次,直到两个面的反射像都与上"十"字叉丝重合,则说明棱镜的主截面已垂直于仪器转轴.在调节过程中,注意不要调节螺钉 a_2.

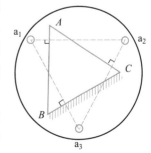

图 3.12.13　三棱镜在载物台上的位置(a_1,a_2,a_3 为载物台下的三个水平调节螺钉)

（2）反射法测量三棱镜顶角.将三棱镜放在载物台上,使棱镜顶角对准平行光管,见图 3.12.14.平行光管射出的平行光入射到棱镜的两侧面 AB 和 AC 上,转动望远镜,在 I 位置处可找到 AB 面反射的狭缝像,并用分划板上的竖直叉丝对准狭缝像(竖直叉丝在狭缝像中央),记下此时望远镜的角位置 φ_1

和 φ_1'.再将望远镜移至右边 II 处,用同样的方法读出 φ_2 和 φ_2',三棱镜的顶角 α 可用下式计算.(注意:φ_1 和 φ_2 为同一游标窗口的两次读数.)

$$\alpha = \frac{1}{2}\left(\frac{|\varphi_2-\varphi_1|}{2}+\frac{|\varphi_2'-\varphi_1'|}{2}\right)=\frac{1}{4}(|\varphi_2-\varphi_1|+|\varphi_2'-\varphi_1'|) \qquad (3.12.4)$$

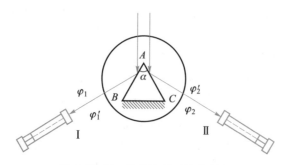

图 3.12.14   反射法测三棱镜顶角

(3)测量三棱镜最小偏向角.将三棱镜放在载物台上,使平行光管射出的平行光从棱镜的一个光学面入射,从另一个光学面出射,如图 3.12.15 所示.转动望远镜找到狭缝像,由于汞灯是多线谱,所以经三棱镜折射后会出现多条不同颜色的像,选取其中的一条光线后慢慢转动载物台,改变平行光的入射角,观察狭缝像的移动方向,并注意判断偏向角是增大还是减小(出射光远离入射光时,偏向角增大,反之,偏向角减小).沿偏向角减小的方向转动载物台,同时用望远镜跟踪,使狭缝像始终在视场中,可以观察到,狭缝像移动到某一位置时会停顿一下,又反方向移动,这个停顿位置就是最小偏向角的位置.将载物台在最小偏向角的位置上固定好,用望远镜分划板上的竖直叉丝对准狭缝像,记下望远镜的角位置 φ_1 和 φ_1',见图 3.12.15(a)中的位置 I.转动载物台,使平行光管射出的平行光从三棱镜的另一光学面入射,见图 3.12.15(b).用同样的方法找到最小偏向角的位置,记下望远镜在 II 位置处的读数 φ_2 和 φ_2'.显然,同一游标前后两次读数之差即最小偏向角 $\delta_{\min}$ 的两倍.

$$\delta_{\min} = \frac{1}{2}\left(\frac{|\varphi_2-\varphi_1|}{2}+\frac{|\varphi_2'-\varphi_1'|}{2}\right)=\frac{1}{4}(|\varphi_2-\varphi_1|+|\varphi_2'-\varphi_1'|) \qquad (3.12.5)$$

将测得的顶角和最小偏向角代入式(3.12.3),求出折射率 n,并计算出 n 的不确定度.

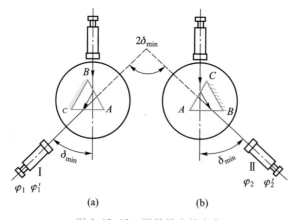

图 3.12.15   测量最小偏向角

注意:

(1)分光计为精密仪器,各活动部分均应小心操作.当轻轻推动部件却无法转动时,不要强制使其转动,应分析原因后再进行调节.旋转各旋钮时动作应轻缓.

(2)严禁用手触摸三棱镜、平面镜的光学面以及望远镜、平行光管上各透镜的表面,如发现镜面玷污,需用专用镜头纸擦拭,在擦拭过程中应避免平面镜和三棱镜跌落损坏.

(3)平行光管狭缝的刀口是经过精密研磨制成的,为避免损伤狭缝,只有在望远镜中看到狭缝像的情况下才能调节狭缝的宽度.

六、拓展实验内容

测量三棱镜折射率的方法除了最小偏向角法以外,还有掠入射法、垂直入射法、任意偏向角法等,查阅相关资料了解这些测量方法的主要思想,并尝试用掠入射法测量三棱镜的折射率.

掠入射法的基本原理简介:如图 3.12.16 所示,当钠灯照射棱镜时,光线会以不同的角度入射到棱镜 AB 面上,而以 $90°$ 入射的光线 1 的内折射角最大,为 i'_{2max},其出射角最小,为 i'_{1min},入射角小于 $90°$ 的光线的内折射角必小于 i'_{2max},出射角必大于 i'_{1min},入射角大于 $90°$ 的入射光线不能进入棱镜.因此,用望远镜从 AC 面观察时,将出现如图 3.12.16 所示的半明半暗的视场,明暗视场的交线就是入射角为 $i_1 = 90°$ 的光线出射的方向.通过几何关系可以推出折射率:

$$n = \sqrt{\left(\frac{\cos \alpha + \sin i'_{1min}}{\sin \alpha}\right)^2 + 1} \qquad (3.12.6)$$

实验中只要测出明暗视场交线与 AC 面法线的夹角 i'_{1min} 和三棱镜顶角 α,即可求出三棱镜的折射率.

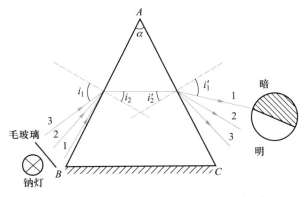

图 3.12.16　掠入射法测量三棱镜折射率

七、思考题

(1)分光计由哪几部分组成?各部分的功能是什么?

（2）用自准直法调节望远镜接收平行光的步骤是什么？当观察到什么现象时就能判断望远镜已经能接收平行光了？为什么？

（3）试根据光路图分析，为什么望远镜光轴与平面镜法线平行时，在目镜内应看到绿色亮"十"字像与分划板上方的"十"字叉丝重合.

（4）分光计的调整要求是什么？

（5）测三棱镜顶角时，如果转动望远镜找不到由三棱镜反射回来的狭缝像，应调节什么？

（6）如何判别最小偏向角？

实验 3.12 数字学习资源

（刘升光　王艳辉　李建东　秦颖）

实验 3.13　光栅衍射及光栅常量的测量

一、实验背景及应用

衍射光栅是利用多缝衍射原理使光波发生色散的光学元件，它可以看成由大量相互平行等宽等间距的狭缝所组成.光栅具有较大的色散率和较高的分辨本领，是光谱仪器的核心元件.以衍射光栅为色散元件构成的摄谱仪和单色仪是分析物质成分、探索宇宙奥秘的重要仪器，极大地推动了物理学、天文学、化学、生物学等学科的发展.近年来，一系列新型光栅的出现对科学技术的发展和工业生产技术的革新发挥了巨大的作用.把光栅做在光纤里面，产生的光纤光栅促进了光纤通信产业的发展；光栅和波导结合，产生的阵列波导光栅成为非常重要的光纤通信器件；大尺寸的脉冲压缩光栅是激光核聚变装置必不可少的分束器；达曼光栅被广泛应用于光电子阵列照明技术.光栅在很大程度上促进了科学技术的发展，目前世界上对光栅的需求越来越大.因此，学习并掌握光栅的结构、特征及工作原理是非常重要的.

二、实验教学目标

（1）了解光栅的主要特征，观察光栅衍射现象，加深对光栅衍射原理的理解.

（2）进一步熟悉和巩固分光计的调节和使用方法，学会基于分光计测量光栅常量的方法.

（3）理解光栅的角色散率和分辨本领的物理含义.

（4）完成光栅常量和角色散率的测量.

三、实验仪器

JJY1′型分光计、平面镜、光栅、汞灯.

四、实验原理

1.光栅及分类

光栅按周期维数及组合情况划分,可分为一维光栅、二维光栅、三维光栅、复合光栅及多重光栅等;按制作方法划分,可分为机刻光栅、复制光栅和全息光栅等;按间距变化情况划分,可分为等间距光栅、变间距光栅、双倍密度光栅和可调谐光栅等;按使用衍射光的方向划分,可分为透射光栅和反射光栅.本实验中使用的是平面透射光栅,如图 3.13.1(a)所示,在一块透明基体(如玻璃、聚酯片基)上刻一系列平行的密排的凹槽,未刻部分可以透光,刻划部分因漫反射而不透光,这就是通过机械方法进行刻线制作的简易光栅.这种方法成本低,但是质量较差,可能产生鬼线,光栅线槽密度较小.另一种制作高精度光栅的方法是全息光栅,如图 3.13.1(b)所示,它是在光学稳定的平玻璃上涂一层光致抗蚀剂或其他光敏材料,由激光器发出两束相干光,使其在涂层上产生一系列均匀的干涉条纹,则光敏物质感光,然后用特种溶剂溶蚀掉感光部分,即可在蚀层上获得干涉条纹的全息像,所制得的即透射式衍射光栅.

2.光栅衍射及光栅方程

如图 3.13.2 所示,当一束平行光垂直照在平面透射光栅上时,光通过每一条狭缝都发生衍射,所有狭缝的衍射光又彼此干涉,这种由衍射光形成的干涉条纹定域于无穷远处,若在光栅后面放置一个会聚透镜,则各个方向上的衍射光经过透镜后都会聚在它的焦平面上,即可观察到衍射光的干涉条纹,称之为谱线.根据光栅衍射理论,当衍射角 θ 满足

$$d\sin\theta = k\lambda \quad (k = 0, \pm1, \pm2, \cdots) \tag{3.13.1}$$

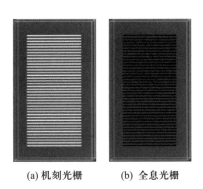

(a) 机刻光栅　　(b) 全息光栅

图 3.13.1　玻璃基体上机刻光栅和全息光栅示意图

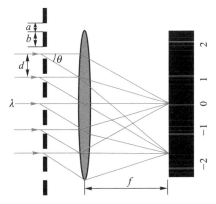

图 3.13.2　光栅衍射示意图

时,在该衍射角方向上的光将会加强,形成明条纹,其他方向的光几乎完全消失.式(3.13.1)称为光栅方程,式中 λ 为光的波长,k 为明条纹的级次,d 为光栅常量.光栅常量是相邻两狭缝间的距离,即透光宽度 a 和不透光宽度 b 之和.

从式(3.13.1)可见,不同级次的明条纹对应的衍射角不同.在 $\theta=0$ 方向上观察到的零级谱线,对应于中央光强极大的位置,其他 $\pm 1,\pm 2,\cdots$ 级的谱线对称分布在零级谱线两侧,光强逐渐减弱.

如果入射光不是单色光,而是包含几种波长的复色光,那么对于不同波长的光,因为同一级谱线有不同的衍射角,所以除了中央零级谱线重叠在一起形成白色亮纹外,其他同级次的谱线都是按波长由小到大的顺序排列的各种颜色的谱线.图 3.13.3 为汞灯的光栅衍射谱线.

由式(3.13.1),只要测出某波长光的衍射角,即可求出光栅常量.实验中各级谱线的衍射角是用分光计进行测量的.

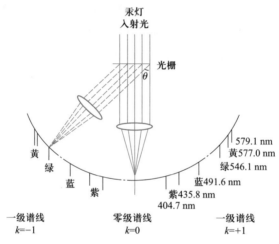

图 3.13.3   汞灯的光栅衍射谱线

3. 角色散率和分辨本领

(1)角色散率.角色散率是表示衍射光栅基本特征的一个重要参量.角色散率可以定义为同级次的两条谱线衍射角之差 $\delta\theta$ 与其波长差 $\delta\lambda$ 之比,即

$$D = \frac{\delta\theta}{\delta\lambda} \tag{3.13.2}$$

由光栅方程(3.13.1)可知,在含有多种波长的光照射光栅时,在光屏上同一级次不同波长的光的衍射谱线的衍射角 θ 不同,通过对光栅方程微分,可得

$$D = \frac{k}{d\cos\theta} \tag{3.13.3}$$

可见,光栅常量越小,角色散率越大,高级次的光谱比低级次的光谱有更大的角色散率.角色散率只反映了两条谱线中心分开的程度,并不能说明它们是否重叠,是否能够分辨.

(2)分辨本领.谱线本身都有宽度,对于确定的光栅,谱线的半角宽度为

$$\Delta\theta = \frac{\lambda}{Nd\cos\theta} \tag{3.13.4}$$

如图 3.13.4 所示,如果角间隔为 $\delta\theta$ 的两个主极大之间发生强度分布重叠,那么按瑞利判据,当 $\delta\theta > \Delta\theta$ 时,可分辨出两条谱线;当 $\delta\theta < \Delta\theta$ 时,不能分辨出两条谱线;以 $\delta\theta = \Delta\theta$ 作为可分辨出两条谱线的界限.由此求得可分辨的最小波长间隔,根据式(3.13.2)和式(3.13.3)可以得出

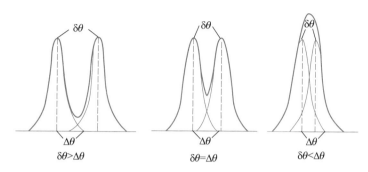

图 3.13.4   分辨本领示意图

$$\delta\theta = \frac{k}{d\cos\theta}\delta\lambda \tag{3.13.5}$$

依据瑞利判据,当 $\delta\theta = \Delta\theta$ 时,两条谱线恰可分辨,即最小分辨波长差为

$$\delta\lambda_{min} = \frac{\overline{\lambda}}{kN} \tag{3.13.6}$$

分辨率定义为

$$R = \frac{\overline{\lambda}}{\delta\lambda_{min}} \tag{3.13.7}$$

式中 $\overline{\lambda}$ 为两条谱线中心波长的平均值,于是可得光栅的分辨本领公式:

$$R = kN \tag{3.13.8}$$

由此可见,光照范围内的有效通光缝总数 N 越大,谱线级次 k 越高,光栅的分辨本领就越大,可分辨的 $\delta\lambda$ 就越小.

五、基本实验内容与步骤

1. 分光计的调节

调节分光计,使平行光管能够发出平行光,望远镜能够接收平行光,平行光管和望远镜的光轴垂直于仪器转轴.(详细调节方法见实验 3.12.)

2. 光栅的调节

(1) 衍射光栅平面与平行光管发出的平行光垂直.由于所用光栅方程成立的条件是平行光正入射到光栅平面上,在实验中平行光由汞灯经过分光计的平行光管产生,所以正入射条件需通过调节平行光管的光轴与光栅平面相互正交实现.具体调节方法如下.

① 打开汞灯,照亮平行光管的狭缝,转动望远镜使狭缝与望远镜中"十"字叉丝的竖直线重合,固定望远镜.

② 将光栅如图 3.13.5 所示放置在载物台上,其中 b_1、b_2、b_3 是载物台的三个调节螺钉,根据目测尽可能做到使光栅平面垂直平分 b_1、b_2 连线,而 b_3 应在光栅平面内.

③ 转动载物台,使光栅平面正对望远镜.目测调节载物台水平调节螺钉 b_1 或 b_2,使光栅平面垂直于望远镜光轴,调节 b_3 使光栅刻痕大致平行于中心转轴.

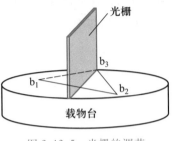

图 3.13.5   光栅的调节

④ 点亮目镜上的小绿灯,暂时遮挡从平行光管发出的光,慢慢转动载物台,在望远镜视场中找到由光栅平面反射回来的绿色小"十"字像,调节螺钉 b_1 或 b_2,使反射回来的绿色"十"字像与望远镜分划板上部的"十"字叉丝重合,此时光栅平面与平行光管光轴平行.在调节过程中,只需对光栅的一面进行调节,不需要再旋转 180°,想想为什么.

(2) 细调,使光栅刻痕平行于分光计中心转轴.关闭目镜小绿灯,转动望远镜,观察中央条纹两侧各谱线是否处于等高状态,如果不等高,则说明光栅刻痕与中心转轴不平行,应调节 b_3 使谱线处于等高状态.

(3) 平行光管的狭缝与光栅刻痕平行.为方便精确测量谱线位置,要求视场中狭缝的像平行于谱线,如果不平行则说明平行光管的狭缝与光栅刻痕不平行,需要进行调节.在望远镜视场中找到狭缝的像,松开平行光管的狭缝套筒锁紧螺钉,慢慢转动狭缝套筒,使狭缝像与谱线平行,然后锁紧狭缝套筒.

3. 测量衍射角

转动望远镜,使竖直叉丝分别对准 $k=\pm1,\pm2,\cdots$ 的各级谱线,记录望远镜每一次所在位置的两个游标读数.对于 k 级谱线,假设 $+k$ 级左右游标的读数分别为 θ_k 和 θ_{-k},$-k$ 级左右游标的读数分别为 θ'_k 和 θ'_{-k},则 k 级谱线衍射角为

$$\varphi_k = \frac{1}{4}(\,|\,\theta_k - \theta_{-k}\,| + |\,\theta'_k - \theta'_{-k}\,|\,) \tag{3.13.9}$$

注意:禁止用手触摸光栅平面;汞灯的紫外线很强,不可直视;汞灯在使用中不要频繁启闭,否则会降低其寿命.

六、拓展实验内容

(1) 基于分光计,利用光栅测量氦氖激光器的波长,实验中用激光器代替汞灯,通过测量激光器通过光栅后的各级衍射角,计算氦氖激光器的波长.

(2) 基于现有装置,利用最小偏向角法测量光栅常量.当一束单色平行光以一定的角度射到光栅常量为 d 的透射光栅上时,如图 3.13.6 所示,入射角为 α,衍射角为 θ_k,偏向

角为 δ,衍射光线与入射光线之间存在最小偏向角,且最小偏向角只有一个,此时衍射光线位于入射光线的法线同侧,$\delta = 2\alpha$.光栅方程可以写成

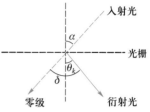

$$2d\sin\frac{\delta_{\min}}{2} = k\lambda \quad (k = 0, \pm 1, \pm 2, \cdots) \quad (3.13.10)$$

改变入射角,谱线将随之移动,当某一条谱线与零级谱线偏离最小时,即可由该谱线与零级谱线的方位测出相应的最小偏向角 $\delta_{\min}$,不同谱线的 $\delta_{\min}$ 是不同的.

图 3.13.6　衍射光栅斜入射偏向角示意图

七、思考题

（1）衍射与干涉现象的区别是什么？其实质是什么？

（2）比较一下光栅分光和三棱镜分光的光谱有何区别.

（3）如果实验中光栅的反射面放反了,是否会产生误差？为什么？

（4）如果实验中光栅没有放在载物台中央,是否会产生误差？为什么？

实验 3.13 数字学习资源

（刘升光　王艳辉　秦颖）

实验 3.14　全 息 照 相

一、实验背景及应用

物理学家伽博（Dennis Gabor）受布拉格（William Lawrence Bragg）等人工作的启发,于 1948 年前后提出了全息技术原理,用于改善电子显微镜的像质.由于当时没有理想的强相干光源,所以全息技术未得到足够重视.20 世纪 60 年代,激光的诞生和发展为纯光学全息技术带来了新的生命,各种新的全息方法陆续被提出和实现.伽博因对全息技术的贡献获得了 1971 年诺贝尔物理学奖.

1962 年,利思（Emmett Leith）和乌帕特尼克斯（Juris Upatnieks）提出并发表了第一张激光全息图,引起了巨大轰动.该全息图属于离轴全息图,解决了孪生像的问题.利思等人很早就开始了相关的理论准备,把通信理论和全息概念结合起来,用于斜视雷达的研究,当时研究的是电磁波的两维全息技术.激光出现以后,他们把上述原理应用于激光全息,很快就取得了纯光学全息技术的重大突破.1962 年,丹尼苏克（Yuri Denisyuk）把全息技术与彩色照相术结合起来,制作的全息图可用白光点光源观察到单色像,开创了全息显示应

用的新方向.1965 年,鲍威尔(Karl Powell)和斯特森(Robert Stetson)报告了全息干涉计量术,使得有可能比较在不同时刻存在的任意波形,这对传统计量术来说是不可思议的.1969 年,本顿(Stephen Benton)提出了彩虹全息图和可用白光观察的薄全息图.1977 年,克罗斯(Cross)制成了圆筒式的合成全息图,这种全息图可用白光观察.1979 年,美国无线电公司提出了全息图模压复制技术.模压全息图已经在全世界形成了庞大的产业,广泛应用于钞票、银行卡、护照、证件、证券等的防伪.近年来,数字全息技术成为研究热点,被称为三维(3D)显示的"终极技术",很多科幻电影都引入了全息特效.实际上,真实的数字全息显示设备已经诞生,有望在未来支持办公或家用.

二、实验教学目标

(1)通过拍摄全息图,加深对全息照相基本原理的理解.
(2)通过观察全息图,领会并总结全息照相的特点及其与普通照相的区别和联系.
(3)通过观察全息图,弄清实现全息再现的条件和原理.
(4)了解显影、定影等暗室技术.

三、实验仪器

实验器材见表 3.14.1.

表 3.14.1 全息照相实验器材列表

器材	数量	器材	数量
氦氖激光器	1 个	待拍摄物体	1 个
电子快门	1 个	光学平台	1 台
分束镜	1 个	观察屏	1 个
扩束镜	2 个	全息干板	1 片
反射镜	2 个	显影液	1 瓶
干板架	1 个	定影液	1 瓶

(1)全息干板.传统全息干板一般采用平均粒径为 0.02~0.05 μm 的卤化银颗粒作为主要感光介质,采用色素作为增感染料,两种材料与明胶均匀混合到一起形成感光胶,均匀涂于基片(如玻璃板)之上.基于卤化银的全息干板制作工艺已经非常成熟,但是出于环保等因素的考虑,已经在逐渐限制生产.近些年,不含卤化银成分的光致聚合物全息干板开始出现.该类干板的敏感区间可以做到更窄,甚至在不需要暗室的条件下都可以完成拍摄.全息干板的分辨力可达 1 000 线/mm,常用于信息储存、形变计量等领域.

（2）电子快门，以电子方式控制曝光时间的装置.

（3）显影液.感光胶片曝光后,卤化银因光作用被还原成银原子,但银原子颗粒密度很小,所呈影像无法被直接看到,是一种潜在影像(简称潜影).显影是将潜影增强成可见影像的过程.在一定温度和时间条件下显影液可使感光卤化银被还原成黑色银,未感光卤化银则不发生反应.

（4）定影液.显影后的感光材料上会残留未感光的卤化银,仍可继续感光还原.定影液可以用化学方法除去残留卤化银,使显影所得影像固定下来.

四、实验原理

全息技术是利用光的干涉和衍射原理,将物体的特定波前以干涉条纹的形式记录下来,并在一定条件下使其再现的一种技术.

1. 波前记录

如图 3.14.1(a)所示,对于全息干板 H 上的某点(x,y),物光和参考光的复振幅分别为

$$O(x,y) = O_0(x,y)\exp[\mathrm{j}\varphi_0(x,y)] \tag{3.14.1}$$

$$R(x,y) = R_0(x,y)\exp[\mathrm{j}\varphi_R(x,y)] \tag{3.14.2}$$

式中,O_0、φ_0 为物光到达全息干板 H 上的振幅和相位,R_0、φ_R 为参考光的振幅和相位.因为干涉光场振幅是两者的相干叠加,所以 H 上的总光场的复振幅为

$$U(x,y) = R(x,y) + O(x,y) \tag{3.14.3}$$

由于干板记录的是干涉场的光强分布,所以需要将光场的复振幅转化为曝光强度:

$$
\begin{aligned}
I(x,y) &= U(x,y)U^*(x,y)\\
&= |O|^2 + |R|^2 + OR^* + O^*R\\
&= O_0^2 + R_0^2 + OR^* + O^*R
\end{aligned}
\tag{3.14.4}
$$

全息照片的透射率由本底透射率 t_0 和全息胶片透射率 $t_H(x,y)$ 两部分组成,其中 t_0 为常量,$t_H(x,y)=\beta I(x,y)$.β 为与 x、y 无关的常量,对于负片,$\beta<0$;对于正片,$\beta>0$.总透射率可以表示为

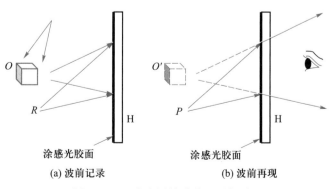

(a) 波前记录　　　　　(b) 波前再现

图 3.14.1 全息图的波前记录与再现

$$t(x,y) = t_0 + \beta I(x,y)$$
$$= t_0 + \beta(O_0^2 + R_0^2 + OR^* + O^*R)$$
$$= [t_0 + \beta(O_0^2 + R_0^2)] + \beta(OR^* + O^*R) \tag{3.14.5}$$

全息图实际上就是透射率复杂分布的光栅.

2. 波前再现

如图 3.14.1(b)所示,设再现时的单色照明光复振幅为

$$P(x,y) = P_0(x,y)\exp[j\varphi_P(x,y)] \tag{3.14.6}$$

则在全息图背面,再现光复振幅为

$$W(x,y) = P(x,y)t(x,y)$$
$$= P_0[\beta(O_0^2 + R_0^2) + t_0]\exp[j\varphi_P(x,y)] +$$
$$\beta P_0 O_0 R_0 \exp[j(\varphi_O - \varphi_R + \varphi_P)] +$$
$$\beta P_0 O_0 R_0 \exp[-j(\varphi_O - \varphi_R - \varphi_P)] \tag{3.14.7}$$

如果用原参考光再现,则 $P(x,y) = R(x,y)$, $P_0 = R_0$, $\varphi_P = \varphi_R$.上式可改写为

$$W(x,y) = R_0[\beta(O_0^2 + R_0^2) + t_0]\exp[j\varphi_R(x,y)] +$$
$$\beta O_0 R_0^2 \exp(j\varphi_O) +$$
$$\beta O_0 R_0^2 \exp[-j(\varphi_O - 2\varphi_R)] \tag{3.14.8}$$

上式第一项复振幅分布与参考光一样,代表 0 级衍射光(直射光);第二项复振幅分布与原始物光一样,代表+1 级衍射光和无畸变虚像;第三项代表−1 级衍射光,呈畸变共轭实像.

如果用原参考光的共轭光再现,则 $P(x,y) = R^*(x,y)$, $P_0 = R_0$, $\varphi_P = -\varphi_R$.那么式(3.14.7)可改写为

$$W(x,y) = R_0[\beta(O_0^2 + R_0^2) + t_0]\exp[j\varphi_R(x,y)] +$$
$$\beta O_0 R_0^2 \exp[j(\varphi_O - 2\varphi_R)] +$$
$$\beta O_0 R_0^2 \exp(-j\varphi_O) \tag{3.14.9}$$

上式第一项复振幅分布仍然与参考光一样,代表 0 级衍射光(直射光);第二项代表发生畸变的虚像;第三项分布与原始物光类似,代表与原物相像的实像,但景深发生了反演.

以上讨论的全息图原理成立的前提是假定记录介质的厚度远小于干涉条纹间距.该情形下仅需要考虑干涉条纹在二维空间的分布情况,所制成的全息照片属于二维光栅,称为平面全息图.如果记录介质厚度大于干涉条纹间距很多,则在全息图厚度的方向也会产生干涉条纹,所制成的全息照片变为立体光栅,称为体全息图.体全息图较平面全息图对再现光有更高的选择性,可以在同一张底片上承载更多的记录信息.

3. 全息照相的主要特征

(1)再现的物像立体感真实.全息照片记录了物体光波的所有信息(图 3.14.2),所成影像是真正的三维影像.如果从不同角度查看全息像,则可以看到物像的不同侧面,并保留视差和景深效果(图 3.14.3).

(2)全息照片可分割.全息照片的任一局部都可以再现完整的三维物像.

(3)再现物像明暗可调.调整入射光的强度,即可以实现对物像明暗程度的调节.

（4）全息像的大小随入射光波长的变化而变化.对于球面波入射光,改变全息照片相对球面球心的距离也可以达到改变全息像大小的目的.

（5）对于同一张全息照片,可以在不同位置看到同一物体的多个虚像或者实像,其中有些像无畸变,另一些则会有畸变.

（6）全息干板支持多次曝光.合理调整全息干板与被拍摄物体的角度,可以在一张全息照片上同时记录多个物体的三维信息,并且全息物像可分离.

图 3.14.2　全息照片实物

图 3.14.3　全息照片再现石膏人像(虚像)

五、基本实验内容与步骤

拍摄全息照片的一种常见光路如图 3.14.4 所示.由激光器发出的高度相干的单色光经过分束镜时被分成两束光,一束光经全反镜 1 反射、扩束镜 1 扩束后,用来照明待拍摄的物体并被物体漫反射.这一束光被称为物光.另一束光经全反镜 2 反射、扩束镜 2 扩束后,直接照射全息底片(又称全息干板),被称为参考光.物体散射光与参考光进行相干叠加,产生细密复杂的干涉条纹,间距可以小到百纳米量级.这些干涉条纹包括了物光的全部信息(振幅和相位).

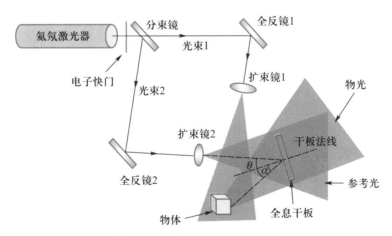

图 3.14.4　波前记录拍摄光路图

1.全息照相拍摄光路的搭建与调整

（1）检查防震台的稳定性.

（2）调整各光学元件等高.

（3）参照图 3.14.4 所示基本光路,根据全息台面的大小和激光器的位置大致设计好光路的摆放方式.

（4）搭建光路时应注意:

① 考虑到激光器相干长度(本实验所用氦氖激光器相干长度约为 20 cm)限制,参考光与物光的光程应尽可能相等.推荐使用椭圆法来减小参考光和物光的光程差.

② 光杠杆效应会放大光路不稳定性,因此光程不宜过长.

③ 选用透射率和反射率差异较大的平面分束镜,以较强的光束作为物光.

④ 参考光与物光的夹角 θ 不宜过大或过小,以 $30° \sim 45°$ 为宜.将干板的法线作为参考光与物光夹角的角平分线方向.

⑤ 参考光与物光在全息干板上的照度比应调节适当,其值过高可能让成像不清晰,过低可能造成激光散斑噪声和调制噪声.

⑥ 参考光与物光在全息干板上的照度比是否适当,可根据经验判断,或采用照度计进行定量测量.

2. 全息照片拍摄(波前记录)

（1）关闭暗室灯光和电子快门,分配并安装全新的全息干板.注意涂胶面要迎着物光和参考光射来的方向.

（2）静待一段时间,等待光学平台达到稳定状态.

（3）按动电子快门启动按键,开始曝光.曝光时间应根据干板特性要求和物光与参考光的总强度确定.

3. 全息照片冲洗

（1）显影.将曝光好的全息干板按顺序置于显影液中,注意涂胶面朝上.在暗绿色安全灯下观看干板的颜色,观察到曝光部分颜色变深时即取出干板.

① 显影液的浓度会随着使用次数的增加而减小,注意及时添加新溶液.

② 使用刚配好的显影液时,显影时间可能短到数秒.

③ 过度显影会降低全息照片的透射率,不利于观察全息物像.

（2）在清水中洗掉残留的显影液并将全息干板投入定影液中.

（3）定影.将停显后的全息干板置于定影液中.观察干板边缘被夹持的部分,如果该部分与曝光部分的边界清晰、干净透亮,则说明未曝光的卤化银基本去除完毕,可以结束定影.

（4）用清水冲洗定影好的全息照片,并用热风机吹干.

4. 全息物像再现(虚像,波前再现)

（1）将处理好的全息照片放回原位,涂胶面依然迎着光.如图 3.14.5 所示,挡住或者移走物光,保持参考光原有的照射状态.

（2）站在另一侧,透过全息照片向拍摄物体方向寻找全息物像的虚像.移走被拍摄物体,如果拍摄成功,仅凭肉眼就可以在原拍摄物体位置看到与其外观完全相同的三维影像.观察者头部上下、左右移动,观察虚像的变化.

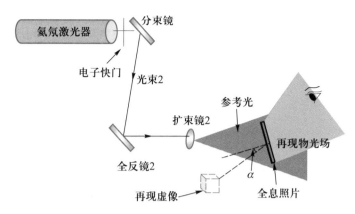

图 3.14.5　全息物像再现光路（虚像）

（3）如果发现看到的物像不够明亮，则可以改用物光照射.注意物光与全息照片法线的相对角度要尽量接近参考光和全息照片的相对角度 α，但不要求严格相等.可以待发现虚像后再进一步细调，直到获得最好的观察效果.

（4）用一张带有小孔的不透光板遮住全息照片的不同部分，透过小孔观察再现的虚像有无变化.

（5）上下移动全息照片，同时观察物像有没有随之移动.

注意：

（1）整个实验过程中应注意用眼安全，防止激光束直射入眼睛.

（2）曝光过程中应保持安静.

（3）显影和定影过程中应避免吸入刺激性气体.

（4）黑暗环境下不要随意走动，避免磕伤.

六、拓展实验内容

1. 全息物像实像再现

（1）取下全息照片，旋转 180° 使涂胶面背对入射光后重新用干板夹夹住.去掉入射光扩束镜，让入射光以平面波状态照射全息照片.

（2）观察二维全息实像.在观察者一侧放置观察屏，并在屏上寻找与被拍摄对象轮廓类似的影像，此即被拍摄物的二维实像.前后移动观察屏，观察实像大小的变化.

（3）观察三维全息实像.用空间散射介质，如含有灰尘的空气、有杂质的水、牛奶、烟雾、淀粉溶液和氢氧化铁胶体等替代二维观察屏，观察三维全息实像.

注意：拍摄时所用参考光为球面波，而此处的再现光是平面波，两者不可能存在共轭关系，因此所成实像有像差.

2. 全息光栅的设计与制作

（1）自行选择想要制作的光栅的空间频率（推荐 100~300 线/mm，较好操作）.

（2）按照选定光栅的空间频率计算两入射平行激光束的夹角.

（3）根据计算得到的夹角搭建光路.

（4）按照全息照相的方法曝光并进行后期处理.注意:制作全息光栅所需曝光时间为全息照相所需时间的 1/10 到 1/5.

（5）测量所制成的全息光栅常量并做误差分析.测量方法自行设计.

七、思考题

（1）全息照相有哪些典型特点?

（2）简要描述全息图的拍摄条件及涉及的物理原理.

（3）设置好基本光路后,还可以通过控制哪些条件来调整物光和参考光的光强比,且对它们之间的角间隔和光程差没有影响?

（4）全息照片被打碎后是如何再现完整的全息物像的?

（5）全息照相与迈克耳孙干涉仪实验的联系和区别有哪些?

实验 3.14 数字学习资源

（白洪亮　秦颖　刘勇）

第4章
综合性实验

实验 4.1 声速测量与多普勒效应的应用

一、实验背景及应用

1842 年,奥地利物理学家多普勒提出了物体辐射的波长因为波源和观测者的相对运动而产生变化的理论.在波源运动方向的前方,波长变短,频率变高;在波源运动方向的后方,波长变长,频率变低.

每种原子的电磁辐射都有自己的特征谱线,我们称之为原子光谱,可以据此鉴别物质并确定它的化学组成.1929 年,美国天文学家哈勃通过对已测得距离的 20 多个星系的统计分析,发现了大多数星系发出的光里面的原子特征谱线都朝红端移动了一段距离,原子特征谱线出现了对应的波长值比真实值大的现象(光谱红移).由于星系密度极低,所以光谱红移不会是引力红移,只能是相对运动引起的多普勒红移.他进一步研究发现星系退行的速率与星系距离的比是一个常量,两者间存在线性关系,这一关系称为哈勃定律.科学家由此得出了宇宙膨胀的结论以及宇宙大爆炸的猜想.

电磁波与机械波(包括声波)的多普勒效应在定量计算上有所不同,本实验的测量对象仅涉及超声波.

二、实验教学目标

(1)掌握测量声速的多种方法及原理.
(2)加深对多普勒效应的了解.
(3)根据接收换能器感应到的信号频率的变化,计算接收端的运动速度.

三、实验仪器

DH-DPL 多普勒效应及声速综合测试仪、示波器.

四、实验原理

1. 声波的多普勒效应

设声源在原点,声源振动频率为 f,接收点在 x 轴 A 点,运动和传播都在 x 方向,波长为 λ_0,声速为 u_0.对于三维情况,处理方法稍复杂一点,其结果相似.声源、接收器和传播介质不动时,在 x 方向传播的声波的数学表达式为

$$\xi = A\cos 2\pi f\left(t - \frac{x}{u_0}\right) \tag{4.1.1}$$

(1) 声源运动速度为 $\boldsymbol{v}_s$,介质和接收点不动.可以认为声源运动改变了介质中传播波的波长(图 4.1.1).在声源和接收器之间的波长变为 λ',T 是声源的振动周期,接收器接收到的频率 f_s 为

$$f_s = \frac{u_0}{\lambda'} = \frac{u_0}{\lambda_0 - v_s T} = \frac{f}{1 - v_s/u_0}$$

如 x_0 为 $t=0$ 时刻声源发出的声波传到接收端的距离,则声波的数学表达式变为

$$\xi_s = A\cos 2\pi f_s\left(t - \frac{x_0}{u_0}\right) = A\cos\left[\frac{2\pi f}{1 - v_s/u_0}\left(t - \frac{x_0}{u_0}\right)\right] \tag{4.1.2}$$

即接收器接收到的频率变为原来的 $\dfrac{1}{1 - M_s}$,其中 $M_s = \dfrac{v_s}{u_0}$ 为声源运动的马赫数,声源向接收点运动时 $\boldsymbol{v}_s$(或 M_s)为正,反之为负.

(2) 声源、介质不动,接收器运动速度为 $\boldsymbol{v}_r$,接收器运动改变了介质中接收器和波的距离(图 4.1.2).

$$x_r = x_0 - v_r t$$

声波的数学表达式变为

$$\xi_r = A\cos 2\pi f\left(t - \frac{x_0 - v_r t}{u_0}\right) = A\cos\left[2\pi f\left(1 + \frac{v_r}{u_0}\right)\left(t - \frac{x_0}{u_0 + v_r}\right)\right] \tag{4.1.3}$$

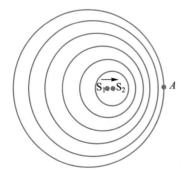

图 4.1.1   运动声源的前方
波长变短、后方波长变长

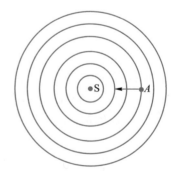

图 4.1.2   接收器运动改变了
接收器和波的距离

取 $M_r = \dfrac{v_r}{u_0}$ 为接收器运动的马赫数,接收点向着声源运动时 v_r(或 M_r)为正,反之为负,即接收器接收到的频率变为原来的$(1+M_r)$倍.

（3）介质不动,声源运动速度为 v_s,接收器运动速度为 v_r,可得接收器接收到的信号的频率为

$$f' = \frac{1+M_r}{1-M_s}f \tag{4.1.4}$$

为了简单起见,本实验只研究第二种情况:声源、介质不动,接收器运动速度为 v_r.根据式(4.1.3)可知,改变 v_r 就可得到不同的 f',从而验证了多普勒效应.另外,若已知 v_r、f,并测出 f',则可算出声速 u_0,可将用多普勒频移测得的声速与用时差法测得的声速进行比较.若将仪器的超声换能器用作速度传感器,就可用多普勒效应来研究物体的运动状态.

2.声速的几种测量原理

（1）超声波与压电陶瓷换能器.频率为 20 Hz～20 kHz 的机械振动在弹性介质中传播形成声波,频率高于 20 kHz 的波称为超声波,超声波的传播速度就是声波的传播速度,而超声波具有波长短、易于定向发射等优点.声速实验所采用的声波频率一般为 20～60 kHz,在此频率范围内,采用压电陶瓷换能器作为声波的发射器、接收器效果最佳.

压电陶瓷换能器利用压电效应和磁致伸缩效应实现在机械振动与交流电压之间的双向换能.根据工作方式不同,它可分为纵向(振动)换能器、径向(振动)换能器及弯曲(振动)换能器.声速教学实验中所用的大多为纵向换能器.图 4.1.3 为纵向换能器的结构简图.其中辐射头用轻金属做成喇叭形,后盖反射板用重金属做成柱形,中部为压电陶瓷,其极化方向与正负电极片一致.这种结构增大了辐射面积.振子纵向长度的伸缩直接影响头部轻金属,发射出的波有较好的方向性和平面性.

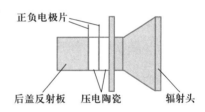

图 4.1.3　纵向换能器的结构简图

在图 4.1.4 中,发射换能器的正负电极片输入交流电信号,电极片间的压电陶瓷将产生逆压电效应,在极化方向发生形变,随交流电信号振荡并发出一近似平面超声波.将另

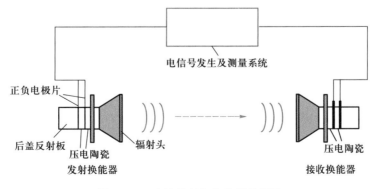

图 4.1.4　声波发射与接收原理简图

一纵向换能器与发出超声波的换能器正对,作为接收换能器.当发射超声波频率与发射及接收换能器系统中压电陶瓷的谐振频率相等时,接收换能器的正负电极片发出的电信号最强.

(2) 时差法测量原理.连续波经脉冲调制后由发射换能器发射至被测介质中,声波在介质中传播,经过 t 时间后,到达 L 距离处的接收换能器.波形变化如图 4.1.5 所示.

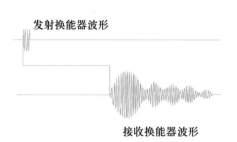

发射换能器波形

接收换能器波形

图 4.1.5　发射波与接收波

通过测量两换能器发射和接收平面之间的距离和时间,就可以计算出当前介质中的声波传播速度.

(3) 共振干涉法(驻波法)测量原理.将接收换能器与发射换能器正对,改变接收换能器的位置,可以从示波器上看到接收换能器感应到的信号的幅值随着位置的变化而变化.当间距为四分之一波长的偶数倍(即半波长的整数倍)时,刚好满足驻波的形成条件,声波在两个换能器间来回反射时,反射波刚好与新产生的声波干涉相长,此时感应到的信号幅值极大,且满足条件时距离越近,幅值越大(激光器的共振腔也是这个原理). 相反,当换能器间距为四分之一波长的奇数倍时,感应到的信号的幅值极小.

如果改变接收换能器与发射换能器的距离,就可以从示波器上观察到随着接收换能器位置不同,接收端感应到的信号幅值也不同的现象.

若从感应到信号的第 n 个幅值极大点变化到第 $n+1$ 个幅值极大点时,接收换能器移动距离为 ΔL,则 $\Delta L = \dfrac{\lambda}{2}$,连续多次测量相隔半波长的接收换能器位置变化,可得超声波的波长,再记录下此时超声波的频率 f,即可算出声速.

(4) 相位比较法(行波法)测量原理.由于声波源点的振动和接收点的振动是同频率的,所以二者相位差为

$$\varphi = \frac{2\pi L}{\lambda} = \frac{2\pi f L}{u} \tag{4.1.5}$$

将两个信号分别输入示波器的 X 端、Y 端,在示波器显示屏显示出相互垂直的两个同频率振动合成的轨迹——频率为 1∶1 的李萨如图形.

根据式(4.1.5)可得

$$\Delta \varphi = \frac{2\pi f}{u} \Delta L \tag{4.1.6}$$

当 f、u 确定时,φ 随着 L 的变化而变化,显示屏上的图形也依次变化(如图 4.1.6 所示),当 $\Delta \varphi = 2\pi$ 时,图像恢复到开始时的形状,记录此过程中的 ΔL 值,则

$$u = f \Delta L \tag{4.1.7}$$

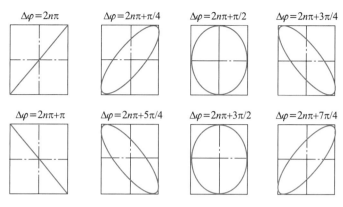

图 4.1.6　频率为 1∶1 的李萨如图形

五、基本实验内容与步骤

1. 时差法测声速

由发射换能器发送脉冲信号,接收换能器选择不同位置接收脉冲信号,根据不同位置接收到信号与原信号的时间差计算声波传播速度.

（1）多普勒综合测试仪进入时差法测声速选项,并将其发射功率和接收灵敏度均调至最大（两旋钮均顺时针旋到头）.

（2）调节测试台滚花帽（图 4.1.7）,将接收换能器调到 12 cm 处,记录接收换能器接收到的脉冲信号与原信号时间差.

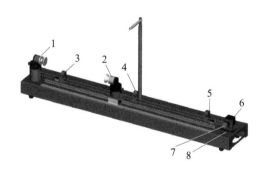

1—发射换能器;2—接收换能器;3—左限位保护光电门;4—测速光电门;
5—右限位保护光电门;6—步进电机;7—滚花帽;8—复位开关

图 4.1.7　测试台结构示意图

（3）将接收换能器分别调至 12 cm,13 cm,…,19 cm 处,分别记录各位置时间差.（如在调节过程中出现时间显示不稳定,则选择重新稳定区域进行测量.）

（4）使用作图法计算声速（x 为自变量）.

2. 多普勒瞬时法测声速

发射换能器发射频率与接收换能器谐振频率相同的超声波正弦信号,接收换能器以固定速度（±0.450 m/s）经过测速光电门,根据其经过光电门时的速度及在运动过程中接收到的信号频率的变化计算空气中的声速.

（1）多普勒综合测试仪从主菜单进入多普勒效应实验.

（2）将接收换能器调到约 75 cm 处，在设置源频率选项中改变发射换能器发出的超声波信号频率，直到接收换能器感应信号的幅值达到最大（谐振状态），记录该谐振频率.

（3）返回多普勒效应菜单，点击瞬时测量.

（4）按下智能运动控制系统的"Set"键，进入速度调节状态，然后按"Up"键直至速度调节到 0.450 m/s.

（5）按"Set"键确认，再按"Run/Stop"键使接收换能器运动.

（6）记录"测量频率"及"运动速度"，返回选项菜单，重新进入瞬时测量选项，按"Dir"键改变运动方向，再次测量.

（7）根据测量到的正反向速度及频率计算声速，要求写出不确定度、计算过程及最终结果表达式.

（8）记录实验室的室温，计算相应声速理论值 $u_0 = 331.45\sqrt{1+\dfrac{t}{273.16}}$（SI 单位）. 不要求计算不确定度.

3. 利用已知声速测物体移动速度

发射换能器发射与接收换能器谐振频率相同的超声波正弦信号，接收换能器在导轨上往复运动，以固定时间间隔（50 ms）测量接收到的信号的频率变化，代入由瞬时法所得的声速，计算接收换能器运动速度.

（1）从主菜单进入变速运动实验，将采样步距改为 50 ms.

（2）长按智能运动控制系统的"Set"键，使其进入"ACC1"变速运动模式，再按"Run/Stop"键使接收换能器变速运动.

（3）点击"开始测量"，由系统记录接收到的信号的频率（如半分钟后曲线仍未出现，则需重新调节谐振频率），再按"Run/Stop"键停止变速运动.

（4）点击"数据"观察实验数据. 根据频率变化及由瞬时法所得的声速，计算接收换能器的极限运行速度. 要求写出不确定度、计算过程及最终结果表达式.

六、拓展实验内容

1. 共振干涉法（驻波法）测声速

发射换能器发射与接收换能器谐振频率相同的超声波正弦信号，改变接收换能器位置，当换能器间距为半波长整数倍时，接收端感应的信号的幅值最大（详见二维码中的附录）.

自拟实验步骤及数据表格，计算声速.

2. 相位比较法（行波法）测声速

发射换能器发射与接收换能器共振频率相同的超声波正弦信号，示波器选择"X-Y模式"，改变接收换能器位置. 随着接收端接收到的信号的初始相位的变化，接收端与发射端信号在示波器上合成的李萨如图形随之变化.

自拟实验步骤及数据表格,计算声速.

3. 反射法测声速

用反射法测量声速时,反射屏要远离两换能器,调整两换能器之间的距离、两换能器和反射屏之间的夹角 θ 以及垂直距离 L,如图 4.1.8 所示,使数字示波器(双踪,由脉冲波触发)接收到稳定波形;利用数字示波器观察波形,调节示波器使接收波形的某一波头 b_n 的波峰处在一个容易辨识的时间轴位置上,然后向前或向后水平调节反射屏的位置,使之移动 ΔL,记下此时示波器中先前那个波头 b_n 在时间轴上移动的时间 Δt,如图 4.1.9 所示,从而得出声速:

$$u_0 = \frac{\Delta x}{\Delta t} = \frac{2\Delta L}{\Delta t \sin \theta} \tag{4.1.8}$$

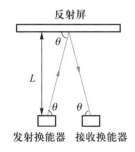

图 4.1.8　反射法测声速

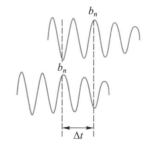

图 4.1.9　接收波形

用数字示波器测量时间同样适用于直射式测量,而且可以使测量范围增大.

自拟实验步骤及数据表格,计算声速.

七、思考题

(1)机械波的波速大小是由哪些因素决定的? 波速大小的参照物是什么?

(2)空气中的声波为什么只能是纵波? 水中的声波呢?

(3)地震时,地震波中的纵波与横波在地壳中的传播速度分别是多少?

(4)产生多普勒现象的条件是什么?

(5)什么是激波(冲击波)? 举例说明.

(6)如果一个观察者围绕一个机械波波源做圆周运动,有没有多普勒效应?

(7)当接收换能器处于 $d \ll L$ 区域时,写出接收换能器端面处声波的声压、动能和弹性势能随时间变化公式.

实验 4.1 数字学习资源

(王茂仁　秦颖　戴忠玲　滕永杰　李小松)

实验 4.2　密立根油滴实验

一、实验背景及应用

　　1907 年到 1913 年,美国著名实验物理学家密立根专心苦研,通过测量微小油滴所携带的电荷量验证了电荷是量子化的(具有不连续性),同时测定了元电荷 $e = 1.592 \times 10^{-19}$ C. 密立根由于在测量电荷过程中卓越的研究方法和精湛的实验技术,获得了 1923 年诺贝尔物理学奖,该实验也被称为"密立根油滴实验".由于实验中使用了不正确的空气黏度,造成了实验结果偏小,这一瑕疵被后来的实验者逐渐修正,随着测量精度的不断提高,目前公认的结果为 $e = 1.602 \times 10^{-19}$ C.

　　密立根油滴实验在物理学发展史上具有重要意义,其实验原理至今仍在物理学研究的前沿发挥着作用,根据这一实验的设计思想改进的磁漂浮方法测量分数电荷的实验,使经典的实验又焕发了青春.油滴实验将微观量测量转化为宏观量测量,这种巧妙设想和精确构思使得测量结果比较精确且稳定.该实验具有极高的启发性,是近代物理学史上非常经典和重要的实验.通过本实验,同学们不仅要学习测量电子电荷的方法,更重要的是学习物理学家严谨的思维方式、求实的科学作风和坚忍不拔的科学精神.

二、实验教学目标

　　(1) 学习密立根油滴实验测定电子电荷的设计思想和方法.
　　(2) 了解密立根油滴仪的结构及工作原理.
　　(3) 验证电荷的不连续性,用平衡法测量电子电荷的大小.

三、实验仪器

　　显微密立根油滴仪、监视器、喷雾器.

四、实验原理

　　密立根油滴实验测定电子电荷的基本设计思想是按照受力平衡时油滴的运动状态将测量方法分为两类:通过油滴分别向上和向下匀速运动的两个平衡态测量油滴电荷量的方法为动态测量法;通过油滴静止和向下匀速运动的两个平衡态测量油滴电荷量的方法为静态测量法.

1. 静态测量法
用喷雾器将油滴喷入油滴仪的两平行极板间,由于摩擦,一般油滴都是带电的.

调节平行极板间的电压使油滴达到静止,此时可知电场力向上且与重力大小相同(图 4.2.1).

$$qE = q\frac{U}{d} = mg \tag{4.2.1}$$

为测定油滴所带电荷量 q,除了应测出极板间电压 U 和极板间距 d 外,还需知油滴质量 m.油滴质量可通过另一平衡态测量:当极板间电压为零时,油滴会受重力作用而加速下降.但空气会对运动的油滴产生黏性阻力 $\boldsymbol{F}_\mathrm{r}$,其方向与速度方向相反,大小与油滴半径和运动速率成正比.因此,油滴会做加速度减小的变加速运动,即油滴下降一小段距离到达某一速度 v_g 后,黏性阻力与重力平衡(空气浮力忽略不计),油滴将匀速下降,如图 4.2.2 所示.由流体力学中的斯托克斯定律可知

$$6\pi R\eta v_\mathrm{g} = mg \tag{4.2.2}$$

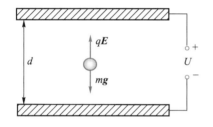
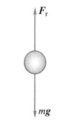

图 4.2.1　油滴在电场中运动与受力示意图　　图 4.2.2　重力场中油滴受力示意图

式中,η 是空气的黏度,R 是油滴的半径(由于表面张力,油滴近乎呈小球状).设油滴的密度为 ρ,则油滴的质量 m 可用下式表示:

$$m = \frac{4}{3}\pi R^3 \rho \tag{4.2.3}$$

将式(4.2.3)代入式(4.2.2),可得油滴的半径(未修正):

$$R = \sqrt{\frac{9\eta v_\mathrm{g}}{2\rho g}} \tag{4.2.4}$$

考虑到油滴(半径约为 10^{-6} m)非常小,空气已不能看成连续介质,空气的黏度应修正为

$$\eta' = \frac{\eta}{1 + \dfrac{b}{pR}} \tag{4.2.5}$$

式中,b 为修正常量;p 为空气压强;R 为未经修正过的油滴半径,由于它在修正项中,所以不必计算得很精确,由式(4.2.4)计算就够了.将式(4.2.4)和式(4.2.5)代入式(4.2.3)得到

$$m = \frac{4}{3}\pi\rho \left(\frac{9\eta v_\mathrm{g}}{2\rho g}\frac{1}{1 + \dfrac{b}{pR}}\right)^{3/2} \tag{4.2.6}$$

实验时油滴匀速下降 l,测出油滴匀速下降的时间 t_g,有

$$v_\mathrm{g} = l/t_\mathrm{g} \tag{4.2.7}$$

将式(4.2.7)和式(4.2.6)代入式(4.2.1)得到

$$q = \frac{18\pi}{\sqrt{2\rho g}} \frac{d}{U} \left[\frac{\eta l}{t_g \left(1 + \dfrac{b}{pR} \right)} \right]^{3/2} \tag{4.2.8}$$

此为静态法测油滴电荷量的公式.

2. 动态测量法

设电场力 $q\boldsymbol{E}$ 与重力 $m\boldsymbol{g}$ 方向相反.当油滴受电场力作用而加速上升时,由于空气黏性阻力的作用,油滴上升了一小段距离到达某一速度 $\boldsymbol{v}_e$ 后,油滴所受的空气黏性阻力、重力与电场力达到平衡(空气浮力忽略不计),如图 4.2.3 所示.

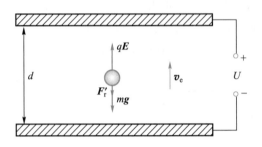

图 4.2.3   油滴在电场中运动与受力示意图

则油滴将匀速上升,此时有

$$qE = 6\pi R\eta\, v_e + mg \tag{4.2.9}$$

由式(4.2.2)和式(4.2.9)可解出

$$q = mg\, \frac{d}{U}\, \frac{v_g + v_e}{v_g} \tag{4.2.10}$$

实验时如果油滴匀速下降和匀速上升的距离相等,都设为 l,测出油滴匀速下降的时间为 t_g,匀速上升的时间为 t_e,则

$$v_g = l/t_g, \quad v_e = l/t_e \tag{4.2.11}$$

将式(4.2.6)和式(4.2.11)代入式(4.2.10),并令

$$K = \frac{18\pi d}{\sqrt{2\rho g}} \left(\frac{\eta l}{1 + \dfrac{b}{pR}} \right)^{3/2}$$

得

$$q = \frac{K}{U} \left(\frac{1}{t_g} + \frac{1}{t_e} \right) \left(\frac{1}{t_g} \right)^{1/2} \tag{4.2.12}$$

此为动态法测油滴电荷量的公式.

五、基本实验内容与步骤

1. 实验仪器介绍

显微密立根油滴仪主要由油滴盒、油滴照明装置、调平系统、CCD(电荷耦合器件)电

视测量显微镜、电路箱、喷雾器等组成,其装置如图 4.2.4 所示.其中油滴盒是由两块经过精磨的金属板中间垫以胶木圆环构成的平行板电容器.上电极板上方有一个可以拨动的压簧,只要将压簧拨到旁边,即可取出上电极板.在上电极板中心有一个油雾孔,在胶木圆环上开有显微镜观察孔、照明孔.

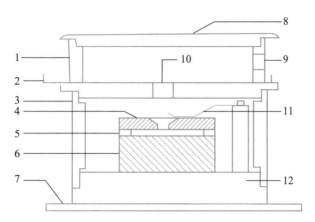

1—油雾杯;2—油雾孔开关;3—防风罩;4—上电极板;5—油滴盒;6—下电极板;7—座架;
8—上盖板;9—喷雾口;10—油雾孔;11—上电极板压簧;12—油滴盒基座

图 4.2.4　油滴实验装置图

在油滴盒外套有防风罩,罩上放置一个可取下的油雾杯,杯底中心有一个落油孔及用来开关落油孔的挡片.

显微密立根油滴仪的标准分划板是 10×3 结构,每格对应视场的实际距离为 0.2 mm.

2. 仪器调节

调节仪器底座上的调平手轮,使水平泡指示水平.

3. 练习测量

(1) 练习控制油滴.打开监视器和油滴仪的电源,连续按下确认键,直至在监视器上显示出标准分划板刻度线.将定时器置为"结束",工作状态置为"工作",平衡、提升键置为"平衡",两极板间电压调至 400 V 以上,喷入油雾,此时监视器中出现大量运动的油滴,找到上升较慢的油滴,然后迅速降低电压,使之达到静止状态,仔细调节显微镜焦距使油滴清晰明亮.

平衡电压的确认:仔细调整平衡电压使油滴平衡在某一格线上,等待一段时间,观察油滴是否漂离格线,若其向同一方向漂动,则需重新调整;若其基本稳定在格线上或只在格线上下做轻微的布朗运动,则可以认为其基本达到了力学平衡.

(2) 练习选择油滴.选择一颗大小和带电荷量合适的油滴十分重要,大的油滴下降速度太快,不容易测准确;太小的油滴受布朗运动的影响明显,测量时涨落较大,也不容易测准确. 因此应该选择大小适中而带电不多的油滴.建议选择平衡电压在 150~400 V 之间、下落时间在 20~30 s (当下落距离为 1.6 mm 时)之间的油滴进行测量.

(3) 练习测量油滴运动的时间.将平衡、提升按键置于"提升"(此时两极板间电压将在原平衡电压的基础上再增加 200 V),将已经调平衡的油滴移到"起跑"线上面一段距离

(如 0.2 mm)后,将该按键置于"平衡",然后将工作状态按键置于"0 V",此时上下极板同时接地,电场力为零,油滴下落.当油滴下落到有 0 标记的格线时,立刻按下计时开始键,待油滴下落至有距离标志(如 1.6 mm)的格线时,按下计时结束键.工作按键自动切换至"工作"(平衡、提升按键置于"平衡"),此时油滴将停止下落,可以通过确认键将此次测量的数据记录到屏幕上.

4. 正式测量

静态测量法:静态测量法要测量的量有两个,一个是平衡电压 U,另一个是油滴匀速下降一段距离 l 所需的时间 t_g.平衡电压 U 和时间 t_g 均可从监视器上读出.

动态测量法:动态测量法要分别测出加电压 U 时油滴上升一段距离 l 所需要的时间 t_e,以及不加电压时油滴匀速下降相同的距离 l 所需要的时间 t_g.

对同一颗油滴重复测量 5 次,选择不同的 5 颗油滴进行测量,以验证不同油滴所携带的电荷量大小是否都是元电荷(电子电荷的绝对值)的整数倍.

注意:

(1)喷油时喷雾器的喷头不要深入落油孔内,以防止大颗粒油滴堵塞落油孔.每次实验完毕后应及时揩擦上电极板及油雾室内的积油.

(2)抓住油滴后应进行显微镜调焦,对选定的油滴跟踪测量时,如油滴的像变得模糊,则应随时对显微镜微调.

(3)平板电极进油孔很小,切勿喷油过多,更不得将油雾室去掉,对准进油孔直接喷油,以免堵塞进油孔.

(4)不得随意打开油滴盒.

(5)喷雾器的喷油嘴系玻璃制品,严防损坏.

(6)若电极水平调整不好,则油滴会前后漂移,直至漂出视场.

六、拓展实验内容

(1)密立根油滴实验需要大量的观测数据来验证电荷的不连续性,最直观的方法是找出油滴的电荷量分布,给出电荷分布的离散化现象,依据静态法的测量数据或密立根论文(Millikan R A.On the Elementary Electric Charge and the Avagadro Constant[J].Physical Review,1913,2(2):793-796.)中的数据,给出油滴电荷量关于平衡电压的离散图,验证电荷的"量子化"现象.

(2)依据动态法测量油滴电荷量的原理,设计实验方案并进行实验测量,画出数据表格并进行数据处理.掌握油滴下降时间和上升时间对实验参量的依赖关系,理解动态法中外加电压和静态法中平衡电压的区别.对比并分析两种测量方法的误差及其产生的原因.

七、思考题

(1)对油滴进行跟踪测量时,有时油滴逐渐变得模糊,这是为什么?应如何避免在测量过程中丢失油滴?(如何判断油滴盒内平行极板是否水平?平行极板不水平对实验结果有何影响?)

(2)若油滴平衡调整不好,对实验结果有何影响?为什么每测量一次 t_g 后均要对油滴进行一次平衡调整?

(3)用 CCD(电荷耦合器件)成像系统观测油滴比直接从显微镜中观测有何优点?

(4)静态测量法中如何保证油滴在测量范围内做匀速运动?

(5)如何用动态法测量油滴所带电荷量?

实验 4.2 数字学习资源

(刘渊　李建东　魏来　秦颖)

实验 4.3　弗兰克-赫兹实验

一、实验背景及应用

1913 年,丹麦物理学家玻尔(N. Bohr)发表了氢原子模型理论,提出原子内部存在稳定的量子态,认为电子在量子态之间跃迁时伴随着电磁波的吸收或发射.玻尔的原子模型理论指出,原子是由原子核和以核为中心沿各种不同轨道运动的一些电子构成的.原子状态的改变通常在两种情况下发生,一是原子吸收或发射电磁辐射,光谱实验就是根据电磁波发射或吸收的分立特征,证明了量子态的存在;二是原子与其他粒子发生碰撞而交换能量.1914 年,德国物理学家弗兰克(J.Franck)和赫兹(G.Hertz)进行了电子轰击原子的实验,证明了原子内部能量确实是量子化的,这为玻尔理论提供了重要实验依据.

弗兰克和赫兹(图 4.3.1)最初用慢电子穿过稀薄的汞蒸气,测定了汞原子的第一激发电位,简单而巧妙地证明了原子分立能态的存在.后来他们又观测了实验中被激发的原子回到正常态时所辐射的光,发现测出的辐射光频率很好地满足了玻尔理论.弗兰克-赫兹实验在原子物理学发展史中占有重要的地位,它采用了与光谱研究相独立的方法,从另一个角度为玻尔理论提供了直接证据,证实了原子体系量子态的存在.因此,弗兰克与赫兹共同获得了 1925 年诺贝尔物理学奖.

弗兰克,1882 年出生于德国汉堡,毕业于柏林大学,早期任德国哥廷根大学物理系主任兼物理学教

图 4.3.1　弗兰克(左)和赫兹(右)

授.在美国曼哈顿计划期间,弗兰克与同在芝加哥大学的著名物理学家费米、康普顿等人一起建立了人类第一台核反应堆.弗兰克一生为原子物理和量子论的发展做出了重要贡献,疾病、战争以及种族压迫都不能消减他对物理实验的热情.不仅如此,在二战时期弗兰克对核武器使用的谨慎态度也尽显他对生命的敬畏,而针对核技术对社会潜在影响的判断也体现了他对科学与人类社会关系的高瞻远瞩.

二、实验教学目标

(1)测量氩原子的第一激发电位.
(2)证实原子能级的存在,加深对原子结构的理解.
(3)了解在微观世界中,电子与原子的碰撞概率.

三、实验仪器

DH4507 智能型弗兰克−赫兹实验仪、BY4320G 型示波器.

四、实验原理

如图 4.3.2 所示,K 为阴极,G_1、G_2 分别为第一、第二栅极.K−G_1−G_2 之间加正向电压,为电子提供能量.U_{G_1K} 的作用主要是消除空间电荷对阴极电子发射的影响,提高发射效率.G_2−A 之间加反向电压,形成拒斥电场.电子从 K 发出,在 K−G_2 区间获得能量,在 G_2−A 区间

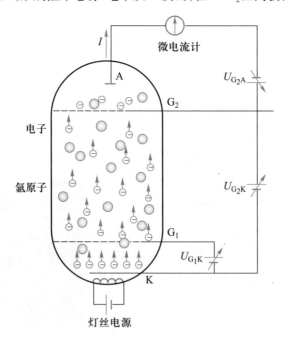

图 4.3.2　弗兰克−赫兹实验原理图

损失能量. 如果电子进入 G_2-A 区域时的动能大于等于 eU_{G_2A}, 电子就能到达板极 A 形成板极电流 I. 电子在不同区间的变化情况如下:

(1) 在 K-G_1 区间, 电子迅速被电场加速而获得能量.

(2) 在 G_1-G_2 区间, 电子继续从电场获得能量并不断与氩原子碰撞. 当其能量小于氩原子第一激发态与基态的能级差 $\Delta E = E_2 - E_1$ 时, 氩原子基本不吸收电子的能量, 碰撞属于弹性碰撞. 当电子的能量大于等于 ΔE 时, 这部分能量可能在碰撞中被氩原子吸收, 这时碰撞属于非弹性碰撞. 这个 ΔE 称为临界能量.

(3) 在 G_2-A 区间, 电子受阻, 被拒斥电场吸收能量. 若电子进入此区间时的能量小于 eU_{G_2K} 则电子不能达到板极. 由此可见, 若 $eU_{G_2K} < \Delta E$, 则电子带着 eU_{G_2K} 的能量进入 G_2-A 区域. 随着 U_{G_2K} 的增加, 板极电流 I 增加 (如图 4.3.3 中 Oa 段).

若 $eU_{G_2K} = \Delta E$, 则电子在达到 G_2 处达到临界能量, 不过它立即开始消耗能量. 继续增大 U_{G_2K}, 电子能量被吸收的概率逐渐增加, 板极电流逐渐下降 (如图 4.3.3 中 ab 段). 进一步增大 U_{G_2K}, 电子碰撞后的剩余能量也增加, 到达板极的电子又会逐渐增多 (如图 4.3.3 中 bc 段).

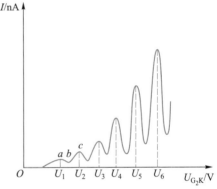

若 $eU_{G_2K} > n\Delta E$, 则电子在进入 G_2-A 区域之前可能被氩原子碰撞 n 次而损失能量. 板极电流 I 随加速电压 U_{G_2K} 的变化曲线就形成 n 个峰值, 如图 4.3.3 所示. 相邻峰值之间的电位差 ΔU 称为氩原子的第一激发电位. 氩原子第一激发态 (E_m) 与基态 (E_n) 间的能级差为

$$\Delta E = |E_m - E_n| = e\Delta U \qquad (4.3.1)$$

图 4.3.3　弗兰克–赫兹实验 I-U_{G_2K} 曲线

I-U_{G_2K} 曲线中板极电流 I 的下降并不十分陡峭, 其峰值展示出一定的宽度, 这是因为从阴极 K 发出的电子的初始能量并非完全一样, 其服从一定的统计规律. 另外, 由于电子与原子碰撞有一定的概率, 当大部分电子恰好在栅极 G_2 前使氩原子激发而损失能量时, 会有一些电子逃逸碰撞而直接到达板极 A, 因此板极电流 I 并不降到零.

五、基本实验内容与步骤

(1) 将面板上的四对接线插孔 (灯丝电压, 第一栅压 U_{G_1K}, 第二栅压 U_{G_2K}, 拒斥电压 U_{G_2A}) 与电子管测试架上的相应插孔用专用接线连好. 将仪器的"电流输入"与测试架上的接线端子"I"相连接. 将仪器的"电流输出"与示波器的"CH1 输入 (X)"相连; 仪器的"同步输出"与示波器的"CH2 输入 (Y)"相连.

注意: 各对插线应一一对号入座, 切不可插错! 否则会损坏电子管或仪器 (灯丝电压极性不限).

(2) 打开仪器电源和示波器电源.

(3) 将"自动/手动"键置于"手动"状态.

（4）按电子管测试架铭牌上给出的灯丝电压、第一栅压 U_{G_1K}、拒斥电压 U_{G_2A} 预置相应电压值，并预置 U_{G_2K} 初始值为 0 V.

（5）仪器预热 10 min.将"自动/手动"键置于"自动"状态，开始自动测量，同时注意观察示波器上显示的曲线是否有 6 个峰值.

（6）观测到示波器曲线正常后，将"自动/手动"键置于"手动"状态.

（7）用手动方式增加 U_{G_2K} 值，同时观察电流 I 的变化，先进行一次粗略和全面的观察，要求在这一过程中先粗测 6 个峰值电流 I 对应的 U_{G_2K}.

（8）改变第二栅压，从 0 V 开始到 82 V 结束，要求每改变 1 V 记录相应的 I 和 U_{G_2K}.

注意：在曲线峰值附近多记录一些数据，建议每隔 0.2 V 记录一组数据，至少 10 组.

（9）实验结束后，将各组电压降为 0 V，关闭仪器电源，确保实验仪器回到初始状态.

六、拓展实验内容

通过分别改变灯丝电压、第一栅压、拒斥电压，观察板极电流随第二栅压增加而变化的规律，加深对最佳工作电压选择的理解，并根据实验原理给出合理的物理解释.

七、思考题

（1）I-U_{G_2K} 曲线电流下降并不十分陡峭，主要原因是什么？

（2）I 的谷值并不为零，而且谷值依次沿 U_{G_2K} 轴升高，如何解释？

（3）第一峰值所对应的电压是否等于第一激发电位？原因是什么？

（4）写出氩原子第一激发态与基态的能级差.

实验 4.3 数字学习资源

（海然   姚志   王真厚   秦颖）

实验 4.4　液晶电光效应实验

一、实验背景及应用

液晶是介于液体与晶体之间的一种物质状态.一般的液体内部分子排列是无序的，而液晶除了具有液体的流动性之外，其分子又按一定规律有序排列，呈现晶体的各向异性.当光通过液晶时，会产生偏振面旋转和双折射效应等.液晶分子是含有极性基团的极性分子,在电场作用下,偶极子会按电场方向取向,导致分子原有的排列方式发生变化,液晶的光学性质也随之发生改变,这种因外电场引起的液晶光学性质的改变称为液晶的电光效应.

1888 年,奥地利植物学家莱尼茨尔(Reinitzer)在做有机物溶解实验时,在一定的温度范围内观察到液晶.1961 年,美国无线电公司的海美尔(Heimeier)发现了液晶的一系列电光效应,并制成了显示器件.20 世纪 70 年代起,研究人员将液晶与集成电路技术结合,制成了一系列液晶显示器件.液晶显示器由于具有驱动电压低(一般为几伏)、功耗极小、体积小、寿命长、环保、无辐射等优点,在光导液晶光阀、光调制器、传感器等领域具有广泛应用.

二、实验教学目标

(1) 研究液晶光开关的电光特性,求得液晶的阈值电压和关断电压.
(2) 研究液晶光开关的视角特性,获得最佳视角范围.
(3) 了解液晶光开关构成图像矩阵的方法,从而了解一般液晶显示器件的工作原理.

三、实验仪器

液晶光开关电光特性综合实验仪、示波器等.

四、实验原理

1. 液晶光开关的工作原理

液晶的种类很多,下面仅以常用的 TN(扭曲向列)型液晶为例,说明其工作原理.

TN 型液晶光开关的结构如图 4.4.1 所示.在两块玻璃板之间夹有正性向列相液晶,液晶分子的形状如同火柴一样,为棍状.棍的长度为十几 Å(1 Å = 10^{-10} m),直径为 4~6 Å,液晶层厚度一般为 5~8 μm.玻璃板的内表面涂有透明电极,电极的表面预先做了定向处理(通常在玻璃表面涂一层聚酰亚胺有机高分子薄膜,再用绒布类材料高速摩擦进行取向),这样,液晶分子在透明电极表面就会"躺倒"在摩擦所形成的微沟槽里;电极表面的液晶分子按一定方向排列,且上下电极上的定向方向相互垂直.上下电极之间的那些液晶分子因范德瓦耳斯力的作用,趋向于平行排列.然而由于上下电极上液晶的定向方向相互垂直,所以从俯视方向看,液晶分子的排列从上电极的沿−45°方向排列逐步地、均匀地扭曲到下电极的沿+45°方向排列,整个扭曲了 90°,如图 4.4.1 左图所示.

理论和实验都证明,上述均匀扭曲排列起来的结构具有光波导的性质,即偏振光从上电极表面透过扭曲排列起来的液晶传播到下电极表面时,偏振方向会旋转 90°.

取两张偏振片贴在玻璃的两面,P_1 的透光轴与上电极的定向方向相同,P_2 的透光轴与下电极的定向方向相同,于是 P_1 和 P_2 的透光轴相互正交.

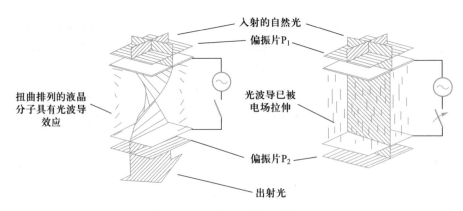

图 4.4.1   液晶光开关的工作原理

在未加驱动电压的情况下,来自光源的自然光经过偏振片 P_1 后只剩下平行于透光轴的线偏振光,该线偏振光到达输出面时,其偏振面旋转了 90°.这时光的偏振面与 P_2 的透光轴平行,因而有光通过.

在施加足够电压的情况下(一般为 1~2 V),并且在静电场的作用下,除了基片附近的液晶分子被基片"锚定"以外,其他液晶分子趋于平行于电场方向排列.于是原来的扭曲结构被破坏,形成均匀结构,如图 4.4.1 右图所示.从 P_1 透射出来的偏振光的偏振方向在液晶中传播时不再旋转,偏振光保持原来的偏振方向到达下电极.这时光的偏振方向与 P_2 的透光轴正交,因而光被关断.

由于上述光开关在没有电场的情况下让光透过,在加上电场的时候光被关断,因此称为常通型光开关,又称为常白模式.若 P_1 和 P_2 的透光轴相互平行,则构成常黑模式.

2. 液晶光开关的电光特性

图 4.4.2 为常白模式下,光线垂直液晶面入射液晶时,相对透过率(不加电场时的透过率为 100%)与外加电压的关系.

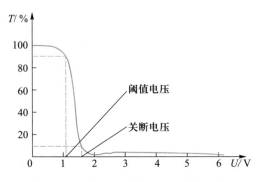

图 4.4.2   液晶光开关的电光特性曲线

由图 4.4.2 可见,对于常白模式的液晶,其透过率随外加电压的升高而逐渐降低,在一定电压下达到最低点,此后略有变化.可以根据此电光特性曲线得出液晶的阈值电压和关断电压.

阈值电压:透过率为 90% 时的驱动电压.

关断电压:透过率为 10% 时的驱动电压.

液晶的电光特性曲线越陡,即阈值电压与关断电压的差值越小,由液晶开关单元构成的显示器件允许的驱动路数就越多.TN 型液晶最多允许 16 路驱动,故常用于数码显示.

3. 液晶光开关的视角特性

液晶光开关的视角特性表示对比度与视角的关系.液晶的对比度定义为在光开关打

开和关断时透射光强度之比,对比度大于 5 时,可以获得满意的图像;对比度若小于 2,图像就模糊不清了.液晶的对比度与垂直和水平视角都有关,而且具有非对称性.

4. 液晶光开关构成图像显示矩阵的方法

矩阵显示方式是把图 4.4.3(a)所示的横条形状的透明电极做在一块玻璃片上,而把竖条形状的透明电极做在另一块玻璃片上,然后把这两块玻璃片面对面组合起来,把液晶灌注在这两片玻璃之间构成液晶盒.为了使画面简洁,通常将横条形状和竖条形状的透明电极抽象为横线和竖线,如图 4.4.3(b)所示.

矩阵式显示器的工作方式为扫描方式.显示原理可依以下的简化说明进行介绍.

欲显示图 4.4.3(b)的那些有方块的像素,首先在第 A 行加上高电平,其余行加上低电平,同时在列电极的对应电极 c、d 上加上低电平,于是 A 行的那些带有方块的像素就被显示出来了.然后是第 B 行、第 C 行、第 D 行……以此类推,最后显示出一整场的图像.这种工作方式称为扫描方式.

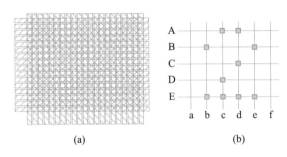

(a)　　　　　　　　　(b)

图 4.4.3　液晶光开关组成的矩阵式图形显示器

5. 液晶光开关的时间响应特性

加上(或去掉)驱动电压能使液晶的开关状态发生改变,这是因为液晶的分子排序发生了改变,这种重新排序需要一定时间,反映在时间响应曲线上,用上升时间 t_r 和下降时间 t_d 描述.给液晶开关加上一个如图 4.4.4 上图所示的周期性变化电压,就可以得到液晶的时间响应曲线,上升时间和下降时间如图 4.4.4 下图所示.

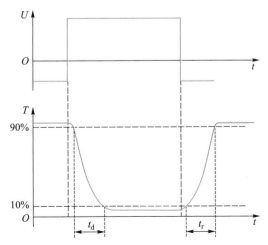

图 4.4.4　液晶光开关驱动电压和时间响应图

上升时间：透过率由 10% 升到 90% 所需时间.

下降时间：透过率由 90% 降到 10% 所需时间.

液晶的响应时间越短，显示动态图像的效果就越好，液晶响应时间通常以毫秒(ms)为单位.目前，液晶响应时间已由最初的 40 ms 降到 8 ms 以下，某些高端产品响应时间甚至为 5 ms、4 ms、2 ms 等.响应时间的不断缩小，体现了液晶显示器性能的不断提高.

五、基本实验内容与步骤

1. 准备工作

(1) 熟悉实验仪器.本实验所用仪器为液晶光开关电光特性综合实验仪，其外部结构如图 4.4.5 所示.

(2) 调整仪器初始工作状态.在静态模式、液晶转盘角度为 0°、供电电压为 0.00 V 条件下，调节发射器和接收器角度，使透过率显示值最大，确保二者正对.按住透过率校准按键 3 s 以上，透过率可校准为 100%.(若供电电压不为 0.00 V，或显示小于"250"，则该按键无效.)

2. 液晶光开关电光特性测量

(1) 将模式转换开关置于静态模式.首先将透过率显示调到 100%，然后再进行实验.

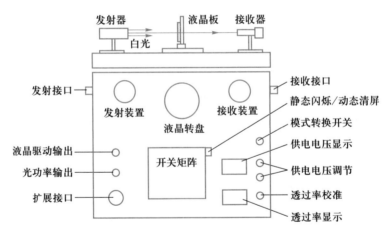

图 4.4.5   液晶光开关电光特性综合实验仪示意图

(2) 调节供电电压调节按键，按表 4.4.1 的数据改变电压，使电压值从 0.00 V 到 5.00 V 变化，记录相应电压下的透过率数值.

表 4.4.1   液晶光开关电光特性测量

电压/V		0.00	0.50	0.80	1.00	1.10	1.20	1.40	1.60	1.70	1.80	1.90	2.00	3.00	4.00	5.00
透过率/%	1															
	2															
	3															
	平均															

（3）将供电电压重新调回 0.00 V（此时若透过率不为 100%，则需重新校准）.

（4）重复测量 3 次并计算相应电压下透过率的平均值.

3. 液晶光开关视角特性测量

（1）将模式转换开关置于静态模式.首先将透过率显示调到 100%，然后再进行实验.

（2）确认当前液晶板以垂直方向插入插槽.

（3）将供电电压置于 0.00 V，按照表 4.4.2 所列的角度（每隔 5°）调节液晶板与入射光的角度，记录在每一角度时的光强透过率 T_{max}.

（4）将液晶转盘保持在 0°位置，调节供电电压为 2.00 V.在该电压下，再次调节液晶板角度，记录在每一角度时的光强透过率 T_{min}.

表 4.4.2　液晶光开关视角特性测量

角度/(°)		−75	−70	⋯	−10	−5	0	5	10	⋯	70	75
垂直方向视角特性	T_{max}(0.00 V)											
	T_{min}(2.00 V)											
	T_{max}/T_{min}											

4. 液晶显示器显示原理实验

（1）将模式转换开关置于动态（图像显示）模式.液晶转盘转角逆时针转到 80°~90°，液晶供电电压调到 5.00 V 左右.

（2）按动开关矩阵面板上的按键，改变相应液晶像素的通断状态，观察由暗像素（或亮像素）组合成的字符或图像，体会液晶显示器件的成像原理.

（3）组成一个字符或文字后，可由"静态闪烁/动态清屏"按键清除显示屏上的图像.

（4）实验完成后，关闭电源开关.

5. 液晶光开关时间响应特性测量

（1）将实验仪主机上的"液晶驱动输出"和"光功率输出"分别连接到示波器的两个通道上.

（2）打开实验仪和示波器，将实验仪置于静态模式，转角为 0°，供电电压为 0.00 V，并将透过率校准为 100%.然后将供电电压调到 2.00 V，按动"静态闪烁/动态清屏"按键，使实验仪处于静态、闪烁状态.将示波器的两个通道都置于"直流耦合"挡位，触发方式设置为"普通".

（3）调节示波器上的幅度调节旋钮（垂直 SCALE）和周期旋钮（水平 SCALE），使得示波器上出现较好的波形.观察液晶驱动电压波形和时间响应波形.

（4）调节示波器上的幅度调节旋钮（垂直 SCALE），使得液晶时间响应波形在垂直方向占 5 个大格即可.注意：按动该幅度调节旋钮可进行粗调和细调切换.

（5）在波形最佳情况下，分别记录透过率从 10% 到 90% 和从 90% 到 10% 之间水平方向格子数，由此即可算出上升时间和下降时间.

（6）根据示波器上显示的波形，读出不同时间下的透过率和驱动电压值，记录数据，由此即可作出液晶的时间响应曲线和驱动电压曲线.（在进行读数时，可将暂不观察的另一通道断开，以方便读数.）

注意：

（1）禁止用光束照射他人眼睛或直视光束，以防灼伤眼睛.

（2）做液晶光开关电光特性测量时，需选择静态模式，透过率显示大于"250"时，按住透过率校准按键 3 s 以上，透过率可校准为 100%.若供电电压不为 0.00 V，或透过率显示小于"250"，则该按键无效.

（3）测量数据前，必须调节光源和接收器的角度，使二者正对，以保证接收光强达到最大，否则测量的结果没有任何意义.

（4）测量视角特性时，只能转动液晶板下的底座，绝不允许扭转液晶板.

六、拓展实验内容

液晶除用于制作显示器外，还有哪些应用领域？

七、思考题

（1）什么是常白模式？什么是常黑模式？

（2）何谓阈值电压与关断电压？它们的关系如何？

（3）什么是液晶的对比度？为获得高质量图像，对液晶的对比度有何要求？

实验 4.4 数字学习资源

（王明娥　王茂仁　秦颖）

实验 4.5　用超声光栅测定液体中的声速

一、实验背景及应用

超声波是频率在 20 000 Hz 以上的声波，在介质中传播时同样遵循反射、折射、衍射、散射等规律.超声技术是一种以多学科为基础的通用技术，针对超声波在产生、传播和接收整个物理过程中各个阶段所展现的独特的特性，普遍应用在科研、生产等领域，与我们的日常生活息息相关.例如，医生可以根据超声波在人体内部折射、反射后的衰减程度，以及回收信号的波形等,来判断器官的病变情况.另外,目前医疗领域利用超声波的热效应和机械效应实施外科手术已经成为现实,其原理是将无害的低能超声波精确聚焦到患病处,焦点处瞬间产生高温并使病变细胞凝固坏死,从而达到治疗效果.在军事领域,可以利用超声波探测军事目标以及制造超声武器.此外,超声波还可以用于清洁,比如珠宝首饰、光学镜片的清洗.本实验的原理就是基于超声波在液体中传播所产生的一种声光效应.

声光效应是指光波通过受到超声波扰动的介质时发生衍射的现象,这种现象是光波与介质中声波相互作用的结果.由于超声波调制了液体的密度,原本均匀透明的液体变成了折射率周期变化的"超声光栅",所以当光束穿过液体时,就会产生衍射现象,由此可以准确测量声波在液体中的传播速度.

1921 年,布里渊预言液体中的高频声波能使可见光产生衍射效应.10 年后,德拜和西尔斯以及卢卡斯和毕伽分别观察到了声光衍射现象.20 世纪 60 年代后,随着激光技术的出现以及超声技术的发展,声光效应得到了广泛的应用,如制成声光调制器和偏转器,可以快速而有效地控制激光束的频率、强度和方向.目前,声光效应在激光技术、光信号处理和集成通信技术等方面有着非常重要的应用.

二、实验教学目标

（1）了解超声致光衍射原理.
（2）用超声光栅测量液体中的声速.

三、实验仪器

实验仪器整体如图 4.5.1 所示.

1—FD-UG-A 型超声光栅实验仪,即高频功率信号源.

2—超声光栅:包括定制尺寸的液槽以及超声换能器.产生超声波的常见方法有压电效应方法、磁致伸缩效应方法、静电效应方法等,这些方法能够有效实现超声波能量与其他形式能量的相互转化,这类器件称为换能器.本实验采用压电陶瓷换能器,关键部件是具有压电效应的压电陶瓷,通常是由锆钛酸铅(PZT)材料做成的,其工作原理是将高频电信号加在压电陶瓷上,则会产生高频的机械振动,即超声波信号.

3—低压钠灯:平均波长为 589.3 nm.

4—光狭缝:宽度可由侧方螺丝调节.

5、6—光学透镜.

7—测微目镜:其主尺刻度在镜头内读出,量程为 0~8 mm(图 4.5.2 和图 4.5.3).

8—白屏.

9—平面镜.

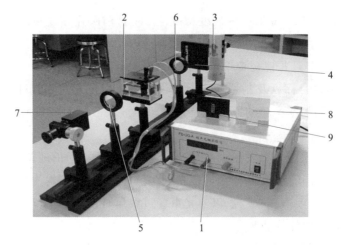

图 4.5.1   实验仪器整体实物图

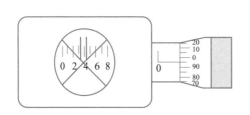

图 4.5.2   测微目镜示意图

图 4.5.3   测微目镜实物图

四、实验原理

　　压电陶瓷片在高频信号源所产生的交变电场的作用下,发生周期性的压缩和伸长振动,该振动信号(超声波)在液体中传播.超声波作为一种机械波,同样遵守反射、折射、衍射、散射等传播规律,在液体中传播时分为行波和驻波两种形式.当一束平面超声行波在液体中传播时,其声压使液体分子受到周期性扰动,液体的局部就会产生周期性的压缩与膨胀,使液体的密度在波传播方向上发生周期性的变化,形成所谓疏密波.液体密度的周期性变化,必然导致液体的折射率也做相应变化.若有平行光沿垂直于超声波传播方向通过该液体,则由于光的传播速度远大于声速,声光介质可以近似看成相对静止的平面相位光栅,将产生光的衍射现象.以上超声场在液体中形成的密度分布层次结构是以行波形式运动的,若在实验中使超声波在有限尺寸的液池内传播,则超声波遇到池壁会被反射并与入射波叠加,形成稳定的驻波,驻波振幅可以达到行波振幅的两倍,从而加剧液体疏密变化的程度,更有利于对衍射现象的稳定观察.

实验光路采用夫琅禾费衍射光路形式,如图 4.5.4 所示,图中 S 为光源狭缝,L_1、L_2 为凸透镜.

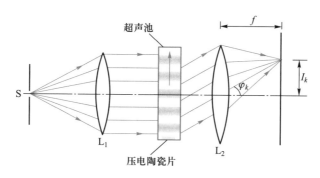

图 4.5.4　超声光栅实验光路图

若超声行波以平面波的形式沿 z 轴正方向传播,则波动方程可写为

$$y = A_m \cos 2\pi \left(\frac{t}{T_s} - \frac{z}{\lambda_s} \right) \tag{4.5.1}$$

式中,y 代表各质点沿 z 方向偏离平衡位置的位移,A_m 表示质点的最大位移量,T_s 为超声波的周期,λ_s 为超声波的波长.如果超声波被液槽的垂直于 z 轴的平面反射,那么它将会反向传播,当反射平面距波源四分之一波长的奇数倍时,入射波与反射波的波动方程分别为

$$y_1 = A_m \cos 2\pi \left(\frac{t}{T_s} - \frac{z}{\lambda_s} \right)$$

$$y_2 = A_m \cos 2\pi \left(\frac{t}{T_s} + \frac{z}{\lambda_s} \right)$$

将以上两式叠加,得

$$y = y_1 + y_2 = 2A_m \cos 2\pi \frac{z}{\lambda_s} \cos 2\pi \frac{t}{T_s} \tag{4.5.2}$$

由上式可以看出,叠加的结果为驻波,沿 z 方向各点的振幅为 $2A_m \cos (2\pi z/\lambda_s)$,它是 z 的函数,随 z 呈周期性变化,但不随时间变化.相位 $2\pi t/T_s$ 是时间 t 的函数,但不随空间变化.驻波形成以后,在某一时刻 t,驻波某一节点两边的质点涌向该节点,使该节点附近成为质点密集区,而与该节点相邻的两波节附近成为质点稀疏区,且在波腹处密度保持不变.在半个周期($t+T_s/2$)以后,这个节点两边的质点又向左右扩散,使该波节附近成为质点稀疏区,相邻的两波节附近变为质点密集区,波腹处密度不变.图 4.5.5 为在 t 和 $t+T_s/2$ 两个时刻驻波波形、液体疏密分布和折射率 n 的变化曲线.由图可见,超声光栅的性质是,在某一时刻 t,相邻两个密集区域的距离为 λ_s,λ_s 为液体中传播的行波的波长;在距离等于波长 λ_s 的任意两点处,液体的密度相同,折射率也相同.

如图 4.5.5 所示,当单色平行光通过超声光栅时,由于光速远大于液体中的声速,所以可以认为在光波通过液体的过程中液体的疏密分布及其折射率的周期性变化没有明显改变,即对光波来说,超声光栅可以看成是静止的,因此,光线衍射的主极大位置可由光栅方程决定:

$$d \sin \varphi_k = k\lambda \quad (k = 0, \pm 1, \pm 2, \cdots) \tag{4.5.3}$$

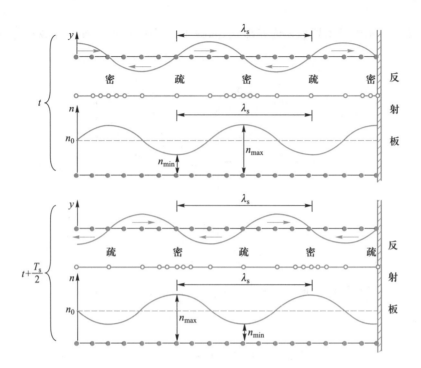

图 4.5.5   两个特殊时刻驻波波形、液体疏密分布、折射率变化曲线

式中, φ_k 为 k 级衍射角, λ 为光的波长, $d = \lambda_s$, 即超声波的波长 λ_s 相当于光栅常量。实际上, 由于 φ_k 角很小, 所以可以认为

$$\sin \varphi_k = \frac{l_k}{f} \tag{4.5.4}$$

其中, l_k 为零级光谱线至第 k 级光谱线的距离, f 为透镜 L_2 的焦距. 因此, 超声波的波长 λ_s 可表示为

$$\lambda_s = \frac{k\lambda}{\sin \varphi_k} = \frac{k\lambda f}{l_k} \tag{4.5.5}$$

超声波在液体中的传播速度为

$$v = \lambda_s \nu = \frac{k\lambda f\nu}{l_k} \tag{4.5.6}$$

式中 ν 为信号源的振动频率.

五、基本实验内容与步骤

1. 测量超声光栅的光栅常量及超声波在液体中的传播速度

(1) 实验准备: 往液槽(超声池)内注入适量水, 并将两根高频连接线的一端接入液槽盖板上的接线柱, 另一端接入超声光栅实验仪的输出端, 打开超声光栅实验仪电源, 此时钠灯亮起.

(2) 利用实验室现有的器材, 选择合适的方法精确测量凸透镜的焦距.

(3) 按图 4.5.1 搭建光路, 各元件按顺序摆放.

（4）调节各元件等高，使光狭缝中心、两透镜光轴、超声池以及测微目镜光轴大致在同一水平高度，且透镜 L_1 与狭缝之间的距离等于透镜 L_1 的焦距.

（5）测微目镜调节：调节目镜，使十字丝清晰，沿导轨前后平移测微目镜，直至看到清晰锐利的衍射条纹为止.

（6）前后移动液槽，从目镜中观察条纹间距是否改变，如改变，则调整透镜 L_1 的位置，直到条纹间距不变为止.

（7）微转液槽，使入射于液槽的平行光垂直于液槽，同时观察视场内的衍射光谱亮度及对称性.重复上述操作，直到从目镜中观察到清晰而对称稳定的三级（$k = \pm 3$）衍射条纹为止.

（8）微调超声光栅实验仪上的调频旋钮，使信号源频率与压电陶瓷片谐振频率相同，即达到共振频率，此时衍射光谱的级次会显著增多且谱线更为明亮.

（9）利用微测目镜逐级测量并记录各谱线位置读数，测量时单向转动测微目镜鼓轮，以消除由转动部件的螺纹间隙产生的空程误差.

2. 注意事项

（1）压电陶瓷片表面与对面的液池（超声池）壁表面必须平行，此时才会形成较好的驻波，实验时应将液槽的上盖盖平；当液面下降太多致使压电陶瓷片外露时，应及时补充液体至正常液面线处.

（2）声光器件应小心轻放，不得冲击碰撞，否则将可能损坏内部晶体而导致报废.

（3）超声信号源工作时不得空载，否则容易损害超声信号源.

（4）实验时间不宜过长，否则会造成液体温度的变化，影响测量.

（5）提取液槽应拿两端面，不要触摸两侧表面通光部位，以免造成污染.

（6）实验完毕应将被测液体倒出，不要将压电陶瓷片长时间浸泡在液槽内.

（7）液体含有杂质时对测量结果影响较大，建议使用纯净水（市售饮用纯净水即可）或甘油等液体.

（8）仪器长时间不用时，应将测微目镜收于保存盒中，并放置干燥剂；液槽应清洗干净，自然晾干后，妥善放置，不可让灰尘等污物进入.

3. 数据记录与处理

（1）计算透镜焦距，记录测量方法、原始数据整理及计算过程.

（2）测量 7 条衍射条纹位置，包括-3、-2、-1、0、+1、+2、+3 级条纹，要求测量两遍，用逐差法计算衍射条纹平均间距.

（3）计算超声光栅的光栅常量及超声波在水中的声速.

六、拓展实验内容

（1）液体浓度的测量.由于超声池中液体密度及折射率的大小会受到液体浓度的影响，所以可看到光栅常量随液体浓度的改变，且这种变化十分缓慢，两者近似呈线性关系.

配备一组已知浓度的液体样本,并测量光栅常量,求出两者之间的线性关系,并测量未知液体的浓度.注意:实验中可用 CCD(电荷耦合器件)观察光栅常量的微小变化.

(2) 试用分光计测量光栅常量及超声波在液体中的传播速度,详细分析误差来源,比较两种方法的优缺点.

七、思考题

(1) 驻波的相邻波腹或相邻波节的距离都等于半波长,为什么超声光栅的光栅常量等于超声波的波长?

(2) 从发生衍射的原理看,超声光栅与普通光栅有何不同?

(3) 怎样判断不平行光束垂直入射到超声光栅面? 怎样判断压电陶瓷片处于共振状态?

实验 4.5 数字学习资源

(李会杏　姚志　秦颖　刘勇)

实验 4.6　光敏电阻光电特性研究

一、实验背景及应用

材料或器件因吸收光子能量而导致电导变化的现象称为光电导效应.光敏电阻是典型的具有光电导效应的光电器件.按照最佳工作波长范围,光敏电阻可分成三类:(1) 对紫外区域敏感的光敏电阻(紫外光敏电阻器),如氮化镓(GaN)、氧化锌(ZnO)、金刚石等;(2) 对可见光区域敏感的光敏电阻(可见光光敏电阻器),如硫化镉(CdS)和硒化镉(CdSe)等;(3) 对红外区域敏感的光敏电阻(红外光敏电阻器),如硫化铅(PbS)、碲化铅(PbTe)和锑化铟(InSb)等.光敏电阻具有测光范围宽、灵敏度高、体积小、坚固耐用、价格低廉等优点,广泛应用于微弱辐射信号探测领域,如照相机、光度计、光电自动控制、辐射测量、红外搜索和跟踪、红外成像和红外通信等.

二、实验教学目标

(1) 掌握光敏电阻的光照特性、伏安特性、光谱响应特性及其测量方法.

(2) 掌握一种利用光敏电阻实现简单电路控制的方法.

三、实验仪器

实验器材见表 4.6.1.光通路组件如图 4.6.1 所示.

表 4.6.1　实 验 器 材

器材	数量	器材	数量
光电探测器测试平台	1 台	光照度计及探头	1 套
光通路组件	1 套	插线	若干
光敏电阻	1 套		

(a) 光敏电阻封装组件

(b) 多色 LED(发光二极管)光源

(c) 光照度计探头

(d) 组装好的三孔光通路组件

图 4.6.1　光通路组件实物图

四、实验原理

1. 辐射度学与光度学基本概念

在辐射能测量中,为了既符合物理学对电磁辐射量度的规定,又符合人的视觉特性,人们建立了两套参量和单位:一套参量与物理学中对电磁辐射量度的规定完全一致,称为辐射度量,适用于整个电磁波段;另一套参量是以人的视觉特性为基础建立起来的,称为光度量,只适用于可见光波段.在辐射度学单位体系中,基本量是辐射通量 Φ_e(又称为辐射功率),辐射通量是只与辐射客体有关的量,其单位是瓦特(W)或者焦耳每秒(J/s).在光度学单位体系中,基本量是发光强度 I_v,其单位是坎德拉(cd).

以上两套单位体系中物理量的概念既有区别又有联系.为了区别起见,分别用下标"e"和"v"指代辐射度学物理量和光度学物理量,详见表 4.6.2.

表 4.6.2   辐射度学和光度学的几个常用物理量

	物理量	定义	单位
辐射度学	辐射能 Q_e	• 以辐射形式发射、传输或接收的电磁波的能量	J
	辐射通量(辐射功率)Φ_e	• 单位时间内流过某截面的所有波长电磁波的辐射能之和	W 或 J/s
	辐射强度 I_e	• 描述点辐射源(或辐射源面元)的辐射功率在不同方向上的分布 • 定义:在给定方向上的立体角内,辐射源发出的辐射通量与立体角元之比	W/sr
	辐射照度 L_e	• 辐射接收面上单位面积承受的辐射通量	W/m²
光度学	光能 Q_v	• 按人眼的感觉强度进行度量的辐射能大小 • 与辐射能的大小、人眼的视觉灵敏度成正比	J
	光通量(辐射功率)Φ_v	• 单位时间内通过某截面的所有人眼能感受到的光波段电磁波的辐射能之和	lm
	发光强度 I_v	• 在给定方向上的单位立体角 $\mathrm{d}\Omega$ 内发出的光通量 • 频率为 540×10^{12} Hz(对应空气中的波长为 555 nm)的单色辐射光在给定方向上的辐射强度为 $(1/683)$ W/sr 时,该方向上的发光强度为 1 cd.1 cd = 1 lm/sr,1 W = 683 lm	cd
	光照度 L_v	• 均匀照射在垂直于光照射方向的单位面积上的光通量	lx 或 lm/m²

2. 光敏电阻工作原理

由于半导体材料都存在禁带宽度 E_g,室温下因热激发跃入导带的电子和价带中的空穴都很少,导致能够参与导电的载流子浓度很低,显示出较低的电导率.如图 4.6.2(a)所示,当有光照射在材料上时,对于本征半导体,如果光子能量 $h\nu > E_g$,那么价带上的自由电子可以获得足够能量跃迁到导带,同时在价带中产生空穴,从而使载流子浓度增加、材料的电导率变大.对于掺杂半导体[以 N 型半导体为例,P 型半导体同理,见图 4.6.2(b)],设导带与杂质能级的间隙为 E_i,如果 $h\nu > E_i$,那么价带上的电子吸收光子能量可以跃迁至施主能级,光子再把施主能级上的电子激发到导带形成导电电子,同样可使材料电导率增加.这种因吸收光子能量而导致材料电导率变化的现象称为光电导效应,具有光电导效应的材料称为光电导材料.

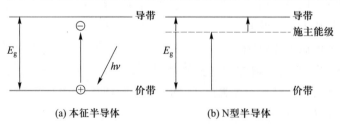

(a) 本征半导体   (b) N型半导体

图 4.6.2   光电导材料能级图

光敏电阻是一种利用光电导效应制成的半导体光电器件.光敏电阻的结构很简单,其工作原理与电路符号见图 4.6.3.在均匀的光电导材料两端加上电极,两电极间加上一定电压,材料中的载流子会在电场作用下定向移动,形成电流.利用光照可以对材料的载流子浓度进行调制,进而调制电流大小,达到光电转换的目的.无光照时,光敏电阻的阻值一般都比较大,此时的阻值称为暗电阻,流经光敏电阻的电流称为暗电流.光敏电阻受到光照时,阻值急剧减小,流经光敏电阻的电流迅速增大,此时的阻值称为亮电阻,流经的电流称为亮电流.亮电流与暗电流之差称为光电流.在实际应用中,为了使光敏电阻获得足够高的灵敏度,暗电阻和亮电阻(对应于常用条件)的差别需要较大,往往需要相差几个数量级.

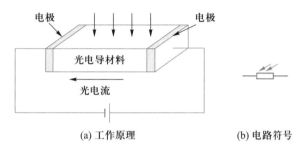

(a) 工作原理   (b) 电路符号

图 4.6.3   光敏电阻工作原理和电路符号

3. 光敏电阻的几种主要特性

(1)光照特性.光敏电阻的光电特性是指光电流与入射光照度的关系.光敏电阻的光电流 I_p 与端电压 U、入射光照度 L_v 的关系具有如下形式:

$$I_p = S_g(\lambda) U L_v^{\gamma} \tag{4.6.1}$$

式中,S_g 为光电导灵敏度,单位为 S/lx(西门子每勒克斯),取决于光敏电阻自身特性;λ 为入射光波长;γ 为照度指数,一般在 0.5 ~ 1 之间.

光敏电阻的光照特性是指光电流与光照度的直接关系。图 4.6.4 是光敏电阻的光照特性曲线.光照弱时,光电流 I_p 与入射光照度 L_v 呈线性关系,$\gamma = 1$;随着光照变强,I_p 与 L_v 逐渐偏离线性关系,呈非线性关系;光照足够强时,$\gamma = 0.5$.光敏电阻光电流 I_p 与入射光照度 L_v 出现非线性关系的主要原因是:强光照射时,光敏电阻在光生载流子增加的同时温度也会升高,温度的升高使载流子的热运动加剧,电子、空穴复合的概率增大,因此出现了光电流的饱和趋势.很显然,如果对光敏电阻进行冷却处理,那么光电流的饱和趋势会改善.对于非本征型光电导材料,二次电子的增益作用也是产生非线性的原因之一.由于光敏电阻在强光照射时会出现严重的非线性,所以光敏电阻不宜作为测量元件.

光敏电阻的光照特性还可以用电阻(或电导)-光照度曲线表示.

(2)伏安特性.在一定光照下,光敏电阻光电流与所加电压的关系称为伏安特性,有时也叫输出特性.图 4.6.5 为不同光照度下光敏电阻的伏安特性曲线示意图.图中虚线为允许功率曲线,由它可以确定光敏电阻的正常工作电压.电流流过光敏电阻所消耗的功率会导致光敏电阻发热,为了保证良好的工作状态,需要规定光敏电阻的最大耗散功率 P_m.P_m 决定了光敏电阻的安全工作区.在安全工作区内,光敏电阻伏安特性曲线表现出良好的线性关系,阻值稳定.不同光照度下,伏安特性曲线斜率的变化意味着光敏电阻的阻值对于光照度是敏感的.这是光敏电阻最典型的特征.

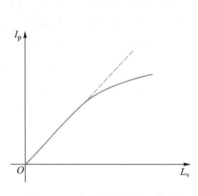

图 4.6.4   光敏电阻的光照特性   图 4.6.5   光敏电阻的伏安特性

当然,随着所加电压的增加,伏安特性曲线也有出现非线性关系的可能.

（3）光谱响应特性(简称光谱特性).光电传感器的输出信号与入射的辐射功率之比称为光电传感器的灵敏度,也称响应度,记为 R,如果入射光为单色光,则称之为光谱灵敏度,并记为 $R(\lambda)$.光谱灵敏度 $R(\lambda)$ 是描述光电传感器灵敏度的特性参量,反映了器件的响应波段及对不同波长光的灵敏度差异。对于有选择性的光电传感器,如光电池和光电管等,其灵敏度与入射光的波长有关.光谱灵敏度与波长的关系曲线称为光谱响应曲线,或称为光谱灵敏度分布曲线.有些光电传感器,如光谱热电偶、热释电器件,其光谱灵敏度分布曲线是平行于横轴的直线.

光电传感器的光谱灵敏度主要包括光电流灵敏度和光电压灵敏度.实际上,可以用于描述光谱响应特性的物理量还有很多.图 4.6.6 为镉系光敏电阻的光谱响应曲线,纵坐标采用的物理量为光电流 I_p,每条曲线都分别做了归一化处理.对于其中任一曲线,尽管照射光波长一直在变,但是辐射功率和所加电压一直是不变的,因此可以利用光电流 I_p 的光谱分布曲线代表光敏电阻的光谱特性.可以看到,三种光敏电阻的光谱特性曲线都有一个单一峰值,且峰值位置分别靠近紫外、可见光和红外等三个不同的光谱区域.使用光敏电阻时,一定要与所处光源的光谱特性相匹配.常见光电导材料的光谱特性见表 4.6.3.

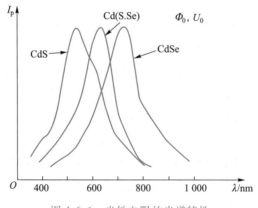

图 4.6.6   光敏电阻的光谱特性

表 4.6.3　常见光电导材料的光谱特性

光电导材料	禁带宽度/eV	光谱响应范围/nm	峰值波长/nm
硫化镉 CdS	2.45	400~800	510~550
硒化镉 CdSe	1.74	680~750	720~730
硫化铅 PbS	0.40	500~3 000	2 000
碲化铅 PbTe	0.31	600~4 500	2 200
硒化铅 PbSe	0.25	700~5 800	4 000
硅 Si	1.12	450~1 100	850
锗 Ge	0.66	550~1 800	1 540
锑化铟 InSb	0.16	600~7 000	5 500

（4）时间特性.光敏电阻的光电流不能随着光照度的改变而立刻变化,存在一定的响应滞后,这种现象称为弛豫现象.光敏电阻从光照开始到获得稳定的光电流的过程,称为上升弛豫或起始弛豫（上升时间用 t_1 表示）;光照停止后光电流逐渐消失的过程,称为衰减弛豫（下降时间用 t_2 表示）,如图 4.6.7 所示.绝大多数传感器都存在弛豫现象.弛豫时间的定义有两种标准.

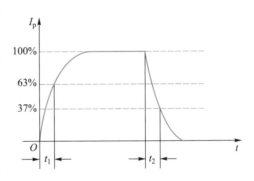

图 4.6.7　光敏电阻的时间特性

① 1-1/e 标准:阶跃输入信号作用于器件,输出信号由零上升为稳定值的(1-1/e)（即约 63%）时所需的时间称为起始弛豫时间;信号撤去后,输出信号由稳定值下降到稳定值的 1/e（即约 37%）所需的时间称为衰减弛豫时间.应用该标准确定弛豫时间的器件主要有光电池、光敏电阻及热电探测器等.

② 80%标准:阶跃输入信号作用于器件,输出信号由稳定值的 10%上升到 90%所用的时间称为起始弛豫时间;信号撤去后,输出信号由稳定值的 90%下降到 10%所用的时间称为衰减弛豫时间.该标准多用于响应速度很快的器件,如光电二极管、雪崩光电二极管和光电倍增管等.

在实际应用中,人们习惯将光敏电阻的衰减弛豫时间称为时间常量,用于描述光敏电阻的响应速度.光敏电阻的时间常量在 10^{-7}~10^{-2} s 范围内.在需要快速响应的应用场景中,我们需要考虑光敏电阻的时间常量和频率特性.

五、基本实验内容与步骤

1. 光敏电阻的光照特性测量

（1）将光电探测器测试平台的直流电源模块、LED 光源驱动模块等的输出调到最小,然后打开平台电源开关.

（2）按照图 4.6.8 和图 4.6.9 所示,并参考光电探测器测试平台操作说明组装实验器材,将光敏电阻、多色 LED 光源、光照度计探头与光电探测器测试平台上的可调直流电源、负载电阻 R_L(可选 kΩ 量级定值电阻)、电压表、电流表、照度表、驱动模块等连接到一起.

（3）打开 LED 光源驱动模块,光源颜色切换到白光.

（4）调整 LED 光源驱动模块电流调节旋钮,观察光照度计示数变化,记录可达到的最大光照度值 L_{vmax},然后调至零.

（5）逐渐增大可调直流电源输出电压,直至光敏电阻两侧的电压表示数为设定值 U_0.(如 6 V).

（6）记录当前的电流表示数、电压设定值及对应的光照度值(应为 0 lx).电流表示数为该测定条件下的暗电流值.注:很多光敏电阻的暗阻非常大,导致暗电流非常微弱,电流表不一定能测出,示数可能为零.

（7）调节 LED 光源驱动电流,使显示的光照度值变为 L_{vmax} 的 5%.再次记录当前的电流表示数及对应的光照度值.该步骤记录的电流值为不同光照度下的亮电流值.在记录过程中应注意随时评估光照度与电流表示数是否满足线性关系.

（8）重复步骤(7),直至光照度值达到 L_{vmax} 的 80%,停止测量.

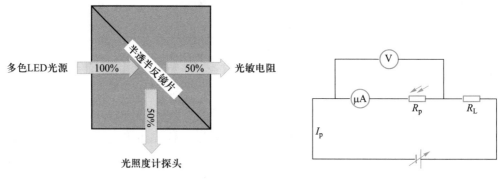

图 4.6.8   光通路组件光路图   图 4.6.9   光敏电阻光照特性测量电路

2. 光敏电阻的伏安特性测量

（1）保持前述测量光路、电路不变,光源颜色仍然为白光.

（2）调节 LED 光源驱动电流,使显示的光照度值变为 L_{vmax} 的 5%.

（3）从 0 V 开始,以 2 V 为步长逐渐增大光敏电阻两端电压,直至 12 V.记录电流表和电压表的示数以及当前的光照度值.

（4）调节 LED 光源驱动电流,使显示的光照度值变为 L_{vmax} 的 50%,重复步骤(3).

3. 光敏电阻的光谱特性测量

（1）保持前述测量光路、电路不变,将 LED 光源依次切换至不同颜色,观察每种颜色光源可以提供的最大名义光照度值.结合光照度计探头的光谱灵敏度值,确定所有颜色光源都可以达到的最大实际光照度值 L_{v0}.

（2）依次切换并调整 LED 光源,使名义光照度值(光照度计示值)除以光谱灵敏度值都等于最大实际光照度值 L_{v0}.保持光敏电阻两端电压不变(如 6 V),记录每一种颜色下流经光敏电阻的电流值.

4. 注意事项

（1）在实验之前,应仔细阅读光电探测器特性测试实验平台操作说明,弄清实验仪器各部分的功能.

（2）如果照度表、电压表和电流表的示数为"1 ＿",说明测量对象已经超过量程,需要选择更大的量程.

（3）每次开机前应将所有可调输出调整到零.

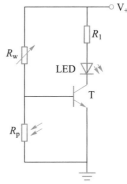

六、拓展实验内容

用光敏电阻实现暗光亮灯控制电路.

（1）按图 4.6.10 连接电路.

（2）调节控制电位器 R_w,使电路达到在自然光照条件下发光二极管(LED)不亮,在暗光条件下 LED 亮的效果.

（3）分析电路工作原理,说明为什么挡住光敏电阻能使发光二极管亮.

图 4.6.10　基于光敏电阻的
暗光亮灯控制电路

七、思考题

（1）测量光敏电阻伏安特性曲线时,如果将电压表置于电流表以内,会带来什么影响?

（2）为什么在测量光电流时,有时不需要考虑暗电流的影响,而可以将亮电流直接视为光电流?

（3）描述光电传感器光谱特性的物理量和单位都有哪些? 以其中两个为例,说明其物理意义.

实验 4.6 数字学习资源

（白洪亮　邱宇　秦颖）

实验 4.7　硅光电池光电特性研究

一、实验背景及应用

光电池是光电转换器件的一种. 根据用途,光电池可分为太阳能光电池和检测用光电池.太阳能光电池作为一种绿色能源转化装置,可将光能转化为电能,可用于人造地球卫星、无人气象站等;检测用光电池能将承载信息的光信号转换为电信号,用于仪表、自动化遥测和遥控等方面.根据结构,光电池可分为金属-半导体接触型和 pn 结型.根据制作材料,光电池可分为硒光电池、硅光电池、砷化镓光电池和锗光电池等.硅光电池价格便宜,转换效率较高,寿命长,适用于红外波段,但在 200 ℃ 以上不能正常工作;硒光电池是最早出现的光电池之一,但存在光电转换效率低、寿命短的缺陷,现在已经较少使用;砷化镓光电池转换效率比硅光电池稍高,光谱响应特性与太阳光谱最吻合,支持的工作温度在三者里最高,但也存在着导热性差和高温下易分解的缺陷,不适宜作为大功率器件.

由于硅光电池的性能比较均衡,硅基材料的产业基础最为成熟,矿物硅储藏丰富,所以硅光电池在光伏(太阳能光电池)产业及红光、红外波段光照测量器件中居于主导地位.

二、实验教学目标

(1)学习和了解硅光电池的工作机理.
(2)研究和掌握硅光电池开路电压、短路电流的变化规律.
(3)了解和掌握硅光电池的光谱特性和负载特性.

三、实验仪器

实验器材见表 4.7.1.光通路组件如图 4.7.1 所示.

表 4.7.1   实 验 器 材

器材	数量	器材	数量
光电探测器测试平台	1 台	光照度计及探头	1 套
光通路组件	1 套	插线	若干
硅光电池	1 套		

(a) 硅光电池封装组件

(b) 多色LED光源

(c) 光照度计探头　　　　　(d) 组装好的三孔光通路组件

图 4.7.1　光通路组件实物图

四、实验原理

1. 硅光电池的基本结构

光电池是利用光生伏打效应制成的无偏压光电转换器件.由于硅光电池内部存在 PN 结(见图 4.7.2),所以它属于结型光电传感器.P 型半导体和 N 型半导体相接触,由于 P 型材料空穴多、电子少,而 N 型材料电子多、空穴少,所以 P 型材料中的空穴会向 N 型材料一侧扩散,N 型材料中的电子会向 P 型材料一侧扩散,结果使得交界面附近 P 区出现负电荷,N 区出现正电荷,因此在交界面形成一个很薄的空间电荷区,称之为耗尽区。耗尽区的特点是自由载流子极少,呈现高阻抗.由此产生的内建电场将阻止多数载流子的扩散运动继续进行.相反,这个内建电场又对少数载流子的漂移运动起到推动作用.当载流子的扩散运动和漂移运动达到动态平衡时,PN 结处于相对稳定的状态。

当 PN 结反偏时,外加电场与内建电场方向一致,耗尽区在外电场作用下变宽,势垒加强;当 PN 结正偏时,外加电场与内建电场方向相反,耗尽区在外电场作用下变窄,势垒削弱,使载流子扩散运动继续并形成电流,此即 PN 结的单向导电性,电流方向是从 P 指向 N.

2. 硅光电池的工作原理

硅光电池本质上是大面积的光电二极管.若能量足够大的光子照射到 PN 结及其附近的 P 型和 N 型半导体上,就会激发生成少量电子-空穴对.这些光生电子与空穴在内建电场 E 的作用下发生定向运动,其中光生电子向 N 区运动,光生空穴向 P 区运动.结果使 N 区带上负电荷、P 区带上正电荷,从而使 PN 结两端又附加了一个与内建电场 E 方向相反的光生电场,在 PN 结两端形成光生电位差(即光生电动势).这种现象称为光生伏打效应.光照越强,光生电动势就越大.当被光照射的 PN 结两端通过负载构成闭合回路时,就会有电流由 P 型半导体经过外电路向 N 型半导体定向流动,形成稳定的回路电流.

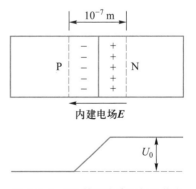

图 4.7.2　PN 结的内建电场及势垒

硅光电池的等效电路可以表示为一组并联的电流源和 PN 结二极管(见图 4.7.3).电流源提供的光电流 I_p 正比于光通量 Φ_v 或光照度 L_v.

$$I_p = R_{1mi}\Phi_v \qquad (4.7.1)$$

$$I_p = R_{1xi}L_v \qquad (4.7.2)$$

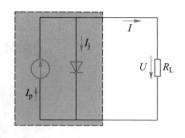

图 4.7.3　硅光电池的等效电路

R_{1mi} 和 R_{1xi} 分别为流明光电流灵敏度和勒克斯光电流灵敏度,它们是光电传感器的重要参量.

流过 PN 结的电流 I_j 可表示为

$$I_j = I_s e^{\frac{eU}{kT}} - I_s \qquad (4.7.3)$$

或

$$I_j = I_s(e^{\frac{eU}{kT}} - 1) \qquad (4.7.4)$$

I_s 为 PN 结的反向饱和电流,U 为 PN 结所加偏压,T 为热力学温度,k 为玻耳兹曼常量,e 为元电荷.式(4.7.3)第一项代表从 P 型半导体流向 N 型半导体的正向电流随外加电压增大而迅速增加,当外加电场强度为零时,PN 结处于平衡状态;第二项代表从 N 型半导体流向 P 型半导体的电流,称为反向饱和电流.

由硅光电池的等效电路可以得到光电流 I_p、PN 结电流 I_j 和外部负载回路电流 I 的关系:

$$I = I_p - I_j = I_p - I_s(e^{\frac{eU}{kT}} - 1) \qquad (4.7.5)$$

由式(4.7.5)可知:

(1) 当光电池处于零偏时($U = 0$),流过 PN 结的电流 I_j 等于零,$I = I_p$.

(2) 当光电池处于反偏时($U < 0$),$e^{eU/kT} \to 0$,流过 PN 结的电流趋于 $-I_s$,$I \approx I_p + I_s$.

(3) 当光电池处于正偏时($U > 0$),流过负载的电流就是式(4.7.5)所示形式.

3. 硅光电池的几种主要特性

(1) 光照特性.光电池的光照特性是指光生电动势、光电流与光照度(或光通量)之间的关系.短路电流指的是硅光电池在负载极小($R_L = 0$)的情况下可以输出的最大电流;开路电压指的是硅光电池在负载极大($R_L \to +\infty$)的情况下可以输出的最大电压.两者是反映硅光电池工作能力的重要指标.

图 4.7.4 显示了硅光电池的短路电流和开路电压随光照度的变化情况.可以看到,在相同的变化区间内,短路电流 I_{sc} 表现出了良好的线性变化趋势,而开路电压 U_{oc} 则呈现先迅速增加后趋于饱和的变化趋势.两种变化趋势都可以借助图 4.7.3 所示硅光电池的等效电路予以解释.

① 当光电池外部电路为短路时,外部负载 $R_L = 0 \ll R_j$,因而 $I_j = 0$,短路电流 $I_{sc} = I_p$.由式(4.7.2)可知

$$I_{sc} = I_p = R_{1xi}L_v \qquad (4.7.6)$$

短路电流 I_{sc} 与光照度 L_v 呈线性关系.

② 当光电池外部电路为开路时,$R_L \to +\infty$,回路电

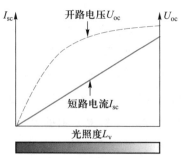

图 4.7.4　硅光电池的光照特性

流 $I=0$，光电流全部流经 PN 结，因而 $I_j=I_p$.此时，

$$I_j=I_p=I_s(\mathrm{e}^{\frac{eU}{kT}}-1) \tag{4.7.7}$$

由式（4.7.2）和式（4.7.6）可得

$$I_s(\mathrm{e}^{\frac{eU}{kT}}-1)=R_{1xi}L_v \tag{4.7.8}$$

将式（4.7.8）变形，可得开路电压：

$$U_{oc}=\frac{kT}{e}\ln\left(\frac{R_{1xi}L_v}{I_s}+1\right) \tag{4.7.9}$$

由式（4.7.9）可知，U_{oc} 与光照度 L_v 成横向平移后的对数关系，与前面所说的先迅速增加后趋于饱和的变化规律是一致的.

③ 当 R_L 介于 0 和 $+\infty$ 之间时，负载和 PN 结都会对光电流起分流作用.由于 PN 结的电阻 R_j 会随着结电流 I_j 的变化而变化，I_j 越大，R_j 越小（见图 4.7.5），所以 R_L 和 R_j 对光电流的分流比例会随着光电流的变化而变化.当光照度增加，光电流 I_p 增大时，PN 结的分流能力会变得更强，通过 R_L 的电流 I 增大的趋势越来越缓慢，趋向饱和.

如果光照度较小，那么 R_j 可能会远远大于 R_L，此时回路电流 I 与光照度仍然会呈现近似的线性关系.随着光照度的增大，R_j 变得越来越小，R_L 与 R_j 趋于接近，回路电流 I 与光照度的非线性关系会变得明显.由此可知，R_L 越小，回路电流 I 与光照度保持线性关系的区间就越大（见图 4.7.6）.

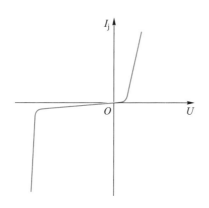

图 4.7.5　PN 结伏安特性曲线

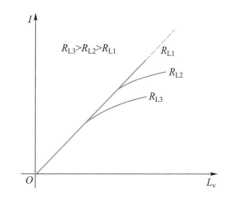

图 4.7.6　不同负载下硅光电池外部回路电流与光照度的关系

需要注意的是，人们很容易将光电流 I_p 与回路电流 I 混为一谈.实际上，只有在短接情形下两者才是相等的.

硅光电池短路电流与光照度的线性关系使其可以作为线性光电检测元件使用，用于光照度计或者光功率计的探头.硅光电池的开路电压与光照度呈非线性关系，虽然不便用于定量测量，但由于其在低光照度下的灵敏度较高，所以可以作为开关型光电传感器元件.

（2）伏安特性和负载特性.硅光电池接入外部负载 R_L，在光照度一定的条件下，改变

R_L 的大小会得到如图 4.7.7 所示的硅光电池伏安特性曲线.曲线与纵轴的交点代表 $R_L = 0$ 的情况,纵坐标为短路电流 I_{sc};与横轴的交点代表 $R_L \rightarrow +\infty$ 的情况,横坐标为开路电压 U_{oc}.无论是开路还是短路,硅光电池的输出功率 P 都为零.这也意味着在 0 到 $+\infty$ 之间存在着某一负载值,可以使硅光电池的输出功率最大.

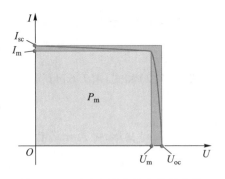

图 4.7.7   硅光电池的伏安特性曲线

设该负载值为 R_m,对应的硅光电池最大输出功率 P_m 为

$$P_m = U_m I_m = I_m R_m^2 = \frac{U_m^2}{R_m} \tag{4.7.10}$$

式中,I_m 和 U_m 分别为最佳输出电流和最佳输出电压.

最大输出功率 P_m 与 I_{sc} 和 U_{oc} 的乘积的比值被定义为硅光电池的填充因子 FF,即

$$\text{FF} = \frac{P_m}{U_{oc} I_{sc}} = \frac{U_m I_m}{U_{oc} I_{sc}} \tag{4.7.11}$$

FF 为硅光电池的重要特性参量,FF 越大,硅光电池的光电转换效率越高.

(3) 光谱特性.光电器件对输入信号的反应称为灵敏度或者响应度,记为 R.反应信号用电压或电流表示.当入射信号主要位于可见光波段时,人们习惯用光度学参量来表示入射信号的能量大小或者强度,与之对应的有流明光电流灵敏度和勒克斯光电流灵敏度(参见实验 4.6 中的相关内容).流明光电流灵敏度等于勒克斯光电流灵敏度乘以传感器的光照面积.

流明光电流灵敏度 R_{lmi} 可由下式得到:

$$R_{lmi} = \frac{I_p}{\Phi_v} \tag{4.7.12}$$

I_p 为硅光电池产生的光电流,单位可以为微安(μA)、毫安(mA)或者安培(A);Φ_v 为入射光通量,单位为流明(lm).

勒克斯光电流灵敏度 R_{lxi} 可由下式得到:

$$R_{lxi} = \frac{I_p}{L_v} \tag{4.7.13}$$

L_v 为入射光照度,单位为勒克斯(lx).

同理,流明光电压灵敏度 R_{lmu} 可由下式得到:

$$R_{lmu} = \frac{U_p}{\Phi_v} \tag{4.7.14}$$

U_p 为硅光电池产生的光电压,单位可以为毫伏(mV)或者伏(V).

勒克斯光电压灵敏度 R_{lxu} 可由下式得到:

$$R_{lxu} = \frac{U_p}{L_v} \tag{4.7.15}$$

很多光电传感器的灵敏度对不同波长入射光表现出不同的响应程度,称之为光谱灵敏度,记为 $R(\lambda)$.光谱灵敏度与波长的关系曲线称为光谱响应曲线,或称为光谱灵敏度分布曲线.

五、基本实验内容与步骤

1. 硅光电池的光照特性测量

(1)硅光电池的短路电流光照特性测量.

① 将光电探测器测试平台的直流电源模块、LED 光源驱动模块等的输出调到最小,然后打开平台电源开关.

② 按照图 4.7.8 和图 4.7.9 所示,并参考光电探测器测试平台操作说明组装实验器材,将硅光电池、多色 LED 光源、光照度计探头与光电探测器测试平台上的电流表、照度表、驱动模块等连接到一起.

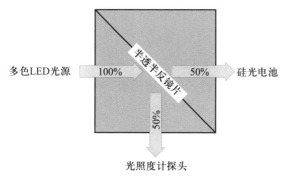
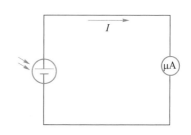

图 4.7.8　光通路组件光路图　　　　　图 4.7.9　硅光电池短路电流测量电路

③ 打开 LED 光源驱动模块,光源颜色切换到白光.

④ 调整 LED 光源驱动模块电流调节旋钮,观察光照度计示数变化,记录可达到的最大光照度值 L_{vmax},然后调至零.

⑤ 记录当前的电流表示数、电压设定值及对应的光照度值(应为 0 lx).电流表示数为该测定条件下的硅光电池短路电流值.注:电流表和光照度计都可能存在零点误差,若存在,应予以修正.

⑥ 调节 LED 光源驱动电流,使显示的光照度值变为 L_{vmax} 的 10%.再次记录当前的电流表示数及对应的光照度值.该步骤记录的电流值为不同光照度下的短路电流值.记录过程中注意随时评估光照度与电流表示数是否满足线性关系.

⑦ 重复步骤⑥,直至光照度值达到 L_{vmax} 的 100%.

⑧ 将 LED 光源驱动电流调至最小,停止测量.

(2)硅光电池的开路电压光照特性测量.

① 参照图 4.7.10 将电路中的电流表替换为电压表.

② 参考短路电流光照特性测量方法,在 L_{vmax} 的 0% 到 100% 之间依次调整 LED 带来

的光照度值,调整间隔为 $10\%L_{vmax}$,并记录对应的开路电压值.

2. 硅光电池的伏安特性和负载特性测量

(1) 将 LED 光源驱动模块电流置于最小.

(2) 在电路中接入负载 R_L,并按照图 4.7.11 所示连接电路.

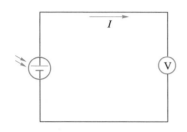 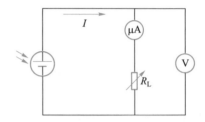

图 4.7.10　硅光电池开路电压测量电路　　图 4.7.11　硅光电池伏安特性和负载特性测量电路

(3) 参考短路电流光照特性测量方法,在 L_{vmax} 的 0% 到 100% 之间依次调整 LED 带来的光照度值,调整间隔为 $20\%L_{vmax}$,记录负载两端的电压值 U 和流经负载的电流值 I.

(4) 改变负载大小,重复步骤(3).

3. 硅光电池的光谱特性测量

(1) 保持前述测量光路、电路不变,将 LED 光源依次切换至不同颜色,观察每种颜色光源可以提供的最大名义光照度值.结合光照度计探头的光谱灵敏度值,确定所有颜色光源都可以达到的最大实际光照度值 L_{v0}.

(2) 按照短路电流和开路电压的测量方式连接电路.

(3) 依次切换并调整 LED 光源,使名义光照度值(光照度计示值)除以光谱灵敏度值都等于最大实际光照度值 L_{v0}.

(4) 记录每一种颜色下硅光电池的短路电流值和开路电压值.

4. 注意事项

(1) 在实验之前,应仔细阅读光电探测器特性测试实验平台操作说明,弄清实验仪器各部分的功能.

(2) 如果照度表、电压表和电流表的示数为"1 ＿",说明测量对象已经超过量程,需要选择更大的量程.

(3) 每次开机前应将所有可调输出调整到零.

六、拓展实验内容

设计一个测量溶液浓度与透射光强的实验.

(1) 对于有色溶液(如高锰酸钾溶液),当其浓度比较小时,透射光强满足比尔定律:

$$I = I_0 e^{-act} \tag{4.7.16}$$

其中,c 为溶液浓度,t 为溶液厚度,a 为常量,I_0 为溶液浓度为零时液体的透射光强。

式(4.7.16)的变形为

$$\ln(I/I_0) = -atc \qquad (4.7.17)$$

可以看出,溶液浓度 c 与相对透射光强 I/I_0 的对数呈正比关系,斜率为负数.由式(4.7.17)可知,溶液浓度越大,相对透射光强越小。相对透射光强可以通过测量硅光电池的短路电流获得.

（2）改变溶液的浓度或者厚度,观察并记录其与相对透射光强的关系,确定线性区和非线性区.

七、思考题

（1）设计一个有关硅光电池应用的简单电路,并说明其利用了硅光电池的哪些特性.

（2）如果将白光 LED 换成日光,那么在相同光照度下硅光电池的输出特性会有所变化吗？试分析之.

（3）描述光电传感器光谱特性的物理量和单位都有哪些？以其中两个为例,说明其物理意义.

实验 4.7 数字学习资源

（白洪亮　邱宇　秦颖）

实验 4.8　利用光电效应测定普朗克常量

一、实验背景及应用

1887 年,赫兹做电磁波发射与接收实验时,发现用紫外线照射接收电极的负极时,接收电极间更容易产生放电现象,并首次观察到光电效应现象.1900 年,普朗克在研究黑体辐射问题时,提出了不连续能量子模型.能量子的假说具有划时代意义,但是普朗克和同时代的很多人都没有意识到其价值.爱因斯坦最先认识到能量子假说的伟大意义,并将其引入到自己提出的光电效应理论方程之中.1904 年到 1916 年,密立根利用十余年时间从实验上验证了爱因斯坦光电效应理论方程的正确性.两位物理学大师(爱因斯坦和密立根)因在光电效应等方面的杰出贡献,分别于 1921 年和 1923 年获得诺贝尔物理学奖.

光电效应理论方程的提出和证实是一大批优秀科学家不断大胆假设,小心求证,反复"破与立"的过程,有很多值得学习的地方.（1）正确区分偶然和意外情况,保持必要的科学敏感度.赫兹并没有预见到光电效应的存在,但是"意外"遇到这一新奇现象时,他没有轻易将其归为偶然现象,而是及时开展了进一步研究,为光电效应的发现和正确解释奠定了坚实的科学基础.（2）大胆假设.研究假设是人们思维过程中推理与判断相结合而产生的一种暂定的理论.随着研究尺度的不断深入和研究工具的不断发展,一些新的研究现象不断出现,有的甚至超出了已有知识的理解范围.这需要研究者突破思维定式,以更开放的态度和更大的勇气去面对新的问题.(3)认真求证.密立根历经十余年才完成了光电效应理论方程的验证工作,中间花费了大量时间改进实验方法和提高仪器精度.这种严谨的科学态度起到了一锤定音的作用,确立了密立根伟大实验物理学家的历史地位,非常值得学习.

广义上的光电效应包括外光电效应和内光电效应.常见的光电器件,如光电池、光电倍增管、光敏二极管、光敏电阻等的工作原理都可以归到光电效应,它们广泛应用于工业生产、生活消费和科学研究等领域.

二、实验教学目标

(1)了解光电效应的基本规律,验证爱因斯坦光电效应方程.

(2)掌握用光电效应现象测定普朗克常量 h 的方法.

三、实验仪器

(1)FB807型光电效应(普朗克常量)测定仪,如图4.8.1所示.

(2)仪器构成:光电检测装置、测定仪主机及连接导线.

(3)光电检测装置:包括光电管暗箱、汞灯灯箱、汞灯电源箱和导轨等.

(4)光电管暗箱:安装有滤色片、光阑(可调节)、挡光罩、光电管等.

(5)汞灯灯箱:安装有汞灯管、挡光罩.

(6)汞灯电源箱:箱内安装镇流器,提供点亮汞灯的电源.

(7)实验时用的单色光是从低压汞灯光谱中用单色滤色片过滤得到的,其波长分别为365 nm,405 nm,436 nm,546 nm和577 nm.

(8)测定仪主机:主要包含微电流放大器和直流电压发生器.

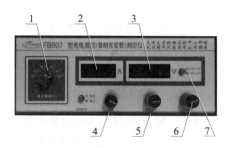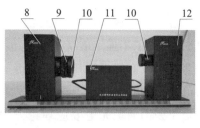

1—电流量程调节旋钮及其量程指示;2—光电管输出微电流指示表;3—光电管加速电压指示表;

4—微电流指示表调零旋钮;5—光电管加速电压调节(粗调);6—光电管加速电压调节(细调);

7—光电管加速电压输出范围转换按钮:弹起——测量截止电位(精度1%),按下——测量

伏安特性(精度5%);8—光电管暗箱;9—滤色片、光阑(可调节);10—挡光罩;

11—汞灯电源箱;12—汞灯灯箱

图4.8.1   FB807型光电效应(普朗克常量)测定仪

四、实验原理

外光电效应是指物质受光照后,被激发的电子逸出物质表面,在外电场作用下形成真空光电子流的现象(见图4.8.2).这种效应多发生于金属和金属氧化物.内光电效应是指受光照而激发的电子在物质内部参与导电,电子并不逸出光敏物质表面.这种效应多发生于半导体内.内光电效应又可分为光电导效应、光生伏打效应、丹倍效应和光磁效应等.

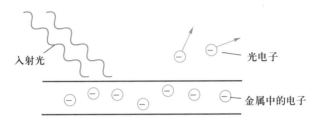

图 4.8.2　外光电效应原理图

光电管是根据外光电效应原理制成的光电探测器,利用光电阴极在光辐射作用下向真空中发射光电子的效应探测各种光信号.光电管分为真空光电管和充气光电管.真空光电管主要由发射光电子的阴极 K、收集电子的阳极 A、外壳、电极引线和管脚等组成.真空光电管按电极构型,可分为中心阴极型、中心阳极型、半圆柱面阴极型和平行平板电极型等,它们的优缺点各异.图4.8.3给出了半圆柱面阴极型真空光电管的电极结构示意图和实物图,其阴极采用半圆柱面,阳极采用同轴直杆.

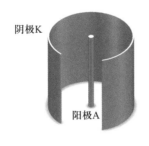

图 4.8.3　半圆柱面阴极型真空光电管结构示意图和实物图

如果将光电管的 K 极和 A 极短接,如图4.8.4所示,那么当入射光透过光电管窗口照射到 K 极上时,光电子就从 K 极发射到真空中.一部分光电子会到达 A 极,继而从外电路流回 K 极,电路中因为外部光照而产生了光电流 I.光电流 I 虽然很小,但是仍然可以被检测到.如果在 A 极加上比 K 极更高的电位,则会有更多的光电子被吸引到 A 极,形成更大的光电流.

如果在 K 极和 A 极之间加上不同的电压甚至反向电压(图4.8.5),那么光电流会产生有规律的变化,这称为光电管的伏安特性.由伏安特性曲线可以得到很多有关光电管的特征参量.

对于外光电效应,勒纳德等人总结出四种基本实验规律:

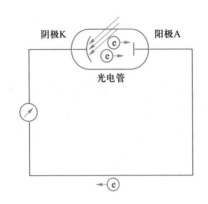
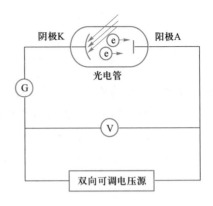

图 4.8.4 无加速电场的光电管电路　　　　图 4.8.5 反向电压法验证光电效应方程电路

（1）饱和光电流 I_s 与入射光强呈正比关系.

（2）对于确定的阴极材料,光电效应存在一个截止频率（或称红限频率）ν_0.当入射光的频率 ν 低于截止频率 ν_0 时,不论光的强度如何,都没有光电子产生.

（3）光电子的初动能与入射光的频率成正比,但与光强无关.实验上反映光电子初动能最大值的参量是截止电压 U_0.

（4）光电效应是瞬时效应,产生光电子的时间小于 10^{-9} s.

相关曲线见图 4.8.6、图 4.8.7、图 4.8.8.

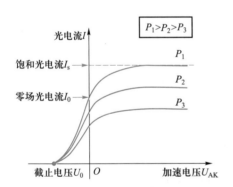
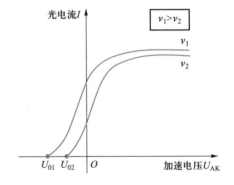

图 4.8.6 相同频率、不同光照强度下　　　图 4.8.7 不同频率、相同光照强度下
　　　　光电管的伏安特性曲线　　　　　　　　　光电管的伏安特性曲线

（注:真实情况下两种频率光电流的相对大小会有多种可能）

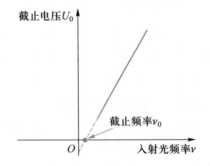

图 4.8.8 同一阴极、不同入射光频率 ν 对应的截止电压 U_0

根据爱因斯坦的光电子理论,当光照射金属表面时,金属中的电子吸收光子能量后有可能挣脱金属的束缚而逃到金属之外.逃脱电子(称为光电子)吸收的光子能量一部分用于克服金属表面的束缚,另一部分转化为光电子的动能.由能量守恒定律可知

$$h\nu = E_k + W \qquad (4.8.1)$$

式中,h 为普朗克常量,公认值约为 6.626×10^{-34} J·s;ν 为入射光的频率;$h\nu$ 代表一个光子的能量;E_k 是光电子的最大初动能;W 为光电子逸出金属表面所需的最小能量,称为逸出功,是金属的固有属性.

由式(4.8.1)可知,对于同样的金属,入射光频率越高,逸出的电子动能就越大,因此即使阳极电位比阴极电位低,也会有电子落入阳极形成光电流.继续降低阳极电压,直至光电流等于零,再没有光电子到达阳极.此时阳极与阴极之间的电压等于截止电压 U_0.截止电压与光电子最大初动能存在如下关系:

$$eU_0 = E_k \qquad (4.8.2)$$

如果阳极电位高于截止电压,那么随着阳极电位的升高,阳极对阴极光电子的收集作用越来越强,光电流随之增加.当阳极电位高到一定程度,把阴极发射的光电子几乎全收集到阳极时,即使继续增加加速电压 U_{AK},光电流 I 也不会再变化,出现饱和现象.

如果光子能量 $h\nu$ 小于金属逸出功 W,那么金属中的电子因无法获得足够能量而不能脱离金属,没有光电流产生.产生光电效应的最低频率(截止频率)由 $h\nu_0 = W$ 决定.将式(4.8.2)代入式(4.8.1)可得

$$h\nu = eU_0 + W \qquad (4.8.3)$$

将式(4.8.3)变换可得

$$U_0 = \frac{h}{e}\nu - \frac{W}{e} \qquad (4.8.4)$$

如果能测出不同频率入射光对应的截止电压 U_0,那么对 U_0-ν 数据进行线性拟合,拟合直线的斜率就等于 h/e.由于 e 代表元电荷,可以被认为已知或者通过别的方法测出,所以利用光电效应可以最终测得普朗克常量 h 的大小.

1. 影响光电管伏安特性曲线的几个其他因素

(1)阳极材料与阳极光电流.光电管的阳极和阴极都有可能逸出光电子.因此,在确定阳极材料时应尽量选用比阴极材料逸出功更大的材料.在光电管的制造和使用过程中,阳极几乎不可避免地会被阴极材料所污染,这种污染还会在使用过程中日趋加重.被污染后的阳极逸出功降低,当直接照射或者从阴极反射过来的光照到它时,逸出的光电子会形成阳极光电流,影响阴极光电流的正确测量.因此,制作光电管时更常用的方法是将阳极置于阴极包裹之中(如图 4.8.3 所示),避免光直射阳极释放光电子,以减小阳极光电流.

(2)暗电流.没有光照射时,在加速电压作用下光电管中会有微弱电流通过,这是由常温热电子发射和阴极与阳极之间绝缘电阻不够高等原因造成的.

2. 截止电压的判断方法

图4.8.6展示的是理想状况下光电管的伏安特性曲线,真实的光电管伏安特性曲线还受阳极光电流、暗电流的影响.图4.8.9给出了真实光电管的伏安特性曲线及各分量的示意图.

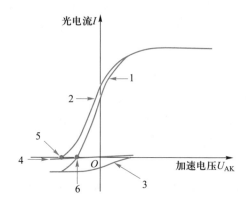

1—实测光电流;2—阴极光电流;3—阳极光电流;4—暗电流;5—截止电压U_0;6—表观截止电压U_0'

图4.8.9   老化后的光电管伏安特性曲线

由图4.8.9可知:

(1)阴极光电流和阳极光电流的饱和方向相反,且它们的变化快慢和相对大小有很大不同.在不考虑暗电流的情况下,阳极光电流的存在会使实测曲线与横轴的交点较只含阴极光电流的情形右移,绝对值变小.

(2)暗电流与外加电压基本呈正比关系.

判断截止电压大小时,需要考虑其他因素在测量结果中的贡献比例.如果副效应影响很小或者对测量精度的要求低,可以将伏安特性曲线与横轴交点横坐标绝对值直接视为截止电压,否则需要引入更科学的方法.常用的方法有以下几种:

① 交点法(又称零电流法).如果光电流伏安特性曲线在I轴正向($I>0$)上升得很快(见图4.8.9和图4.8.10),在I轴负向($I<0$)产生的电流绝对值整体很小,那么可以将实测伏安特性曲线与横轴的交点横坐标U_0'的绝对值(即表观截止电压)近似看成截止电压U_0.

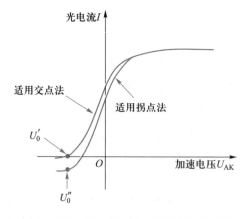

图4.8.10   两种确定截止电压方法示意图

理由如下:在 I 轴负向,随着加速电压的反向增加,阴极光电流趋于零,暗电流、阳极光电流反向增大直至饱和.若 I 轴负向反向饱和电流绝对值很小,说明暗电流和阳极光电流都非常微弱,可以忽略.在 I 轴正向,阳极光电流趋于零,暗电流增长缓慢,伏安特性曲线的快速上升显然缘于阴极光电流.因此,如果光电流在 I 轴正向迅速增加、饱和值较大,同时在 I 轴负向的整体下移很小,那么说明阴极光电流主导了光电管伏安特性曲线的变化趋势,暗电流和阳极光电流的影响很小,直接将实测曲线与横轴的交点横坐标 U_0' 的绝对值作为截止电压是合理的.

② 拐点法.如果 I 轴负向曲线的整体下移较大,且光电流反向饱和速度很快(见图 4.8.9 和图 4.8.10),则反向饱和时的拐点电压 U_0'' 比较接近截止电压 U_0.

理由如下:在上述情形下,I 轴负向的暗电流和饱和后的阳极光电流与加速电压都基本呈线性关系,导致曲线曲率突变的因素只能来自阴极光电流.因此将突变位置对应的加速电压看成截止电压是合理的.

③ 曲率法.曲率法利用数值计算方法对测得的光电管伏安特性离散数据进行拟合,曲率最大的位置对应的加速电压可以视为截止电压.该方法与拐点法的原理类似,但是结果更加客观.

五、基本实验内容与步骤

1. 实验准备

(1) 将光源、光电管暗箱、测试仪(含微电流放大器及可调直流电压源)安放在适当位置,暂不连线.

(2) 将测试仪电压粗调和电压细调旋钮调到最小.

(3) 打开测试仪和汞灯电源,预热 20~30 min.

2. 暗电流测量

(1) 调零:保持电路断开状态,选择合适的电流表量程(如 10^{-13} A)并进行调零.

(2) 调零完成后按照实验需要连线.保持遮光状态,从反向到正向调节光电管加速电压,观察并记录微电流表读数.

注意:如果示数没有变化或者变化较小,可以在条件允许的情况下选择更小的量程.

3. 测量光电管伏安特性曲线

(1) 将光源出射孔对准暗箱窗口,两者距离调整到 30~50 cm 并取下遮光罩.

(2) 从最小值逐渐增加加速电压,观察微电流表的示值变化,并根据需要调整微电流表量程.注意:每次改变量程都要重新调零.

(3) 从短波长或者长波长端逐次更换滤色片.每换一枚滤色片读出一组 I-U_{AK} 数值,在光电流变化剧烈的位置多测量几个点.

4. 注意事项

(1) 正式测量前须保证测试仪和汞灯预热 20 min 以上.

（2）实验中不可关闭汞灯.如果误关闭或者遭遇突发停电,需要等待 5 min 后才可重新启动,且须重新预热.

（3）应避免强光直接照射光电管.

（4）更换滤色片时,必须先将光源的出光孔遮住,更换完毕后再打开.实验完毕后,必须用遮光罩盖住光电管暗箱窗口.

六、拓展实验内容

研究饱和光电流与光强的关系.

（1）改变光源与暗箱间的距离或改变光阑孔径,重复前述实验步骤.

（2）记录在不同距离或不同光阑孔径下的饱和电流值,找出饱和电流与光强的变化规律.

七、思考题

（1）测定普朗克常量的关键是什么?

（2）从截止电压 U_0 与入射光频率 ν 的关系曲线中,能确定阴极材料的逸出功吗?

（3）本实验可能存在哪些误差来源? 实验中应如何解决这些问题?

实验 4.8 数字学习资源

（白洪亮 滕永杰 王茂仁 秦颖）

实验 4.9 光纤的光学特性及音频信号的光纤传输

一、实验背景及应用

光纤通信作为现代信息技术的核心,成就了第三次工业革命后半期信息革命的爆发式发展.从 20 世纪七八十年代开始,经过持续几十年的飞速发展,光纤通信奠定了信息和数字化产业的根基,成为关乎国计民生的核心支柱产业.而光纤通信的起源与发展,离不开两大技术发明的出现:一个是"激光"技术(1964 年诺贝尔物理学奖);另一个是华裔科学家高锟首次提出光导纤维(光纤)能够成为未来光通信的低损耗传输波导介质(2009 年诺贝尔物理学奖).这两项技术的提出及随后产业应用的迅速突破,极大地促进了现代光纤通信技术以及整个信息产业革命的突飞猛进,成为现代工业升级发展及信息/数字化生活的基石.从 20 世纪 90 年代开始,我国光纤通信及数字化产业逐步兴起,通过几十年的发展,已取得了巨大的成就并建立了一定的优势.随着光纤到户、4G 及 5G 技术的推广和规模化产业应用,我国已经成为世界通信产业技术先行者及最大的产业化市场,并逐步引领未来通信行业的发展趋势和方向,涌现出众多光纤通信领域的世界一流企业.

　　本实验一方面通过学习和掌握现代光纤通信技术中光纤和激光器两大核心单元的工作原理及器件特性,为理解现代光纤通信系统的基本工作原理提供基本知识储备,另一方面通过音频信号传输来展示光纤通信基本过程,并结合现今生活中离不开的互联网数字化通信应用的场景,加深理解光纤通信网络链路实现的基本原理.本实验为学生对我国光纤通信产业取得的巨大成就带来理论和实践层面的切身体会,使学生感受从基础光学原理到巨大的产业应用的过程,激发学生对物理学基础理论和技术的学习兴趣,以及勇于探索新技术和新发现的热情.

二、实验教学目标

　　(1)掌握光纤的结构参量、基本分类、数值孔径等基本概念和全反射传输原理.理解光纤作为现代数字通信的核心传输载体的独特优势.学习测量光纤数值孔径的原理和方法,并从实物层面感知光纤结构特点及传输特性.

　　(2)了解并掌握光纤通信链路中半导体激光器的基本原理及电光特性.了解实验室条件下半导体激光光源与真正应用的光通信激光光源的差异及特点.通过实验中空间光耦合操作,学习激光聚焦及与光纤耦合的技术,通过对光纤耦合效率的测量,了解光耦合对光纤通信过程的关键性影响.

　　(3)通过对现实生活中音频信号的远距离光纤传输的模拟实验,了解光纤通信链路的基本构成和传输过程中的调制、解调、光电转换等原理,进一步体会光纤/半导体激光器在现代光纤通信中的重要地位和作用,同时加深对我国光通信产业链的了解.

三、实验仪器

　　实验仪器主要包括 GX-1000 型光纤实验仪、光学导轨、半导体激光器及二维调整架、三维光纤调整架及光纤夹具、光纤、光电探测器及二维调整架、激光功率指示计及一维位移架、十二挡光电探测器等.

　　1.激光器及光纤基本参量

　　(1)半导体激光器:氮化镓激光器,其工作电流为 0~70 mA,激光功率为 0~10 mW,输出波长为 650 nm,总输出电压为 3.5~4 V.考虑保护电路分压,因此管芯电压降为 2.2 V.

　　(2)光纤:康宁 SMF-28 型通信单模光纤.其参量见下表.

芯径/μm	包层直径/μm	芯子折射率 (@1 550 nm)	纤芯/包层 折射率差	包层折射率
8.3	125.0	1.468 1	0.36%	1.462 8

（3）光纤损耗率：70%/km.实验所用光纤长度为 200 m,计算损耗为 93.1%,如激光输出功率为 10 mW,则除去损耗后激光输出的总功率为 9.31 mW.

半导体激光器、三维光纤调整架、光电探测器等均置于光学导轨上,如图 4.9.1 所示.

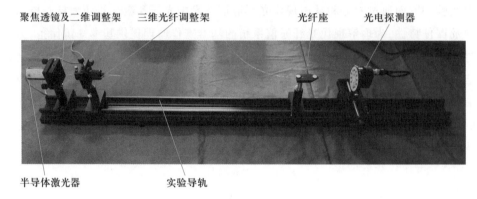

图 4.9.1   半导体激光器与光纤耦合机械平台结构图

2. GX-1000 型光纤实验仪

光纤实验仪的面板如图 4.9.2 所示,主机由三个模块组成:电源模块、发射模块及接收模块.

（1）电源模块:主要是为半导体激光器和主机其他模块提供电源.该模块包括用于显示半导体激光器平均工作电流的三位半数字表头、电源开关和电流调节旋钮。

（2）发射模块:主要功能为半导体激光器工作状态和频率参量的控制.该模块内含一个频率可调的矩形波发生器、一个频率固定的矩形波发生器和模拟信号调制电路.

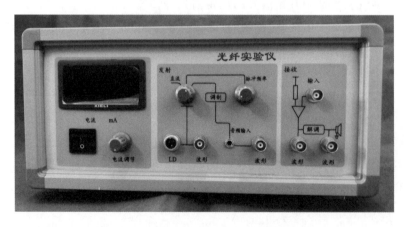

图 4.9.2   GX-1000 型光纤实验仪面板图

功能选择钮:用于选择半导体激光器的工作状态.当功能选择钮拨到"直流"挡时,半导体激光器工作在直流状态;当功能选择钮拨到"脉冲频率"挡时,半导体激光器工作在周期脉冲状态,输出的激光是一系列的光脉冲,且频率可调,频率大小由"脉冲频率"旋钮调节;当功能选择钮拨到"调制"挡时,激光器工作在周期脉冲状态,但此时频率固定,脉冲宽度受外部输入的音频信号调制.

"LD"三芯航空插座:连接半导体激光器.与其相连的"波形"Q9插座,可接示波器,用于观察驱动激光器的信号波形.

"音频输入"插孔:为 3.5 mm 耳机插孔,用于连接音频信号源.与其相连的"波形"Q9插座,可接示波器,用于观察音频信号波形.

(3)接收模块:主要功能为光信号的接收、放大、解调和还原.该模块内含光电二极管偏置驱动、高频放大、解调、音频功放电路和扬声器等.

"输入"Q9插座连接光电二极管,用于探测光脉冲信号.

两个"波形"Q9插座可分别接示波器,用于观察波形,左边的为解调前的脉冲信号波形,右边的为解调后的模拟音频信号波形.

扬声器开关:用于控制内置扬声器的开和关,在实验仪后面板上.

3. OPT-1A 型激光功率指示计(简称 OPT-1A 功率指示计)

OPT-1A 型激光功率指示计是一种数字显示的光功率测量仪器,采用硅光电池作为光传感器,针对 650 nm 波长的激光进行了标定,用于测量该波段的激光功率.其前面板如图 4.9.3 所示.

图 4.9.3　OPT-1A 功率指示计

(1)表头 :3 位半数字表头,用于显示光强的大小.

(2)量程选择钮:分为 200 μW、2 mW、20 mW、200 mW 四个标定量程和可调挡,测量时应尽量采用合适的量程.可调挡显示的是光强的相对值.

(3)调零.调零时应遮断光源,旋动调零旋钮,使功率指示计表头显示为零.

四、实验原理

1. 半导体激光器的电光特性

半导体激光器是近年来发展最为迅速的一种激光器.它具有体积小、重量轻、效率高、成本低等优点,因此在人类社会的各个领域中都有着重要的应用.与此同时,半导体激光器的飞速发展离不开光纤通信的兴起。在"光纤之父"高锟在理论上预测光纤可以作为光通信的超低损耗介质之后,半导体激光器问世,这二者提供了光通信的两大基础核心器件:传输介质和光源.因此,对半导体激光器的了解和使用就显得十分重要.
本实验对半导体激光器进行一些基本的实验研究,以掌握半导体激光器的基本特性和
使用方法.

当半导体激光器电流小于某一值时,输出功率很小,我们一般认为此时输出的不是激
光.只有当电流大于一定值(I_0),使半导体增益系数大于阈值时,才能产生激光,电流 I_0 称
为阈值电流.半导体激光器的工作电流与激光输出功率的关系如图 4.9.4 所示,当电流大
于 I_0 时,激光输出功率急剧增大.半导体激光器工作时电流要大于 I_0,但也不可过大,以防
损坏激光管.(本实验加了保护电路,以防止功率过载.)

2. 光纤的结构与分类

光纤作为光通信崛起的关键传输介质,其最大优势及特点就是可利用全反射原理进
行超低损耗的光信号超长距离传播,这是光纤通信能够取代传统电线通信的决定性因素.
因此,了解光纤的结构、传输原理、耦合和损耗特性是十分必要的.一般的裸光纤具有纤
芯、包层及涂敷层(保护层)三层结构,如图 4.9.5 所示.

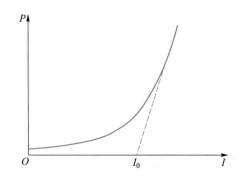

图 4.9.4   半导体激光器电光特性曲线示意图

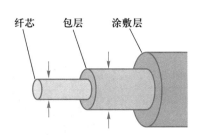

图 4.9.5   光纤结构示意图

(1) 纤芯:由掺有少量其他元素(为提高折射率)的石英玻璃构成.对于单模光纤,纤
芯直径约为 8.2 μm.而对于多模光纤,纤芯直径一般为 50 μm.

(2) 包层:由石英玻璃构成,但由于成分的差异,它的折射率比纤芯的折射率略微小
一些,以形成全反射条件.包层直径约为 125 μm.

(3) 涂覆层:为了增加光纤的强度和抗弯性,保护光纤,在包层外涂覆了塑料或树脂
保护层,其直径约为 250 μm.

激光主要在纤芯和包层中传播.

按纤芯径向介质折射率分布,光纤可分为均匀光纤和非均匀光纤.均匀光纤的纤芯
与包层介质的折射率分别呈均匀分布,在分界面处折射率有一突变,故又称阶跃型光
纤,如图 4.9.6(a)和(b)所示;非均匀光纤纤芯的折射率沿径向呈梯度分布,而包层的
折射率为均匀分布,故又称梯度折射率型光纤,如图 4.9.6(c)所示.按传输特性,光纤
可分为单模光纤和多模光纤.单模光纤较细,只允许存在一种传播状态(模式),如
图 4.9.6(a)所示;多模光纤较粗,可允许同时存在多种传播状态(模式),如图 4.9.6(b)
和(c)所示.

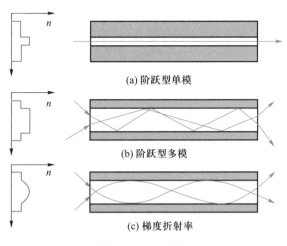

图 4.9.6　光纤分类

3. 光纤的数值孔径及其测量

由于全反射临界角 i_c 的限制,光纤对自其端面外侧入射的光束存在着一个最大的入射孔径角.如图 4.9.7 所示,假设光纤端面外侧介质的折射率为 n_0,自端面外侧以 i_0 角入射的光线进入光纤后,其到达纤芯与包层分界面处的入射角刚好等于临界角 i_c,那么当端面外侧光线的入射角大于 i_0 时,进入光纤的光线将不满足全反射条件.因此,i_0 就是能够进入光纤且形成稳定光传输的入射光束的最大孔径角.可以证明,对于阶跃型光纤,有

$$i_0 = \arcsin \frac{\sqrt{n_1^2 + n_2^2}}{n_0} \tag{4.9.1}$$

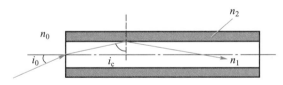

图 4.9.7　光纤数值孔径

一般用光纤端面外侧介质折射率与最大孔径角正弦的乘积 $n_0 \sin i_0$ 表征允许进入光纤纤芯且能够稳定传输的光线的最大入射角范围,称之为光纤的数值孔径.对于阶跃型光纤,数值孔径为

$$NA = n_0 \sin i_0 = \sqrt{n_1^2 - n_2^2} \tag{4.9.2}$$

光纤数值孔径的另一种定义是远场强度有效数值孔径.远场强度有效数值孔径是通过测量光纤远场强度分布来确定的.它被定义为光纤远场辐射图上光强下降到最大值的 $1/e^2$ 处的半张角的正弦值,如图 4.9.8 所示.

当远场辐射强度达到稳态分布时,测量光线

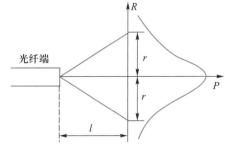

图 4.9.8　远场光强法测数值孔径

最大出射的光功率分布曲线及光纤端面与探测界面的距离 l,利用光强下降到最大值的 $1/e^2$ 处的半张角的正弦值,计算光纤的数值孔径.n_0 为空气中的折射率,$n_0 \approx 1$.

$$NA = n_0 \sin\ i_0 = \frac{r}{\sqrt{l^2 + r^2}} \tag{4.9.3}$$

4. 光纤通信

随着光纤制造技术和半导体激光器技术的快速发展,光纤通信因其容量大、频带宽、损耗低、传输距离远、不受电磁场干扰等优势,已成为现代社会最主要的通信手段,从长距离的跨洋数字通信,到校园局域网内的主干信息传输,都是利用光纤通信完成的.

光纤通信的基本过程:将要传输的信息(语言、图像、文字、数据)加载到载波(光)上,经发送机处理(编码、调制)后,载有信息的光波被耦合到光纤中,经光纤传输到达接收机,接收机将收到的信号处理(放大、解码、整形)后,还原成原来发送的信息(语言、图像、文字、数据).图 4.9.9 给出了光通信链路.

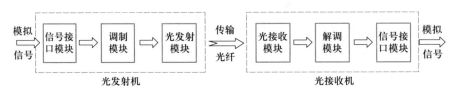

图 4.9.9　光通信链路

本实验将观察通过光纤传输声音信号的整个过程.从音频信号源(录音机、手机等)发出的信号,是一串幅度、频率随声音变化的近似正弦波信号.该信号经调制电路调制后加载在一个 80 kHz 的方波上,对方波的脉冲宽度进行调制,并以此调制信号驱动半导体激光器,使激光器发出一连串经音频信号调制的光脉冲.该光脉冲进入光纤后经过传输,从光纤出光端输出,被光电二极管接收,再经过解调电路,最后还原成近似正弦波的电信号.这个近似正弦波的电信号经功率放大后驱动扬声器,便可以听到声音了.这个简单的声音信号调制、传输及解调的过程,就是现代光纤通信的三个核心机制.

五、基本实验内容与步骤

1. 光源与光纤的耦合效率测量及半导体激光器电光特性测量

(1)将实验仪置于"直流"挡.

(2)调整激光器的工作电流,使激光不太明亮,用一张白纸在激光器前面前后移动,确定激光焦点的位置.(激光过强会使光点太亮,反而不宜观察.)

(3)通过移动三维光纤调整架,使光纤端面尽量逼近焦点.

(4)将激光器工作电流调至 40 mA,通过调节三维光纤调整架调整光纤的高度和方向,使得激光光斑接近入射到光纤端面或者附近(粗调).之后仔细调节激光器调整架上的俯仰、扭摆角调整螺钉,进行细调,使激光照亮光纤端面并耦合进光纤.观察光纤局部是否有红光散射.

（5）将连接功率指示计的光电探测器放置于距光纤输出端 5 mm 处,光纤末端对准探测器的 $\phi60$ 光阑孔,用功率指示计测输出光功率的变化.反复调整激光器调整架的螺钉,并轻微移动光纤调节架的前后位置,直到光纤输出功率达到最大为止.记下功率值,此值与输入端激光功率(本实验取 10 mW)之比即耦合效率(不计吸收损耗).

（6）当功率指示计数值稳定在最大值时(要求大于 100 μW),逆时针旋转电流调节旋钮,逐步减小激光器的驱动电流,并记录电流值和相应的光功率值.

（7）绘出电流–功率曲线,此即半导体激光器的电光特性曲线.曲线斜率急剧变化处所对应的电流即阈值电流.

2. 采用远场光强法测量光纤的数值孔径

（1）重复实验 1 步骤,将激光耦合进光纤,并使输出功率尽量达到最大.

（2）将连接功率指示计的光电探测器置于光纤输出端面前 40 mm 处.

（3）仔细调整光电探测器支架径向位置,使得光功率指示值最大(此位置为原点).沿径向平移光电探测器,每隔 1 mm 记录一次光功率值,直到收到的光功率最小;再继续移 0.5 mm.

（4）同样,返回原点,再反向平移光电探测器,每平移 1 mm 记录探测到的光功率值,直至接收到的光功率最小.绘出光强分布曲线,应近似为高斯曲线.

（5）以该曲线的最高点的 $1/e^2$ 处的尺寸作为光斑直径 $2r$,利用公式(4.9.3)计算出光纤的数值孔径.

3. 模拟(音频)信号的光纤传输

（1）将激光耦合进光纤.

（2）将实验仪置于"调制"挡.

（3）从实验仪"音频输入"插孔加入音频模拟信号(用音频线连接手机音频输出孔).将光电探测器的输出端接到实验仪接收模块的"输入"插座.

（4）打开实验仪后面板上的扬声器开关,即可听到音频信号源中的声音信号.扬声器开关平时应处于"关"状态,以免产生不必要的噪声.当输出的音频信号不够清晰时,可以仔细微调激光器调整架的俯仰角螺钉,直到音频信号清晰可闻。

注意:切勿直视激光光束;在操作过程中,不要触碰光纤端面,如果光纤端面破损,则需重新切割光纤.

六、拓展实验内容

光纤的全反射低损耗传输有一定条件限制.当光纤本身受到干扰或者状态改变(如光纤弯曲)时,会部分破坏全反射条件从而导致一部分光不遵循全反射规律而从光纤纤芯辐射出光纤,造成通信信息泄露.请根据光纤弯曲破坏全反射过程的原理,参考以下操作提示,在光纤传输路径上探测光纤中泄漏的音频信号.

操作提示:

（1）将激光器输出激光尽量耦合到最高功率(大于 1 mW).

（2）参考基本实验内容与步骤 3,通过光纤传输一音频信号.

（3）在距光纤输出末端 50 cm 处,剥掉涂覆层,弯曲光纤,并用胶带固定形状.

（4）将光电探测器贴近弯曲光纤,距离为 5 mm.调节光电探测器方位,直到接收到音频信号.

（5）通过调整不同的弯曲曲率,了解信号泄露效率.

七、思考题

（1）光通信产业中所用的半导体激光器的常用波长是多少?为什么要用该波长?

（2）通信传输用光纤为什么是单模光纤?阐述单模光纤传输信号的基本光学原理.

（3）阐述光纤通信链路中调制和解调的概念.

实验 4.9 数字学习资源

（张扬 李会杏 王艳辉）

实验 4.10 巨磁电阻效应及应用

一、实验背景及应用

磁电阻效应是指材料的电阻在外磁场作用下发生变化的现象.人们对铁磁材料磁电阻效应的研究由来已久,1857 年英国科学家开尔文首次发现,常规的铁磁材料(如铁、镍等)在外磁场的作用下,沿着磁场方向测得的电阻大,垂直于磁场方向测得的电阻小,这种磁电阻效应称为各向异性磁电阻效应.但是,由于常规铁磁材料的磁电阻效应很小,阻值的变化只有千分之几到百分之几,所以并未引起人们太多关注.直到 1986 年,科学家在磁性多层膜中发现了巨磁电阻效应,这才引起了全世界的轰动.

1988 年,德国尤利希研究中心的物理学家格伦伯格(Peter Grünberg)采用分子束外延(MBE)方法制备出铁-铬-铁三层单晶结构薄膜,发现当非铁磁层铬的厚度为某一特定值时,在无外磁场时,其相邻铁磁层的磁矩是反平行的,且处于高电阻状态;在有足够强外磁场作用时,两个铁磁层磁矩变为彼此平行,且处于低电阻状态.两种状态电阻的差别高达10%.同年,法国物理学家费尔(Albert Fert)的研究小组将铁、铬薄膜交替制成几十个周期的铁-铬超晶格,即周期性多层膜,他们发现当改变磁场强度时,超晶格薄膜的电阻下降近一半.这种材料电阻随磁场变化而发生巨大变化的现象称为巨磁电阻(giant magnetoresistance,GMR)效应.随后,巨磁电阻效应在非连续多层膜、颗粒膜、自旋阀等材料中被相继发现,为其广泛应用奠定了基础.

巨磁电阻效应的发现开启了自旋电子学等新领域的大门,推动了人类社会信息化的进程.巨磁电阻效应硬盘读头体积小而且灵敏,将计算机硬盘的容量提高了几百倍,使硬盘技术发生了革命性的变化.时至今日,巨磁电阻技术已成为全世界计算机、数码相机等的标准技术,除了数据存储应用外,巨磁电阻效应还广泛应用于磁场、位移、角度等磁传感器中.利用巨磁电阻效应制成的多种传感器,也已广泛应用于各种测量和控制领域.格伦伯格和费尔由于发现巨磁电阻效应而获得 2007 年诺贝尔物理学奖.

二、实验教学目标

(1)理解多层膜巨磁电阻效应的产生原理.

(2)测量巨磁电阻材料的磁阻特性曲线,掌握巨磁电阻材料阻值随外磁场的变化规律.

(3)了解巨磁电阻模拟传感器的结构和特点,并掌握其使用方法.

三、实验仪器

巨磁电阻效应及应用实验仪、基本特性组件、巨磁电阻传感器测量组件.

基本特性组件主要包括用于产生磁场的螺线管(24 000 匝/m)、待测巨磁电阻等;巨磁电阻传感器测量组件主要包括巨磁电阻传感器、偏置磁铁和通电线等.

巨磁电阻效应及应用实验仪的面板如图 4.10.1 所示,区域 1 是一个独立的电流表,有 20 mA 和 2 mA 两个量程;区域 2 是一个独立的电压表,有 200 mV 和 2 V 两个量程;区

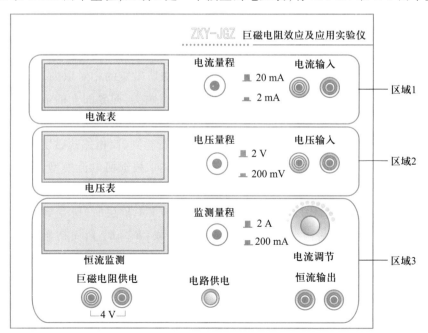

图 4.10.1 巨磁电阻效应及应用实验仪面板

域 3 是恒流源和恒压源,其中恒流源有两个挡位:200 mA 和 2 A,用于螺线管或导线供电,恒压源输出电压是 4 V,用于巨磁电阻供电.

四、实验原理

1.巨磁电阻效应的产生

对于磁性多层膜中巨磁电阻效应的产生,可利用两电流模型进行定性解释.在磁电子学中,电子不仅被视为电荷的载体,而且是具有自旋特性的个体,电子自旋磁矩有平行或反平行于外磁场两种可能取向.电子在金属材料中输运时会受到散射而产生电阻,电阻的大小正比于电子的散射概率.实验发现,当电子的自旋方向与材料磁化方向相同时,散射概率较小;当它们的方向相反时,散射概率较大.1936 年,英国物理学家莫特(Mott)提出,在铁磁金属中,两种自旋取向的电子分别传输,形成两个电流通道,如图 4.10.2 所示.自旋磁矩与材料磁场平行的电子形成的电流通道,由于散射概率小,所以电阻小、电流大;自旋磁矩与材料磁场反平行的电子形成的电流通道,由于散射概率大,所以电阻大、电流小.总电流是两个通道电流之和,总电阻是两通道电阻的并联,这就是两电流模型.

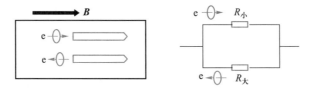

图 4.10.2　两电流模型

磁性金属多层膜巨磁电阻由厚度仅为几纳米的铁磁层(如 Fe,Co,Ni 等)和非铁磁层(如 Cu,Cr,Ag 等)交替生长而成.多层膜的巨磁电阻效应依赖于相邻铁磁层磁矩(局域磁化矢量)的相对取向,外磁场的作用就是改变相邻铁磁层磁矩的相对取向,从而影响传导电子的散射概率.对巨磁电阻效应有贡献的散射主要有两类,即界面上的散射和铁磁膜内的散射.下面以铁-铬-铁三层膜结构为例,说明巨磁电阻效应的形成.

在没有外磁场时,多层膜中同一铁磁层的磁矩平行排列,而相邻铁磁层的磁矩反平行排列,如图 4.10.3(a)所示,铁磁层内箭头表示磁矩方向.根据两电流模型,自旋方向不同的传导电子沿两个并联的通道分别输运,初始自旋向右的电子在从磁矩取向与其自旋方向相反的 FM_1 磁层进入磁矩取向与其自旋方向相同的 FM_2 磁层时,所受到的散射由强变弱,该通道的电阻相当于一个大电阻与一个小电阻串联($R_大 + R_小$);而初始自旋向左的电子在从磁矩取向与其自旋方向相同的 FM_1 磁层进入磁矩取向与其自旋方向相反的 FM_2 磁层时,受到的散射从弱变强,该通道的电阻相当于一个小电阻与一个大电阻串联($R_小 + R_大$),如图 4.10.3(a)所示.总电阻为两个通道电阻并联,此时多层膜处于高电阻状态.当在足够强外磁场的作用下,两个铁磁层的磁矩趋于平行时,初始自旋向右的电子在两个铁磁层中均受到较弱的散射,构成低电阻通道($R_小 + R_小$);而初始自旋向左的电子在两个铁磁层中均受到强散射作用,形成高电阻通道($R_大 + R_大$),如图 4.10.3(b)所示,所以此时的磁性多层膜表现为低电阻状态.由此而产生巨磁电阻效应.

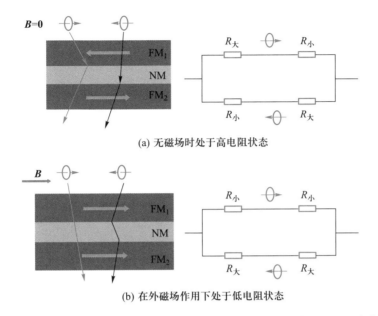

(a) 无磁场时处于高电阻状态

(b) 在外磁场作用下处于低电阻状态

图 4.10.3　两电流模型对多层膜巨磁电阻效应解释示意图(FM 为铁磁层,NM 为非铁磁层)

2. 巨磁电阻材料磁阻特性测量

巨磁电阻材料的磁阻特性由其阻值随外磁场变化曲线描述.图 4.10.4 是一种磁性金属多层膜巨磁电阻材料的磁阻特性曲线.由图可见,加正向磁场和加反向磁场时的磁阻特性是相同的,随着外磁场 B 值的增大,磁阻逐渐减小,其间有一段磁阻变化率较大的线性变化区域.当外磁场使铁磁层的磁场方向完全平行后,继续加大 B 值,电阻不再减小,表明达到磁饱和状态.注意:图 4.10.4 中有两条曲线,分别对应增大磁场和减小磁场时的磁阻特性,由于铁磁材料的磁滞特性,两条曲线不重合.

图 4.10.5 是磁阻特性测量实验原理图.巨磁电阻器件置于螺线管磁场中,磁场方向平行于膜平面,磁阻两端加上恒定电压,用电流表 A_1 测出通过磁阻的电流即可计算其

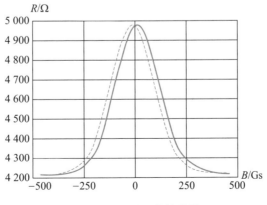

图 4.10.4　磁阻特性曲线

阻值大小.电流表 A_2 监测螺线管线圈的通电电流,磁场 B 的变化通过调节线圈电流实现.相对尺寸很小的磁阻而言,螺线管可视为无限长,其内部轴线上任一点的磁感应强度为

$$B = \mu_0 nI$$

式中,n 为单位长度的线圈匝数,I 为流经线圈的电流,$\mu_0 = 4\pi \times 10^{-7}$ H/m 为真空磁导率.

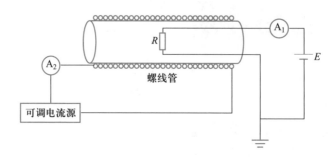

图 4.10.5   磁阻特性测量实验原理图

3. 巨磁电阻传感器工作原理

铁磁性多层膜的巨磁电阻具有工作稳定、结构简单、磁阻变化范围大等优点,适合应用于多种传感器.将巨磁电阻构成传感器时,为了消除温度变化等环境因素对测量的影响,一般采用桥式结构,如图 4.10.6 所示.它由 4 个完全相同的巨磁电阻构成,当 4 个巨磁电阻对磁场的响应完全同步时,不论有无外磁场,电桥都处于平衡状态,不会有信号输出,即 $U_{out} = 0$.如果将电桥对角位置的两个电阻 R_1、R_2(或 R_3、R_4)覆盖一层高磁导率的材料,如坡莫合金,以屏蔽外磁场对它们的影响,那么此时只有 R_3、R_4(或 R_1、R_2)的阻值随外磁场变化而改变,电桥处于非平衡状态,就会有电压输出.假设无外磁场时 4 个巨磁电阻的阻值均为 R,当外磁场改变时,R_1、R_2 的阻值在外磁场作用下减小 ΔR,则输出电压为

$$U_{out} = \frac{U_{in}\Delta R}{2R - \Delta R} \qquad (4.10.1)$$

式中,U_{in} 为电桥输入电压.由上式可以得到巨磁电阻传感器的磁电转换特性,即将磁场的测量转换为输出电压的测量.

巨磁电阻模拟传感器在一定的范围内其输出电压与磁感应强度呈线性关系,且灵敏度高于其他磁传感器,因此可以方便地将巨磁电阻制成磁场计,测量磁感应强度或其他与磁场相关的物理量.例如可以用它来测量电流,并且用巨磁电阻传感器测量电流不用将测量仪器接入电路,不会对电路工作产生干扰,图 4.10.7 是巨磁电阻传感器测量电流原理图.通有电流 I 的导线在其周围会产生磁场,与导线距离为 r 的一点的磁感应强度 B 与电流 I 成正比:

$$B = \mu_0 I/2\pi r = 2I \times 10^{-7}/r (\text{SI 单位}) \qquad (4.10.2)$$

在 r 已知的条件下,测得 B,即可求出电流 I.在实际测量中,为了提高测量精度,必须使巨磁电阻模拟传感器工作在线性区,所以常常预先给传感器施加一固定磁场,称之为磁偏置,如图 4.10.7 中的永磁体.测量时,磁偏置的大小需要根据待测磁场的大小合理选择.

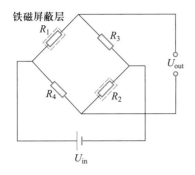

图 4.10.6　巨磁电阻传感器结构图

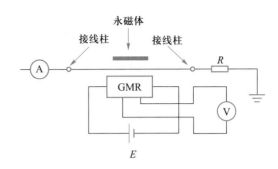

图 4.10.7　巨磁电阻传感器测量电流原理图

五、基本实验内容与步骤

1. 巨磁电阻磁阻特性曲线测量

（1）将巨磁电阻置于螺线管内中心位置,基本特性组件上的功能切换按钮拨到"巨磁电阻测量";将实验仪的"电路供电"与基本测量组件的"电路供电"相连,连接时应注意,航空插头的插针与插孔要匹配,不要把线序插错,否则会损坏仪器.

（2）按照图 4.10.5 连接测量电路.图 4.10.5 中磁阻 R 测量回路中的电源 E 由实验仪中的 4 V 电压源提供,回路中的电流由实验仪中的电流表测量.接线时,将实验仪上的"巨磁电阻供电"与电流表串联后接到基本测量组件的"巨磁电阻供电". 实验仪的"恒流输出"接到基本测量组件的"螺线管电流输入". 螺线管中电流由实验仪上的"恒流监测"窗口显示,电流的大小由"电流调节"旋钮调节.

（3）打开电源,调节"电流调节"旋钮,使螺线管电流按 100 mA→0 mA→−100 mA→0 mA→100 mA 逐步变化,每隔 5 mA 记录一次电流表 A_1 的读数.负向电流可由交换"恒流输出"接线的极性获得.

（4）由测得的数据计算出螺线管内的磁感应强度 B 及相应的电阻 R,以磁感应强度 B 为横坐标,电阻 R 为纵坐标作出磁阻特性曲线.

2. 巨磁电阻传感器的磁电转换特性及灵敏度测量

这部分实验采用图 4.10.7 所示测量线路图.导线中通已知电流,调节电流大小,改变导线周围的磁场强度,记录巨磁电阻传感器相应的输出电压,外磁场强度不同时输出电压的变化反映了巨磁电阻传感器的磁电转换特性. 磁场在不同区域变化时,巨磁电阻传感器的磁电转换特性不同,灵敏度也不同.当输出电压与磁感应强度呈线性关系,即传感器工作在线性区时,灵敏度最高.实验中通过改变偏置磁场的大小,使磁场在不同区域变化,测量巨磁电阻传感器的磁电转换特性,并比较不同情况下灵敏度的大小.具体步骤如下:

（1）将实验仪的"巨磁电阻供电"接到传感器测量组件的"巨磁电阻供电";"恒流输出"接到传感器测量组件的"待测电流输入";电压表接到传感器测量组件的"信号输出".

（2）打开电源,调节偏置磁铁到巨磁电阻模拟传感器的距离,施加一弱偏置磁场（输出电压为 25 mV 左右）;调节导线中电流,由 0 mA→200 mA→0 mA,每隔 20 mA 记录相应电压表的读数.

（3）转动偏置磁铁,使其靠近巨磁电阻模拟传感器,增加偏置磁场,使电压表输出为 120 mV 左右;调节导线中电流,由 0 mA→200 mA→0 mA,每隔 20 mA 记录相应电压表的读数.

（4）以电流 I 为横坐标,电压表的读数 U 为纵坐标作图,并比较不同磁偏置下的传感器的灵敏度.

注意:连接电路过程中不要打开电源;由于磁滞效应,励磁电流只能沿着一个方向调节;测量完毕后,需调节"电流调节"旋钮,使电流输出归零,然后再关闭电源.

六、拓展实验内容

1. 巨磁电阻动态特性测量

图 4.10.4 中给出的是巨磁电阻的静态特性,如果将巨磁电阻置于交变磁场中,那么其磁阻特性将如何变化?请尝试测量巨磁电阻的动态特性,研究巨磁电阻在不同频率的交变磁场中电阻的变化规律.

2. 角位移和角速度测量

如果图 4.10.6 中桥式巨磁电阻传感器的 4 个电阻都不加磁屏蔽,并将电桥两对对角电阻分别置于集成电路两端,即构成梯度传感器,如图 4.10.8 所示.若将这种传感器置于均匀磁场中,则由于 4 个桥臂电阻阻值变化相同,所以电桥输出为零.如果磁场存在一定的梯度,各桥臂电阻感受到的磁场不同,阻值变化不一样,就会有信号输出.如果磁场呈周期性变化,那么输出电压也呈周期性变化.梯度传感器已普遍应用于转速（速度）与位移监控,在汽车等工业领域得到广泛应用.请设计一个用梯度传感器测量齿轮（铁磁材料）转速的实验装置图,并说明测量原理.尝试用位移测量组件测量齿轮的转速.

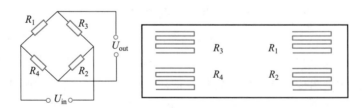

图 4.10.8　巨磁电阻梯度传感器结构图

七、思考题

（1）巨磁电阻有哪些特点? 它和一般电阻的主要区别是什么?

（2）巨磁电阻传感器为什么要采用桥式电路？常用的桥式结构有几种？

（3）磁偏置的作用是什么？在什么情况下需要加磁偏置？

（王真厚　王艳辉　姚志　黄火林　王译）

实验 4.11　偏振光的研究

一、实验背景及应用

　　可见光是一种特定频率的横电磁波.横电磁波的特点是电场和磁场的振动方向与波的传播方向垂直.通常我们用电场强度矢量来代表光波的光矢量,光矢量的振动方向和光波的传播方向相互垂直.根据光矢量振动的规律,可以划分出不同种类的偏振光,它们分别应用于不同的研究和实用领域.在光的偏振实验中,同学们可以自己设计和动手搭建光路,观察不同种类的偏振光相互转化的神奇现象,加深理解与光的偏振现象相关的物理知识.这有助于激发同学们的好奇心与求知欲,培养同学们勤于思考、求真务实、勇于探索的科学精神.

　　光的偏振现象在光学仪器、摄影、液晶显示、3D 电影等诸多领域有着广泛的应用.比如在摄影时如果在镜头前加偏振镜片,就会过滤掉天空中的部分偏振光,使蓝天背景变暗,突出空中的白云,增加照片对比度,使拍摄的景色更美丽.在拍摄光滑表面（如玻璃器皿、水面等）下的物体时,常常会出现耀斑或反光,这是由光滑表面反射光的干扰造成的.如果在相机镜头前加偏振镜片,并适当地旋转偏振镜片,就可以减弱反射光,使拍摄到的水下或玻璃后的影像更清晰.3D 电影用两台摄像机如人眼那样从两个方向同时拍摄景物的影像,制成电影胶片.在放映时,通过两台放映机,把两组胶片重叠在银幕上同步放映.这时如果用眼睛直接观看,看到的画面是两组胶片的影像,模糊不清.如果在两台放映机前各加装一块偏振片,并且保证两台放映机前的偏振片的偏振化方向互相垂直,那么产生的两束线偏振光的偏振方向也互相垂直.在观看 3D 电影时,观众要戴上一副特制的眼镜,这副眼镜是一对偏振化方向互相垂直的偏振片,观众的每只眼睛只看到相应放映机的偏振光图像,即左眼只能看到左放映机的画面,右眼只能看到右放映机的画面,左右眼的图像在大脑中合成后就会产生立体感觉.

二、实验教学目标

　　（1）观察光的偏振现象,掌握利用偏振片调节光强的方法.

（2）掌握利用波片实现不同偏振态的偏振光之间相互转化的方法,会鉴别不同偏振态的偏振光.

（3）掌握利用玻璃片堆起偏获得线偏振光的方法,会利用布儒斯特定律测量玻璃折射率.

三、实验仪器

格兰棱镜、$\lambda/2$ 波片、$\lambda/4$ 波片、玻璃片堆、氦氖激光器及电源控制箱、步进电机控制箱、光电接收器、计算机及实验软件.

四、实验原理

1. 光的偏振态

光如果按照偏振态分类的话,可以分为三类,分别是自然光、完全偏振光和部分偏振光.根据光矢量端点随时间变化的轨迹,完全偏振光又可以分为三类,分别为线偏振光、椭圆偏振光和圆偏振光.如果光矢量端点的轨迹是一条直线,那么这种完全偏振光称为线偏振光.如果光矢量端点的轨迹是椭圆（或圆）,那么这种完全偏振光称为椭圆（或圆）偏振光.由于光的本质是一种振动随时间的传播,所以根据振动的矢量合成和分解的原理,完全偏振光可以看成两束同频率、振动方向互相垂直的线偏振光的合成.设两束线偏振光的表达式为

$$E_x = A_1 \cos(\omega t + \varphi_1) \qquad (4.11.1)$$

$$E_y = A_2 \cos(\omega t + \varphi_2) \qquad (4.11.2)$$

其中 A_1、A_2 为两束线偏振光的振幅,$\Delta\varphi = \varphi_2 - \varphi_1$ 是某一点处两束线偏振光的相位差.A_1、A_2 和 $\Delta\varphi$ 决定合成光的性质,如果 $\Delta\varphi = 0$ 或 $\Delta\varphi = \pi$,那么合成光是线偏振光;如果 $A_1 = A_2$ 并且 $\Delta\varphi = \pi/2$,那么合成光是圆偏振光;在其他情况下合成光为椭圆偏振光.

自然光的特点是光矢量振动沿各个方向的概率是相等的,没有优势方向.如果我们把自然光沿着任意相互垂直的两个方向进行矢量分解,那么每一个方向得到的光强分量都是原入射光光强的 $1/2$.自然光可等效为两束振动方向相互垂直、振幅相等、互不相关的线性偏振光的叠加,这里我们强调的互不相关是指等效的两束线偏振光之间没有确定的相位关系.

部分偏振光可以看成自然光和完全偏振光的叠加.

2. 晶体的双折射现象

一束光照射到各向异性介质（如方解石、冰洲石等晶体）中,折射光分解为两束光的现象称为晶体的双折射现象.我们把遵守折射定律的那束光称为寻常光,取英文单词 ordinary 的首字母,简称 o 光;另一束折射率随入射角不同而改变的光称为非寻常光,取英文单词 extraordinary 的首字母,简称 e 光. o 光和 e 光都是线偏振光.需要强调的是,只有在双折射晶体内部才区分 o 光和 e 光,出了双折射晶体的光只能称为线偏振光.

在双折射晶体的内部存在着某个特殊方向,光沿该方向传播时不发生双折射,该方向称为晶体的光轴.需要强调的是,光轴是一个方向.o 光沿各个方向的传播速度都是一样的,写为 v_o.e 光在平行于光轴的方向传播速度与 o 光相同,即 v_o;在垂直于光轴方向,e 光的传播速度为 v_e,此时 e 光和 o 光的传播速度相差最大;在其他方向上,e 光的传播速度在 v_o 和 v_e 之间.如果 $v_o > v_e$,那么这样的双折射晶体称为正晶体,如石英、冰;如果 $v_o < v_e$,那么这样的晶体称为负晶体,如方解石.

3. 波片

利用晶体的双折射现象可制作波片.我们沿平行于晶体的光轴方向切割出一块晶体薄片做成波片,该波片的厚度设为 d,如图 4.11.1 所示.一束线偏振光垂直于波片入射,其偏振方向既不平行也不垂直于光轴.由于入射光的传播方向垂直于光轴,所以在晶体内部 o 光和 e 光传播方向相同,但是速度不同,这就导致 o 光和 e 光在出射面上有光程差,光程差的大小是 $\delta = (n_o - n_e)d$,其中 n_o 和 n_e 分别是 o 光和 e 光的折射率.该光程差对应的相位差为

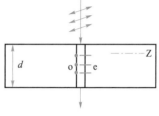

图 4.11.1   波片

$$\Delta\varphi = \frac{2\pi}{\lambda}(n_o - n_e)d \qquad (4.11.3)$$

其中 λ 为入射光在真空中的波长.

(1) 当相位差为 $\Delta\varphi = 2k\pi$ 时,相应的光程差为 $\delta = k\lambda$,即波长的整数倍,这样厚度的波片称为全波片.

(2) 当相位差为 $\Delta\varphi = (2k+1)\pi$ 时,相应的光程差为 $\delta = (2k+1)\lambda/2$,即半波长的奇数倍,这样厚度的波片称为 $\lambda/2$ 波片或半波片.

(3) 当相位差为 $\Delta\varphi = (2k+1)\pi/2$ 时,相应的光程差为 $\delta = (2k+1)\lambda/4$,即四分之一波长的奇数倍,这样厚度的波片称为 $\lambda/4$ 波片.

需要强调的是,全波片、$\lambda/2$ 波片和 $\lambda/4$ 波片都是针对某一个特定的入射光波长而言的,如果入射光波长发生变化,实验中相应的波片就需要更换.

一束线偏振光通过全波片后,出射光还是线偏振光,并且偏振方向不发生变化.一束线偏振光通过 $\lambda/2$ 波片后,出射光还是线偏振光,但偏振方向会绕光轴转动 2θ 角,θ 是入射线偏振光的偏振方向和波片光轴的夹角.一束线偏振光通过 $\lambda/4$ 波片后,出射光可能是线偏振光、椭圆偏振光或者圆偏振光:当 $\theta = 0$ 或 $\pi/2$ 时,出射光为线偏振光;当 $\theta = \pi/4$ 时,出射光为圆偏振光;当 θ 为其他角度时,出射光为椭圆偏振光.

4. 格兰棱镜

晶体的双折射现象的另一个应用是制作偏振片.偏振片是一种能使自然光通过后变成线偏振光的光学器件,本实验采用格兰棱镜(全称格兰·泰勒棱镜)作偏振片.格兰棱镜由两块冰洲石晶体的直角棱镜和中间的介质层构成,如图 4.11.2 所示.冰洲石中,o 光的折射率 n_o 为 1.658,e 光的折射率 n_e 为 1.486,介质层的折射率与 e 光的折射率接近.当一

束自然光垂直光轴入射在第一个直角棱镜内时,o 光和 e 光传播方向一样,但是速度不同.在第一个直角棱镜的斜面上,o 光由冰洲石进入介质层,即从光密介质进入光疏介质,如果入射角足够大,那么将发生全反射,o 光被棱镜底部的吸收层吸收掉;对于 e 光来说,由于介质层的折射率与 e 光的折射率接近,所以 e 光继续传播.o 光和 e 光都是线偏振光.这样,我们就通过格兰棱镜把入射的自然光变成线偏振光了.

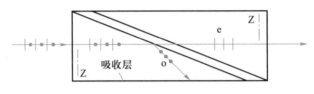

图 4.11.2   格兰棱镜

当然,通过其他方法(如加热并拉伸聚乙烯醇薄膜)也可以制作偏振片,这种偏振片并未在本实验中应用,因此这里不做详细介绍.根据偏振片在光路中所起的作用不同,我们把获得偏振光的偏振片称为起偏器,把检验偏振光的偏振片称为检偏器,如图 4.11.3 所示.我们把通过偏振片后光矢量的振动方向称为偏振片的偏振化方向或者透振方向.

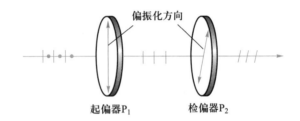

图 4.11.3   起偏器与检偏器

5. 马吕斯定律

一束光强为 I_0 的线偏振光,通过偏振片后,其光强为

$$I = I_0 \cos^2 \theta \qquad (4.11.4)$$

其中 θ 为线偏振光的偏振方向与偏振片的偏振化方向的夹角,这就是马吕斯定律(如图 4.11.4).该定律由法国物理学家马吕斯于 1808 年发现.根据马吕斯定律,当 $\theta = 0°$ 或 $180°$ 时,透射光强为最大值,即 I_0;当 $\theta = 90°$ 时,透射光强为 0.

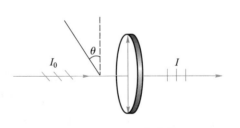

图 4.11.4   马吕斯定律

6. 布儒斯特定律

当一束自然光入射到非金属的光滑表面上(如水面、玻璃片)时,在一般情况下,反射光和折射光都是部分偏振光,其中反射光垂直于入射面(入射光传播方向和界面法向组成的平面)的振动分量较多,折射光平行于入射面的振动分量较多.当入射角为某个特殊角度时,反射光是振动分量垂直于入射面的线偏振光,这时的入射角称为布儒斯特角或起偏角.此时折射光为振动分量平行入射面较多的部分偏振光,并且反射光和折射光的传播

方向相互垂直.根据折射定律,我们可以推导出

$$\tan i_{\mathrm{B}} = \frac{n_2}{n_1} \tag{4.11.5}$$

上式称为布儒斯特定律,其中 n_1 是入射一侧介质的折射率,n_2 是折射一侧介质的折射率.该定律由苏格兰物理学家布儒斯特于 19 世纪初发现.如果自然光从空气($n_1 \approx 1$)入射到玻璃($n_2 = 1.5$)上,则 $\tan i_{\mathrm{B}} \approx n_2 \approx 1.5$,可推出 $i_{\mathrm{B}} = \arctan 1.5 \approx 56.3°$.对于一个两表面平行的玻璃片,可以证明,如果入射光在上表面的入射角是布儒斯特角,那么折射光在下表面的入射角也是布儒斯特角.

　　玻璃片堆是由多片平行平面玻璃组成的.如果我们采用玻璃片堆起偏(如图 4.11.5 所示),在每一个界面处,振动方向垂直于入射面的分量都被反射,那么折射光中也几乎只剩下平行于入射面的振动分量,因此折射光也近似是线偏振光.

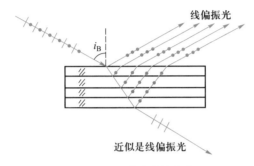

图 4.11.5　玻璃片堆起偏

7. 偏振度

　　为了描述一束部分偏振光中偏振光和自然光的含量,我们引入偏振度的概念.偏振度 P 定义为

$$P = \frac{I_{\mathrm{p}}}{I_{\mathrm{p}} + I_{\mathrm{n}}} \tag{4.11.6}$$

式中 I_{p} 和 I_{n} 分别为偏振光和自然光的光强.对于完全偏振光,偏振度 $P = 1$;对于自然光,偏振度 $P = 0$;对于部分偏振光,偏振度 P 在 0 至 1 之间.

　　如果部分偏振光是由线偏振光和自然光组成的,那么这种部分偏振光透过偏振片的最大光强 $I_{\max}$ 为 $I_{\mathrm{p}} + I_{\mathrm{n}}/2$,最小光强 $I_{\min}$ 为 $I_{\mathrm{n}}/2$,因此对于这种部分偏振光,偏振度 P 又可写为

$$P = \frac{I_{\max} - I_{\min}}{I_{\max} + I_{\min}} \tag{4.11.7}$$

五、基本实验内容与步骤

1. 光路调节

　　本实验的实验原理不难,难在光路调节,这需要同学们的耐心和细心,如果光路调节得好,实验过程就会顺利很多.我们在图 4.11.6 中给出了包含起偏器和检偏器的基本光路图.

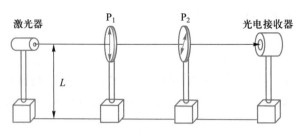

图 4.11.6   基本光路图

我们以在光路中加入检偏器 P_2 为例,讲解光路调节中的要点.

(1) 借助光屏,调节激光器,使出射光线为水平方向;使光线能入射到光电接收器的接收端面中心,并与之垂直.

(2) 在激光器后加入检偏器 P_2,使激光束全部通过检偏器 P_2 正中央的透光部分,并使激光器出射光线与检偏器 P_2 所在平面垂直.

(3) 左右转动检偏器 P_2,使反射光斑反射回激光器出射垂直端面,并与出射光斑在一条竖直线上.激光器出射垂直端面如图 4.11.7 所示,圆形部分就是激光器的出射垂直端面,八边形代表激光器出射孔,两个圆点分别代表激光器的出射光斑和反射光斑.微调检偏器 P_2 的俯仰调节旋钮,使反射光斑和出射光斑完全重合.

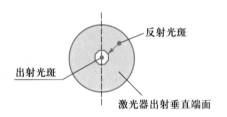

图 4.11.7   准直调节示意图

(4) 将检偏器 P_2 调节好后,根据实验要求继续加入起偏器 P_1 和波片.每加入一个元件,都要重复上述(2)和(3)过程.

2. 验证马吕斯定律

观察一束线偏振光通过偏振片后出射光强的变化.

(1) 在激光器和光电接收器之间加入起偏器 P_1 和检偏器 P_2,旋转检偏器 P_2 一周,观察光强的变化.

(2) 旋转 P_2 使出射光强为最大值,以该角度为基准 $0°$,继续旋转检偏器 P_2 180°,每隔 10° 记录出射光强.

3. $\lambda/2$ 波片对线偏振光的调整及测量

一束线偏振光通过 $\lambda/2$ 波片后,观察出射的线偏振光偏振方向的变化.

(1) 在激光器和光电接收器之间加入起偏器 P_1 和检偏器 P_2,旋转检偏器 P_2,使 P_1、P_2 消光.

(2) 在 P_1、P_2 之间放入 $\lambda/2$ 波片,转动 $\lambda/2$ 波片,使光路重新消光.转动 $\lambda/2$ 波片任意角度破坏消光,记录 $\lambda/2$ 波片转动的角度.转动检偏器 P_2 再至新的消光位置,记录检偏器 P_2 转动的角度.

注意:由于实验中检偏器是用步进电机控制的,所以检偏器只可以顺时针旋转. 但是请同学们想象一下,如果不用步进电机,检偏器逆时针旋转,那么检偏器 P_2 需转动多少度才能达到新的消光位置?

4. λ/4 波片对线偏振光的调整及测量

一束线偏振光通过 λ/4 波片后,观察出射光的偏振状态.

(1)在激光器和光电接收器之间加入起偏器 P_1 和检偏器 P_2,旋转检偏器 P_2,使 P_1、P_2 消光.

(2)在 P_1、P_2 之间放入 λ/4 波片,转动 λ/4 波片使光路重新消光.

(3)以消光时 λ/4 波片的角度为基准 0°,将 λ/4 波片依次转至 15°、30°、45°、60°、75° 和 90°;对于上述每一个 λ/4 波片的角度,将检偏器 P_2 旋转一周,观察光强变化曲线的特征(注意曲线的极大值、极小值和有无消光现象),并根据曲线特征分析偏振光性质.

注意:由于本实验需要转动 λ/4 波片和检偏器 P_2 两个元件,所以很容易转错.建议同学们在 λ/4 波片消光位置,记录 λ/4 波片及检偏器 P_2 的刻度,这样万一哪个步骤转错,也可以找回步骤(2)中 λ/4 波片和检偏器 P_2 的消光位置.

5. 测量布儒斯特角

利用玻璃片堆起偏获得线偏振光,并测量布儒斯特角.

(1)将玻璃片堆放置在旋转刻度盘上.激光器发出的光入射到玻璃片堆上,反射光经过偏振片进入光电接收器.令入射角为 40°,旋转检偏器一周,记录光强的最大值与最小值,求出偏振度.

(2)分别改变入射角为 45°、50°、55°、60°、65°、70°,旋转检偏器一周,记录光强的最大值与最小值,求出偏振度.

注意:

(1)玻璃片堆的第一个反射面要对准旋转刻度盘上连接 90° 和 90° 的刻线.激光的入射光斑需要入射到旋转刻度盘的中心轴上,并且随着刻度盘的转动,光斑位置保持不变.这些要求是为了确保由刻度盘上读出的角度即入射角.

(2)每次改变入射角后,一定要确保检偏器所在平面和光电接收器的垂直端面垂直于反射光线(反射光线可以借助光屏来观察).

(3)实验中用玻璃片堆反射起偏,对于这种多界面反射的情况,得到的反射光斑是一排斑点,其中第一个界面的反射光斑是最强的,第二个界面的反射光斑次强,然后逐渐减弱.在实验测量的时候,要求同学们使前面几个光强较强的反射光斑进入光电接收器.

(4)在放置玻璃片堆之前,一定要将旋转刻度盘的磁铁吸好,以防因刻度盘重心不稳导致玻璃片堆摔坏.

六、拓展实验内容

偏振光的干涉.一束自然光,光强为 I_0,经过偏振片 P_1 成为线偏振光,光强为 $I_0/2$,

该线偏振光垂直于波片光轴入射到波片上,线偏振光的偏振方向与波片光轴的夹角为 θ,当 $\theta \neq 0°$ 且 $\theta \neq 90°$ 时,入射光在波片内分解为 o 光和 e 光.o 光和 e 光传播方向相同、速度不同,因此 o 光和 e 光在出射面上有相位差,o 光和 e 光经波片出射后成为两束线偏振光.在波片后方再放置偏振片 P_2,偏振片 P_2 的偏振化方向既不垂直也不平行于波片的光轴,偏振片 P_2 和偏振片 P_1 的偏振化方向的夹角为 α.两束线偏振光经过偏振片 P_2 后分解为两束偏振方向平行于偏振片 P_2 偏振化方向的线偏振光,这两束线偏振光满足相干条件,会发生干涉.这两束线偏振光是由波片内的 o 光和 e 光转化而来的,为表述方便,我们将这两束线偏振光记为 o′ 光和 e′ 光,但是同学们需要清楚,它们都应被称为线偏振光.偏振光的干涉实验装置如图 4.11.8(a) 表示,图 4.11.8(b) 为迎着光的传播方向的视图.

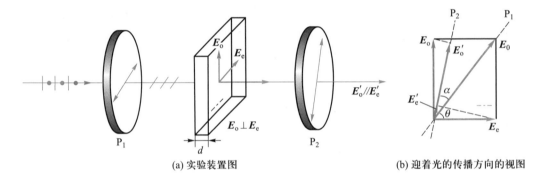

(a) 实验装置图   (b) 迎着光的传播方向的视图

图 4.11.8　偏振光的干涉

根据图 4.11.8(b),发生干涉的两束线偏振光 o′ 和 e′ 的光矢量应写为

$$\begin{cases} E_o' = E_o \sin(\alpha+\theta) = E_0 \sin\theta\sin(\alpha+\theta) \\ E_e' = E_e \cos(\alpha+\theta) = E_0 \cos\theta\cos(\alpha+\theta) \end{cases} \tag{4.11.8}$$

两束线偏振光 o′ 和 e′ 的光矢量与光强的关系用下式表示:

$$\begin{cases} I_o' = \dfrac{1}{2}E_o'^2 \\ I_e' = \dfrac{1}{2}E_e'^2 \end{cases} \tag{4.11.9}$$

将式 (4.11.8) 和式 (4.11.9) 代入相干光强的表达式:

$$I = I_o' + I_e' + 2\sqrt{I_o' I_e'}\cos\Delta\varphi \tag{4.11.10}$$

可以推导出两束线偏振光 o′ 和 e′ 的干涉光强:

$$I = \frac{I_0}{2}\left[\cos^2\alpha - \sin 2\theta\sin 2(\alpha+\theta)\sin^2\frac{\Delta\varphi}{2}\right] \tag{4.11.11}$$

讨论:

(1) 当两个偏振片 P_1 和 P_2 的偏振化方向相互垂直,即 $\alpha = \pi/2$ 时,式 (4.11.11) 可写为

$$I = \frac{I_0}{2}\sin^2 2\theta\sin^2\frac{\Delta\varphi}{2} \tag{4.11.12}$$

如果波片是全波片($\Delta\varphi = 2k\pi$),则无论 θ 为何值,干涉光强都为零.

如果波片是 $\lambda/2$ 波片$\left[\Delta\varphi = (2k+1)\pi\right]$,则干涉光强为

$$I = \frac{I_0}{2}\sin^2 2\theta \tag{4.11.13}$$

如果波片是 $\lambda/4$ 波片$\left[\Delta\varphi = (2k+1)\pi/2\right]$,则干涉光强为

$$I = \frac{I_0}{4}\sin^2 2\theta \tag{4.11.14}$$

(2) 当两个偏振片 P_1 和 P_2 的偏振化方向相互平行,即 $\alpha = 0$ 时,式(4.11.11)可写为

$$I = \frac{I_0}{2}\left(1 - \sin^2 2\theta \sin^2\frac{\Delta\varphi}{2}\right) \tag{4.11.15}$$

如果波片是全波片($\Delta\varphi = 2k\pi$),则无论 θ 为何值,干涉光强都为 $I_0/2$.

如果波片是 $\lambda/2$ 波片$\left[\Delta\varphi = (2k+1)\pi\right]$,则干涉光强为

$$I = \frac{I_0}{2}\left(1 - \sin^2 2\theta\right) \tag{4.11.16}$$

如果波片是 $\lambda/4$ 波片$\left[\Delta\varphi = (2k+1)\pi/2\right]$,则干涉光强为

$$I = \frac{I_0}{2}\left(1 - \frac{1}{2}\sin^2 2\theta\right) \tag{4.11.17}$$

实验步骤:

(1) 在激光器和光电接收器之间加入起偏器 P_1 和检偏器 P_2,旋转检偏器 P_2,使 P_1、P_2 消光(此时 P_1、P_2 的偏振化方向相互垂直).在 P_1、P_2 之间放入全波片,转动全波片一周,观察光电接收器接收到的光强的变化.

(2) 将全波片分别替换为 $\lambda/2$ 波片、$\lambda/4$ 波片,分别转动 $\lambda/2$ 波片、$\lambda/4$ 波片一周,观察光电接收器接收到的光强的变化.

(3) 在激光器和光电接收器之间加入起偏器 P_1 和检偏器 P_2,旋转检偏器 P_2,使出射光强为最大值(此时 P_1、P_2 的偏振化方向相互平行).在 P_1、P_2 之间放入全波片,转动全波片一周,观察光电接收器接收到的光强的变化.

(4) 将全波片分别替换为 $\lambda/2$ 波片、$\lambda/4$ 波片,分别转动 $\lambda/2$ 波片、$\lambda/4$ 波片一周,观察光电接收器接收到的光强的变化.

注意:光强的变化现象包括有无消光现象,有无极大、极小值.如果有,有几个极大、极小值?

七、思考题

(1) 在本实验中我们通过计算机来控制电机转动,系统提供了两种控制方式.这两种方式各有什么特点? 如何正确选用它们?

(2) 在正交的两个偏振片之间插入 $\lambda/4$ 波片,将 $\lambda/4$ 波片旋转一周,共出现几个光强

极大值?

（3）如何鉴别圆偏振光和自然光？如何鉴别椭圆偏振光和部分偏振光？

实验 4.11 数字学习资源

（王乔   秦颖   李建东   刘渊）

实验 4.12   大气压低温等离子体射流聚合物表面改性研究

一、实验背景及应用

固态、液态与气态是人们熟知的三种物质状态,在一定的条件下,物质之间的各种状态可以相互转化.如随着温度的不断上升,当粒子的平均动能超过其在晶格中的结合能时,晶体将被破坏,物质由固态变为液态,若在此基础上进一步提高温度,当粒子的结合键被破坏时,物质的状态将由液态变为气态.继续升高温度,气态物质则会出现电离的情况,即原子的外层电子会摆脱原子核的束缚而成为自由电子,而失去外层电子的原子则会变成带正电的离子,当带电粒子的浓度高于一定数值时,电离气体将表现出明显的集体行为,并具有发光、导电、高温、高化学活性等一系列不同于其他三态的特殊性质,此时物质的状态称为等离子体,即物质的第四态.

目前,等离子体技术在国家重大科学工程及高新技术产业中均得到广泛应用.如在能源领域,以等离子体物理为基础的磁约束聚变装置有望从根本上解决当前的能源短缺问题;在材料领域,等离子体处理与加工已成为新材料与电脑芯片生产必不可少的手段;在航空航天领域,等离子体推进技术则是新一代卫星的主要动力支撑;在国防、纳米光学、通信等领域,等离子体与电磁波的相互作用研究同样发挥着非常重要的作用.

作为一种新型的等离子体产生技术,大气压低温等离子体射流主要工作在大气压开放环境中,因此无需真空设备与复杂的操作,时间与经济成本都能够显著降低;并且射流喷出的形式实现了放电区域与工作区域的有效分离,使等离子体的作用区域不再完全受到电极间距的限制,极大地提高了等离子体的实用性.

二、实验教学目标

（1）了解等离子体的定义、性质及分类.

（2）掌握大气压低温等离子体射流装置与接触角仪的工作原理及操作流程.

（3）明确等离子体改善聚合物表面亲水性的作用机理和表面能的物理意义.

三、实验仪器

如图 4.12.1 所示为本实验中所使用的仪器设备.

1—高压气瓶. 容积为 40 L,氩气纯度为 99.999%,初始压强为 13 MPa,通过减压表降低至 0.2 MPa 后输出.

2—放电功率源.输出正弦波形,频率 10~20 kHz 可调,电压 0~20 kV 可调,最大功率为 150 W.

3—转子流量计. 满量程为 0.4 m³/h,最高精度为 0.01 m³/h.

4—等离子体射流发生装置.该装置采用了介质阻挡放电的结构,主要由 T 形石英管、中心电极与外电极所组成. T 形管的内、外径分别为 8 mm 与 10 mm,其中短臂端长度为 30 mm,长臂端长度为 120 mm. 等离子体射流最终由长臂端下口喷出,其喷口处为渐缩结构,收缩角为 10°,出口尺寸为 3 mm,这样的结构设计可以有效提高气体的流速与雷诺数,使等离子体射流能够在更小的流量下达到稳定并保持一定长度. 外电极为宽 10 mm、厚 0.1 mm 的铜箔,中心电极则为直径 2 mm、长 120 mm 的钨棒,靠近出口一端为针尖结构,放电时尖端的不均匀电场可以有效降低击穿与维持电压,更易产生空间均匀的大气压辉光放电.

5—聚合物薄膜. 种类有聚乙烯、聚丙烯、聚氯乙烯、聚苯乙烯、聚氨基甲酸酯、聚碳酸酯、聚甲醛、聚酰胺、有机玻璃等,尺寸统一为 12 mm×12 mm.

6—接触角仪.该装置可用于测量材料的接触角、界面张力并计算表面能,如图 4.12.2 所示.该装置主要由水平调整脚、机架、三维控制平台(x、y、z 三自由度可调,精度为 0.1 mm)、载物台、背景光源、进液控制与成像系统(752×480 高分辨率彩色高速相机,25 mm 定焦变倍镜头)等组成,可通过 θ/2 法与杨-拉普拉斯公式拟合法求得不同待测液体中材料的接触角.

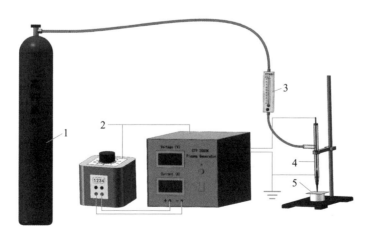

1—高压气瓶;2—放电功率源;3—转子流量计;4—等离子体射流发生装置;5—聚合物薄膜

图 4.12.1　大气压低温等离子体射流产生装置示意图

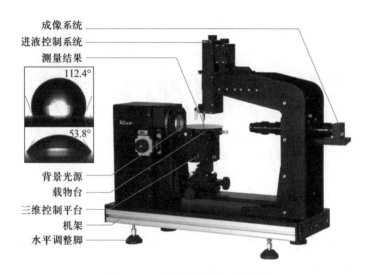

成像系统
进液控制系统
测量结果
112.4°
53.8°
背景光源
载物台
三维控制平台
机架
水平调整脚

图 4.12.2   接触角仪装置结构图

四、实验原理

1. 电晕放电

电晕放电是气体在非均匀电场中的自持放电现象,一般出现在曲率半径很小的电极尖端、边缘或细丝状电极附近.当外加电场达到某一阈值时,虽然加载到电极两端的电势差还不满足帕邢曲线中的击穿电压,但在电极尖端或丝状电极附近仍会形成很强的局部电场,使得该区域中的气体发生局部击穿而产生放电.电晕放电是一种典型的大气压低温等离子体的产生方式,非常易于产生和维持,目前被广泛应用于静电除尘及污染物处理等方面.但由于电晕放电属于局部放电,有效的作用区域十分有限,且放电电流十分微弱,所以很难满足高强度、大面积的工业应用需求.

2. 介质阻挡放电

介质阻挡放电是另一种较为常见的低温等离子体的产生方式.其最主要的特点是在放电空间之中插入至少一块绝缘介质,绝缘介质或覆盖于电极之上,或悬挂于两电极之间.由于绝缘介质的存在,受外电场作用的带电粒子会累积在介质表面并形成反向电场,从而达到限制电流增长及阻止电弧放电形成的目的.与电晕放电相比,介质阻挡放电对作用面积不再有限制,且其放电强度明显增加,因此介质阻挡放电的研究历史虽然并不算长,但已经在臭氧制备、有机物合成等领域得到了非常广泛和成熟的开发和利用.但由于大气压条件下气体的击穿电压很高,所以电极间距只能停留在厘米量级,这使得工程应用中被作用物的几何形状和尺寸受到了严格约束.

3. 大气压低温等离子体射流

大气压低温等离子体射流是一种新型的等离子体产生技术,是将气体流动和气体放电紧密结合在一起的一种特殊放电形式.典型的大气压低温等离子体射流产生装置如图 4.12.3 所示,其采用了同轴结构的电极布置方式,并利用交流或脉冲电源驱动,在极间区域产生等离子体,同时,由于气流的携带作用,等离子体能够通过喷口到达外部的开放空间.从喷口喷出的射流长度可以超过 10 cm,温度则不高于 550 K,并且仍保有很高的化学活性,这样就摆脱了放电空间对被作用物的限制,实现了对多孔洞、凹槽等复杂的不规则形状物体的处理,极大增强了等离子体的实用性.因此,大气压低温等离子体射流已成为近年来国内外学者的关注焦点,并在表面处理、杀菌灭活等方面展现出极大的应用潜力.

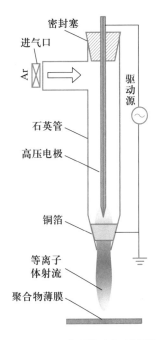

4. 聚合物表面改性

聚合物又称为高分子化合物,其相对分子质量一般能够达到上万甚至几百万,但通常都是以简单的结构单元重复连接,如我们日常所使用的塑料中的"四烯"(聚丙烯、聚乙烯、聚苯乙烯以及聚氯乙烯)与纤维中的"四纶"(涤纶、锦纶、腈纶以及维纶)等都是具有代表性的聚合物.与低分子材料相比,聚合物具有易加工、机械强度高、绝缘性

图 4.12.3　典型的大气压低温等离子体射流产生装置

好等优点,因此在机械、纺织、电工电子及航空航天领域得到了广泛的应用.但亲液性与黏接性较差等问题限制了高分子材料应用的进一步扩展与深入,这就需要采取合适的方法来改变高分子材料表面或表层的物理化学性质.而与紫外线辐照、湿化学等方法相比,大气压低温等离子体射流技术拥有化学活性高、改性效率高、无污染以及不改变基体材料性能(作用深度仅为纳米量级)等优点,目前已成为最有应用潜力与研究价值的表面改性方法之一.

5. 固体材料表面自由能的计算

欧文斯(Owens)二液法是计算固体材料表面自由能(简称表面能)的常用方法之一.在已知待测液体表面张力的情况下,通过测定两种不同液体在固体表面的接触角即可求得固体材料的表面自由能,具体求解过程如下.

当待测液体与固体表面接触并达到平衡后,液体与固体表面会形成一定夹角(见图 4.12.4),此时固、液、气三相的平衡状态可以用杨方程来描述:

$$\gamma_{SG} = \gamma_{SL} + \gamma_{LG}\cos\theta \qquad (4.12.1)$$

式中 γ_{SL}、γ_{SG}、γ_{LG} 分别为单位面积固-液、固-气和液-气的界面自由能,θ 为接触角.

而润湿的本质则是由固-气替换为固-液界面的过程,其中固-液界面的自由能可用杜普雷公式来表示:

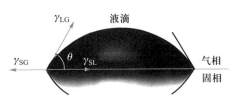

图 4.12.4　固-液界面的受力示意图

$$W_a = \gamma_{SG} + \gamma_{LG} - \gamma_{SL} \tag{4.12.2}$$

式中 W_a 为黏附功,其定义为把单位面积的液-固界面拉开,生成单位面积的气-液界面和单位面积的气-固界面时所需的功.黏附功主要由色散和极性力这两种类型的分子间作用力所组成,其中极性力因极性分子间永久偶极矩的相互作用而产生,只存在于极性分子之间,而色散力则是指非极性分子相互靠近时由瞬间偶极矩所引起的弱吸引力,存在于所有分子之间.欧文斯等提出,固-液两相的色散力与极性力应满足以下公式:

$$W_a = 2\sqrt{\gamma_{SG}^d \gamma_{LG}^d} + 2\sqrt{\gamma_{SG}^p \gamma_{LG}^p} \tag{4.12.3}$$

式中,γ_{SG}^p 和 γ_{SG}^d 分别为固-气界面自由能的极性与色散分量,γ_{LG}^p 和 γ_{LG}^d 分别为液-气界面自由能的极性与色散分量.

由式(4.12.1)、式(4.12.2)、式(4.12.3)可得

$$\gamma_{LG}(1+\cos\theta) = 2\sqrt{\gamma_{SG}^d \gamma_{LG}^d} + 2\sqrt{\gamma_{SG}^p \gamma_{LG}^p} \tag{4.12.4}$$

若已知两种不同待测液体的 γ_{LG}^p 和 γ_{LG}^d(见表 4.12.1),再测定它们的接触角 θ,代入式(4.12.4)后联立解方程组,即可求得 γ_{SG}^p 和 γ_{SG}^d 两个未知量,再利用下式即可求得固体的表面自由能 γ_{SG}:

$$\gamma_{SG} = \gamma_{SG}^p + \gamma_{SG}^d \tag{4.12.5}$$

表 4.12.1 20 ℃ 时常用待测液体的表面张力参量(单位:mN/m)

液体	表面能				
	γ_{LG}^p	γ_{LG}^d	γ_{LG}	$\gamma_{LG}^p / \gamma_{LG}^d$	极性/非极性
蒸馏水	51	21.8	72.8	2.34	极性
甲酰胺	18.7	39.5	58.2	0.47	极性
乙醇	4.6	17.5	22.1	0.26	极性
二碘甲烷	2.3	48.5	50.8	0.05	非极性
α-溴萘	0	44.6	44.6	0	非极性
苯	0	28.9	28.9	0	非极性

这里需要注意的是,在利用欧文斯二液法计算固体表面自由能时,所选取的待测液体还需要满足以下三个条件:

(1) 两种待测液体的接触角的差值越大越好.

(2) 两种液体的极性最好不同,即一种为极性液体,另一种为非极性液体.

(3) 待测液体不能与固体材料发生物理或化学反应.

五、基本实验内容与步骤

1. 实验内容

(1) 研究大气压低温等离子体射流的产生机理及影响因素.

（2）测量不同实验条件及待测液体下的聚合物接触角,计算其表面能并分析等离子体改善材料表面特性的物理与化学机理.

2. 实验步骤

（1）打开接触角仪与配套计算机,将接触角仪调平,并向注射器中注入待测液体.

（2）检查气路连接无误后开启高压气瓶,确认气路畅通,无漏气现象,流量计显示正常.

（3）检查电源及电路接线,确保电源及等离子体产生装置有效接地.

（4）把预先准备好的聚合物放入等离子体作用区域,打开转子流量计并调整至合适流量,将氩气引入等离子体射流产生装置.

（5）启动放电功率源,固定频率,逐渐增加放电电压,直至等离子体射流能够稳定产生.

（6）改变放电电压、气体流量以及等离子体射流对聚合物的处理时间,观察等离子体的形态变化并记录实验条件.

（7）完成后先将放电电压降至 0 V 后关闭电源,再旋转转子流量计停止气体输出.

（8）调整载物台位置及相机参量,观察并对比等离子体处理前后及不同实验条件下的聚合物接触角.

（9）分析不同实验条件下接触角的变化规律,计算聚合物材料的表面能并澄清其内在的作用机制.

3. 注意事项

（1）实验前需检查电源及放电装置接地情况,实验中切忌用身体直接接触等离子体射流,以免造成电击伤害,实验完成后要第一时间关闭电源,再进行其他操作.

（2）转子流量计与调压器的旋钮均需要缓慢旋转,以免因瞬间流量或电压增大而导致仪器损坏.

（3）旋转进液系统旋钮时要注意针头与聚合物薄膜的间距,防止因距离过近使测量误差增大或损坏针头.

（4）实验中要保持良好通风.

六、拓展实验内容

（1）除规定实验内容外,本实验还可以利用示波器、数码相机、高速相机、光谱仪等设备来分析不同实验条件下大气压低温等离子体射流特性的影响因素,以寻找提高聚合物表面亲水性的最优参量. 如固定等离子体与聚合物材料的作用时间,通过调节电压与气体流量来改变大气压低温等离子体射流的特性,并利用接触角仪来比较不同参量下聚合物的表面能,找出表面能变化最大时所对应的放电参量,再通过实验中所测电压电流信号(示波器与电压电流探头)、放电图像(数码相机与高速相机)以及等离子体组分(光谱仪)的变化来解释放电参量对等离子体表面改性效果的影响规律.

（2）除欧文斯二液法外,本实验还可以利用欧文斯三液法计算得到聚合物的表面能并进行对比分析.

在欧文斯三液法中,固-气、液-气和固-液的界面自由能可用以下公式来表示:

$$\gamma_{SG} = \gamma_{SG}^{LW} + 2\sqrt{\gamma_{SG}^+ \gamma_{SG}^-} \tag{4.12.6}$$

$$\gamma_{LG} = \gamma_{LG}^{LW} + 2\sqrt{\gamma_{LG}^+ \gamma_{LG}^-} \tag{4.12.7}$$

$$\gamma_{SL} = \left(\sqrt{\gamma_{SG}^{LW}} - \sqrt{\gamma_{LG}^{LW}}\right)^2 + 2\left(\sqrt{\gamma_{SG}^+ \gamma_{SG}^-} + \sqrt{\gamma_{LG}^+ \gamma_{LG}^-} - \sqrt{\gamma_{SG}^+ \gamma_{LG}^-} - \sqrt{\gamma_{SG}^- \gamma_{LG}^+}\right) \tag{4.12.8}$$

式中,γ_{SG}^{LW}、γ_{SG}^+ 和 γ_{SG}^- 分别为固-气界面自由能的利夫希兹-范德瓦耳斯(Lifshitz-van der Waals)分量、路易斯(Lewis)酸分量及路易斯碱分量;γ_{LG}^{LW}、γ_{LG}^+ 和 γ_{LG}^- 分别为液-气界面自由能的利夫希兹-范德瓦耳斯分量、路易斯酸分量及路易斯碱分量.

将式(4.12.6)、式(4.12.7)、式(4.12.8)代入式(4.12.1)可得

$$\left(\gamma_{LG}^{LW} + 2\sqrt{\gamma_{LG}^+ \gamma_{LG}^-}\right)(1 - \cos\theta) = 2\left(\sqrt{\gamma_{SG}^+ \gamma_{SG}^-} + \sqrt{\gamma_{LG}^+ \gamma_{LG}^-} - \sqrt{\gamma_{SG}^+ \gamma_{LG}^-} - \sqrt{\gamma_{SG}^- \gamma_{LG}^+}\right) \tag{4.12.9}$$

若已知三种液体的利夫希兹-范德瓦耳斯分量、路易斯酸分量及路易斯碱分量(见表4.12.2),再利用接触角仪测量得到这三种液体在固体材料表面的接触角,则可通过式(4.12.9)计算出固体材料的表面自由能.

表4.12.2   欧文斯三液法中待测液体的表面张力参量(单位:mN/m)

液体	表面能			
	γ_{LG}	γ_{LG}^{LW}	γ_{LG}^+	γ_{LG}^-
蒸馏水	72.8	21.8	25.5	25.5
甲酰胺	58.0	39.0	2.28	39.6
甘油	64.0	34.0	3.92	57.4
乙二醇	48.0	29.0	1.92	47.0
二碘甲烷	50.8	50.8	0	0

七、思考题

(1)为什么采用氩气作为放电气体?它的优势有哪些?

(2)大气压等离子体放电的产生方式有哪几种?主要区别是什么?

(3)大气压低温等离子体射流的特点或优势是什么?形成的具体原因是什么?

(4)请简要介绍除表面改性外大气压低温等离子体射流的应用.

实验4.12数字学习资源

(宋健   闫慧杰   戴忠玲)

实验 4.13　低压气体直流击穿特性

一、实验背景及应用

气体放电现象在我们生活中随处可见,雷雨交加时划过天际的耀眼闪电、使夜晚亮如白昼的日光灯、绚丽多彩的霓虹灯等都是气体放电的结果.气体放电是指在电场作用下气体中产生载流子并定向移动而导电的现象.对气体放电现象的研究已经有三百多年的历史,其中低压气体放电是研究最早、理论最成熟、应用最广泛的放电形式.

19 世纪 90 年代,物理学家帕邢(Paschen)对低压气体击穿现象进行了系统研究,并在总结前人大量实验数据的基础上,建立了击穿电压与气压和电极间隙的实验规律,称之为帕邢定律.帕邢定律得出后并未得到合理的理论解释,直到 1903 年,英国物理学家汤森(Townsend)提出了气体击穿的汤森机制,建立了汤森击穿判据.这一成果在解释低压气体击穿实验规律方面获得了巨大成功.至今,这一理论仍然是气体放电理论的基础.可见,每个成功理论的建立都是很多人持之以恒,不懈努力的结果.

针对各种应用条件下气体击穿特性的研究一直是国内外气体放电领域的研究热点。例如在航空航天领域,航天器在轨运行时,其内部气压处于高真空的低压状态.航天器内部应用大量聚合物材料及树脂基复合材料,吸附在这些材料表面的小分子如氮气、水分子等会在高真空环境下脱附,同时有些小分子有机物如甲烷、乙烷等也会从高分子材料内析出.若周围存在电场,则这些气体很容易发生击穿现象.气体击穿一旦发生,就会严重威胁航天器的安全可靠运行,为了提高航天器在轨运行的可靠性及寿命,对航天器材料表面击穿特性的研究变得尤为重要.希望通过本实验的训练,使大家对气体击穿特性及放电理论有较深入的理解,为以后致力于这方面的研究奠定基础.

二、实验教学目标

(1)了解真空条件的实现和低压的获得方法.

(2)认识低压气体直流击穿现象,理解放电条件与气体击穿电压的关系,学会测量气体击穿的帕邢曲线的方法.

(3)了解汤森击穿理论,理解帕邢曲线的物理意义,认识帕邢曲线的普遍性.

三、实验仪器

直流辉光等离子体实验装置示意图如图 4.13.1 所示,实验装置前面板如图 4.13.2 所示.该装置是一台辉光放电等离子体的综合实验装置,可以完成 4 个实验项目.因此在实验装置前面板上设有"工作选择"开关,本次实验内容设定在"击穿电压测量"挡.

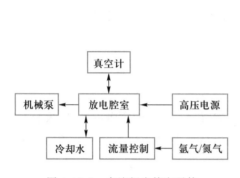

图 4.13.1　直流辉光等离子体
实验装置示意图

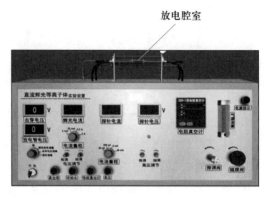

图 4.13.2　直流辉光等离子体实验
装置前面板实物图

该装置由五个功能部分构成.

（1）放电腔室：由石英放电管、圆形平行板电极和探针构成,其中圆形平行板电极间隙可以自由调节.放电腔室用于实现气体的击穿和放电.

（2）高压电源：可以提供 0～1 500 V 的可调电压输出,为放电管提供电场.

（3）真空维持与测量：包括机械泵和真空计.

（4）气体（氩气或者氮气）的送气与流量控制,以及气压测量.

（5）基于二极管导通特性的击穿电压测量系统.

除此之外,为了保持放电腔室的温度恒定,必须对放电电极实施冷却,装置还附带了循环水冷却系统.

四、实验原理

1. 帕邢定律与帕邢曲线

常态下气体是绝缘体,没有载流能力.如果采用一定的激励方式,使气体中性粒子发生电离而形成正负带电粒子,并且电离粒子的数量达到一定比例,气体就具有了导电能力.如果同时施加电场,气体中的带电粒子就会定向迁移形成电流,即发生气体放电现象.

根据电离过程发生的频度,气体放电可分为非自持放电和自持放电两种模式.非自持放电是指存在外电离因素才能维持的放电,例如:用紫外线或者放射线照射气体,使气体电离而具有导电能力.如果撤去外电离因素,带电粒子就会很快复合消失,放电便熄灭.自持放电是指没有外电离因素,能够在导电电场的支持下自主维持下去的放电过程.

在外电离因素支持下,气体中会存在一定量的背景电离过程,因而含有一定浓度的带电粒子,可以在外加电场作用下形成导电电流.如果电场加强,电流会逐渐增加,当电场强至一定程度时,气体中的放电电流会突然迅速增加,即使撤去外电离源,放电仍能维持,即转化成了自持放电,这种从非自持放电到自持放电的过渡现象,即气体的击穿.气体发生击穿所需要的电场强度称为击穿场强,相应的放电电压称为击穿电压.气体击穿后,放电特性与电极形状、间距、气压和外电路特性有关,可以呈现火花、电弧、电晕和辉光等不同放电模式.

19 世纪 90 年代,帕邢通过实验系统研究了低压气体放电击穿现象,发现在平行板电极条件下,低压气体的击穿电压 V_s 是气压和电极间隙之积 pd(称为帕邢参量)的一元函数,并找到了多种气体的击穿电压最小值.由此,帕邢建立了击穿电压与帕邢参量的实验规律,称之为帕邢定律.由于当时的局限性,人们并未发现帕邢定律的适用范围,后来学者研究发现,帕邢定律适用于 $200\sim5\,000$ Pa·mm 的范围,且电极应为平行板电极,电场应为均匀电场.

帕邢定律指出:击穿电压与 pd 的函数规律在一定区间内是线性的,但在另外一些区间内是非线性的;并且在特定的 pd 值处,击穿电压有极小值.对于所有的气体,在低气压范围内,其击穿电压与 pd 值的函数曲线具有相似性,这就是帕邢定律的普适性.

帕邢定律可用以下函数表示:

$$V_s=f(pd) \tag{4.13.1}$$

V_s 随着 pd 的变化曲线即帕邢曲线,如图 4.13.3 所示.

2.汤森放电理论

对气体从非自持放电到自持放电的整个过程及现象,1903 年,汤森进行了详细观察、分析、研究,并提出了汤森放电和击穿机制,建立了放电理论,这一类服从汤森放电机制的放电过程统称为汤森放电.汤森认为,气体放电的发生是气体分子或原子被电离产生电子和离子的结果.在外加电场作用下,电离产生的电子首先被加速,迅速获得能量的电子又可以增强气体的电离,从而发生雪崩电离,产生电子倍增过程,该过程称为 α 过程.正

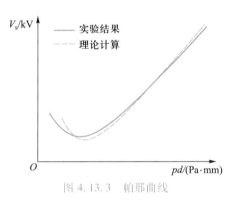

图 4.13.3　帕邢曲线

离子在电场作用下与气体分子通过非弹性碰撞而产生电子、离子的过程,称为 β 过程.随着电场增强,获得能量的离子向阴极加速移动.当电场足够强时,离子轰击阴极可诱导产生二次电子发射,这一过程称为 γ 过程.

汤森理论的数学表达式为

$$\frac{(1+\gamma)\alpha}{\alpha\gamma+\beta}=e^{(\alpha-\beta)d} \tag{4.13.2}$$

其中 α、β 和 γ 分别是 α 过程、β 过程和 γ 过程对应的汤森系数,也称为汤森第一电离系数、第二电离系数和第三电离系数,d 是放电电极间隙.

由于 β 过程的作用微乎其微,所以可以忽略其影响.汤森击穿条件只与 α 过程和 γ 过程描述的电子雪崩电离和二次电子发射过程有关,因此有

$$1+\gamma=\gamma e^{\alpha d} \tag{4.13.3}$$

根据汤森击穿条件,α 和 γ 决定击穿电压,二者都与放电气体和电极材料有关.对于平行板电极,放电间隙内的电场可以视为均匀.实验研究发现,α 是气压 p 和场强(V_s/d)

的函数：

$$\alpha = Ape^{-Bpd/V_s} \tag{4.13.4}$$

其中 A 和 B 为实验常量.

γ 与电极材料和离子能量有关,在电极材料确定的条件下,离子能量是唯一决定因素.实验发现,γ 与离子能量的关系表现出阶段性,在二次电子发射的临界离子能量附近,γ 与离子能量的关系很敏感,但是一旦离子能量远离了临界值,γ 与离子能量就几乎无关了.在气体击穿电压的幅值量级内,离子能量远大于临界能量,因此在讨论气体击穿规律时可以认为 γ 为常量,击穿条件可表示为

$$V_s = \frac{Bpd}{\ln\left[\dfrac{Apd}{\ln\,(1+1/\gamma)}\right]} \tag{4.13.5}$$

这一结果表明,击穿电压仅是 pd 的函数,该结论与帕邢定律一致.

因此,帕邢定律可以在一定条件下利用汤森理论加以解释.根据击穿条件,α 和 γ 决定击穿电压,二者都与放电气体和电极材料有关.对于平行板电极,放电间隙内的电场可以视为均匀.因此,在电极材料相同的条件下,研究不同种类气体的帕邢曲线很有意义.

五、基本实验内容与步骤

1. 实验内容

(1) 设定电极间隙在 $4 \sim 9$ cm 之间,测量氩(氮)气气压在 $4 \sim 100$ Pa 范围的击穿电压数据.

(2) 计算帕邢参量,绘制氩(氮)气的帕邢曲线,找出最小击穿电压和最佳击穿条件.

2. 实验步骤

(1) 测量两电极间距.

(2) 检查放电管与电源之间的电路连接是否可靠;电源调压旋钮是否在最小位置;气体流量调节旋钮是否在最小位置.

(3) 打开电源开关;开启循环水泵,检查循环水是否正常.

(4) 打开真空计开关.

(5) 开启机械泵,抽真空至 2 Pa 左右,大约需要 15 min.

(6) 调节减压阀,使得流量计显示气压在 $0 \sim 1$ atm 之间.

(7) 调节流量计的通气流量,至放电管内气压增加至 20 Pa.

(8) 功能选择开关调至"击穿电压"测量挡.

(9) 打开高压电源开关.

(10) 调节电源的电压输出,先粗测:快速升高电压,直至气体发生击穿,确定气体击穿电压的大概值;再细测:降低电压至零,再次升高电压,可以将电压快速增至略低于粗测确定的击穿电压($20 \sim 30$ V),然后缓慢升高电压,直至发生击穿,快速读取击穿时的电压,

并记录相应的气压值;然后,把电压降至 50 V 以下,为下一次测量做好准备.

注意:① 在增加电压的过程中,应密切观察放电管电压表头和击穿电压表头的示数. ② 每个气压下都要至少重复 3 次测量,3 次击穿电压测量值之间的偏差应不大于 5%,此时的测量可认为是成功测量,这样才能得到可靠的击穿电压.③ 在气压较高时,击穿后放电管的电压会有明显下降,这是由回路电流增加后,电源输出电压下降所致.因此击穿瞬间的放电管电压为气体击穿电压.

（11）增加气体流量,使气压升高至 30 Pa,重复步骤（10）.

（12）增加气体流量,每次增加 10 Pa,重复步骤（10）,直至气压达到 100 Pa.

（13）减小气体流量,使气压降至 20 Pa,重复步骤（10）,对比两次测量的击穿电压.

（14）从 20 Pa 开始,减小气压,每隔 2 Pa 重复一次测量,直至 4 Pa.

（15）实验完毕后,调节气体流量控制旋钮至最小位置,调节电压至最小值,依次关闭电压、机械泵、冷却水、电源开关.

六、拓展实验内容

气体击穿除可用二极管方法进行判断之外,也可以根据放电电流的突变进行判断.具体操作为:将功能选择开关调至"辉光放电测量"挡,缓慢升高电压,注意观察"辉光电流"值的变化,当放电电流发生突变时(此时发生击穿),快速记录对应的放电管电压,此即击穿电压.作为拓展实验内容,建议对二极管方法和放电电流突变方法进行比较,分析击穿电压的差异.

七、思考题

（1）气体的击穿和放电熄灭是不可逆的过程,放电彻底熄灭后对应的电压为什么与击穿电压不同?

（2）第一组数据为什么从 20 Pa 开始测量? 为什么首先向气压较高的方向进行测量?

（3）为什么在 20 Pa 以上气压范围内的增加间隔大于在 20 Pa 以下气压范围内的减小间隔?

（4）重复测量 20 Pa 的击穿电压,为什么会有所不同?

（5）每次重复测量之前,为什么把电源电压调至 50 V 以下?

（6）简述判断击穿的方法.对实验中提高击穿判断精度还有什么建议?

实验 4.13 数字学习资源

（张莹莹　张家良　王艳辉）

实验 4.14　液晶非线性光学特性分析

一、实验背景及应用

　　液晶非线性光学特性包括液晶的双稳态和混沌。光学双稳态是光在通过某一光学系统时其光强发生非线性变化的一种现象.自 1974 年吉布斯(Gibbs)利用法布里-珀罗标准具,其内充满饱和钠蒸气,观察到光学双稳态以来,许多科学工作者相继在许多其他介质中也观察到了光学双稳态,并研制了各种各样的光学双稳态器件.光学双稳态引起人们极大关注的主要原因是光学双稳态器件有可能应用在高速光通信、光学图像处理、光存储、光学限幅器以及光学逻辑元件等方面.尤其是用半导体材料制成的光学双稳态器件,具有尺寸小、功率低和开关时间短等优点,有可能发展成为未来光计算机的逻辑元件.

　　混沌是一种普遍的自然现象.20 世纪 60 年代,人们开始认识到,某些具有确定性的非线性系统,在一定参数范围内能给出无明显周期性或对称性的输出,这种表面上混乱的状态就是混沌.混沌现象揭示了在确定性和随机性之间存在着由此及彼的桥梁,有助于将物理学中确定论和概率论两套描述体系联系起来,这在科学观念上有着深远的意义.目前,对混沌问题的研究已经成为物理学的一个重要前沿课题.光学双稳态系统在适当的条件下能够表现出丰富而有趣的混沌现象.20 世纪 70 年代末发展起来的光电混合型光学双稳态系统,其数学模型清晰,实验装置简单,利用液晶充当双稳态工作物质,具有工作电压低、受光面积大、易制作、易控制和易实现器件集成化等优点.本实验采用"液晶光电混合型光学双稳态与混沌系统"来研究液晶的光学双稳态和混沌现象.

二、实验教学目标

　　(1) 掌握液晶的基本原理.
　　(2) 研究液晶的光学双稳态和混沌现象.

三、实验仪器

　　液晶非线性光学特性分析实验装置如图 4.14.1 所示,主要包括主机箱、功率计、示波器和导轨上的光学器件.光学器件包括激光器、起偏器、检偏器、液晶盒、电机附件、光电二极管、光电池等.

　　光电混合型光学双稳态与混沌系统工作原理如图 4.14.2 所示,用半导体激光器作为光源,光经过由偏振片 P_1 和 P_2 组成的光强调节器,入射到由两个正交的偏振片 P_3、P_4 及液晶盒(LC)组成的电光调制器上,输出光强由光电二极管 D_1 接收.在测试双稳态曲线时,将 D_1 输出信号经放大器 AMP_1 放大后,分成 1 和 1′两路,1 路加在液晶上作为反馈电压,1′路

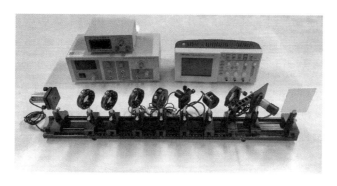

图 4.14.1　液晶非线性光学特性分析实验装置图

接在示波器上,实时观察输出信号的变化.在进行混沌实验时,将 D_1 输出的信号经放大器 AMP_1 放大后送入 A/D 卡,其功能是:将采集的模拟信号转换成数字信号,通过编程对数字信号进行延时处理.输出的延时信号经放大器 AMP_2 放大后,分成 2 和 2′两路,2 路加在液晶上作为反馈控制信号,2′路接在示波器上.液晶的初始偏压 V_b 由直流电源 1 来提供,通过调节 V_b,可以选取系统的适当工作状态.此外,为了检测输入光强,在光路中加了一片分束镜 BS,分出来的光通过光电池 D_2 接收,信号经放大器 AMP_3 放大后,送入示波器,作为入射光强的参考信号.D_1 和 D_2 由直流电源 2 提供 12 V 偏置电压.

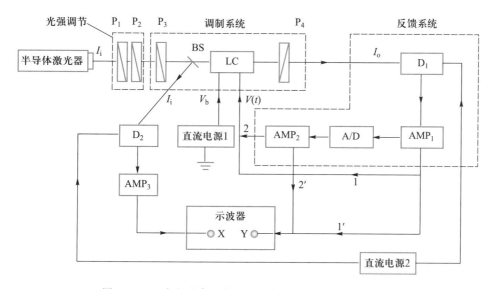

图 4.14.2　光电混合型光学双稳态与混沌系统工作原理图

四、实验原理

1. 液晶的一般知识

液晶的类型:某些有机材料在一定温度区间内呈现液晶态,它处于液态和固态之间,液晶就是这样一种物质.根据液晶分子的空间排列,可以将液晶划分为三大类:近晶型、向列型和胆甾型.

液晶盒:液晶通常被封装在液晶盒中使用,液晶盒由两个透明的玻璃片组成,中间间隔为 $10 \sim 100 \ \mu m$.在玻璃片内表面镀有透明的氧化铟锡,以透明导电薄膜作为电极,液晶从两玻璃片之间注入.电极薄膜经过机械摩擦、镀膜、刻蚀等工艺处理,可以使液晶分子平行于玻璃表面排列(沿面排列),或者垂直于玻璃表面排列(垂面排列),或者与玻璃表面成一定的倾斜角度排列.对液晶施加电场可以使液晶的排列方向发生变化,由于液晶分子的排列方向发生变化,所以按照一定的偏振方向入射的光将在液晶中发生双折射,这就是电控双折射效应.

2. 光学双稳态

光学双稳态是光在通过某一光学系统时其光强发生非线性变化的一种现象,即对一个入射光强 I_i,存在两个不同的透射光强 I_o,并以滞后回线形式为特征,如图 4.14.3 所示.光电混合型光学双稳态是利用透射光信号放大、反馈到非线性介质上实现的.

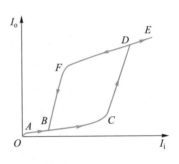

图 4.14.3 光学双稳态曲线

液晶光电混合型双稳态装置由电光调制系统与输出反馈系统两部分组成,图 4.14.4 为原理图.I_i 为输入光强,I_o 为输出光强.为使透射光最大,分子轴在起偏器 P_3 上的投影与 P_3 的透光轴成 45° 角.P_3、P_4 和液晶构成正交光路.液晶盒上加一直流偏压 V_b,使液晶处在适当的工作状态.经光电探测器实现光电转换,得到的电信号经放大器放大后加到液晶盒上,从而构成了光电混合反馈回路,控制输出光强,促成 I_i 和 I_o 之间的双稳态关系.I_i 和 I_o 应满足如下关系:

$$\frac{I_o}{I_i} = \frac{1}{2} \left\{ 1 - \cos \left[\frac{\pi}{V_\pi} (V + V_b + V_s) \right] \right\} \tag{4.14.1}$$

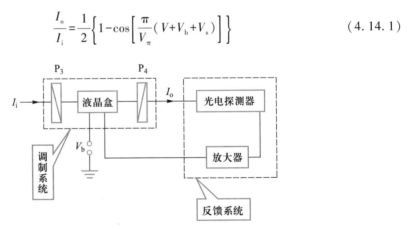

图 4.14.4 光电混合型光学双稳态装置原理图

加在液晶两端的电压为初始偏压 V_b、反馈电压 V、附加电压 V_s(由液晶剩余应力引起)的总和.V_π 为半波电压,即产生 π 相位差的电压.

如果将输出光强 I_o 通过光电转换器件线性地转换成电信号 V,加在液晶的控制电极上,则反馈电压 V 正比于输出光强:

$$V = kI_o \tag{4.14.2}$$

其中 k 为包括光电探测器和放大器在内的光电转换系数.现将式(4.14.2)变换为如下形式:

$$\frac{I_o}{I_i} = \frac{V}{kI_i} \tag{4.14.3}$$

方程(4.14.1)是一条正弦平方曲线,方程(4.14.3)是一条直线,直线的斜率与入射光强成反比.求解式(4.14.1)和式(4.14.3)组成的方程组可得到表征器件工作状态的解.分别作出方程(4.14.1)的调制曲线和方程(4.14.3)的反馈曲线,它们的交点即两方程的共同解.由图 4.14.5 可见,当入射光强由小到大按照 $I_i^1 \rightarrow I_i^2 \rightarrow I_i^3 \rightarrow I_i^4$ 变化时,工作点依次按照 $A \rightarrow B \rightarrow C \rightarrow D \rightarrow E$ 变化,在 C、D 点透过率产生由小到大的突变;反之,若减小入射光强,使其按照 $I_i^4 \rightarrow I_i^3 \rightarrow I_i^2 \rightarrow I_i^1$ 变化,则工作点沿着 $E \rightarrow D \rightarrow F \rightarrow B \rightarrow A$ 变化,在 F、B 点透过率产生由大到小的突变.因此,系统的 $I_i - I_o$ 关系成为如图 4.14.3 所示的滞后回线.如果方程组的解是单值的,则无双稳态.因此,要求整个装置必须工作在双稳态临界范围之内.所谓临界范围是指方程组具有双解的范围,图 4.14.5 中 B、C、D、F 所包围的区域即临界范围.对应一个初始偏压 V_b 即有一个临界范围,反之亦然,或者说,在 V_b、V_s、V_π 等反馈参量均固定的情况下,临界范围是确定的.

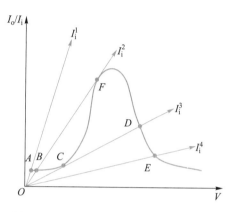

图 4.14.5　入射光强变化时系统的状态点

3. 混沌态

光学双稳态在具有一定延时反馈的条件下可以呈现出不稳定性.这种不稳定性可以通过倍周期分岔发展到混沌状态.

混沌是指在确定性的动力学系统中的无规则行为或内在随机性.混沌不是噪声,是对初始条件极其敏感的非周期性有序运动.

一个系统产生混沌现象,需要反馈回路来实现:系统的输出能够不断地反馈到它自身并作为新的输入.这种回路无论是简单还是复杂,都可以出现稳定的行为或混沌的行为.它们的差别仅在于系统的某一参数取值不同.这个参数只要有极小的变化,就会造成回路系统的行为从有序状态平滑地转化为表面上看似乎是杂乱无章的状态,即逐步地演化为混沌.

混沌可以用确定的方程来描述.一般来说,当描述系统运动的常微分方程的个数 $i \geqslant 3$ 时,在适当的条件下,系统就会出现混沌.一个延时方程在数学上可化成无穷阶的自洽方程组,因此用延时方程描述的动力学系统一般会出现混沌现象.液晶光电混合光学双稳态系统可用如下的延时耦合方程来描述:

$$I_o(t) = \frac{1}{2}I_i\left\{1 - \cos\left[\frac{\pi}{V_\pi}(V(t) + V_b + V_s)\right]\right\} \tag{4.14.4}$$

$$\tau\frac{dV(t)}{dt} + V(t) = kI_o(t - t_R) \tag{4.14.5}$$

式(4.14.4)是描述系统的调制方程,式(4.14.5)是描述反馈系统的德拜弛豫方程.$V(t)$ 是考虑了时间变量的反馈电压,t_R 表示系统的延迟时间,τ 是反馈系统的弛豫时间.在双稳态的讨论中,我们事实上只考虑了系统的定态[即 $dV(t)/dt = 0$ 的情况],而没有考虑其动态效应.

在本实验中,输出光强 I_o 加上一定的时间延迟 t_R 后,再正反馈到液晶上,可以观察到混沌现象.

五、基本实验内容与步骤

1. 观察并记录液晶光学双稳态曲线

(1) 将主机面板旋钮旋转到"双稳态"挡.

(2) 按照图 4.14.6 所示搭建光路.

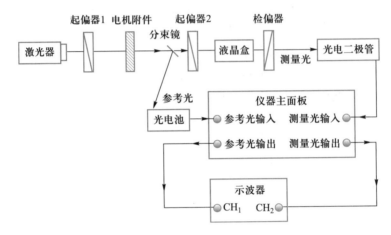

图 4.14.6   光学双稳态装置图

(3) 光路粗调:在导轨上依次摆放激光器、起偏器 1、分束镜、起偏器 2、检偏器、光电二极管和光电池;调起偏器 1、起偏器 2,使输出光最强;调检偏器并使之与起偏器 2 正交,使输出光最弱;放入液晶盒;调节分束镜角度,使测量光和参考光分别入射到光电二极管和光电池的受光面上.

(4) 放入电机附件,打开主机箱后面板的开关,使入射光强连续变化.

(5) 光路细调:按示波器"显示"按钮,相应参数"类型"选"矢量","持续"选"关闭","格式"选"Y-T". 缓慢调节液晶驱动电压和主机箱面板上测量光与参考光放大调节旋钮. 当驱动电压达到某一个特定值时,会观察到测量光信号出现突然增加的状态.再反复仔细调节主机箱上的两个放大旋钮,使测量光和参考光信号不失真且强度合适. 在示波器上选合适的显示图形,拍摄并保存实验结果,并记录偏振片的角度.

(6) 按示波器"显示"按钮,相应参数"类型"选"点","持续"选"无限","格式"选"X-Y".仔细调整液晶驱动电压、起偏器和检偏器的偏转角以及主机箱上的两个放大旋钮,观察这些参量变化对液晶光学双稳态曲线形状、包络面积的影响.在示波器屏幕上选取能够说明实验现象的图形,拍摄并保存实验结果,并记录偏振片的角度.

2. 观察并记录液晶混沌态

(1) 将主机面板旋钮旋转到"混沌"挡.

（2）实验装置如图 4.14.7 所示,依次放置激光器、起偏器、检偏器和光电二极管,调起偏器角度,使输出光最强,调检偏器角度,使输出光最弱,然后放入液晶盒.

图 4.14.7　液晶混沌光学装置图

（3）光电二极管输出端接主机箱测量光输入端,测量光输出端接示波器.

（4）调节液晶的驱动电压、时间反馈和检偏器的偏转角等,观察示波器上显示的图形经历周期振荡、倍周期分叉到混沌的变化过程.分别选取周期信号、倍周期分岔和混沌状态的特征图形,拍摄并保存实验结果,并记录特征图形出现时所对应的起偏器和检偏器的角度.

六、拓展实验内容

液晶双折射效应的研究.

实验装置如图 4.14.8 所示.激光器发出的激光经过起偏器后,入射到液晶盒,然后通过检偏器,由光电二极管和功率计测量其强度.通过调节检偏器的偏振角度,可以测量出射椭圆偏振光短轴的光强.利用椭圆偏振光短轴光强的变化来表征输出光偏振态的变化,进而研究液晶的双折射效应.

图 4.14.8　液晶双折射效应装置图

七、思考题

（1）什么光学双稳态?

（2）液晶光学双稳态受哪些因素影响?

（3）什么是混沌态?

（4）液晶混沌态的出现受到哪些因素的影响?

实验 4.14 数字学习资源

（庄娟　李建东　秦颖）

实验 4.15　微波光学特性的实验验证

一、实验背景及应用

随着现代技术的迅猛发展,了解电磁波传播特性、现代射频电路及其电器件的设计方法已经成为电子工程和通信工程领域的一个重要环节.微波技术是近代科学的重大成就之一,几十年来,微波技术已发展成为一门比较成熟的学科.微波是指波长在 1 mm~1 m 之间,频率为 300 MHz~3 000 GHz 的电磁波.微波频率比一般的无线电波高,通常也称为"超高频电磁波".微波作为一种电磁波也具有波粒二象性.由于微波具有似光性、波长短、频率高、量子性、可穿透电离层等特点,所以它在工农业生产、科学研究、医学、生物学以及生活等方面都有广泛的应用.微波在工农业生产上的应用主要包括测量和加热两个方面.测量属于弱功率应用,利用微波可以测量温度、湿度、厚度、速度、长度等各种非电量.

微波更广泛地应用于军事和通信方面(雷达、导航、电子对抗等).依靠微波传输的卫星移动通信系统具有覆盖范围广、对地面情况不敏感等优势,已经成为地面移动通信领域重要的组成部分,尤其是在空中、海洋、荒漠、戈壁等地面无线网络难以覆盖的地方.现代的手机通信更是与微波休戚相关.

2020 年 7 月 31 日,北斗三号全球卫星导航系统正式开通,标志着北斗"三步走"发展战略圆满完成,北斗迈进全球服务新时代.历经 26 年,中国北斗卫星导航系统实现了从"无"到"有"、由"粗"到"精"、由"区域"到"全球"的跨越和蜕变,北斗导航人一路披荆斩棘,攻坚克难,闯出了一条中国式自主导航之路,用汗水和心血浇灌出"自主创新、开放融合、万众一心、追求卓越"的新时代北斗精神.

二、实验教学目标

(1) 了解微波分光仪的结构,学会调整方法并进行实验.
(2) 验证反射定律和单缝衍射的规律.
(3) 用迈克耳孙干涉法测定微波的波长.
(4) 利用模拟晶体观察微波的布拉格衍射,学习 X 射线分析晶体结构的基本知识.

三、实验仪器

微波分光仪结构如图 4.15.1 所示.

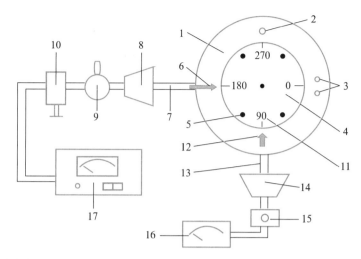

1—微波分光仪底座;2—反射板固定孔;3—可移动反射板固定孔;4—分度小平台;5—固定物体的弹簧螺丝;
6—固定臂指针;7—固定臂;8—发射喇叭;9—衰减器;10—耿氏二极管;11—刻度;12—活动臂指针;
13—活动臂;14—接收喇叭;15—晶体检波器;16—电流表;17—三厘米固态信号发生器电源

图 4.15.1　微波分光仪结构图

四、实验原理

1. 反射实验

电磁波在传播过程中如遇到反射板,则必定要发生反射.当以某一入射角投射到反射板上时,电磁波遵循反射定律,即反射线在入射线和通过入射点的法线所决定的平面上,反射线和入射线分居在法线两侧,反射角等于入射角.

2. 单缝衍射实验

如图 4.15.2 所示,当一平面波入射到一宽度和波长可比拟的狭缝时,就要发生衍射现象.零级衍射光中央最强,同时也最宽,在中央的两侧衍射波强度迅速减小,直至出现衍射波强度的最小值,即一级极小值,此时衍射角为

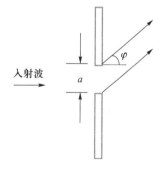

图 4.15.2　单缝衍射

$$\varphi = \arcsin \frac{\lambda}{a} \qquad (4.15.1)$$

其中,λ 是波长,a 是狭缝宽度,两者取同一长度单位.随着衍射角增大,衍射波强度又逐渐增大,直至出现一级衍射极大值,此角度为

$$\varphi = \arcsin \left(\frac{3}{2} \cdot \frac{\lambda}{a} \right) \qquad (4.15.2)$$

3. 迈克耳孙干涉实验

如图 4.15.3 所示,发射喇叭发出的微波经过与发射喇叭成 45°的玻璃板,被等幅分成两束,一束经玻璃板反射后向固定金属板 A 方向传播并被 A 板反射,另一束向 B 方向传

播并依次被 B 板和玻璃板反射.这样接收喇叭可以接收到频率相同、相位差恒定、振动方向一致的两列微波.若两束波相位差为 2π 的整数倍,则干涉加强;若两束波相位差为 π 的奇数倍,则干涉减弱.

4. 微波布拉格衍射实验

（1）晶体的基础知识.晶体是指粒子在空间三个方向上周期性排列的固体.粒子可以是原子、离子或分子.晶体的结构模型是空间点阵,称为晶格.粒子所在位置称为格点.这些格点可组成若干个平面族（即互相平行的平面集合）,在每一平面族中各平面的间距相等,而不同平面族的平面间距却不一定相等.

由于晶格具有周期性,所以可以取某一格点为顶点,把以三个方向上的晶格周期为边长的平行六面体作为重复单元来描述晶格,这种重复单元称为晶胞.晶胞可用三个方向上的单位长度（称为晶格常量）a、b、c 和它们之间的夹角 α、β、γ 这六个参量来表示,如图 4.15.4 所示.

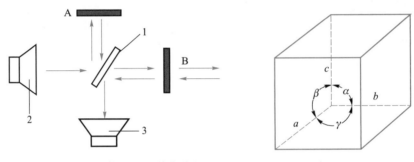

1—玻璃板；2—发射喇叭；3—接收喇叭

图 4.15.3 微波迈克耳孙实验光路图   图 4.15.4 晶胞

晶面在空间的方向可用米氏法表示,即用三个方向轴上截距数值的倒数的互质整数来表示.例如,若某晶面在三个方向轴上的截距分别为 $2a$、$3b$、$6c$,则

$$\frac{1}{2}:\frac{1}{3}:\frac{1}{6}=3:2:1 \qquad (4.15.3)$$

这三个互质整数称为晶面的米勒指数,用其标记晶面时,不用写比例符号,只在圆括号内顺序写上指数即可,通式为 (hkl),本例则为 (321).依照米氏法标记晶面的规则,立方晶系中的几个主要晶面应标记为 (100)、(110) 和 (111),如图 4.15.5 所示.晶面间距 d 与点阵参量 a、b、c、α、β、γ 和晶面指数 (hkl) 有关,对于立方晶系,有

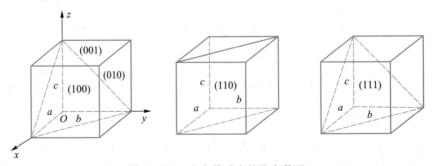

图 4.15.5 立方晶系中的几个晶面

$$d = \frac{a}{\sqrt{h^2+k^2+l^2}} \tag{4.15.4}$$

（2）布拉格方程.当 X 射线投射到晶体上时,将发生晶体表面平面点阵的散射和晶体内部平面点阵的散射,如图 4.15.6 所示,散射线相互干涉产生衍射条纹.对于同一层散射线(图左侧),当满足散射线与晶面间夹角等于掠射角 θ 时,在这个方向上的散射线的光程差为零,形成相干极大.对于不同层散射线(图右侧),当它们的光程差等于波长的整数倍时,在这个方向上的散射线相互加强,形成相干极大.设相邻两晶面间距为 d,则由它们散射出来的 X 射线之间的光程差为 $CB+BD = 2d\sin\theta$,当满足式(4.15.5)时,就产生干涉极大,这就是布拉格方程.

$$2d\sin\theta = k\lambda, \quad k=1,2,3,\cdots \tag{4.15.5}$$

利用上式,可在波长 λ 已知时,测定晶面间距 d;也可在晶面间距 d 已知时,测量波长 λ.由上式还可知,只有在 $\lambda < 2d$ 时,才会产生衍射极大.

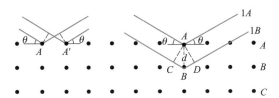

图 4.15.6　X 射线在某一晶面族上的衍射

五、基本实验内容与步骤

打开三厘米固态信号发生器电源,预热 10 s.调整接收喇叭,使两喇叭对正.调节衰减器,使电流表读数适中.

1. 反射实验

将金属板固定在分度小平台上,调整小分度盘位置,使金属板法线与发射臂在同一直线上,转动分度小平台,每转动一个角度后,再转动接收臂,使发射臂和接收臂处于金属板同一侧,并使接收指示最大,记录此时接收臂的角度值.实验中入射角在允许的范围内任取 8 个数值.

2. 迈克耳孙干涉实验

（1）将发射臂和接收臂分别置于 90° 位置,将玻璃板置于分度小平台上并调到 45° 位置,两块金属板分别作为可动反射板和固定反射板,如图 4.15.3 所示.

（2）将可动金属板 B 移到导轨的左端,从这里开始使金属板缓慢向右移动,依次记录电流表出现极大值时金属板在标尺上的位置.若金属板移动距离为 L,极大值出现的次数为 $n+1$,则

$$\lambda = \frac{2L}{n} \tag{4.15.6}$$

这便是微波的波长.再令金属板反向移动,重复上面操作,求出两次所得微波波长的平均值.

3. 单缝衍射实验

（1）预先调整好单缝衍射板的宽度（70 mm），将该板固定放到分度小平台上，单缝衍射板要和发射喇叭保持垂直，然后从衍射角 0° 开始，转动活动臂.

（2）每隔 2° 记录一次表头读数. 由于本实验的单缝衍射板较小，所以本实验分成两段，第一段为 -30° ~ 30°，第二段为 30° ~ 50°.

4. 微波布拉格衍射实验

用微波代替 X 射线，模拟晶体是由直径为 10 mm 的金属球做成的立方晶体模型，相邻球距为 40 mm.

（1）将模拟晶体放在分度小平台上，首先令分度小平台指示在 0° 位置，这样晶体的（100）面与发射臂平行，固定臂指针指示的是掠射角，活动臂指针指示的是经晶体（100）面反射的微波的散射角.

（2）转动分度小平台，改变微波的掠射角，保证散射角与掠射角相等. 分度小平台每次转动 1°，记录接收到的检波电流 I 值.（100）面的掠射角测量范围为 15° ~ 35°、45° ~ 60°，（110）面的掠射角测量范围为 25° ~ 40°.

注意：衰减器调整要适当，太小则不便观察，太大则可能使电流表损坏.

六、拓展实验内容

微波的偏振实验.

平面电磁波是横波，它的电场强度矢量 E 和波的传播方向垂直，如果 E 在垂直于传播方向的平面内沿着一条固定的直线变化，那么这样的横电磁波称为极化波，在光学中也称为偏振波. 电磁场沿着某一方向的能量与 $\cos^2 \varphi$ 有关系，这就是光学中的马吕斯定律：$I = I_0 \cos^2 \varphi$，式中 I 为偏振光的强度，φ 是入射偏振光的偏振方向与出射偏振光的偏振方向的夹角.

实验中两喇叭口面互相平行，并与地面垂直，其轴线在一条直线上，接收喇叭和一段旋转短波导连在一起，在旋转短波导的轴承环上，在 90° 范围内每隔 5° 有一刻度，因此接收喇叭的转角可以从此处读到. 转动接收喇叭就可以得到转角与相应的微波强度的数据.

七、思考题

（1）做反射实验和迈克耳孙干涉实验时，为什么记录读数要达到最大值？

（2）晶体的布拉格衍射与多缝和光栅衍射有什么区别？

（3）在单缝衍射实验中，测量并画出的实验曲线中央较平或有点凹陷，这是为什么？

实验 4.15 数字学习资源

（杨华   庄娟   李建东）

实验 4.16　空间光调制器的振幅调制

一、实验背景及应用

　　液晶态是相态的一种.液晶是一种高分子材料,因为其特殊的物理、化学、光学特性,20 世纪中叶开始被广泛应用在轻薄型的显示设备上,如液晶显示屏等.

　　空间光调制器(spatial light modulator,SLM)是指在主动控制下,通过液晶分子调制光场的某个参量,例如通过电场调制光场的振幅,通过折射率调制相位,通过偏振面的旋转调制偏振态或实现非相干光-相干光的转换,从而将一定的信息写入光波,达到光波调制目的的器件. 它可以方便地将信息加载到一维或二维光场中,利用光的带宽大、可多通道并行处理等优点对加载的信息进行快速处理.它是构成实时光学信息处理、光互连、光计算等系统的核心器件.

　　空间光调制器的发展促进了全息光镊技术的进步.在全息光镊系统中,通常采用计算机控制空间光调制器加载编制的计算全息图,产生多个光阱,实现多粒子操控或微粒间相互作用力的测量.将空间光调制器应用于自适应光学技术中,可实时校正光学系统随机误差,使系统始终保持良好的工作性能.这种技术早期用来在天文观测中修复大气湍流等因素对光波波前的扭曲,通过对波前误差的动态实时探测—控制—校正来改善成像质量,目前在眼底视网膜成像、大视场显微成像、激光脉冲整形等方面都有广泛的应用.

二、实验教学目标

　　(1)掌握光路调整的基本方法.
　　(2)理解液晶屏透光原理,测量液晶扭曲角.
　　(3)了解振幅型空间光调制器的工作原理,测量空间光调制器振幅调制模式的偏振光角度.

三、实验仪器

　　半导体激光器(波长为 532 nm)、可调衰减器、空间滤波器、准直透镜、偏振片(2 个)、空间光调制器、光功率计、可变光阑、CMOS(互补金属氧化物半导体)相机(像素大小为 5.2 μm)、相机采集软件、白板.

四、实验原理

1. 向列型液晶及扭曲角

某些物质在熔融状态或被溶剂溶解之后,尽管失去固态物质的刚性,却获得了液体的流动性,并保留着部分晶态物质分子的各向异性、有序排列,形成一种兼有晶体和液体部分性质的中间态,这种由固态向液态转化过程中存在的取向有序流体称为液晶.液晶可以像液体一样流动(流动性),但它的分子却取向有序(各向异性).根据液晶分子的空间排列,可将液晶分为近晶型、胆甾型、向列型三类.

向列型液晶的棒状分子之间只是互相平行排列,但它们的重心排列是无序的,在外力作用下发生流动时,分子很容易沿流动方向取向,并且互相穿越.因此,向列型液晶具有相当大的流动性.其中,扭曲向列液晶是液晶屏的主要材料之一,它是一种各向异性的介质,可以看成同轴晶体,它的光轴与液晶分子的长轴平行.液晶盒里的扭曲向列液晶可沿光的透过方向分层,每一层均可看成单轴晶体,其光学轴与液晶分子的取向平行.由于分子的扭曲结构,分子在各层间按螺旋方式逐渐旋转,各层单轴晶体的光学轴沿光的传输方向也螺旋式旋转,如图 4.16.1 所示.线偏振光通过液晶材料时,其偏振方向会发生偏转,偏振方向转过的角度称为液晶的扭曲角.

2. 空间光调制器的振幅调制

目前主流的液晶显示器的组成比较复杂,它主要由荧光管、导光板、偏光板、滤光板、玻璃基板、配向膜、液晶材料、薄膜式晶体管等构成,作为空间光调制器来使用时,通常只保留液晶材料和偏振片.液晶夹在两个偏振片之间就能实现显示功能.光线入射面的偏振片称为起偏器,出射面的偏振片称为检偏器.实验时通常将这两个偏振片从液晶屏中分离出来,取而代之的是可旋转的偏振片,这样方便调节角度.在不加电压和加电压的情况下液晶屏的透光原理如图 4.16.2 所示,液晶屏两侧的起偏器和检偏器相互平行,自然光透过起偏器后变为线偏振光,偏振方向为水平.在右侧,$V=0$,不加电压,液晶分子自然扭曲 $90°$,透射光的偏振方向也旋转 $90°$,与检偏器的偏振化方向垂直,无光线射出,此即关态.在左侧 $V \neq 0$,分子沿电场方向排列,对光的偏振方向没有影响,光线经检偏器射出,此即开态.这样就实现了通过电压控制光线通过的功能,即扭曲向列液晶分子在自然状态下扭曲排列,在电场作用下沿电场方向倾斜,在这个过程中对空间光的强度和相位都会产生调制.

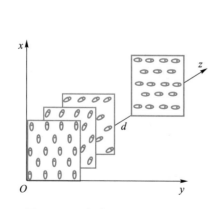

图 4.16.1 扭曲向列液晶分层模型

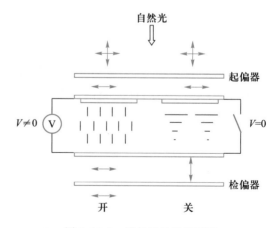

图 4.16.2 液晶屏的透光原理

在空间光调制器液晶屏的使用中,光线依次通过起偏器 P_1、液晶分子、检偏器 P_2,如图 4.16.3 所示.光路中要求偏振片和液晶屏表面都在 xy 平面上,图中已经分别标出了液晶屏前后表面分子的取向,两者相差 90°.偏振片角度的定义是,逆着光的方向看,φ_1 为液晶屏前表面分子的方向顺时针转到 P_1 偏振化方向的角度,φ_2 为液晶屏后表面分子的方向逆时针转到 P_2 偏振化方向的角度.

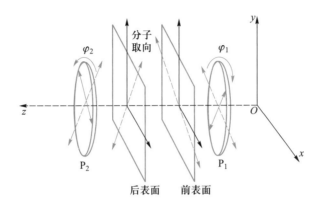

图 4.16.3　空间光调制器光路示意图

偏振光沿 z 轴传输时,各层分子均可以看成具有相同性质的单轴晶体,它的琼斯矩阵表达式与液晶分子的寻常折射率 n_o 和非寻常折射率 n_e,以及液晶盒的厚度 d、扭曲角 α 和两个偏振片的转角 φ_1、φ_2 有关.如果偏振器件的透光方向与 x 轴的夹角为 θ,那么在直角坐标系中该偏振器件的琼斯矩阵是

$$J_p(\theta) = R(-\theta)JR(\theta) = \begin{bmatrix} \cos\theta & -\sin\theta \\ \sin\theta & \cos\theta \end{bmatrix} \begin{bmatrix} 1 & 0 \\ 0 & 0 \end{bmatrix} \begin{bmatrix} \cos\theta & \sin\theta \\ -\sin\theta & \cos\theta \end{bmatrix}$$

$$= \begin{bmatrix} \cos^2\theta & \sin\theta\cos\theta \\ \sin\theta\cos\theta & \sin^2\theta \end{bmatrix} \tag{4.16.1}$$

其中,$R(\theta) = \begin{bmatrix} \cos\theta & \sin\theta \\ -\sin\theta & \cos\theta \end{bmatrix}$ 为旋转矩阵.

对于旋光物质,当旋转角度为 α 时,对应的琼斯矩阵为

$$J_t(\theta) = \exp(-j \cdot 2\pi nd/\lambda) \begin{bmatrix} \cos\alpha & -\sin\alpha \\ \sin\alpha & \cos\alpha \end{bmatrix} \tag{4.16.2}$$

其中,n 是介质的折射率,d 是介质的厚度,λ 是光的波长.

对于液晶这种复杂的双折射旋光介质,其琼斯矩阵的计算比较复杂.如果认为液晶分子扭曲 90° 是均匀变化的,在某一固定电场下,分子的倾斜角 θ 不因 z 而变化,即不考虑边缘效应,则液晶层自然状态下的琼斯矩阵为

$$J = \exp(-j\psi) \begin{bmatrix} \left(\dfrac{\pi}{2\gamma}\right)\sin\gamma & \cos\gamma + j\left(\dfrac{\beta}{\gamma}\right)\sin\gamma \\ -\cos\gamma + j\left(\dfrac{\beta}{\gamma}\right)\sin\gamma & \left(\dfrac{\pi}{2\gamma}\right)\sin\gamma \end{bmatrix} \tag{4.16.3}$$

其中, $\beta = \dfrac{\pi d}{\lambda}(n_e - n_o)$, $\psi = \dfrac{\pi d}{\lambda}(n_e + n_o)$, $\gamma = \left[\left(\dfrac{\pi}{2} \right)^2 + \beta^2 \right]^{\frac{1}{2}}$.

当液晶屏加有电场时,液晶分子向电场方向倾斜,它完全是电压 V_r 的函数. 液晶分子存在一个倾斜的阈值电压 V_c ,当 V_r 小于 V_c 时, θ 为 0;当 V_r 大于 V_c 时, θ 是 V_r 的函数. 另定义 V_o 是 $\theta = 49.6°$ 时的电压,则 θ 可定义如下:

$$
\theta = \begin{cases} 0, & V_r < V_c \\ \dfrac{\pi}{2} - 2\arctan\left\{ \exp\left[-\left(\dfrac{V_r - V_c}{V_o} \right) \right] \right\}, & V_r > V_c \end{cases} \tag{4.16.4}
$$

由于分子的倾斜改变了液晶的双折射,所以 n_e 是 θ 的函数.

$$
\frac{1}{n_e^2(\theta)} = \frac{\cos^2\theta}{n_e^2} + \frac{\sin^2\theta}{n_o^2} \tag{4.16.5}
$$

因此,当有电场存在时,液晶层的琼斯矩阵就是将式(4.16.3)中的 n_e 用 $n_e(\theta)$ 来代替,由此可计算出偏振片和液晶组成的系统的琼斯矩阵,进一步由复振幅可分别得到系统的强度变化和相位变化.

$$
T = \left[\frac{\pi}{2\gamma}\sin\gamma\cos(\varphi_1 - \varphi_2) + \cos\gamma\sin(\varphi_1 - \varphi_2) \right]^2 \tag{4.16.6}
$$

$$
\delta = \beta - \arctan\frac{(\beta/\gamma)\sin\gamma\sin(\varphi_1 + \varphi_2)}{(\pi/2\gamma)\sin\gamma\cos(\varphi_1 - \varphi_2) + \cos\gamma\sin(\varphi_1 + \varphi_2)} \tag{4.16.7}
$$

由上面两式可知,当空间光调制器其他参量保持不变时,通过改变 φ_1 和 φ_2 ,可使相位 δ 基本保持不变,而强度 T 随着液晶屏所加电压的变化而变化,此时空间光调制器为强度调制模式.

五、基本实验内容与步骤

1. 光路调节的基本要求

(1) 调整所有器件(空间滤波器、透镜、目标物、光功率计等)的高度,使它们的中心与激光束同轴(图 4.16.4).

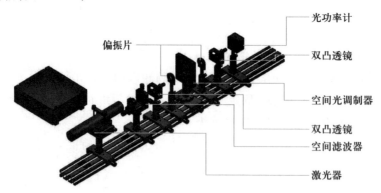

图 4.16.4　光学器件摆放示意图

（2）调节激光器,使光束与导轨平行.(思考:如何判断?)

（3）将激光束(窄束平行光)转变为点光源:加入空间滤波器,使用可变光阑作为高度标尺,调整空间滤波器的高度(不加针孔),使得激光通过显微物镜后的扩束光斑中心与可变光阑中心重合,此时锁定空间滤波器高度及平移台水平移动旋钮;加入针孔,旋转水平移动旋钮,推动物镜靠近针孔,在此过程中不断调整针孔位置旋钮,保证透过光的光强最大,当透过光无衍射环且光强最大时,空间滤波器调整完毕.(注:物镜靠近针孔时,切忌用力旋转旋钮,以免物镜撞到针孔,使针孔堵塞.)

（4）将点光源转变为宽束平行光:调整准直用的双凸透镜与空间滤波器的距离,使出射光的光斑在近处和远处的直径相等.

2.测量液晶扭曲角

（1）保持已调好的光学器件不动,依次加入偏振器件、空间光调制器、聚焦透镜和光功率计等.

（2）调整光功率计探头的位置,使其位于聚焦透镜的后焦面上.

（3）调节起偏器使光功率计读数最大,记下起偏器角度.

（4）加入并调节检偏器使光功率计读数最大,记下检偏器角度,二者之差即液晶扭曲角.

（5）重复实验 5 次,结果取平均值.

3.空间光调制器的振幅调制实验

（1）调节检偏器使其透光方向位于竖直位置.

（2）将空间光调制器通电后与计算机连接,右键单击电脑桌面,选择"屏幕分辨率"选项,单击"检测""识别",使电脑工作在双显示器模式下.

（3）打开"图像输出软件",输入 0~250 灰度图,每隔 25 灰度输入一个,在"显示输入图片"前画钩.

（4）选择灰度"0",旋转检偏器,测量激光束透过加载了灰度图片的空间光调制器后的功率,使其数值最小,记下检偏器转过的角度.

（5）依次将各灰度图片加载到空间光调制器,记下对应的光功率值,在坐标纸上作出光功率随灰度的变化曲线,验证在此角度下光功率是否随灰度变化最大.

（6）加入光衰减器,将光强调到最弱.

（7）把光功率计换成相机,并置于凸透镜后焦点附近,打开相机应用软件;改变"图像输出软件"中的灰度图片,观察输入空间光调制器的灰度图片变化时,显示图像的变化情况

（8）打开空间光调制器应用程序,在菜单栏选中"基本光学元件",单击"各种光栅".

（9）分别选择"圆孔""单缝""双缝""光栅"图像,单击"OK"和"输出 SLM",观察并记录白屏上显示的图像.改变各器件参量,观察并记录显示图像的变化情况.

4.注意事项

（1）切忌用手直接触摸元件的光学面.

（2）不要对着光学元件说话、打喷嚏,以防止唾液或其他液体溅落在元件表面上.

（3）光学元件要轻拿轻放,勿使光学元件受到冲击或震动,特别要防止其摔落.

（4）实验中不可直视激光束,要注意保护眼睛.

（5）使用空间光调制器时,除了要满足光学器件的基本保护要求外,还应注意防静电.

六、拓展实验内容

液晶结构认识和像素尺寸测量.

本实验所采用的空间光调制器为透射式,根据液晶分子表面的结构排列特点,可将其看成一个网格状的正交光栅.

当激光照射液晶屏表面时,液晶屏将对光产生衍射. 如图 4.16.5 所示,根据光栅衍射原理,波长为 λ 的平行光垂直于光栅面入射时,当满足下式时,在透镜的焦平面上出现光强极大值.

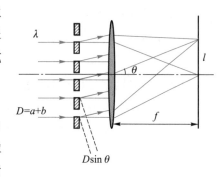

$$(a+b)\sin\theta = k\lambda, \quad k=0, \pm1, \pm2, \cdots$$

$$(4.16.8)$$

式中,θ 为衍射角,k 为衍射级次. 假设液晶屏的像素尺寸为 D,则根据液晶表面分子结构,每个像素的尺寸为

图 4.16.5   光栅衍射

$$D = a+b \tag{4.16.9}$$

取 $k=1$,衍射 0 级与 1 级的距离为 l,实验用透镜的焦距为 f,在衍射角 θ 较小时,有

$$\sin\theta \approx \tan\theta \approx l/f \tag{4.16.10}$$

综合以上公式,可得到像素尺寸的计算公式:

$$D = \lambda f/l \tag{4.16.11}$$

实验中利用相机的采集功能,测量衍射光斑的 0 级以及 1 级的像素差值,若已知所用相机的像素大小,则可计算出距离 l,将其代入式(4.16.11),即可得到液晶分子的像素尺寸.

七、思考题

空间光调制器在振幅调制模式下的成像图与输入的灰度图有什么关系?

实验 4.16 数字学习资源

（李建东   庄娟   秦颖）

第5章
设计性实验

实验 5.1　非线性电阻元件伏安特性测量

非线性电阻元件不遵循欧姆定律,它的阻值随着其电压或电流的改变而改变,不是一个常量,其伏安特性曲线是一条过坐标原点的曲线.常见的非线性电阻元件有金属热电阻、半导体热敏电阻、半导体光敏电阻、半导体二极管、稳压二极管、纳米薄膜等.非线性电阻元件可制成各种新型传感器、换能器,在温度、压力、光强等物理量的检测和自动控制方面有着广泛的应用.比如,将热敏电阻制成温度传感器,可实现家用电器智能化温度控制.非线性电阻元件亦可用于电路保护.比如,氧化锌非线性电阻可用于各种电力和电子设备的过电压限制和电磁脉冲吸收,静电、电气噪声吸收以及电力系统大容量的能量吸收等.

为了研究非线性电阻元件的特性,人们常用伏安法测量其伏安特性曲线,以确定其基本参量、导电特性以及在电路中的作用等.此外,在分析由非线性电阻元件制成的传感器特性时,也需要测量其伏安特性,因其伏安特性随着某一物理量的变化呈现规律性变化.通过本实验学习非线性电阻元件伏安特性的测量方法、基本电路,熟练掌握电子元件伏安特性的测量技巧,对非线性电阻元件特性及规律的研究有重要的意义.

一、实验设计内容及要求

1. 钨丝灯泡伏安特性的测量

(1) 设计合适的测量电路,尽量减小系统误差.

(2) 合理选择所用仪器的量程,完成钨丝灯泡伏安特性的测量.

(3) 给出完整的数据记录,绘制出钨丝灯泡的伏安特性曲线.

(4) 计算灯丝的静态电阻,并给出电压和电流的关系式.

(5) 理论与实验相结合,对测量结果进行讨论,并分析测量不确定度.

2. 稳压二极管伏安特性的测量

（1）设计合适的测量电路，尽量减小系统误差.

（2）合理选择所用仪器的量程，完成稳压二极管正向与反向伏安特性的测量.

（3）给出完整的数据记录，绘制出稳压二极管的伏安特性曲线.

（4）给出稳定电压值，求出达到稳定电压时的动态电阻，并说明稳压性能的好坏.

（5）理论与实验相结合，对测量结果进行讨论，并分析测量不确定度.

二、实验室提供的仪器及元器件

直流恒压源恒流源（型号为 DH-VC1，规格为 0～30 V，最大电流为 0.5 mA）、台式数字万用表、手持式数字万用表、钨丝灯泡（规格为 12 V，0.1 A）、稳压二极管（型号为 2EZ7.5D5，2 W）、定值电阻（200 Ω）、可调电阻（2.2 kΩ）、开关、连接线、九孔板等.

三、实验设计提示

1. 伏安特性

电子元件的伏安特性是指元件的端电压和流过该元件的电流之间的函数关系，通常用于确定电子元件的基本参量、数值模拟其在电路中的特性.把电子元件上的电压取为横坐标，电流取为纵坐标，根据测量所得数据，画出电压和电流的关系曲线，称之为该元件的伏安特性曲线.从伏安特性曲线所遵循的规律可以得知该元件的导电特性，以便确定其在电路中的作用.通过测量得到元件伏安特性的方法简称伏安法.

2. 非线性电阻元件的伏安特性

非线性电阻元件不遵循欧姆定律，它的阻值随着电压或电流的改变而改变，不是一个常量，其伏安特性曲线是一条过坐标原点的曲线.非线性电阻元件的阻值随电压或电流变动，分析阻值时必须指出其工作电压或电流.表示阻值有两种方法，一种为静态电阻，等于工作点处电压与电流之比；另一种为动态电阻，等于工作点附近电压改变量与电流改变量之比.

（1）钨丝灯泡的伏安特性.钨丝灯泡（白炽灯）具有非线性且关于坐标原点对称的伏安特性曲线，如图 5.1.1 所示.在灯泡两端施加电压后，钨丝上就有电流流过，产生功耗，灯丝温度上升，致使灯泡电阻增加.灯泡不加电时测得的电阻称为冷态电阻，施加额定电压时测得的电阻称为热态电阻.由于钨丝点亮时温度很高，超过额定电压时会烧断，所以使用时不能超过额定电压.

在一定的电流范围内，电压和电流的关系为

$$U = K I^n \tag{5.1.1}$$

式中，U 为灯泡两端电压，I 为灯泡流过的电流，K 和 n 为与

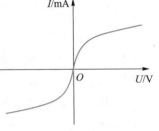

图 5.1.1　钨丝灯泡的伏安特性

灯泡有关的常量.

为了求得常量 K 和 n,可以通过两次测量,得到

$$U_1 = KI_1^n \tag{5.1.2}$$

$$U_2 = KI_2^n \tag{5.1.3}$$

将式(5.1.2)除以式(5.1.3),可得

$$n = \frac{\lg \dfrac{U_1}{U_2}}{\lg \dfrac{I_1}{I_2}} \tag{5.1.4}$$

将式(5.1.4)代入式(5.1.2),可以得到

$$K = U_1 I_1^{-n} \tag{5.1.5}$$

(2) 半导体二极管的伏安特性.半导体二极管(简称二极管)由 P 型、N 型半导体材料制成 PN 结,经欧姆接触引出电极并封装而成.二极管的伏安特性曲线关于坐标原点不对称,具有明显的方向性,如图 5.1.2 所示.对二极管施加正向偏置电压时,二极管中就有正向电流通过(多数载流子导电).随着正向偏置电压的增加,开始时,电流随电压变化很缓慢,而当正向偏置电压增至接近二极管导通电压时(锗管为 0.2 V 左右,硅管为 0.7 V 左右),电流急剧增加.二极管导通后,电压的少许变化将导致电流有很大的变化.当施加反向偏置电压时,二极管处于截止状态,当其反向电压增加至该二极管的击穿电压时,电流猛增,二极管被击穿.在二极管使用中应尽量避免出现击穿现象,否则很容易造成二极管的永久性损坏.因此在做二极管反向特性测量时,应串入限流电阻,以防因反向电流过大而损坏二极管.二极管由于具有单向导电性,所以在电子电路中常用于整流、检波、限幅、元件保护以及在数字电路中作为开关元件等.

(3) 稳压二极管的伏安特性.稳压二极管的正向伏安特性与二极管类似,但其反向特性变化甚大,如图 5.1.3 所示.当稳压二极管两端电压反向偏置时,其电阻值很大,反向电流极小.随着反向偏置电压的进一步增加,出现了反向击穿(有意掺杂而成),产生雪崩效应,其电流迅速增加,而电压变化却很小.稳压二极管工作在反向击穿区,电流在一定范围

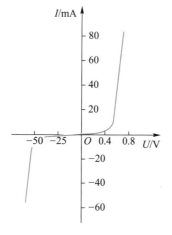

图 5.1.2　二极管的伏安特性

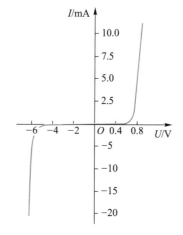

图 5.1.3　稳压二极管的伏安特性

内变化,电压几乎不变.由于它在电路中与适当电阻、电容配合后能起到稳定电压的作用,故称为稳压二极管.特别要指出的是,与一般二极管不同,由于制造工艺上采用了必要措施,所以稳压二极管的反向击穿是可逆的,这样保证了稳压二极管工作在反向击穿区而又不会损坏.但如果反向电流超过允许范围,那么同样会造成热击穿而损坏稳压二极管.稳压二极管常用在稳压、恒流等电路中.

3. 电表内接和外接对测量元件伏安特性的影响

当电流表内阻为 0,电压表内阻无穷大时,电流表内接或外接都不会带来附加测量误差.实际的电流表具有一定的内阻,记为 R_I;电压表也具有一定的内阻,记为 R_U.因为存在 R_I 和 R_U,所以它们必然带来附加测量误差.为了减少这种附加误差,测量电路可以粗略地按下述办法选择.

(1) 当 $R_U \gg R$ 且 R_I 和 R 相差不大时,宜选用电流表外接电路,此时 R 为估计值.

(2) 当 $R \gg R_I$ 且 R_U 和 R 相差不大时,宜选用电流表内接电路.

(3) 当 $R \gg R_I$ 且 $R_U \gg R$ 时,必须先用电流表内接和外接电路进行测试,然后再确定.

方法如下:先按电流表外接电路接好测试电路,调节直流稳压电源电压,使两表指针都指向较大的位置,保持电源电压不变,记下两表示值 U_1、I_1;将电路改成电流表内接测试电路,记下两表示值 U_2、I_2.将 U_1、U_2 和 I_1、I_2 进行比较,如果电压值变化不大,而 I_2 较 I_1 有显著减少,那么说明 R 是高值电阻,此时选择电流表内接测试电路为好;若电流值变化不大,而 U_2 较 U_1 有显著增加,则说明 R 为低值电阻,此时选择电流表外接测试电路为好.

在实际应用中,为了更加简便,也可以这样判断:比较 $\lg(R/R_I)$ 和 $\lg(R_U/R)$ 的大小,比较时 R 取粗测值或已知的约值.如果前者大,则选电流表内接法;如果后者大,则选电流表外接法.

如果要得到测量准确值,就必须进行修正,即电流表内接测量时,

$$R = \frac{U}{I} - R_I \tag{5.1.6}$$

电流表外接测量时,

$$\frac{1}{R} = \frac{I}{U} - \frac{1}{R_U} \tag{5.1.7}$$

四、预习要求

(1) 如何根据元件的伏安特性曲线来区分它们为何种性质的电阻?

(2) 钨丝灯泡的电阻变化有什么规律?

(3) 画出测量钨丝灯泡伏安特性曲线的电路图,并写出钨丝灯泡两端电压及通过它的电流之间的关系表达式.

（4）稳压二极管的反向伏安特性有什么特点？型号为 2EZ7.5D5 的稳压二极管的反向击穿电压是多少？

（5）在测量稳压二极管的反向伏安特性实验中,电流表接入电路的方式有变化吗？给出相应的测量电路图.

（6）实验中如何正确选择电流表及电压表的量程范围？根据实验内容,选出每一步测量中电压表及电流表的量程.

（7）拟定实验的具体操作步骤.

（8）设计实验数据记录表格.

（9）在电学实验中,电源打开和关闭之前应检查什么？根据所给仪器,如何保证在测量时既满足测量要求又不会损坏仪器？

五、思考题

（1）试从钨丝灯泡的伏安特性曲线解释为什么钨丝灯泡在开灯的时候容易烧坏.

（2）通过元件伏安特性曲线分析欧姆定律对哪些元件成立,对哪些元件不成立.

（3）在测量稳压二极管反向伏安特性时,为什么会分两段并分别采用电流表内接电路和外接电路？

（4）稳压二极管的限流电阻应如何确定？（提示:根据要求的稳压二极管动态内阻确定工作电流,再由工作电流计算限流电阻大小.）

（5）工作电流为 8 mA,供电电压为 10 V 时,限流电阻大小是多少？供电电压为 12 V 时,限流电阻大小又是多少？

实验 5.1 数字学习资源

（吴兴伟　王艳辉　秦颖）

实验 5.2　电表改装与校准

电学测量在当今科学和技术应用中起着重要作用.电学仪表(简称电表)在各种精密测量仪器中不可或缺.电表是最基本的电学测量工具之一,按工作电流可分为直流电表、交流电表、交直流两用电表;按用途可分为电流表、电压表;按读取方式可分为指针式电表和数字式电表. 这些电表有一个共同的部分:表头.大部分指针式直流电表是磁电式电表,所用表头通常是一只磁电式微安表或毫安表,只允许通过微安级或毫安级的电流,因此一般只能测量很小的电流和电压.若要用它来测量较大的电流和电压,就必须进行改装,以扩大测量范围,这种改装过程称为电表的扩程.经过改装的表头具有测量较大电流、电压和电阻等多种用途.若再配以整流电路将交流变为直流,则它还可以测量交流电的有关参量.由微安表头进行多量程改装而成的万用表,是一种多功能电参量测量仪器,在工业、国防、科研、生活等各个领域都得到了广泛应用,已成为现代电子测量与维修检测的必备仪器.除此之外,我们日常接触到的各种电表几乎都是经过改装而成的,因此学习电表改装与校准的原理和方法非常重要.

一、实验设计内容及要求

1. 将微安表(量程为 100 μA)设计并改装成直流电流表

(1) 改装表具有双量程,分别为 200 μA 和 2 mA.

(2) 设计并画出改装表的电路原理图.

(3) 选择合适的测量方法,测量所用微安表内阻,并对测量结果精度进行分析.

(4) 计算并给出电流扩程所需各分流电阻的阻值.

(5) 选择合适的校准方法对改装表进行校准,并绘制校准曲线.

(6) 确定改装表的准确度等级.

2. 将微安表(量程为 100 μA)设计并改装成直流电流、电压两用表

(1) 改装表电流挡的量程为 2 mA,电压挡的量程为 1 V.

(2) 设计并画出改装表的电路原理图.

(3) 计算并给出电流扩程和电压扩程所需各分流和分压电阻的阻值.

(4) 选择合适的校准方法对改装表进行校准,并绘制校准曲线.

(5) 确定改装表的准确度等级.

3. 将微安表(量程为 100 μA)设计并改装成欧姆表

(1) 采用串联分压式电路,改装表的中值电阻 $R_{中}=15$ kΩ,电源 E 在 1.3~1.6 V 范围内使用并能调零.

(2) 根据给定的微安表头和电源,合理设计并选择改装表的电路和元件.

(3) 对微安表头的刻度进行标定,并画出改装欧姆表的刻度盘.

(4) 对改装表进行校准,并绘制校准曲线.

(5) 确定改装表的准确度等级.

二、实验室提供的仪器及元器件

直流恒压源恒流源(型号为 DH-VC1,规格为 0~30 V,最大电流为 0.5 mA)、台式数字万用表、手持式数字万用表、微安表头(电流计,量程为 100 μA)、定值电阻(1 kΩ,3 kΩ,10 kΩ)、可调电阻(500 Ω,5 kΩ,10 kΩ)、电阻箱、开关、单刀双掷开关、连接线、九孔板、一号干电池等.

三、实验设计提示

1. 微安表头内阻的测量方法

微安表头主要有两个重要参量：满偏量程和内阻.满偏量程是表头指针偏转至满刻度时可测的最大电流值,用 I_g 表示.I_g 越小,表的灵敏度就越高.表头的内阻是表头偏转线圈的直流电阻,用 R_g 表示.在电表改装前,首先要测量表头参量,尤其是表头内阻,它是准确计算电表改装时所需分流电阻和分压电阻阻值的关键.测量表头内阻的方法有很多,实验中常用的两种方法是半偏法和替代法.

（1）半偏法,也称中值法,根据连接方式可分为并联半偏法和串联半偏法.并联半偏法的测量电路如图 5.2.1（a）所示.断开 K_2,合上 K_1,调节滑动变阻器 R_1,使微安表（待测表）指针指到满偏位置,再合上 K_2,用电阻箱 R_2 作为分流电阻与表头并联,改变 R_2 电阻值使微安表指针指示到中间值,且标准表读数（总电流）仍保持不变,此时分流电阻值就等于表头的内阻 R_g.串联半偏法的测量原理如图 5.2.1（b）所示.合上 K,调节电阻箱 R_2 使其阻值为零,调节滑动变阻器 R_1 滑动端位置,使待测微安表满偏；然后保持滑动端位置不变（即电压表读数不变）,改变电阻箱 R_2 的阻值,使微安表指针偏转到满刻度的一半,此时电阻箱阻值即表头内阻.

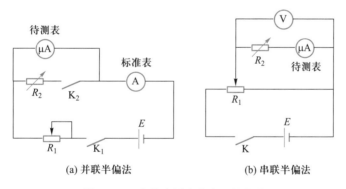

(a) 并联半偏法   **(b) 串联半偏法**

图 5.2.1   半偏法测表头内阻的电路

（2）替代法,其测量电路如图 5.2.2 所示.将待测表和可变电阻箱 R_2 分别接入电路（即 K_2 分别拨向 a 和 b）,调节 R_2 的阻值,使两种情况下电路中的电压和电流（标准表读数）保持不变,则电阻箱 R_2 的阻值即待测表头的内阻 R_g.替代法是一种运用很广的测量方法,具有较高的测量准确度.

2. 电表改装原理

电流表改装是在表头两端并联一个分流电阻 R_s,使表头 G 不能承受的那部分电流从 R_s 上分流通过,如图 5.2.3（a）所示.这种由表头 G 和并联电阻 R_s 组成的整体就是改装后的电流表.如需将量程扩

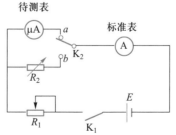

图 5.2.2   替代法测表头内阻的电路

大 n 倍,则由欧姆定律不难得出

$$R_s = \frac{R_g}{n-1} \tag{5.2.1}$$

如果在表头上并联阻值不同的分流电阻,那么便可制成双量程电流表,如图5.2.3(b)所示.用电流表测量电流时,电流表应串联在被测电路中,因此要求电流表应有较小的内阻.

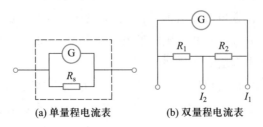

(a) 单量程电流表　　　**(b) 双量程电流表**

图 5.2.3　表头改装成电流表示意图

电压表改装是给表头 G 串联一个阻值适当的电阻 R_m,如图 5.2.4(a)所示,使表头不能承受的那部分电压降落在电阻 R_m 上.这种由表头 G 和串联电阻 R_m 组成的整体就是电压表,串联的电阻 R_m 称为扩程电阻.由欧姆定律可求得扩程电阻:

$$R_m = \frac{U}{I_g} - R_g = \left(\frac{U}{U_g} - 1\right) R_g \tag{5.2.2}$$

如果在表头上串联不同阻值的扩程电阻,就可以得到双量程电压表,如图 5.2.4(b)所示.

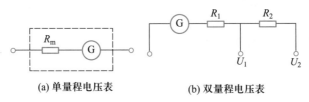

(a) 单量程电压表　　　　　**(b) 双量程电压表**

图 5.2.4　表头改装成电压表示意图

欧姆表改装根据调零方式,可分为串联分压式和并联分流式两种.串联分压式的原理电路如图 5.2.5(a)所示.图中 E 为电源,其内阻为 r,R_1 为限流电阻,R_0 为调"零"电位器,R_x 为被测电阻,表头内阻为 R_g.欧姆表使用前先要调"零"点,即 a、b 两点短路(相当于 $R_x = 0$),调节 R_0 的阻值,使表头指针正好偏转到满刻度,此时,

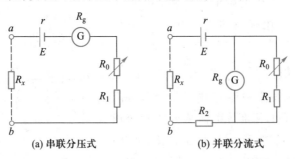

(a) 串联分压式　　　　　**(b) 并联分流式**

图 5.2.5　表头改装成欧姆表示意图

$$I = \frac{E}{R_g + r + R_0 + R_1} = I_g \qquad (5.2.3)$$

可见,欧姆表的零点就在表头标尺的满刻度处,与电流表和电压表的零点正好相反.

当 a、b 端接入被测电阻 R_x 后,电路中的电流为

$$I = \frac{E}{R_g + r + R_0 + R_1 + R_x} \qquad (5.2.4)$$

对于选定的表头和元件来说,R_g、R_0、R_1 都是常量,当电源电压 E 保持不变时,被测电阻和电流值有一一对应的关系,即接入的电阻不同,表头就会有不同的偏转示数,R_x 越大,电流 I 越小.

当 $R_x = R_g + r + R_0 + R_1$ 时,有

$$I = \frac{E}{R_g + r + R_0 + R_1 + R_x} = \frac{1}{2} I_g \qquad (5.2.5)$$

这时指针在表头的中间位置,对应的阻值为中值电阻 $R_{中}$.当 $R_x \to \infty$(相当于 a、b 开路)时,$I = 0$,即指针在表头的机械零位.因此,欧姆表的标尺为反向刻度,且刻度是不均匀的,阻值越大处,刻度越密.如果表头的标尺预先按电阻值进行刻度,就可以在表头上直接读出待测电阻值了.

并联分流式的原理电路如图 5.2.5(b)所示.该方式对表头分流进行调零,具体参量可自行设计.

欧姆表在使用过程中,电源的端电压 E、内阻 r 会有所改变,而表头的内阻 R_g 及电阻 R_1、R_2 为常量,故要求 R_0 随着 E 和 r 的变化而改变,以满足调"零"的要求.

3. 改装电表的校准及准确度等级的确定

表头进行改装后,需要进行校准才可使用.校准的方法是将改装后的电表同一准确度等级较高的标准电表进行比较,电流表校准电路如图 5.2.6(a)所示,电压表校准电路图如图 5.2.6(b)所示.当改装表和标准表通过相同的电流(或电压)时,标准表与改装表的读数之差为该刻度的修正值.将量程中的各个刻度都校准一遍,可得到一组改装表读数的修正值.以改装表的读数为横坐标,以修正值为纵坐标,将相邻两点用直线连接,可画出改装表的校准曲线,该曲线应为折线.

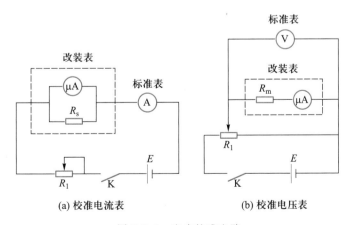

(a) 校准电流表　　　　　　(b) 校准电压表

图 5.2.6　电表校准电路

改装表与标准表的读数之差为改装表各个刻度的绝对误差,其中最大的绝对误差与标准表的仪器误差之和为校准的最大绝对误差.最大绝对误差除以其量程即该表的标称误差.根据标称误差的大小,电表可以分成不同的准确度等级.

$$标称误差 = \frac{最大绝对误差}{量程} \times 100\% = \alpha\%$$

其中 α 为电表的准确度等级,共分为七级:0.1,0.2,0.5,1.0,1.5,2.5 和 5.0.若 α 不正好为上述值,则按照取大不取小的原则,该表的准确度等级应定低一级.

四、预习要求

（1）了解测量表头内阻的方法,拟定实验中测量表头内阻的方法,并画出电路图.

（2）理解电表改装原理,画出表头改装为直流电流、电压两用表的电路图,并做简要说明.

（3）理解确定分流电阻和扩程电阻大小的方法,并推导出各电阻值与表头内阻的关系式.

（4）画出表头改装为欧姆表的电路图,简要说明其原理,并说明如何选择元件.

（5）什么是中值电阻? 如何确定中值电阻?

（6）理解欧姆表的量程.单量程的欧姆表就可以测量任何阻值,为什么欧姆表还要设计不同的量程?

（7）如何进行改装表校准? 校准电表时,如何计算示值误差（即修正值）?

（8）拟定实验的具体操作步骤.

（9）设计实验数据记录表格.

（10）在电学实验中,电源打开和关闭之前应检查什么? 根据所给仪器,如何保证在测量时既满足测量要求又不会损坏仪器?

五、思考题

（1）还有哪些测量表头内阻的方法? 试分析各方法的测量误差.

（2）完成电表改装后,如何用其进行测量? 给出具体的测量案例.

（3）设计 $R_{内} = 1\,500\ \Omega$ 的欧姆表,现有两块量程为 1 mA 的表头,其内阻分别为 250 Ω 和 100 Ω,你认为选哪块表头较好?

（4）为什么欧姆表每进行一次换挡都要重新调零?

（5）给出指针式万用表的设计原理.

实验 5.2 数字学习资源

（吴兴伟　王艳辉　秦颖）

实验 5.3　热敏电阻温度计的设计与制作

热敏电阻是对温度非常敏感的元件.与一般金属电阻相比,热敏电阻的电阻温度系数通常大 10 ~100 倍.根据阻值与温度变化的不同,可将热敏电阻分为正温度系数(PTC)热敏电阻、负温度系数(NTC)热敏电阻和临界温度系数热敏电阻(CTR).

NTC 热敏电阻,即负温度系数热敏电阻,其发展经历了漫长的历程.1834 年,人们首次发现硫化银具有负温度系数特性;大约 100 年以后,人们再次发现氧化亚铜-氧化铜同样具有负温度系数特性,并经过大量研究后将之成功运用在航空仪器的温度补偿电路中;1960 年,热敏电阻的研究取得重大突破,人们研制出 NTC 热敏电阻,并将之广泛用于温度测量、温度控制和温度补偿等方面.热敏电阻作为温度传感器具有用料省、成本低、体积小、结构简单和电阻温度系数绝对值大等优点,可以简便灵活地测量温度的微小变化.常温用 NTC 热敏电阻的测温范围为-10 ~ 300 ℃,低温用热敏电阻可以测到-260 ℃,高温用热敏电阻可以测到 1 200 ℃.目前,我国有关科研单位研制出的一系列不同类型的热敏电阻传感器,在人造地球卫星、深海探测以及科学研究等领域得到了广泛的应用.

随着测量技术的发展,电桥电路被广泛应用于非电量的测量.将电阻型传感器接入平衡电桥电路,当外界某物理量(如温度、压力、形变等)使传感器的电阻发生微小变化时,通过桥路的非平衡电压或电流可以间接检测出外界物理量的变化.本设计实验利用 NTC 热敏电阻的温度特性与非平衡电桥的原理,设计并制作热敏电阻温度计.

一、实验设计内容及要求

本设计性实验采用半导体热敏电阻作为传感器,结合非平衡电桥电路,设计并组装一个测温范围在 20 ~ 70 ℃ 的热敏电阻温度计.具体要求如下:

(1) 根据热敏电阻额定电流,计算 U_{cd} 最大值.

(2) 根据实验室提供的电阻元件 R_1、R_2 和微安表内阻,计算本实验中 U_{cd} 的取值范围.

(3) 记录不同温度 T 时,对应的微安表电流 I_g,画出热敏电阻温度计的定标曲线 I_g-T.

(4) 根据实验数据,在微安表盘中同时画出电流刻度和相应的温度刻度.

(5) 通过与实验室提供的酒精温度计对比,计算所测温度的百分比误差.

二、实验室提供的仪器及元器件

直流稳压电源(0~30 V 可调),直流微安表(量程为 0~100 μA),热敏电阻及元件转接盒,六位电阻箱,单圈电位器(470 Ω/2 W)作为分压电阻器,2 个多圈电位器 R_1、R_2(4~9 kΩ/2 W),多圈电位器 R_3(10~15 kΩ/2 W),钮子开关 K_1,九孔实验插板,短接片若干,万用表,酒精温度计.

三、实验设计提示

本实验选用的是型号为 MF52NTC10K（简称 MF52）的 NTC 热敏电阻,其阻值与温度的函数关系近似表示为 $R=Ae^{\frac{B}{T}}$ (式中,A、B 为常量,A 的数值约等于 0.008 067,B 的数值约等于 4 185),额定功率为 50 mW.其阻值与温度的关系曲线见图 5.3.1,具体对应数值见表 5.3.1.将热敏电阻的阻值-温度特性与直流非平衡电桥结合起来,可实现对温度 T 这一非电量的测量,这种将非电量转化为电量的测量原理,已被广泛应用于多种传感器中.

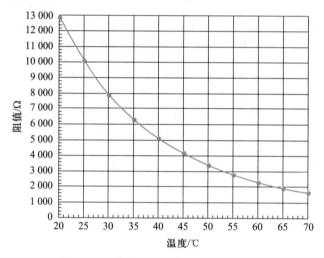

图 5.3.1   热敏电阻阻值与温度关系曲线

表 5.3.1   不同温度下热敏电阻阻值

温度/℃	20	25	30	35	40	45	50	55	60	65	70
阻值/Ω	12 800	10 050	7 860	6 300	5 100	4 150	3 390	2 760	2 280	1 920	1 600

具体原理如图 5.3.2 所示,R_1、R_2 和 R_3 为可调节电阻,R_t 为热敏电阻.当 R_1、R_2、R_3 和 R_t 阻值适当时,可以使电桥达到平衡状态.在电桥平衡的基础上,若 R_t 值改变,则电桥处于非平衡状态,此时桥路 AB 上有电流 I_g 通过.如果对于 R_t 值的改变,只有唯一的电流值 I_g 与之对应,那么就可以用电流 I_g 来表征温度——这就是热敏电阻温度计测温的基本原理.

其理论推导如下.首先从简化计算和提高电桥灵敏度两个方面考虑,令 $R_1=R_2$.设流经桥路 CA 和 CB 的电流分别为 I_1 和 I_3,则流经 AD、BD 的电流分别为 I_1-I_g 和 I_3+I_g,对于 $CABC$ 回路,有

$$I_1R_1+I_gR_g-I_3R_3=0 \qquad (5.3.1)$$

对于 $ADBA$ 回路,有

$$(I_1-I_g)R_2-(I_3+I_g)R_t-I_gR_g=0 \qquad (5.3.2)$$

又因为

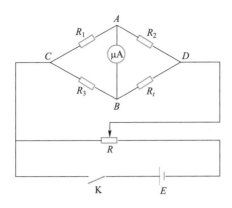

图 5.3.2　非平衡电桥测温原理图

$$U_{cd}=I_3R_3+(I_3+I_g)R_t \tag{5.3.3}$$

结合条件 $R_1=R_2$,联立上面几个式子,有

$$\begin{cases} I_1R_1+I_gR_g-I_3R_3=0 \\ (I_1-I_g)R_2-(I_3+I_g)R_t-I_gR_g=0 \\ I_3R_3+(I_3+I_g)R_t-U_{cd}=0 \\ R_1=R_2 \end{cases} \tag{5.3.4}$$

可以解得

$$I_g=\frac{U_{cd}\left(1-\dfrac{2R_t}{R_3+R_t}\right)}{R_1+2R_g+2\dfrac{R_3R_t}{R_3+R_t}} \tag{5.3.5}$$

I_g 随 R_t 单调变化的条件为 R_1、R_2、R_3、R_g 和 U_{cd} 必须为定值,即式(5.3.5)右边除热敏电阻 R_t 外,其他参量均为确定值.具体参量的确定还需保证电路中电流值不超过各个元件的额定工作电流.参量的确定过程如下:

(1) 首先,R_g 为微安表内阻,其阻值固定,可用万用表测出.

(2) 对已选定的热敏电阻和所要求的温度范围,可确定 R_{t1} 和 R_{t2},当 $R_t=R_{t1}$(即 12 800 Ω,热敏电阻 20 ℃ 对应的阻值)时,微安表指向 0 μA,由此可确定 $R_3=R_{t1}$;当 $R_t=R_{t2}$(即 1 600 Ω,热敏电阻 70 ℃ 对应的阻值)时,微安表满偏(100 μA).因此,利用式(5.3.5)可确定 $R_1(R_2)$ 与 U_{cd} 的函数关系.

(3) 若确定 U_{cd},则可以计算得到 $R_1(R_2)$ 值.确定 U_{cd} 时需要注意,U_{cd} 为微安表达到满偏时电桥两端的电压,U_{cd} 值越大,电桥的灵敏度就越高,通过热敏电阻的电流也就越大.但在实验过程中应保证流入热敏电阻的电流始终不超过其额定工作电流 I_t,即

$$U_{cd}<I_t(R_{t1}+R_{t2})$$

本实验所选用的 MF52 型 NTC 热敏电阻是采用新材料、新工艺生产的树脂型热敏电阻,具有体积小、反应快、测量精度高、稳定工作时间长等优点.其额定功率为 50 mW,由此计算出室温时 I_t 约等于 2 mA,进而可以确定 U_{cd} 的上限值.在实验过程中,应使 U_{cd} 值远小于极限值,这样可保证各元件,特别是热敏电阻长时间、安全、稳定工作.大量实验结果证

明,当 U_{cd} 取值合适,使得 $R_1(R_2)$ 取值恰好为 $(R_{t1}+R_{t2})/2$ 时,所设计得到的热敏电阻温度计测量精度相对较高.

四、预习要求

请同学们通过阅读教材及相关文献,完成以下预习内容:

(1) 了解 NTC 热敏电阻的电阻温度特性.

(2) 了解非平衡电桥测温原理,并在此基础上初步设计实验步骤.

(3) 确定实验参量 R_g、R_{t1}、R_{t2}、U_{cd}、$R_1(R_2)$.

(4) 合理设计表格,记录实验数据.

实验注意事项:

(1) 可先用标准六位电阻箱替代热敏电阻进行定标.

(2) 先借助万用表将 R_1 和 R_2 的值调好后,再连接线路.

(3) 在操作过程中,若微安表指针反偏,则应将电源线正负极对调.

五、思考题

(1) 当 $R_t = R_{t1}$ 时,微安表指向零;当 $R_t = R_{t2}$ 时,微安表满偏.请利用式(5.3.5)推导出 R_1、R_2 与 U_{cd} 之间的关系式.

(2) 如何设计量程为 20～50 ℃ 的热敏电阻温度计? 请列出实验步骤(原量程为 20～70 ℃),注意充分利用微安表量程.

(3) 能否用非平衡电桥测量电阻? 如果能,请说明测量方法.

(4) 由于 R_t、I_g 随温度的变化均是非线性的,所以利用热敏电阻制作的温度计也是非线性的,如何使其关系线性化? (选做)

实验 5.3 数字学习资源

(王明娥　秦颖　刘渊)

实验 5.4　透镜焦距测量及光学设计

光有三种不同的描述方法——几何光学、物理光学、量子光学,对光描述的每一种方法都成了光学的一个分支.其中,几何光学是光学最古老的分支,研究的是光在介质中的传播规律及其应用,而这些规律基于大量对各种现象的总结,可以用简单的几何关系来描述.

几何光学研究的最终目的是利用各种光学元件设计光学系统,其中最著名的就是望远镜和显微镜了.在大学物理实验课程中,望远系统和显微系统是很多实验项目的测量工具,比如分光计测量光栅常量、拉伸法测杨氏模量、光的等厚干涉实验等,在科技前沿的热点领域中,它们也发挥着不可替代的重要作用.著名的哈勃太空望远镜就是一种运行在地球大气层之上的光学望远镜,它在太空服役期间拍摄了大量绚烂的宇宙图像,可追溯 130 多亿年前遥远星系的诞生及成长历程.目前,更加精密的詹姆斯·韦伯太空望远镜也已成功发射升空,其主镜口径长达 6.5 m,未来将接替哈勃太空望远镜为科学家传回更多有意义的科研数据.郭守敬望远镜(大天区面积多目标光纤光谱天文望远镜,英文简称LAMOST)是完全由中国自主研发的、世界上口径最大的大视场兼大口径及光谱获取率最高的望远镜.LAMOST 为中国在宇宙大尺度结构、银河系结构、暗能量等相关领域的研究提供了必要的条件和技术支撑.

显微镜分为光学显微镜和电子显微镜.对于光学显微镜而言,使用 400 nm 的紫光照射物体而进行显微观察,最小分辨距离约为 200 nm,最大放大倍数约为 2 000.而电子显微镜用高速电子束代替光束,放大倍数可达 80 万倍,最小分辨距离达 0.2 nm.

如今科学技术的发展日新月异,对于很多高精尖的光学仪器来说,透镜是其基本光学元件,因此透彻理解透镜的成像规律,掌握一定的光学设计思想,并学会光路的分析和调节技术对我们更好地理解各种常见光学仪器的构造及使用方法具有积极的意义.

一、实验设计内容及要求

1.共轭法测量凸透镜焦距

(1)画出共轭法测量凸透镜焦距的光路图,并推导出测量凸透镜焦距的计算式.

(2)测量时,需分别从左右两个方向沿导轨平移待测凸透镜,直至在观察屏看到清晰的像并记录位置,求出两次位置读数的平均值(此步骤中需用发光物屏).设计数据表格并完成测量.如发现透镜焦距过短,可适当缩短发光物屏、薄凸透镜、白屏的间距,以保证图像清晰.

2.自组望远系统

(1)根据第 1 步的测量结果,选择合适的透镜,自组一套带分划板的望远系统.

(2)要求望远系统聚焦于无限远处,且倍率最大.

3.望远系统测量凸透镜焦距

(1)利用第 2 步搭建好的聚焦于无限远处的望远系统测量凸透镜的焦距,要求从剩下两块凸透镜中任选其一进行测量(此步骤中需用不发光的物屏).

(2)画出光路图,并在光路中标注所选目镜、物镜、待测凸透镜的编号和相对位置.(提示:物屏发出的光经凸透镜后形成平行光,再利用望远系统接收平行光,即可观察到不发光物屏的清晰的像.)

(3)设计数据表格并记录待测透镜焦距以及各光学元件间距等数据,将测量结果与第 1 步的共轭法测量结果进行比较.

4. 望远系统测量凹透镜焦距

（1）在第 3 步光路基础上加入凹透镜并对其焦距进行测量.可在第 3 步实验光路的基础上,将物屏向远离物镜的方向移动(物屏距离凸透镜大于 1.5 倍焦距比较好,所选透镜焦距越小,物屏距离凸透镜就要越远些),将待测凹透镜放置在凸透镜与望远镜的物镜之间,前后移动凹透镜,直至看清分划板上的像且消视差.(提示:物屏发出的光经凸透镜与凹透镜后形成平行光,再利用望远镜接收平行光并进行观察.)

（2）画出光路图,给出测量凹透镜焦距的计算式,标出相关参量,绘制数据表格,并求出凹透镜焦距的值.

5. 自组望远系统观察有限远处物体

（1）列出数据表格,记录相关数据(目镜、物镜、物屏编号及距离).

（2）画出该望远系统光路图,并推导放大倍率的表达式.

（3）测量该望远系统的放大倍率,并与理论值比较.

6. 选择合适的透镜,自组一个放大倍数最大的带分划板的显微系统

要求目镜与物镜间距大约为 15 cm,绘制数据表格,给出关键参量.

7. 设计并组装一台可以将物体放大 5 倍的显微系统

绘制数据表格,给出关键参量.

8. 注意事项

（1）发光物屏在闲置不用时应关闭电源.

（2）多次测量时可采取左右逼近的读数方法,并求平均值以减小系统误差.

（3）光学透镜应轻拿轻放,不允许用手触碰其表面.

（4）不用的光学元件应平放在实验台上,白屏放置时光学面朝上,实验结束后将所有光学元件放置在光学导轨上.

二、实验室提供的仪器及元器件

凸透镜、凹透镜、发光物屏、物屏、分划板、白屏、光具座(带标尺)、支架等(图 5.4.1).

读数标尺　　　　透镜组

图 5.4.1　几何光学实验仪器实物图

三、实验设计提示

1. 共轭法测量凸透镜的焦距

常见的测量凸透镜焦距的方法有物像法、自准直法、共轭法等,本实验采用共轭法,共轭法也称贝塞尔法或大小像法,其光路如图 5.4.2 所示.点光源(发光物屏 y)与白屏 P 的距离为 $D(D > 4f)$,当凸透镜在发光物屏与白屏之间移动时,在白屏上可以观察到一个大像 y' 和一个小像 y'',这称为物像共轭.在图 5.4.2 的光路中, L'_o 和 L''_o 为待测薄凸透镜两次成像时的位置, F'_o 和 F''_o 分别是两次成像时透镜的焦点位置,若透镜两次成像的位移为 d,则根据透镜成像公式,可推导出共轭法测透镜焦距的公式.根据光具座上发光物屏 y、薄凸透镜、白屏 P 的标尺示数,即可推导出透镜焦距的表达式.

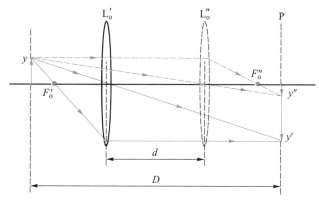

图 5.4.2　共轭法测凸透镜焦距

2. 开普勒望远镜的工作原理

望远镜可以帮助人们看清远处的目标,分为伽利略望远镜、开普勒望远镜和牛顿望远镜三类.伽利略望远镜是最早的一类望远镜,由一个凹透镜(目镜)和一个凸透镜(物镜)组成,其优点是结构简单、轻便、可直接观察正像,缺点是不能安装分划板。开普勒望远镜由两个凸透镜组成,其优点是结构简单、方便安装分划板以便瞄准或测量,缺点是色差比较明显.牛顿望远镜是一类反射式望远镜,用凹面镜作为物镜,无色差、口径大,因此现在大型天文望远镜都采用牛顿望远镜.本实验介绍开普勒望远镜.

开普勒望远镜的光路如图 5.4.3 所示,物镜的焦距较长,目镜的焦距较短.无限远处物体发出的光(平行光)经过物镜 L_o 成实像 y' 于物镜 L_o 的焦平面 F_o 处(处于目镜 L_e 的焦点 F_e 内,几乎重合).改变物镜 L_o 的位置,使实像 y' 与分划板 P(经目镜 L_e 观察处于最清晰位置)重合.观察者通过目镜 L_e 看像 y'' 的过程相当于将远处的物体拉到了近处观察,实质上起到了视角放大的作用.搭建或使用望远镜时,应先调目镜(称为视度调节)以看清分划板上的十字叉丝,则分划板所在平面即观察者看东西最清晰的位置所在,再调整物镜位置(称为调焦,即改变物镜、目镜间距),使被观察物体经物镜所成的像与分划板平面重合(无视差),此时被观察物清晰可见.对于聚焦于无限远处的望远系统来说,物镜与分划板之间的距离为物镜的焦距.

注意:望远镜在使用过程中容易存在视差,判断方法是平移眼睛并观察像与分划板十字叉丝之间是否有相对位移,如果有明显的相对位移,则说明存在较大视差,应做适当的调节以消除视差.

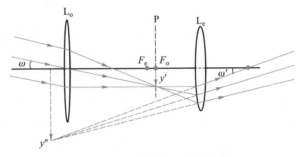

图 5.4.3   开普勒望远镜的光路

视放大率是衡量望远镜光学性能的重要参数,定义为目视光学仪器所成的像对眼睛的张角(视角)与被观察物体直接对眼睛的张角之比.注意:在本实验中我们只关注视放大率的大小,不考虑其符号.由于望远镜的视角通常较小,所以可用其正切值来代替它,且望远镜两透镜的光学间隔为零,即物镜的像方焦点与目镜的物方焦点几乎重合,因此得望远镜的视放大率的表达式:

$$\Gamma = \frac{\tan \omega'}{\tan \omega}$$

因物在无限远处,故可认为物对眼睛的张角等于物对望远镜物镜的张角,根据图5.4.3中的几何关系可得

$$\tan \omega = \frac{y'}{f_o} \quad \tan \omega' = \frac{y'}{f_e}$$

则望远镜的视放大率为

$$\Gamma = \frac{f_o}{f_e}$$

因此,为了获得更大的视放大率,应使物镜的焦距更大,目镜的焦距更小.

实验中可采用光阑法测量望远镜的视放大率.如图 5.4.4 所示,搭建聚焦于无限远处的望远系统,物镜焦点与目镜焦点几乎重合,此时记录望远系统的物镜位置并将其取下,然后在原处放置发光物屏(长为 h 的十字箭头光阑),在目镜另一侧放置观察屏可得到清晰实像,且像长为 h',则根据图中几何关系及透镜成像公式可推出望远镜的视放大率:

$$\Gamma = \frac{f_o}{f_e} = \frac{h}{h'}$$

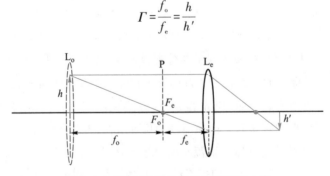

图 5.4.4   光阑法测量望远系统视放大率

　　实际测量时,需测量发光物屏相互垂直箭头的原长及其所成实像的长度,计算相应的视放大率,并求平均值.

3. 显微镜的工作原理

　　显微镜是观察微小物体的光学仪器,最简单的显微镜由两个凸透镜构成,其光路如图 5.4.5 所示.离物体近的透镜 L_o 是物镜,其焦距较短;离眼睛近的透镜 L_e 是目镜,其焦距比物镜稍大.为了能对被测物体准确定位,在物镜 L_o 与目镜 L_e 之间放入分划板 P,调节目镜 L_e 与分划板 P 的间距,使分划板 P 上的叉丝处于最清晰的位置.物屏 y(被测物体)放在物镜 L_o 的焦点 F_o 外侧附近,通过调节物屏 y 与物镜 L_o 的间距,使物屏 y 成一放大、倒立的实像 y' 于分划板 P 处,且位于目镜焦距以内.观察者经目镜 L_e 观察这个中间像 y',将看到一放大的虚像 y'',这样就使微小物体 y 被放大成 y''.改变分划板 P 与物镜 L_o 间的距离 l,可以获得显微镜的不同放大率.

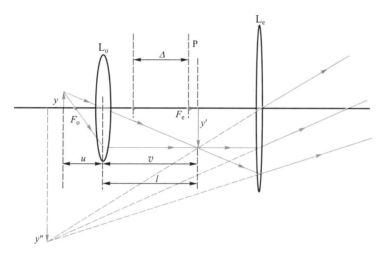

图 5.4.5　显微系统光路

　　显微镜的放大率等于物镜的线放大率乘以目镜的视放大率,根据图 5.4.5 光路的几何关系,其表达式为

$$\Gamma = \frac{\Delta}{f_o}\frac{D}{f_e}$$

其中,Δ 为显微镜物镜的像方焦点与目镜的物方焦点之间的距离,即显微镜的光学间隔,通常在 $17\sim19$ cm 之间;f_o 为物镜的焦距,f_e 为目镜的焦距,D 为明视距离(250 mm).可见,显微镜物镜、目镜焦距越短,光学间隔越大,显微镜的放大率就越大.对于成品显微镜,为计算方便,已经把光学间隔和明视距离考虑到放大率中,即显微镜的放大率等于物镜放大率乘以目镜放大率.

四、预习要求

　　(1)画出共轭法测凸透镜焦距的原理图并给出共轭法测凸透镜焦距的公式.

（2）给出凹透镜焦距的测量光路,并推导凹透镜焦距的表达式.

（3）掌握开普勒望远镜的工作原理,画出聚焦于无限远处、带分划板的开普勒望远系统的光路图,标明关键参量.

（4）利用自组的聚焦于无限远处的望远系统测量一凸透镜的焦距,画出光路图并标明关键参量.

（5）在第（4）步的光路基础上加入凹透镜并测量其焦距,画出光路图并标明关键参量,给出凹透镜焦距的表达式.

（6）利用开普勒望远镜观察有限远处的物体,画出实验原理图.

（7）掌握显微镜的工作原理,画出带分划板的显微镜光路图,要求两透镜间距约为15 cm,标明关键参量.

五、思考题

（1）判断透镜的凸凹(不用手接触),写出判断方法及结果.

（2）使用共轭法测量凸透镜焦距时,对发光屏与白屏间距有何要求? 若改变凸透镜位置,则能在白屏上找到几个物像?

（3）用自组聚焦无限远处的望远镜观察距离有限远处的物体,应如何调整物镜?

（4）自组望远镜时,为把远处物体放大到最大,选择物镜和目镜的原则是什么? 如果互换物镜和目镜位置,会有什么现象?

（5）自组显微镜时,选择物镜和目镜的原则是什么? 互换物镜和目镜位置后,会有什么现象?

（1）—（5）题为必答题,如果答案不确定,则可以在实验课上做一下,再给出答案.
（6）—（10）题供思考和选做.

（6）在图 5.4.3 中,在目镜 L_e 选定的情况下,L_e 与像 y' 的距离由什么因素决定?

（7）用 1#凸透镜观察物屏时,如果发现物屏纵向的红刻度与横向的黑刻度清晰的位置不一致,是什么原因? 如何验证?

（8）望远镜有几种? 说出它们的优缺点.凹透镜在现代望远镜中的作用是什么?

（9）望远镜和显微镜有哪些相同之处? 两者有哪些主要区别? 从用途、结构、视放大率以及调焦方法等几个方面比较它们的相异之处.

（10）结合光路图推导用望远镜观察有限远处的物体时放大率的表达式.

实验 5.4 数字学习资源

（李会杏　王茂仁　秦颖　刘升光）

实验 5.5　*RLC* 正弦交流稳态电路研究

　　电路是由一些电工设备或器件按照一定的方式组合起来,用以实现特定目的的电流通路.大到电力工程中的发电及传输电路,小至电子芯片上的集成电路,电路在人类生产生活的方方面面都有着重要的应用.组成电路的电工设备和器件称为电路元件,包括发电机、电动机、变压器、电池、晶体管、电阻器、电感器、电容器等.在电子仪器设备和家用电器中,电阻(R)、电感(L)、电容(C)是最基本的电子元件.正弦交流电是一种在生产和生活中使用广泛的电力形式.在交流电路中,电阻元件的阻值不会随着交变信号频率的变化而变化,电压和流过的电流总是同相的;电容和电感的电压和流过的电流存在 90° 的相位差,而且其电抗值随着交变信号频率的变化而变化.利用它们的这些特性,交流电路中 R、L、C 简单串并联组合,就可以实现滤波、相移、谐振等基本功能.因此研究电阻、电感、电容在正弦交流电路中的特性,分析它们串并联后的电路功能具有重要意义.

一、实验设计内容及要求

1. 设计一个无源高通滤波器(以 *RC* 串联为例)

　　(1)画出 *RC* 串联的无源高通滤波器电路图,图中应标明器件名称、信号的输入和输出端.

　　(2)当高通滤波器的下限截止频率为 1 600 Hz 时,计算应选用的电路参量,计算时应给出必要的文字说明、计算依据和过程.

　　(3)拟定通过测量电路元件的幅频特性和相频特性曲线验证电路是否符合设计要求的实验方案(包括明确自变量、待测物理量和具体的测量步骤以及如何消除信号源内阻对实验的影响等),并通过实验验证方案的可行性.

2. 设计一个无源低通滤波器(以 *RL* 串联为例)

　　(1)画出 *RL* 串联的无源低通滤波器电路图,图中应标明器件名称、信号的输入和输出端.

　　(2)当低通滤波器的上限截止频率为 1 600 Hz 时,计算应选用的电路参量,计算时应给出必要的文字说明、计算依据和过程.

　　(3)拟定通过测量电路元件的幅频特性和相频特性曲线验证电路是否符合设计要求的实验方案(包括明确自变量、待测物理量和具体的测量步骤以及如何消除信号源内阻对实验的影响等),并通过实验验证方案的可行性.

3. 设计一个无源带通滤波器(以 *RLC* 串联为例)

　　(1)画出 *RLC* 串联的无源带通滤波器电路图,图中应标明器件名称、信号的输入和输出端.

（2）当带通滤波器的中心频率为 1 600 Hz、带宽为 160 Hz 时，计算 R、L、C 参量，计算时应给出必要的文字说明、计算依据和过程.

（3）拟定测量电感箱电阻的实验方案，分析该电阻对实验的影响，并对（2）中计算得到的参量进行修正.

（4）拟定通过测量回路电流 I 随交变信号频率 f 的变化曲线、电流与路端电压相位差随交变信号频率 f 的变化曲线来验证电路是否符合设计要求的实验方案（包括明确自变量、待测物理量和具体的测量步骤以及如何消除信号源内阻对实验的影响等），并通过实验验证方案的可行性.

二、实验室提供的仪器及元器件

函数信号发生器（RIGOL DG1032Z），如图 5.5.1 所示，作为电路中的电源，可以按照设定的频率、电压等参量产生正弦波、方波等输出信号.频率在 1 μHz 到 30 MHz 之间可调，最高输出电压为 10 V，输出内阻为 50 Ω.

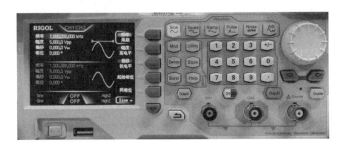

图 5.5.1　函数信号发生器

双踪示波器（RIGOL DS2072A），如图 5.5.2 所示，作为测量仪器，可以监测电路中选定节点的对地电压随时间变化的波形，可同时显示两路电压波形并对波形进行存储.对所显示波形的峰峰值、频率、相位差等参量具有自动测量功能，也可以通过光标进行手动测量.

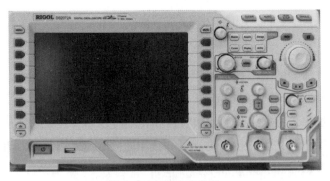

图 5.5.2　双踪示波器

电阻箱（HZDH ZX38A/10），如图 5.5.3 所示，作为电路中的电阻元件，六挡十进位，阻值调整范围为 0~11 111.1 Ω.

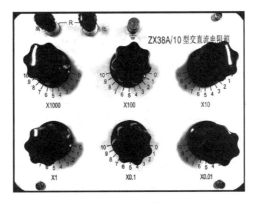

图 5.5.3　电阻箱

电感箱(HZDH GX8/9),如图 5.5.4 所示,作为电路中的电感元件,五挡十进位,电感值调整范围为 0~11 111 mH.

电容箱(HZDH RX7-0),如图 5.5.4 所示,作为电路中的电容元件,四挡十进位,电容值调整范围为 0~1.111 μF.

导线若干,用于信号发生器输出、示波器测量接线以及各电路元件的连接.

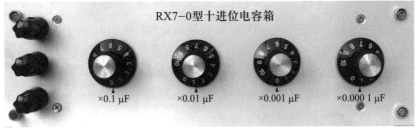

图 5.5.4　电感箱和电容箱

三、实验设计提示

1. *RLC* 元件在稳态正弦交流电路中的特性

电路的稳态是指电路在接通正弦交流电源一段时间以后,各元件上的电压和电路中电流的波形已经与电源电压波形具有相同的频率,并且有稳定的幅值与相位.频率相同的正弦交变信号和复数平面内向量存在对应关系,如图 5.5.5 所示.因此仅需牢记各元件的电压与电流关系,就可以用向量图的形式方便快捷地对电路进行分析.

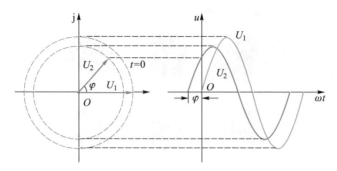

图 5.5.5 复平面内向量与正弦波的对应关系

电阻元件是一种能将电能转化为热能的电路元件,用 R 表示.理想线性电阻的阻值不随频率、电压等电路参量变化,其两端电压与通过的电流同相,且大小关系遵循欧姆定律,在串联电路向量图中通常将电流置于实轴正方向,向量关系为

$$U_R = IR \tag{5.5.1}$$

电感元件是一种可以储存磁场能的电路元件,用 L 表示,其通过电流的变化而产生感应电动势并阻碍电流通过,形成感抗,感抗与频率及电感成正比.

$$X_L = \omega L = 2\pi f L \tag{5.5.2}$$

在电感元件中,电压超前电流 $90°$ 相位,向量关系为

$$U_L = jIX_L = jI \cdot 2\pi f L \tag{5.5.3}$$

电容元件是一种可以充电储能的电路元件,用 C 表示.电容元件在直流电路中的阻抗为无穷大,而在交流电路中可以通过反复充放电存储和释放电能,使电流通过,容抗与频率及电容成反比.

$$X_C = \frac{1}{\omega C} = \frac{1}{2\pi f C} \tag{5.5.4}$$

在电容元件中,电压滞后电流 $90°$ 相位,向量关系为

$$U_C = -jIX_C = -j\frac{I}{2\pi f C} \tag{5.5.5}$$

由于各元件阻抗随电路频率的变化规律不同,所以电路中的电流和各元件上的电压的幅值和相位并不与电源同步,而是随电源频率的变化而变化的.为此,我们定义各元件上电压的幅值与电源频率间的关系为幅频特性;各元件上的电压和电源电压间的相位差与电源的频率关系为相频特性.

2. RC 串联电路的稳态特性

在 RC 串联电路中,如图 5.5.6 所示,路端电压为各元件电压的向量和,电压与电流的关系可用向量表示为

$$U = U_R + U_C = IR - jIX_C = I\left(R - j\frac{1}{2\pi f C}\right) = IZ$$

$$\tag{5.5.6}$$

其中 Z 为电路的复阻抗,其模为

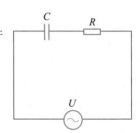

图 5.5.6 RC 串联电路图

$$|Z| = \sqrt{R^2 + \left(\frac{1}{2\pi fC}\right)^2} \qquad (5.5.7)$$

电路中电流为

$$I = \frac{U}{\sqrt{R^2 + \left(\frac{1}{2\pi fC}\right)^2}} \qquad (5.5.8)$$

电阻和电容分压分别为

$$U_R = IR = \frac{U}{\sqrt{1 + \left(\frac{1}{2\pi fCR}\right)^2}} \qquad (5.5.9)$$

$$U_C = \frac{I}{2\pi fC} = \frac{U}{\sqrt{1 + (2\pi fCR)^2}} \qquad (5.5.10)$$

当频率 f 从 0 逐渐增大并趋于 ∞ 时,电容容抗 X_C 将从接近 ∞ 逐渐减小并趋于 0,电路总阻抗将趋于 R.电路中各元件电压幅值及相位关系可用图 5.5.7 表示.保持电源输出电压 U 不变,电容分压 U_C 将从 U 逐渐减小并趋于 0,而电阻分压 U_R 将从 0 逐渐增大并趋于 U,U_R 与 U_C 随着频率 f 的增大呈现不同的变化趋势.U_R-f 与 U_C-f 分别为电阻 R 与电容 C 的幅频特性曲线,如图 5.5.8 所示,

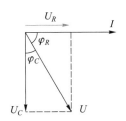

图 5.5.7　交流 RC 电路向量图

图中 $U_R = U_C$ 时的电源频率 f_0 称为等幅频率,它就是低(高)通滤波器的上(下)限截止频率.φ_R-f 与 φ_C-f 分别为电阻 R 与电容 C 的相频特性曲线,如图 5.5.9 所示.电阻电压超前于电源电压,电容电压滞后于电源电压.随频率增加,相位差 φ_R 从 90° 逐渐减小并趋于 0°,而 φ_C 从 0° 逐渐增大到 90°(取绝对值),利用这一特点还能实现相移功能.

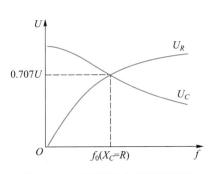

图 5.5.8　交流 RC 电路幅频特性

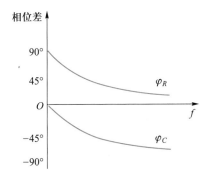

图 5.5.9　交流 RC 电路相频特性

3. RL 串联电路的稳态特性

在 RL 串联电路中,如图 5.5.10 所示,电压与电流的关系可用向量表示为

$$U = U_R + U_L = IR + jIX_L = I(R + j \cdot 2\pi fL) = IZ \qquad (5.5.11)$$

电路复阻抗的模为

$$|Z| = \sqrt{R^2 + (2\pi fL)^2} \tag{5.5.12}$$

电路中电流为

$$I = \frac{U}{\sqrt{R^2 + (2\pi fL)^2}} \tag{5.5.13}$$

电阻和电感分压分别为

$$U_R = IR = \frac{U}{\sqrt{1 + \left(2\pi f \dfrac{L}{R}\right)^2}} \tag{5.5.14}$$

$$U_L = I \cdot 2\pi fL = \frac{U}{\sqrt{1 + \left(\dfrac{R}{2\pi fL}\right)^2}} \tag{5.5.15}$$

当频率 f 从 0 逐渐增大并趋于 ∞ 时,电感感抗 X_L 将从 0 逐渐增大并趋于 ∞.电路中各元件电压幅值及相位关系可用图 5.5.11 表示.若保持电源输出电压 U 不变,电感分压 U_L 将从 0 逐渐增大并趋于 U,而电阻分压 U_R 将从 U 逐渐减小并趋于 0.幅频特性曲线如图 5.5.12 所示.与 RC 串联电路类似,图中 $U_R = U_L$ 时的电源频率 f_0 称为等幅频率,它就是低(高)通滤波器的上(下)限截止频率.同时,电阻上的分压 U_R 与电源电压 U 间的相位差 φ_R 从 0° 逐渐增大并趋于 90°(取绝对值),相频特性曲线如图 5.5.13 所示.

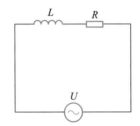

图 5.5.10 RL 串联电路图

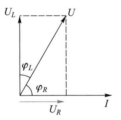

图 5.5.11   交流 RL 电路向量图

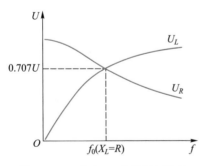

图 5.5.12   交流 RL 电路幅频特性

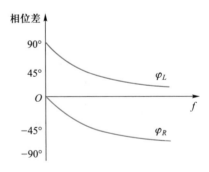

图 5.5.13   交流 RL 电路相频特性

4. RLC 串联电路的稳态特性

在 RLC 串联电路中,如图 5.5.14 所示,路端电压为各元件电压的向量和,电压与电流的关系可用向量表示为

$$U = IR + jIX_L - jIX_C = IZ \qquad (5.5.16)$$

式中 $Z = R + j(X_L - X_C)$ 为电路的复阻抗,其模为

$$|Z| = \sqrt{R^2 + (X_L - X_C)^2} = \sqrt{R^2 + \left(2\pi fL - \frac{1}{2\pi fC}\right)^2} \qquad (5.5.17)$$

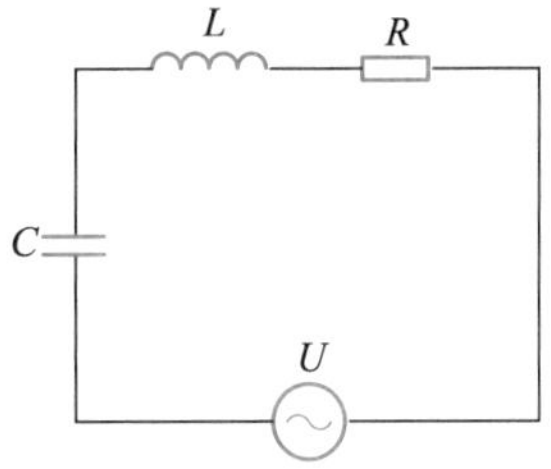

图 5.5.14　RLC 串联电路图

在电源频率 f 逐渐增大的过程中,由于容抗和感抗的变化趋势不同,所以电路属性会发生变化,电路中各元件电压幅值及相位关系可用图 5.5.15 表示.当 f 较小时,容抗大于感抗,电路呈容性,路端电压相位滞后于电流,向量关系如图 5.5.15(a)所示;当 f 增加至一定值时,容抗将等于感抗,电路整体对外呈阻性,路端电压与电流同相,向量关系如图 5.5.15(b)所示;当 f 继续增加时,感抗将大于容抗,电路呈感性,路端电压相位超前于电流,向量关系如图 5.5.15(c)所示.

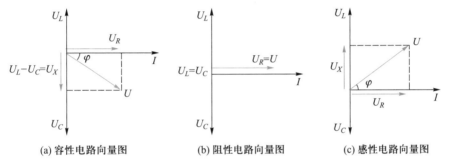

(a) 容性电路向量图　　　　(b) 阻性电路向量图　　　　(c) 感性电路向量图

图 5.5.15　交流 RLC 电路向量图

当容抗正好等于感抗时,电路阻抗达到最小,路端电压与电流同相,电路呈现为纯电阻特性.这时电流 I 出现极大值,因此电阻 R 上的电压 U_R 达到最大.我们称电路的这种状态为串联谐振.串联谐振时的频率 f_0 称为谐振频率,此时

$$X_L - X_C = 2\pi f_0 L - \frac{1}{2\pi f_0 C} = 0 \qquad (5.5.18)$$

$$f_0 = \frac{1}{2\pi\sqrt{LC}} \qquad (5.5.19)$$

通常将电路达到谐振时,电感(或电容)的电压 U_L(或 U_C)与总电压 U 的比值称为谐振电路的品质因数,它定量地表示了谐振电路的性能,用符号 Q 表示,即

$$Q = \frac{U_L}{U} = \frac{U_C}{U} = \frac{1}{R}\sqrt{\frac{L}{C}} \qquad (5.5.20)$$

测量回路电流 I 随频率 f 的变化情况,当 $f = f_0$ 时,I 出现极大值.作 $I - f$ 图就可以得到谐振曲线,如图 5.5.16 所示.从图中可以读出电流 I 下降到最大电流的 70.7% 时对应的两个频率值 f_1 和 f_2,二者之差即通频带宽 Δf.可以证明,谐振频率 f_0、通频带宽 Δf 和品质因数 Q 之间存在如下关系:

$$\Delta f = f_2 - f_1 = \frac{f_0}{Q} \qquad (5.5.21)$$

可见,Q 越大,曲线越尖锐,电路的选频性能越好,因此 Q 标志着电路的选频特性.例如,在保持 L、C 的乘积不变的情况下,仅通过改变 R 的大小来改变 Q 值会得出如图 5.5.17 所示的曲线变化.

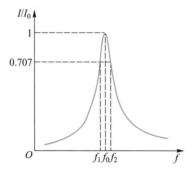

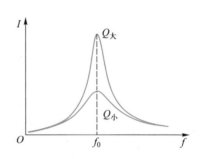

图 5.5.16 RLC 谐振电路的通频带宽   图 5.5.17 RLC 谐振电路的品质因数 Q 值

显然,RLC 串联构成了一个中心频率为 f_0,通频带宽度为 Δf 的无源带通(或带阻)滤波电路,给定谐振频率和通频带宽,就可以确定品质因数 Q,进而就可以根据设计要求计算出电路参量了.

从实际电路来说,电阻和电容元件都比较容易做到接近理想的参量,但是电感元件一般是由线圈绕制的,相邻导线间存在寄生电容,线圈铜线本身存在一定的电阻且电源也有一定的内阻,而受这些未知电容和电阻的影响,实验测量过程中会出现实测谐振频率及 Q 值都略低于预定值的问题.通过微调电容箱的方式补偿电感中寄生电容的影响,同时观测示波器,可以使电路在预定的频率达到谐振状态.另外,测量电阻电压和输入电压,计算二者的比值,再进行数据分析,可以消除电源内阻的影响,这种分析数据的方法称为归一化.由于谐振时感抗和容抗相互抵消,电路呈阻性,所以此时电阻电压与输入电压的比为

$$\frac{U_R}{U_0} = \frac{R}{R+R_L} \qquad (5.5.22)$$

式中 R_L 为电感的电阻.因此正式测量前,直接测量谐振时的电阻电压和输入电压,根据设定的电阻值,可以计算出电感箱的电阻,并在电阻箱参量设置时予以减除,这样可以使电路的通频带宽更接近预定值.应该注意的是,在交流电路中由于趋肤效应,电感的电阻要大于直流电阻,并且随着交变信号频率的增加而增加,因此在实验中不能直接用电感的直流电阻进行参量修正.

四、预习要求

(1)学习在交流电路中,电阻、电感、电容元件的电流与电压的相位关系.

(2)何为元件的幅频特性和相频特性?当交变信号的频率发生变化时,电感、电容元件的电压变化特点是什么?

(3)RLC 串联电路谐振时,电感和电容元件的电压有何特点(包括幅值和相位差)?电路的谐振频率、通频带宽和品质因数之间的关系是什么?

（4）以 *RC* 串联的高通滤波器和 *RLC* 串联的带通滤波器为例,说明如何根据设计要求确定元件参量.

（5）画出实验设计内容中所需的高通、低通、带通等滤波器的电路,并明确信号输出端.

（6）在带通滤波器参量确定过程中,电感器电阻对通频带宽有何影响? 设计测量电感器电阻以及消除该电阻影响的实验方案.

（7）设计三种滤波电路验证过程中,消除信号源内阻对实验影响的实验方案.

五、思考题

（1）根据 *RLC* 谐振电路的特点,结合本实验的实验现象,总结至少两种判断电路达到谐振的方法.

（2）实验中应如何修正由于信号源输出阻抗的存在而造成的输出电压随频率变化对实验的影响?

（3）是什么原因造成了实验中测得的电感电阻要比其直流电阻大?

（4）在只有电阻、电感和电容元件的情况下,应如何实现带阻功能? 请画出电路图并指明信号的输出端.

实验 5.5 数字学习资源

（闫慧杰　李建东　秦颖）

实验 5.6　*RLC* 暂态电路特性研究

恒定直流电路是最简单的电路形式,电路中的电流及各个元件两端的电压均不随时间变化.在含有电容或电感的电路两端,当电源电压或电路结构发生突变时,电路状态会发生改变,由于电路中储能元件中的能量不能突变,所以电路从一个稳态过渡到另一个稳态需要经历一个暂态过程.电路具有暂态过程的特性称为电磁惯性.暂态过程的性质是由电路中的电阻、电容、电感等参量决定的,其电压和电流的变化是非周期性的.暂态过程所经历的时间称为电路的时间常量,时间常量可以表示电路电磁惯性的强弱.

暂态过程的时间一般很短,但在这一过程中出现的现象却很重要.实际使用中根据电阻与电容(或电感)串联时的时间常量与输入波形宽度的关系,将电路分为微分电路和积分电路.微分电路有利于识别输入信号中的突变,而积分电路则主要用于波形变换、放大电路失调电压的消除及反馈控制中的积分补偿等场合.如果电路中同时存在电感和电容,那么当电路状态突变时,能量会在电感和电容之间不断由磁场能转化为电场能再转化为磁场能,周而复始,在电路中形成周期性变换的振荡电流.振荡器在自动控制、无线电通信及遥控等许多领域有着广泛的应用.此外,暂态过程的研究对 RLC 基本元件特性的理解也有重要意义.

一、实验设计内容及要求

1. RC 暂态电路研究

(1) 用示波器观察 RC 串联电路在方波激励下电容电压的响应,观测电阻、电容变化对时间常量的影响.

(2) 取电容值为 1 μF,若希望时间常量为 100 μs,求理论上需要的电阻值.

(3) 按计算的参量,在示波器上调出理想的充放电电压曲线,在曲线上读出充电结束后的最大电压值和充电到最大值一半时所需时间,计算时间常量并与预期值比较.

(4) 估算出电路中除设定阻值之外的其他电阻值.

(5) 根据估算的其他电阻值,对实验参量进行调整,测量充电过程中不同时刻的电容电压,通过充(放)电曲线,测定电路时间常量,验证参量修正是否正确.

2. RL 暂态电路研究

(1) 用示波器观察 RL 串联电路在方波激励下回路电流的响应,观测电阻、电感变化对时间常量的影响.

(2) 取电感值为 0.1 H,若希望时间常量为 1 ms,求理论上需要的电阻值.

(3) 按计算的参量,在示波器上调出理想的充放磁电流曲线,测量时间常量并与预期值比较.

(4) 估算除电阻箱选定电阻之外的其他阻值.

(5) 根据估算的其他电阻大小,对实验参量进行调整,并验证参量修正是否正确.

3. RLC 暂态电路研究

(1) 画出观察 RLC 串联电路电容电压响应振荡曲线的电路图,指明电路的输入端、输出端和电源波形.

(2) 设定电阻箱电阻值为 100 Ω,电感值为 100 mH,振荡周期为 628.8 μs ,计算所需的电容值.

(3) 用示波器光标测定阻尼振荡曲线中各个峰值点坐标并记录.

(4) 测量欠阻尼条件下振荡电路的振荡周期、衰减时间常量和电路的总电阻.

(5) 用示波器观察电容器极板所带电荷量随回路电流的变化曲线,画出实验的电路图并总结实验条件.

二、实验室提供的仪器及元器件

函数信号发生器(RIGOL DG1032Z)、双踪示波器(RIGOL DS2072A)、电阻箱(HZDH

ZX38A/10)、电感箱(HZDH GX8/9)、电容箱(HZDH RX7-0)及导线若干.详情可参考实验 5.5.

三、实验设计提示

1. *RLC* 元件的电路特性

电阻元件是一种能阻碍电流通过并将电能转化为热能的电路元件,用 R 表示.理想线性电阻的阻值不随频率、电压等电路参量变化.电阻两端电压与电流大小关系遵循欧姆定律:

$$u_R = Ri \tag{5.6.1}$$

电感元件是一种能够存储磁场能的两端电路元件,用 L 表示,通过电流的变化而产生感应电动势阻碍电流通过.电感两端电压与电流变化率成正比:

$$u_L = L\frac{\mathrm{d}i}{\mathrm{d}t} \tag{5.6.2}$$

若将式(5.6.2)两边乘以电流 i 并对时间积分,则可得电感存储磁场能量的表达式:

$$W_L = \int_0^t ui\mathrm{d}t = L\int_0^i i\mathrm{d}i = \frac{1}{2}Li^2 \tag{5.6.3}$$

电容元件是一种可以充电储能的电路元件,用 C 表示.电容元件存储的电荷量与电压成正比.电容元件两端电压的变化会引起存储电荷的变化,形成电流:

$$i = \frac{\mathrm{d}q}{\mathrm{d}t} = C\frac{\mathrm{d}u_C}{\mathrm{d}t} \tag{5.6.4}$$

若将式(5.6.4)两边乘以电压 u 并对时间积分,则可得电容元件存储电场能量的表达式:

$$W_C = \int_0^t ui\mathrm{d}t = C\int_0^u u\mathrm{d}u = \frac{1}{2}Cu^2 \tag{5.6.5}$$

在纯电阻电路中,一旦接通或断开电源,电路中的电压和电流就会立刻达到稳定值,但是如果电路中存在电感或电容等储能元件,则会出现电容器的"充电""放电"或电感元件的"充磁""放磁"的暂态过程.电路中如果同时存在电感和电容,则电感和电容都可以从电源或其他电路元件吸取能量并存储,也可以将能量放出并返还给电路,还可以将能量在彼此之间相互传递形成电路振荡.直流电路和交流电路中都存在暂态过程,*RLC* 元件在电路暂态过程中都有重要作用,这里我们主要针对直流电路的暂态过程进行实验研究.

2. *RC* 直流电路的暂态过程

在 *RC* 串联电路中,电源电压变化时电容的充放电过程是最典型的暂态过程,实验中可以利用电源产生方波电压来模拟直流电路中电源电压突变的情况,如图 5.6.1 所示.当电源电压突然上升时,电容充电,而当电源电压突然下降时,电容放电.通过示波器观察电压、电流随时间的变化规律,并通过分析暂态过程持续时

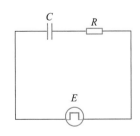

图 5.6.1　*RC* 串联暂态分析电路

间的长短,可估算出电路的时间常量,加深对这一暂态过程的理解.

在直流稳态电路中,电容电压等于电源电压,当电源电压发生跃变时,电容会有一个充放电的暂态过程,如果电源电压跃变后有足够长的时间保持稳定,那么随后电容电压又会与跃变后的电源电压一致,重新回到平衡状态.

在电源电压跃变后,根据基尔霍夫定律,有电路方程:

$$u = u_R + u_c = Ri + u_c = RC\frac{\mathrm{d}u_c}{\mathrm{d}t} + u_c \tag{5.6.6}$$

该方程为以电容电压u_c为变量的一阶常系数非齐次线性微分方程,求解该方程可得到电容电压随时间的变化规律.

假设在t_0时刻电源电压跃变量为E(正值表示电压升高,负值表示电压下降),解微分方程可得

$$u_c(t) - u_c(t_0) = E(1 - \mathrm{e}^{-\frac{t-t_0}{\tau}}) \tag{5.6.7}$$

或

$$u_c(t_0) + E - u_c(t) = E\mathrm{e}^{-\frac{t-t_0}{\tau}}$$

因此,电容两端电压变化过程可以看成一个电容两端电压与跃变后电源电压之差以指数衰减逐渐趋于零的过程.其中 τ 为电路时间常量,表示电路重新趋于平衡的快慢,在 RC 串联电路中由电阻与电容的乘积决定,即 $\tau = RC$.自然界中很多涉及衰减趋于平衡的物理过程都可以用这一关系表示,例如放射性元素的衰变、高温物体的自然冷却等.

对于充电过程,设充电开始时 $t_0 = 0$,此时 $u_c(t_0) = 0$,式(5.6.7)简化为如下形式:

$$u_c(t) = E(1 - \mathrm{e}^{-\frac{t}{\tau}}) \tag{5.6.8}$$

回路中的电流为

$$i(t) = \frac{E}{R}\mathrm{e}^{-\frac{t}{\tau}} \tag{5.6.9}$$

设 t_1 时刻电容器两端的电压为 E,电容器开始放电,可得放电过程中电容器的电压为

$$u_c(t) = E\mathrm{e}^{-\frac{t-t_1}{\tau}} \tag{5.6.10}$$

放电电流为

$$i(t) = -\frac{E}{R}\mathrm{e}^{-\frac{t-t_1}{\tau}} \tag{5.6.11}$$

由式(5.6.8)可知,当 $t = \tau$ 时,$u_c(t) = E(1 - \mathrm{e}^{-1}) \approx 0.632E$,即从 $t = 0$ 经过一个 τ 的时间,u_c 增长到稳定值的约 63.2%.理论上讲,电路只有时间趋于无穷大时才会达到稳定,但由于指数曲线开始变化快,然后逐渐趋缓,所以实际上经过 $t = 5\tau$ 后,可以认为电路达到稳定状态.对于充电或放电过程,电压变化到最大电压一半时所用的时间为 $T_{1/2}$,当 $t = T_{1/2}$ 时,有

$$\frac{1}{2}E = E\mathrm{e}^{-\frac{T_{1/2}}{\tau}} \tag{5.6.12}$$

两边取自然对数,可得

$$\tau = T_{1/2}/\ln 2 \approx 1.442\,7T_{1/2} \tag{5.6.13}$$

利用式(5.6.13)可以从充放电曲线中读取 $T_{1/2}$ 并快速计算出电路的时间常量.

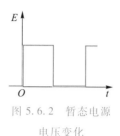

图 5.6.2　暂态电源
电压变化

在实验中设置方波低电平为 0,高电平为 E,若以方波上升沿触发示波器(即以方波上升沿作为时间轴零点),则可以得到如图 5.6.2 所示路端电压波形.在这种情况下测量电容两端电压可以得到电容器的充放电电压曲线,如图 5.6.3(a)所示,测量电阻的电压可得到电路的电流曲线,如图 5.6.3(b)所示.

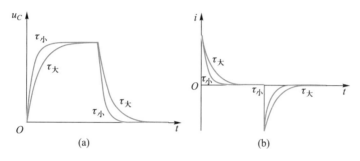

图 5.6.3　*RC* 串联电路电容充放电电压曲线和回路电流曲线

如图 5.6.3(a)所示,由于电容两端电压不能突变,所以当输入信号上升沿升至平顶阶段时,输入信号经 R 对 C 充电,C 两端电压因充电电荷的逐渐积累而缓慢上升;在输入信号的下降沿降至低电平时,C 通过 R 放电,其上电压逐渐降低,由 RC 电路延迟效应,达到了波形变换的目的.因此,当 RC 串联时,如果信号从电容输出,并且时间常量远大于输入信号的脉宽(一般要求大于 10 倍),那么输出信号与输入信号的时间积分成比例,此时电路为积分电路.而图 5.6.3(b)所示的曲线则出现在输入信号电压突变时,并且时间常量越小,脉冲越尖锐.也就是说,如果信号从电阻输出,并且时间常量远小于输入信号的脉宽,则电路的输出波形只反映输入波形的突变部分,即只有输入波形发生突变的瞬间才有输出,而对恒定部分则没有输出,这有利于识别输入信号中的突变,此时电路为微分电路.

3. *RL* 直流电路的暂态过程

对于 *RL* 串联电路,利用电源产生方波电压来模拟直流电路中电源电压突变的情况,如图 5.6.4 所示.当电源电压突然上升时,电感元件"充磁",而当电源电压突然下降时,电感元件"放磁".通过示波器观察电压、电流随时间的变化规律,并通过分析暂态过程持续时间的长短,可估算出电路的时间常量.

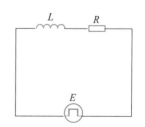

图 5.6.4　*RL* 串联暂态分析电路

与 *RC* 串联电路的分析完全类似,*RL* 串联时,在充磁过程中回路电流为

$$i(t) = \frac{E}{R}(1 - e^{-\frac{t}{\tau}}) \tag{5.6.14}$$

式中 $\tau = L/R$ 为 RL 串联电路的时间常量,表示电路充放磁的快慢.

此时电感上的电压为

$$u_L(t) = E e^{-\frac{t}{\tau}} \qquad (5.6.15)$$

放磁过程中,回路电流为

$$i(t) = \frac{E}{R} e^{-\frac{t}{\tau}} \qquad (5.6.16)$$

电感电压为

$$u_L(t) = -E e^{-\frac{t-t_1}{\tau}} \qquad (5.6.17)$$

电路中电阻元件的输出信号(回路的电流信号)和电感元件的输出信号分别如图 5.6.5(a)(b)所示.

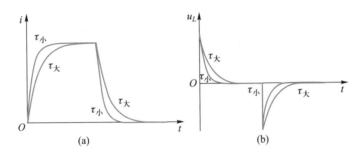

图 5.6.5 RL 串联电路电容充放电电压曲线和回路电流曲线

与 RC 串联电路类似,当 RL 串联时,如果信号从电阻元件输出,并且时间常量远大于输入信号的脉宽,那么电路为积分电路.如果信号从电感输出,并且时间常量远小于输入信号的脉宽,那么电路为微分电路.

4. RLC 直流电路的暂态过程

如果将 RLC 同时串联接入电路,如图 5.6.6 所示,那么由于电感在直流电路中阻抗为 0,所以电路的平衡态与 RC 电路相同.但是在暂态过程中,电感和电容之间可能互相存储和释放能量,使电路中各元件两端的电压产生振荡,而电阻会消耗电路中的能量,使振幅逐渐减弱至 0,电阻的大小决定了振幅衰减的快慢.因此,R、L、C 的相对大小决定阻尼振荡的具体形式,对应着三种暂态过程,如图 5.6.7 所示.

当 $R^2 < 4L/C$ 时,电路发生振荡,其振荡幅值随时间按指数规律衰减,电容两端电压为

$$u_C(t) = E e^{-\frac{t}{\tau}} \cos(\omega t + \varphi) \qquad (5.6.18)$$

其中,$\tau = 2L/R$ 为时间常量,决定了振幅衰减的快慢,ω 为振荡圆频率,有

$$\omega = \frac{1}{\sqrt{LC}} \sqrt{1 - \frac{R^2 C}{4L}} \qquad (5.6.19)$$

对应的振荡周期为 $T = 2\pi/\omega$.这种情况称为阻尼振荡或欠阻尼的暂态过程.

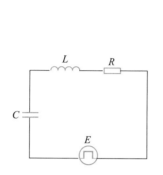
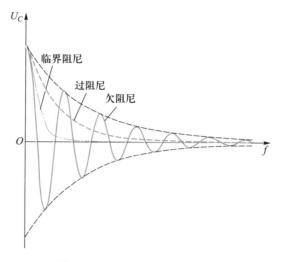

图 5.6.6　*RLC* 串联暂态分析电路　　　　图 5.6.7　*RLC* 阻尼振荡电压曲线

当 $R^2 > 4L/C$ 时,电容电压将缓慢趋于 0,这是由于电阻 R 较大,所以"振荡"的周期过大.在 1/4 周期内,电阻就将原来储存在电容中的电场能量以焦耳热的形式消耗掉了,使整个电路没有能量维持"振荡",这种情况称为过阻尼的暂态过程.

当 $R^2 = 4L/C$ 时,由于 R 刚好在"振荡"的 1/4 周期内将原来储存在电容中的电场能量消耗掉,即电阻刚好使电路处于不"振荡"的状态,所以这一过程称为临界阻尼的暂态过程,此时的电阻值 R 称为临界电阻.

实验中设置方波低电平为 0,高电平为 E,若以方波下降沿触发示波器(即以方波下降沿作为时间轴零点),在这种情况下测量电容两端电压,则根据不同的 R、L、C 值,可以得到如图 5.6.7 所示的三种暂态过程.测量欠阻尼振荡曲线中各个峰值点坐标并记录.读取 N 个周期的时间,由此可以计算周期 T.读取振幅 U_n 以及 U_{N+n},根据式(5.6.18)可得

$$U_{N+n} = U_n \mathrm{e}^{-\frac{NT}{\tau}} \tag{5.6.20}$$

由此可得时间常量:

$$\tau = \frac{-NT}{\ln \dfrac{U_{N+n}}{U_n}} \tag{5.6.21}$$

另外,根据电容的定义,电容器极板所带电荷量与电容电压成正比,因此电容电压的变化情况可以表示电容器所带电荷量的变化情况.在串联电路中电阻电压的变化趋势与回路电流的变化趋势相同,因此观察电容电压随电阻电压的变化关系,还可以定性地表示电容器所带电荷量随回路电流的变化情况.

四、预习要求

(1) 熟练掌握 *RC* 串联电路电容器充电过程中,充电电流和电容器两端电压随时间变化的特点、充放电时间常量的决定因素和测量方法.

（2）熟练掌握 *RL* 串联电路电感充磁过程中,电感两端电压和流过的电流随时间变化关系的特点、充放磁时间常量的决定因素和测量方法.

（3）*RLC* 串联时,它们满足什么关系时,电路处于阻尼振荡（欠阻尼）状态? 此时电容器两端电压随时间的变化关系是什么? 在欠阻尼状态下,振荡圆频率与三个元件参量之间是什么关系?

（4）如何进行参量修正,使实际测量的时间常量符合实验设计要求? 给出具体的实验方案.

（5）设计测量欠阻尼状态下电路的时间常量、电路总电阻等参量的实验方案.

（6）如果用示波器观察欠阻尼振荡过程中电容器所带电荷量与回路电流的近似关系,该如何连接电路（画出电路图,图中需包含示波器的两个输入通道的连接位置）? 为使观测到的图像尽可能接近二者的实际情况,电阻的大小应如何选择?

五、思考题

（1）在 *RC* 暂态过程中,固定方波的频率而改变电阻的阻值,为什么会有不同的波形?

（2）改变方波的频率,观测到的充放电曲线会发生变化吗? 引起这种变化的原因是什么?

实验 5.6 数字学习资源

（闫慧杰　李建东　秦颖）

实验 5.7　氢原子光谱及里德伯常量测量

氢原子作为结构最简单的原子,是人们探索原子结构的基础.对于氢原子光谱的分析和研究实验,是科学家们进行的最早的光谱分析实验,对原子与分子物理学、天体物理学的建立和发展都有重要的意义.丹麦科学家玻尔受到普朗克能量子假设以及氢原子光谱的巴耳末公式的启发,建立了氢原子理论,使近代物理学的发展进入一个崭新的时期,为量子力学的诞生奠定了坚实的基础. 一百余年来,人们研究氢原子光谱结构,无论是在实验方面还是在理论方面,都取得了丰硕的成果.有人曾这样评价氢光谱的研究:"氢的巴耳末光谱的研究,已成为人类文化宝库重要内容."

里德伯常量是重要的基本物理常量之一,它不仅自身有着很重要的作用,而且还决定着许多其他物理常量,精确地测定里德伯常量在物理和化学的许多领域中都非常重要.测量里德伯常量的方法有很多,如激光偏振光谱法和激光饱和吸收法等,这些方法通常需要借助大型的精密仪器才能进行.本实验利用大学物理中的常规实验仪器,设计并完成氢原子光谱和里德伯常量的测量,以此促进对玻尔氢原子理论的理解,加深对量子力学的认识.

一、实验设计内容及要求

根据所给仪器,设计一种测量原子光谱在可见光范围内各谱线波长的方法,并测量氢原子特征谱线波长,计算里德伯常量.具体要求如下:

(1) 给出详细的设计方案及所依据的原理.

(2) 以汞灯或氦灯为光源,通过测量给出所选光源已知谱线对应的偏向角,作出定标曲线,或利用最小偏向角法,测量并给出色散公式.

(3) 测量并给出氢原子巴耳末线系中红、青、蓝三条谱线的偏向角或折射率,确定三条谱线的波长.

(4) 计算并给出里德伯常量,将之与公认值比较,并对测量结果的精度进行分析讨论.

二、实验室提供的仪器及元器件

JJY1′型分光计、双面反射镜、玻璃三棱镜、高压汞灯、氦灯、氢灯.

汞灯各谱线的波长:红(690.7 nm)、橙(623.4 nm)、黄(579.1 nm)、绿(546.1nm)、青(蓝绿,491.6 nm)、蓝(435.8 nm)、紫(404.7 nm).

氦灯各谱线的波长:红(667.8 nm)、黄(587.6 nm)、蓝绿(501.6 nm)、蓝绿(492.2 nm)、蓝绿(471.3 nm)、蓝(447.1 nm).

三、实验设计提示

1.氢原子光谱

量子论指出:原子核外电子的能量不是任意的,也不是连续的,而只能取由主量子数 n 决定的各个分立的能量值,分立能量值对应的电子运动轨道也是分立的.在正常状态下,原子的核外电子在能量最低的轨道上运动,即原子处于基态.如果用某种手段(电激发、热激发、光激发),使核外电子在具有较高能量的轨道上运动,那么这样的原子处于激发态.处于激发态的原子是不稳定的,当电子由高能级向低能级跃迁时,将发生电磁辐射,发射出一定波长的光.由于不同元素的原子有各自不同的分立轨道,各轨道对应的能量分布情况也不相同,所以每个原子都有特有的激发态分布(能级图)和特征光谱系.

根据玻尔理论,氢原子的能级公式为

$$E_n = -\frac{2\pi^2 m_e e^4}{(4\pi\varepsilon_0)^2 h^2 (1+m_e/M)} \frac{1}{n^2}, \quad n = 1,2,3,\cdots \tag{5.7.1}$$

式中, e 是元电荷, h 为普朗克常量, m_e 是电子质量, M 是原子核质量.对于氢原子, $M/m_e \approx$ 1 836.15.

电子从高能级跃迁到低能级时,发射的光子的能量为两能级间的能量差:

$$h\nu = \frac{hc}{\lambda} = E_m - E_n, \quad m = n+1, n+2, \cdots \tag{5.7.2}$$

式中, ν 为光子频率, λ 为光的波长.由上式可得波数 $\sigma = 1/\lambda$ 的表达式:

$$\sigma = \frac{2\pi^2 m_e e^4}{(4\pi\varepsilon_0)^2 h^3 c (1+m_e/M)} \left(\frac{1}{n^2} - \frac{1}{m^2}\right) = R_{\mathrm{H}} \left(\frac{1}{n^2} - \frac{1}{m^2}\right) \tag{5.7.3}$$

式中, R_{H} 称为氢原子的里德伯常量.

$$R_{\mathrm{H}} = \frac{2\pi^2 m_e e^4}{(4\pi\varepsilon_0)^2 h^3 c (1+m_e/M)} \tag{5.7.4}$$

氢原子的所有谱线都可由式(5.7.3)给出.根据电子跃迁后所处的能级,氢原子光谱分为不同的线系,如图 5.7.1 所示,当 $n=1, m=2,3,4,\cdots$ 时,氢原子发出的各条谱线形成一个有规律的光谱系,它位于紫外区,称为莱曼系;当 $n=2, m=3,4,5,\cdots$ 时,所发出的光谱线系处在可见光和近紫外区,称为巴耳末系;当 $n=3, m=4,5,6,\cdots$ 时,所发出的光谱线系位于近红外区,称为帕邢系;当 $n=4, m=5,6,7,\cdots$ 时,所发出的光谱线系处在红外区,称为布拉开系.除此之外,还有处于远红外区的普丰德系、汉弗莱系等.

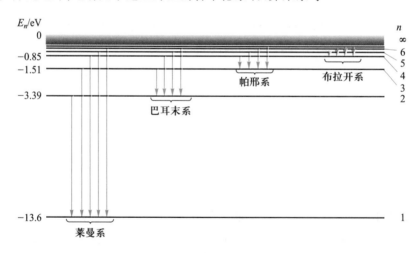

图 5.7.1　氢原子能级图

由于巴耳末线系的谱线波长在可见光范围内,所以通过棱镜色散或光栅衍射等方法可以观察到这些谱线.图 5.7.2 给出了巴耳末线系 $m=3,4,5,6$ 的几条特征谱线 H_α、H_β、H_γ、H_δ 及其波长.本实验将通过对这几条特征谱线波长的测量,来验算里德伯常量.

2.氢原子特征谱线波长和里德伯常量的测量

分光计是一种精确测量光线偏转角度的仪器,可用于测量波长、折射率、色散率等与角度有关的物理量.在实验 3.12 中我们已经学习了分光计的调整和使用方法,本实验将

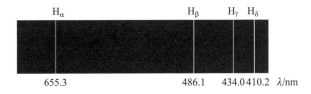

图 5.7.2　氢光谱巴耳末线系特征谱线及其波长

利用分光计和三棱镜测量氢原子特征谱线波长,计算里德伯常量.基于分光计和三棱镜测量氢原子谱线波长有两种方法.

(1) 通过定标曲线确定未知谱线波长.一束平行光经过棱镜后会发生偏折,光线偏折后的方向和原来入射方向的夹角称为偏向角.对于一个确定的棱镜来说,如果保持光线的入射角 i 不变,则偏向角与入射光线的波长有确定的对应关系.因此,在保持入射角 i 不变的前提下,用含有各种已知波长的光线入射,并用分光计分别测出各波长相应的偏向角 θ,以 θ 为横坐标,波长 λ 为纵坐标,就可画出一条曲线,称之为定标曲线,如图 5.7.3 所示.若此时仍保持入

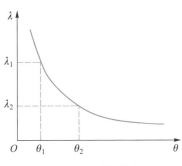

图 5.7.3　定标曲线

射角 i 不变,用未知波长的光线入射,测出相应的偏向角 θ',便可由定标曲线得到它所对应的波长.本实验可将汞灯或氦灯作为光源,作出定标曲线,再测出高压激发的氢原子光谱中三条可观察到的谱线的偏向角,通过定标曲线求出它们所对应的波长,验算里德伯常量.

(2) 通过色散公式计算未知谱线波长.根据柯西色散公式,折射率和波长有如下关系:

$$n=a+\frac{b}{\lambda^2}+\frac{c}{\lambda^4} \tag{5.7.5}$$

式中,λ 为波长,a、b、c 为常量.只要确定 a、b、c 的值,就可给出折射率和波长之间的关系式.

在实验 3.12 中我们推出了利用最小偏向角法测量三棱镜折射率的公式:

$$n=\frac{\sin\dfrac{\delta_{\min}+\alpha}{2}}{\sin\dfrac{\alpha}{2}} \tag{5.7.6}$$

式中,α 是三棱镜顶角,$\delta_{\min}$ 是最小偏向角.只要测出某一单色谱线的最小偏向角,就可计算棱镜对该谱线的折射率 n.

本实验可将汞灯或氦灯作为光源,利用最小偏向角法分别测出所选光源的三条已知谱线的折射率,然后根据这三条谱线的波长和折射率,通过解方程组算出柯西色散公式中常量 a、b、c 的值,给出柯西色散公式的具体形式;也可以利用最小偏向角法测量并给出汞光或氦光经过棱镜后的色散曲线,拟合出色散公式,再以氢灯作为光源,利用最小偏向角法分别测出氢灯三条未知谱线的折射率,由色散公式即可得到它们的波长.

四、预习要求

（1）复习分光计的工作原理、调整要求及调整方法,理解什么是偏向角、最小偏向角,理解最小偏向角法测量三棱镜折射率的原理.

（2）了解氢原子光谱相关的理论知识.

（3）了解高压汞灯、氦灯和高压氢灯的光谱特点.

（4）理解色散曲线和色散公式的物理意义.

（5）设计一种利用分光计和三棱镜测量氢原子特征谱线波长和里德伯常量的实验方案,给出设计原理,拟定实验步骤.

（6）绘制出数据记录表格.

五、思考题

（1）本实验将三棱镜作为色散元件,是否可以将其换成光栅？如果可以,请写出用光栅测量氢原子谱线波长的主要步骤.二者有何区别？

（2）分析实验中的主要误差来源.

实验 5.7 数字学习资源

（王艳辉   秦颖   李建东）

实验 5.8   X 射线综合实验

1895 年,德国物理学家伦琴发现,当高速电子撞击金属板时,会产生一种穿透力极强的射线,它能使包装完好的照相底片感光,也能使许多物质产生荧光. 对于这种当时知之甚少的射线,伦琴称之为 X 射线. 1901 年,伦琴因发现 X 射线而获得首届诺贝尔物理学奖.X 射线究竟是粒子还是波？是纵波还是横波？人们众说纷纭,伦琴称其可能是以太中的某种纵波,斯托克斯认为 X 射线可能是横向的以太脉冲,而汤姆孙则认为它是一种脉冲波. 若 X 射线具有波动性,最有力的判据应是干涉或衍射现象的存在. 1899 年,哈加和温德发明了楔形狭缝实验.经过后人对该实验的不断改进,人们才观察到真正的衍射现象. 1912 年,劳厄以晶体为光栅发现了晶体的 X 射线衍射现象,确定了 X 射线的波动性.X 射线是一种电磁辐射,其波长一般为 $10^{-3} \sim 10^{-1}$ nm,比可见光的波长要小几个数量级,介于紫外线与 γ 射线之间. 由于 X 射线波长很短,光子能量很大,穿透能力很强,所以它有可能对人体器官造成伤害.(实验时务必遵守安全守则.)

在晶体的微观结构中,原子的间距与 X 射线的波长接近,故当一束单色 X 射线入射到晶体上时,由不同原子散射的 X 射线相互干涉,在某些特殊方向上就会产生 X 射线干涉加强.衍射线在空间分布的方位和强度与晶体密切相关,每种晶体所产生的衍射花样都反映出该晶体内部的原子分布规律.晶体对 X 射线来说是一个三维空间的衍射光栅,因此 X 射线对晶体的衍射和散射能够传递丰富的微观结构信息.1915 年诺贝尔物理学奖授予布拉格父子,以表彰他们用 X 射线对晶体结构分析所做的贡献.

X 射线在医学、工业探伤、材料分析、天文学和生物学等方面的应用十分广泛,X 射线在医学上的应用更是广为人知,如透视、CT(计算机断层扫描术)成像等,在材料分析和测试领域中,X 射线已经成为必不可少的表征手段.

一、实验设计内容及要求

1. 实验内容

根据所得图像分析数据变化的潜在规律,并用理论证明规律的合理性.

(1) 测量发射谱线强度对于布拉格角的变化关系;计算射线源特征谱线的能量值,研究各种材料的能级特征.

(2) 测量实验室提供的单晶体的 X 射线衍射曲线,研究其晶格结构,分析晶格结构对材料物理性能的影响.

(3) 研究不同波长的 X 射线与物质材料特性、几何特性等因素的关系.

(4) 研究不同的 X 射线扫描模式对材料表征结果的差别.

2. 实验要求

(1) 通过实验掌握 X 射线实验仪器的基本原理和操作方法.

(2) 学会使用已知单晶体结构分析物质 X 射线谱的方法,进一步研究如何通过已知 X 射线获取晶体的结构和特性.

(3) 根据提供的设备与样品,自行研究并设计一个 X 射线实验(如劳厄实验、康普顿效应实验等),对大学物理学理论知识进行实验验证.

(4) 数据处理.要求自拟数据表格,并记录测量数据.用 Origin 或 Matlab 软件绘图,并给出数据点的拟合曲线和拟合表达式.根据所得图像分析数据变化的潜在规律,并用理论证明规律的合理性.研究结果要求以论文形式提交,论文须提供中英文摘要、关键词、详细的实验和模拟方法以及参考文献.

二、实验室提供的仪器及元器件

X 射线实验装置、数显量角器(Giniometer)模组、多种 X 射线管(铜、钼、铁)、X 射线装置控制软件、B 型计数器(即吸收装置)、平板电容器、X 射线摄影模型、劳厄衍射晶体支架、感光片、偏光薄膜、X 射线的康普顿附加装置、封装的 LiF 晶体、封装的 KBr 晶体、其他多种晶体（NaCl、KCl 等）、多种粉末（锗粉、硅粉、铜粉等）、烧杯、研钵、杵等.

三、实验设计提示

1. X 射线的性质

X 射线是一种波长极短、能量很大的电磁波，X 射线的波长比可见光的波长更短，它的光子能量比可见光的光子能量大几万至几十万倍.

（1）物理特性.

穿透性——X 射线因波长短、能量大，故照射在物质上时，仅一部分被物质吸收，大部分经由原子间隙透过，表现出很强的穿透能力. X 射线穿透物质的能力与 X 射线光子的能量有关，X 射线的波长越短，光子的能量就越大，穿透力就越强. X 射线的穿透力也与物质密度有关，利用这种性质可以把密度不同的物质区分开来.

电离性——X 射线照射物质时，可使核外电子脱离原子轨道而产生电离. 利用电离电荷的多少可测定 X 射线的照射剂量，人们根据这个原理制成了 X 射线检测仪.

荧光性——X 射线波长很短，不可见，但它照射到某些物质，如磷、铂氰化钡、硫化锌镉、钨酸钙等上时，可使物质产生荧光（可见光或紫外线），荧光的强弱与 X 射线的强度成正比. 这种性质是 X 射线应用于透视的基础，利用这种荧光作用可制成荧光屏，用于在透视时观察 X 射线通过人体组织的影像；也可制成增感屏，用于在摄影时增强胶片的感光度.

波动性——X 射线为波长很短的电磁波，可以发生干涉、衍射、反射、折射等现象. 其波动性在 X 射线显微镜、波长测定和物质结构分析中都得到应用.

（2）化学特性.

感光性——X 射线与可见光一样能使胶片感光. 胶片感光的程度与 X 射线强度和剂量成正比，当 X 射线通过人体时，因人体各组织的密度不同，对 X 射线的吸收也不同，故胶片上所获得的感光度不同，从而可以获得 X 射线的影像.

着色性——X 射线长期照射某些物质，如铂氰化钡、铅玻璃、水晶等，可使其结晶体脱水而改变颜色.

2. X 射线的衍射

从射线管发出的 X 射线光谱可以分成两部分：连续光谱和特征光谱，如图 5.8.1 所示. 在理想的情况下，尖峰趋于线状，这种线光谱可以反映金属的特性，因此称为金属的 X 射线特征谱线.

由于 X 射线的波长与一般物质中原子的间距同数量级，所以可以用 X 射线来研究物质的微观结构. 晶体由一系列平行的原子层构成，当一束 X 射线照射到晶体上时，点阵上每一个原子都做受迫振动并发出电磁波. 由于各原子的振动是由同一射线引起的，所以各原子的振动是相关的，所发出的子波也是相干的，因此产生了 X 射线的衍射现象. 英国科学家布拉格父子证明，X 射线在晶体上衍射的基本规律为

$$2d\sin\theta = n\lambda \qquad (n = 1, 2, 3, \cdots) \qquad (5.8.1)$$

其中，d 是晶体的晶面间距，即相邻晶面之间的距离；θ 是掠射角（与入射角互为余角）；λ 是 X 射线的波长；n 是一个整数，为衍射级次.式(5.8.1)即布拉格公式.在满足布拉格公式的 θ 方向上，干涉相长，如图 5.8.2 所示.对于已知的晶体，d 是确定的，根据量子理论，能量与波长的关系为

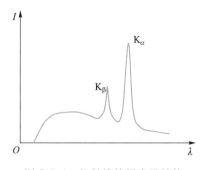 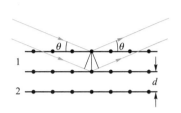

图 5.8.1　X 射线特征光谱结构　　　　　　图 5.8.2　布拉格衍射

$$E = h\nu = \frac{hc}{\lambda} \qquad (5.8.2)$$

由式(5.8.1)和式(5.8.2)可以得出 X 射线的能量与掠射角 θ 之间的关系：

$$E = \frac{nhc}{2d\sin\theta} \qquad (5.8.3)$$

根据式(5.8.3)，可以用不同的单晶体分析器，以掠射角 θ 为函数，分析从阳极发射出的 X 射线强度.

　　X 射线与物质相互作用时，会产生各种不同的复杂过程，但就其能量转化而言，大致可以分为三部分：一部分被散射，一部分被吸收，还有一部分透过物质继续沿原来的方向传播.物质对 X 射线的吸收主要是由原子内部的电子跃迁引起的，在这个过程中会产生 X 射线的光电效应、俄歇效应和热效应，使 X 射线的能量转化成光电子、荧光 X 射线、俄歇电子的能量以及热能，因此 X 射线的能量衰减.

　　当光强为 I_0 的 X 射线垂直入射并通过厚度为 d 的物质后，光强衰减为 I_d：

$$I_d = I_0 e^{-\mu d} \qquad (5.8.4)$$

式中 μ 称为线衰减系数，表示单位体积物质对 X 射线强度的衰减程度，它与物质的密度 ρ 成正比，可以将式(5.8.4)改写成

$$I_d = I_0 e^{-\mu_m \rho d} \qquad (5.8.5)$$

式中 μ_m 称为质量衰减系数，表示单位质量物质对 X 射线强度的衰减程度，当物质状态发生改变时，它保持不变.因此在实际工作中，人们常用质量衰减系数表示物质对 X 射线的衰减情况.

　　X 射线的衰减是通过散射和吸收两种方式进行的.因此，质量衰减系数应该等于散射系数 σ_m 与吸收系数 τ_m 之和，即 $\mu_m = \sigma_m + \tau_m$.但在大多数情况下，吸收系数要比散射系数大得多，因此实际上也可以采用 $\mu_m \approx \tau_m$.

实验表明,质量衰减系数 μ_m 只与物质元素种类及入射 X 射线的波长 λ 有关:

$$\mu_m = K\lambda^3 Z^3 \tag{5.8.6}$$

式中 K 为常量,Z 为原子序数. 从金属的质量衰减系数 μ_m 随波长 λ 的关系曲线(图 5.8.3)可以看出,μ_m 随 λ 的变化是不连续的. 当波长减小到某几个值时,μ_m 值突增. 这是由于在这几个波长处产生了光电效应,使 X 射线大量被吸收,于是 μ_m 值突增. 这几个发生突变处所对应的波长称为吸收限.

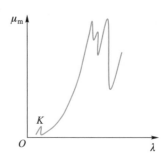

图 5.8.3   质量衰减系数与波长的关系

四、预习要求

(1) 了解实验原理,明确设计思路,合理选择相关实验仪器及物品;自拟数据记录表格,记录测量数据. 用 Origin 或 Matlab 软件绘图,并给出数据点的拟合曲线和拟合表达式. 根据所得图像分析数据变化的潜在规律,并用理论证明规律的合理性.

(2) 明确实验步骤.

① 搭建实验设备,如图 5.8.4 所示.

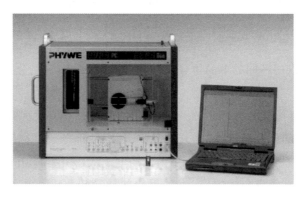

图 5.8.4   分析 X 射线的实验仪器组装

打开装置开关→插入射线管座→设定射线管的工作值→设定阴极电流→设定曝光时间→选择操作模式→将 X 射线仪与计算机连接.(具体操作可参考使用手册.)

② 考察阳极物质(铜、钼、铁)的 X 射线特性.

a. 选择放射源,在 X 射线的射出端固定光阑,保证 X 射线准直性.(LiF 晶体使用 1 mm 直径的光阑,KBr 晶体使用 2 mm 直径的光阑.)

b. 安装 Giniometer 模组和计数器. 调整角度计,使光阑、晶体和计数器在一条直线上,晶体位于光阑和计数器中间,设置计数器右侧止动.

c. 参量设置:扫描模式设为自动耦合模式;门时间为 2 s;角度步进宽度为 $0.1°$;使用 LiF 晶体,扫描范围是 $3° \sim 55°$;使用 KBr 晶体,扫描范围是 $3° \sim 75°$;阳极电压为 $U_A = 35$ kV,阳极电流为 $I_A = 1$ mA.

d. 采用 LiF 晶体(或者 KBr 晶体),以布拉格角为函数,记录从阳极发射出的 X 射线强度,并计算阳极物质特征线的能量值.

③ 测量单晶晶面的间距.

a. 根据②中的内容,自行研究并设计实验方案.

b. 从单晶的不同方向,分别记录 X 射线的光谱强度.

c. 由光谱确定特征辐射的布拉格角,计算几个方向的晶面间距.

④ 测量锌和铝(或自选材料)对 X 射线的吸收.

a. 选择放射源与样品,自行研究并设计实验方案.

b. 测量 X 射线强度衰减曲线与材料厚度、原子序数以及入射 X 射线波长的关系.

c. 具体分析质量衰减系数随波长变化产生突变的原因.

(3)过量 X 射线照射人体,会引起局部组织灼伤、坏死或带来其他疾患,例如使人精神衰退、头晕、毛发脱落、血液成分变化等. 因此,在 X 射线实验室工作时必须注意安全防护,尽量避免一切不必要的照射. 由于高压和 X 射线的电离作用,仪器附近会产生臭氧等对人体有害的气体,所以工作场所必须通风良好.

(4)阅读 X 射线衍射仪使用手册.

五、思考题

(1)比较 X 射线衍射与可见光衍射的异同.
(2)为什么 X 射线装置的正面采用含铅玻璃?研究含铅量与吸收系数的关系.
(3)吸收限在实际中有哪些具体的应用?
(4)X 射线衍射定向法和劳厄照相法在研究晶体内部结构时各有什么优缺点?

实验 5.8 数字学习资源

(常葆荣 刘升光 周楠 戴忠玲)

实验 5.9 半导体制冷

1834 年,法国科学家佩尔捷发现,当直流电通过两种不同导电材料连接而成的电路时,结点上将产生吸热或放热现象(视电流方向而定),这种现象称为佩尔捷效应.不同金属间的佩尔捷效应不显著.1954 年,苏联科学家约飞指出碲化铋有良好的制冷效果.到了20 世纪 60 年代,半导体制冷技术日益成熟并得到大规模的应用.

半导体制冷技术具有以下特点:(1)装置体积小、重量轻、寿命长、无噪声;(2)无机械运动、制冷迅速,便于组成各种结构、形状的制冷器;(3)制冷量可在毫瓦量级到千瓦量级间变化,制冷温差在 20~150 ℃之间变化;(4) 由于无气体工质,所以不会污染环境,是一种真正的绿色制冷;(5) 可通过改变电流的方向达到冷却和加热两种目的.

一、实验设计内容及要求

实验设计内容:研究半导体制冷片的佩尔捷效应。具体要求如下:

(1) 用半导体制冷片对热容为 60 J/K 的金属圆板进行制冷,在选定工作电流下,测量金属圆板的温度随时间下降的变化数据.

(2) 绘出 $H{-}t$ 曲线.

(3) 改变工作电流,再绘出一条新的 $H{-}t$ 曲线.

(4) 忽略其他热效应,估算佩尔捷系数的值.

(5) 根据具体的实验过程,分析实验数据的误差及误差产生的原因.

二、实验室提供的仪器及元器件

真空室、机械泵、金属圆板(热容为 60 J/K)、半导体制冷片(已集成在一起)、数据采集系统等.

三、实验设计提示

1. 佩尔捷效应

对佩尔捷效应的研究表明,单位时间、单位面积吸收或放出的热量 $\mathrm{d}H/\mathrm{d}t$ 与电流密度 J 之间有如下关系:

$$\frac{\mathrm{d}H}{\mathrm{d}t} = \pi J \tag{5.9.1}$$

π 为佩尔捷系数,单位为 V,与所用半导体材料的物理化学性质有关,可按下式计算:

$$\pi = (\alpha_\mathrm{P} - \alpha_\mathrm{N}) T_\mathrm{c}$$

式中,α_P、α_N 分别为 P 型及 N 型半导体材料的温差电系数,T_c 为冷端温度.π 为正时,表示吸热;π 为负时,表示放热.如两边均乘以接头面积 S,则单位时间热量变化为

$$\frac{\mathrm{d}Q}{\mathrm{d}t} = \pi I \tag{5.9.2}$$

佩尔捷效应是可逆的.电流方向改变,热量传输方向就可以改变,即由吸热变为放热,或由放热变为吸热.

把一只 N 型半导体和一只 P 型半导体连接成热电偶,接上直流电源后,在接头处就会产生温差和热量的转移,如图 5.9.1 所示,在上接头处,电流方向是 N→P,温度下降并且吸热,这就是冷端.而下接头处,电流方向是 P→N,温度上升并放热,这就是热端.把若干这样的半导体热电偶串联起来,而从热传导角度看是并联的,这就构成了一个常见的制冷

（热）电堆,如图 5.9.2 所示.接上直流电源后,这种电堆的上面是冷端,下面是热端,借助热交换器,使电堆的热端不断散热并且保持一定的温度,把电堆的冷端放到工作环境中去吸热并降温,这就是半导体制冷组件的工作原理.

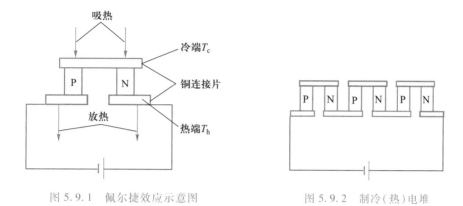

图 5.9.1　佩尔捷效应示意图　　　　图 5.9.2　制冷（热）电堆

电流通过电堆时,除了佩尔捷效应外,还会发生其他热过程.焦耳热与电流的平方成正比,即

$$\frac{\mathrm{d}Q_j}{\mathrm{d}t} = I^2R \tag{5.9.3}$$

式中,R 为热电元件的电阻.计算表明,有一半的焦耳热将传导给热电元件的冷端,这会引起制冷效率降低.

另外,冷端和热端温度差的存在导致热量 Q_λ 的传导,对单个电堆而言,若其长度为 L,截面积为 S_1 及 S_2,热导率为 λ_1、λ_2,则有

$$\frac{\mathrm{d}Q_\lambda}{\mathrm{d}t} = \frac{\lambda_1 S_1 + \lambda_2 S_2}{L}(T_h - T_c) = K(T_h - T_c)$$

因此,电堆的单位时间制冷量 $\dfrac{\mathrm{d}Q_0}{\mathrm{d}t}$ 应为佩尔捷热减去传递到冷端的焦耳热和传导热之和,即

$$\frac{\mathrm{d}Q_0}{\mathrm{d}t} = \pi I - \frac{1}{2}I^2R - K(T_h - T_c) \tag{5.9.4}$$

电堆工作时,电源既要对电阻做功,又要克服热电势做功,故消耗功率为

$$P = I^2R + (\alpha_P - \alpha_N)(T_h - T_c)I = I^2R + \pi\frac{T_h - T_c}{T_c}I \tag{5.9.5}$$

电堆的制冷系数 ε 等于制冷量 Q_0 与消耗功率 P 之比.

2. 半导体制冷效应分析系统

本实验所用的半导体制冷效应分析系统主要由分析仪、制冷腔、真空泵和计算机四部分组成,其原理框图如图 5.9.3 所示.

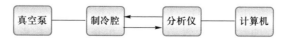

图 5.9.3　半导体制冷效应分析系统原理框图

（1）制冷腔.制冷腔的结构如图 5.9.4 所示.制冷片的散热端与真空室底部紧密接触，并通过外接散热片将热量充分散发；制冷端上置金属圆板，金属圆板的温度由其正上方的温度传感器监测.

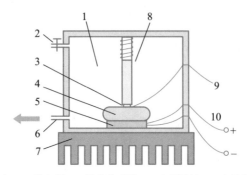

1—真空室；2—放气阀；3—温度传感器；4—金属圆板；5—半导体制冷片；

6—抽气口（连接真空泵）；7—散热片；8—固定装置；

9—温度传感器引线；10—半导体制冷片引线

图 5.9.4   制冷腔结构示意图

（2）真空泵.真空泵作用下的真空室内最低气压约为 5 Pa.

（3）半导体制冷效应分析仪（简称分析仪）.其面板如图 5.9.5 所示.分析仪为制冷片提供大小可调的恒定电压，可实时测量制冷片的电流、电压，并可测量冷端温度.

（4）数据采集系统.该系统采集分析仪测量的电压、电流、温度，形成数据文件.

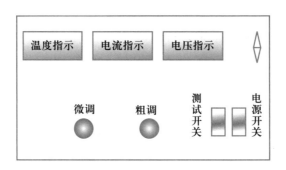

图 5.9.5   半导体制冷效应分析仪面板示意图

四、预习要求

（1）查阅相关资料，了解半导体制冷过程中的副效应及其特点.

（2）思考在计算佩尔捷系数的过程中，避免/减少/抵消副效应影响的方案.

（3）仔细阅读半导体制冷效应分析仪使用说明书.

（4）查阅相关资料，思考半导体制冷片的最优制冷方案及应用场合.

（5）写出一份半导体制冷片的评估报告并做出相应 PPT.

注意：低温下不能立即打开真空室的放气阀，以免温度骤升导致制冷片报废.做完实验后不要忘记打开制冷腔真空室的放气阀，否则真空室会从真空泵吸入大量油污.

五、思考题

（1）本实验的精度由哪些因素决定？

（2）半导体的佩尔捷效应可应用在哪些方面？

（3）工作电流的大小对佩尔捷系数的测量有影响吗？

（4）半导体制冷时，与佩尔捷效应同时存在的副效应有哪些？它们由哪些因素决定？

实验 5.9 数字学习资源

（刘艳红　王茂仁　戴忠玲）

实验 5.10　液晶盒的制备

　　1888 年，奥地利植物学家莱尼茨尔（Reinitzer）在加热苯酸酯晶体时发现，当温度升到 145.5 ℃时晶体融化成乳白色混浊液体，在温度升到 178.5 ℃后，混浊液体变透明.之后，德国物理学家莱曼（Lehmann）进一步研究发现，这种乳白色混浊液体具有各向异性晶体特有的双折射性，他认为这是具有流动性的晶体，并由此将其命名为液晶.

　　液晶的发现打开了一个崭新的领域，但液晶的研究在相当长的一段时间内进展缓慢，直到 20 世纪 60 年代，美国无线电公司的海美尔（Heimeier）发现了液晶的光电效应，并制成了显示器件，才使液晶材料一跃成为科学研究的重要主题之一，导致了液晶材料研究的快速发展.1972 年，日本精工将液晶与集成电路技术相结合，推出了全球第一款采用液晶显示的电子表.目前，液晶显示器件以低功耗、低辐射、寿命长、轻巧便携等诸多优势，已成为显示领域中的佼佼者，只要稍加留意，就不难发现市场上用液晶显示器的仪器、仪表、计算器、计算机、彩色电视机等不仅品种越来越多，而且显示品质越来越高.随着液晶显示技术的不断完善，新的应用技术也不断被开发出来，如 3D 显示技术、触控技术及电子书等.液晶显示技术已经和人们的生活息息相关，未来还会不断给人们带来全新的体验.

　　除了显示领域，液晶材料在材料科学、生物工程、航天工程、光信息存储、防伪识别、环境等领域中都得到了大量应用.

　　本实验将通过液晶盒的制备，熟悉液晶制备的流程及相关技术，进一步了解液晶的织构及其特性.

一、实验设计内容及要求

1. 制备液晶盒

（1）合理选择设计参量，制备符合要求的未取向（不用涂导电膜）、平行取向及 TN（扭曲向列型液晶）模式的液晶盒至少各一个.

（2）用偏光显微镜观察所制作的液晶样品的织构，比较向列型液晶在平行摩擦与无摩擦情况下，液晶织构的区别，并说明原因.

2. 测试所制作的 TN 型液晶盒的性能

（1）测量自制 TN 型液晶的电光特性，并由电光特性曲线给出液晶的阈值电压和关断电压.

（2）测量驱动电压周期变化时，液晶光开关的时间响应曲线，并由时间响应曲线得到液晶的上升时间和下降时间.

二、实验室提供的仪器及元器件

1. 液晶基片旋涂机

液晶基片旋涂机的作用是将 ITO（氧化铟锡）玻璃基片（导电玻璃）上的取向剂通过高速旋转，在离心力的作用下均匀覆盖在 ITO 表面上.注意：每次开机前，均应检查调速旋钮是否沿逆时针方向旋转到底，速度设置为零，否则通电后，转台立刻会高速旋转，进而造成仪器损坏.使用完毕后，应将调速旋钮沿逆时针方向旋转到底；旋涂基片时，必须关闭上盖，在转台工作过程中，禁止打开上盖.

2. 立式电热恒温箱

立式电热恒温箱是将 ITO 基片上涂好的 PA（取向剂）溶液进行高温烘烤，使得 PA 液更好地固化成 PI（聚酰亚胺）膜，达到可摩擦取向的条件.

恒温箱设置有三路独立的加热与控制平台，每一个控制表头对应一个加热台.每个加热台都可以从室温到 300 ℃ 任意调节，相互之间不会干扰. 注意：加热温度设置范围为室温到 300 ℃，不可超过 300 ℃；加热 ITO 基片时，应避免将其放置在加热台的边沿，否则会使加热不均；禁止在加热过程中用手触摸加热台.

3. 液晶配向摩擦机

液晶配向摩擦机的作用是将已经固化好 PI 膜的 ITO 基片进行摩擦取向.注意：摩擦筒的转速最好在 2 000~2 500 r/min 之间；对 PI 膜完成摩擦取向后，务必对摩擦方向进行标记；在摩擦筒转动过程中，禁止将手、头发等靠近摩擦筒.

4. 半自动点胶机

将 UV（紫外）光固胶通过针筒滴到两片基片边框上，通过紫光光固，达到封盒目的.工作方式有自动和手动两种,在学生实验和探究过程中,通常以手动方式点胶.

5. 台式液晶盒光固机

台式液晶盒光固机是将涂抹到液晶盒边沿的 UV 胶用紫光固化,以达到快速密封液晶盒的目的.仪器设置有上、下两排紫光灯,可以通过开关选择来调节曝光固化的光强.

6. USB 透射式偏光显微镜

USB(通用串行总线)透射式偏光显微镜由两部分组成,分别为透射式偏光显微镜和 USB 电子目镜.透射式偏光显微镜可以给制作的液晶盒提供所需的偏振光(参见实验 4.4),这样可以在显微镜下观察液晶基本特性.USB 电子目镜可以直接连接计算机,不需安装任何驱动,即插即用,可以将显微镜下观察到的图像显示在计算机屏幕上.

7. 空气压缩机

空气压缩机为液晶配向摩擦机和半自动点胶机提供高压气体.

8. 附件盒

附件盒中存放的是液晶盒制备过程中所需用到的材料和工具,分别有 TN 型液晶、取向剂(PA)、间隔子(夹在两片液晶 ITO 基片之间,确保液晶层厚度为 $5 \sim 8$ μm)、ITO 玻璃基片、取向剂盛装瓶、玻片夹、吸盘手柄、滴定管、取样管等.

三、实验设计提示

1. 液晶盒的结构

液晶盒的结构如图 5.10.1 所示,它由两片相距 $5 \sim 9$ μm 的玻璃基片组成.在这些玻璃基片的内表面上有一层氧化铟锡(ITO)或氧化铟(In_2O_3)透明电极,在两块基片间填充正或负介电常量的向列型液晶材料(或其他,如胆甾型、近晶型等各种液晶材料),通过对电极表面进行适当处理,使液晶分子的取向成一定状态.

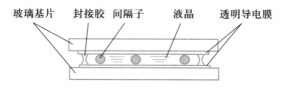

玻璃基片　　封接胶　间隔子　　液晶　　透明导电膜

图 5.10.1　液晶盒结构示意图

液晶盒的此种结构要求两玻璃基片之间具有均匀的间隙.因此,要在基片表面均匀地散布玻璃纤维或玻璃微粒(即间隔子).同时,为了防止潮气和氧气与液晶发生作用,玻璃基片四周应进行气密封接.密封材料可以用环氧树脂之类的有机材料,也可用低熔点玻璃粉之类的无机材料.

液晶盒内基片表面直接与液晶接触的一薄层材料称为取向层,它的作用是使液晶分子按一定的方向和角度排列,这个取向层对于液晶显示器来说是必不可少的,而且直接影响显示性能.液晶显示器所用取向处理方法有多种,如摩擦法、斜蒸 SiO_2 法等.摩擦法沿一定的方向摩擦玻璃基片,或摩擦涂覆在玻璃基片表面的无机物或有机物膜,以使液晶分子沿摩擦方向排列,这样可以获得较好的取向效果.

制备一个液晶盒通常需要以下流程:清洗 ITO 玻璃、镀 PI 取向膜并进行固化、摩擦取向、喷洒间隔子、灌晶和封盒.

2. 基片表面处理对液晶分子取向的影响

在液晶显示器制造工艺中,取向是一个关键工艺.最常用的方法是在玻璃表面涂覆一层有机高分子薄膜,再用绒布类材料高速摩擦来实现取向.聚酰亚胺树脂不仅涂覆方便,对液晶分子有良好的取向效果,而且还具有强度高、耐腐蚀、致密性好等优点,因此,目前它在液晶显示器制造业中广泛用作取向材料.

聚酰亚胺(简称 PI)有很好的化学稳定性,同时具备优良的机械性能、高绝缘性和高介电强度,耐高温、耐辐射、不可燃.聚酰亚胺优异的性能是由其结构决定的,它通过二酰与二胺在低温下聚合反应合成.PI 膜是用浸泡、旋涂或印刷的方法,将 PI 溶液涂覆在玻璃表面,经高温固化后制得的.

要得到性能优良的 PI 膜,固化反应必须进行完全.工业上广泛使用的聚酰亚胺(PI)在摩擦取向处理条件下诱导液晶分子的取向.将聚酰亚胺稀释,在 ITO 表面旋涂一层薄薄的溶液后,在 250 ℃下烘烤 2 h,然后在此表面摩擦处理.用粘有长纤维布并高速旋转的金属辊,让真空吸附在样品台上的基片触着布辊匀速平移通过,获得定向摩擦,如图 5.10.2 所示.

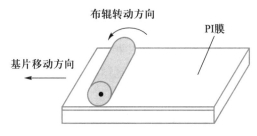

图 5.10.2　定向摩擦处理示意图

3. 液晶织构

液晶分子在一个小区域内的指向朝着某一方向,在另一个小区域内的指向朝着另一方向,这样就形成所谓的畴.在偏光显微镜下,这些畴光轴方向的不同使偏振光干涉颜色不同,看起来就是花纹或图案.对不同类型的液晶来说,其花纹或图案的特征是不一样的,这些花纹或图案称为织构.

向列型液晶在正交偏光镜下的织构呈现许多丝状条纹,这些丝或伸或曲,或者像一团乱线.呈现丝状的原因在于向列相分子长程取向有序,局部区域的分子趋于沿同一方向排列.在两个不同排列取向区的交界处,织构在偏光显微镜下显示为丝状条纹,如图 5.10.3 所示.向列型液晶经过平行摩擦处理后,当取向很好时,不存在缺陷,丝状条纹消失并出现均匀的干涉色,如图 5.10.4 所示.

在实验中,如果在偏光显微镜下看到所制备的液晶片的织构图像不符合要求,那么需分析原因,重新调试仪器参量,并重新灌晶、封口、固化.

图 5.10.3　向列型液晶在无摩擦的
两玻璃片之间的偏光显微照片　　　图 5.10.4　向列型液晶在两摩擦方向
平行的玻璃片之间的偏光显微照片

4. TN 型液晶单元的工作原理及其特性

参见实验 4.4.

四、预习要求

（1）查阅相关资料,对扭曲向列型液晶、超扭曲向列型液晶及薄膜晶体管液晶的结构、特点、用途进行列表归纳.

（2）查阅相关资料,对液晶取向的工艺要求及目前液晶取向的种类、方法、优缺点等进行列表归纳.

（3）了解液晶盒的结构及各部分的制备方法,初步拟定制备液晶盒的流程.

（4）理解什么是液晶织构,思考向列型液晶分别在平行摩擦与无摩擦情况下,偏光显微图像的区别,在实验中对此进行验证.

（5）理解 TN 型液晶单元的工作原理及其电光特性,了解液晶电光特性和时间响应特性的测量方法.

（6）查阅仪器使用说明书,了解所用仪器的结构、功能、操作方法及注意事项.

五、思考题

（1）不同表面取向的液晶盒为什么会呈现不同的透光效果? 为什么在液晶制备中需要对 ITO 表面进行取向?

（2）除了本次实验中使用的摩擦取向方法外,还有哪些取向处理方法?

（3）如何在本实验中涉及的光波导原理的基础上构造常断型光开关(常黑模式)?

（4）为什么当电压比较高时,还有光透过?

（5）液晶显示器件的对比度随视角的变化为什么呈现不对称性？

（6）查阅相关资料,总结现代液晶生产工艺中的制盒工艺流程以及相关的关键技术.

实验 5.10 数字学习资源

（王茂仁　王艳辉　秦颖）

实验 5.11　电学黑盒实验

在各类物理实验竞赛中,电学黑盒实验是经常出现的一类题目.本实验提供的黑盒有四个接线端子,每两个接线端子之间最多有一个元件,也可能没有,各元件之间不构成回路.黑盒内的元件可能是干电池、定值电阻、电容、电感、半导体二极管等. 实验需要根据提供的仪器设备自行设计方案,依据不同类型电学元件的特性对元件进行判别,并完成相应的测量.

这类题目要求学生具有较高的物理知识运用能力和实验设计能力,在培养学生逻辑推理能力,利用所学知识分析问题、解决问题能力方面,发挥着巨大的作用.

一、实验设计内容及要求

（1）根据实验室提供的仪器自行设计实验方案,在不打开盒子的情况下检测黑盒里不同位置元器件的类型.

① 判断四个接线柱间是否存在内部电源.

② 判断在没有内部电源的接线端子间是否存在二极管,并说明判断依据.

③ 判断在没有内部电源及二极管的接线端子间是否存在较大电容,并说明判断依据.

④ 判断在没有内部电源及二极管的接线端子间是否存在电感,并说明判断依据.

⑤ 绘制出黑盒的接线图.

（2）测量黑盒内元件的物理量数值,并做简要说明,对于需要通过计算才能得到的值,要写出计算公式.

二、实验室提供的仪器及元器件

黑盒、万用表、示波器、函数信号发生器（输出阻抗为 50 Ω）、导线.

三、实验设计提示

1. 黑盒内可能存在的元件的物理性质及判断原则

（1）干电池. 干电池是一种以糊状电解液来产生直流电的化学电池, 在日常生活和实验室中使用普遍. 标准电压是干电池的重要指标, 单节干电池的标准电压以 1.5 V 居多. 实际使用中可用万用表的直流电压挡测量干电池的电压.

注意：

① 电源或含电源的支路不能直接使用欧姆挡, 否则可能烧毁电表, 因此在不能判断接线端子间是否含有电源时, 必须先用直流电压挡判断元件中是否存在电源.

② 机械式万用表测直流电压时, 不能反接, 因此当不能判断电源的正负极时应选择高的电压挡, 并注意观察, 若发现指针反转, 则应立即断开.

（2）电阻. 导体对电流的阻碍作用称为该导体的电阻, 常用 R 表示. 电阻是导体本身的一种属性, 因此导体的电阻与导体是否接入电路、导体中有无电流、电流的大小、电流的流向等因素无关. 也就是说, 在用万用表的欧姆挡测量纯电阻时, 无论表笔是"正接"还是"反接", 测得的电阻值都应该是相等的.

（3）二极管. 二极管是用半导体材料（硅、硒、锗等）制成的一种电子器件. 它具有单向导电性, 即当给二极管阳极和阴极加上大于导通电压的正向电压时, 二极管处于导通状态, 阻值较小. 当给二极管阳极和阴极加上反向电压, 并且电压值不超过一定数值时, 二极管对电流的阻碍作用特别大（反向电阻特别大）, 流过二极管的反向电流很小, 二极管处于截止状态. 利用二极管的单向导电性, 使用万用表的高电阻挡, 表笔正反接测量两次, 如果两次的阻值相差很大, 则可以判定为二极管, 并且在阻值较小的一次中, 与万用表内部电源正极连接的为二极管的阳极.

注意：数字式万用表的表笔连接方法与机械式万用表的表笔连接方法是相反的, 机械式万用表黑表笔接表内电源正极, 为表内电流流出端；数字式万用表的红表笔接表内电源正极, 为表内电流流出端.

（4）电容. 电容器简称电容, 是一种常见的电路元件. 电容在电路中的作用可简单总结为隔直流、阻低频、通高频. 也就是说, 对于直流电路, 电容器相当于断路, 阻值为无穷大；在交流电路中, 随着频率的升高, 电容对电流的阻碍作用会越来越小.

如果电容两端的电压发生突变, 那么会存在从一个稳态向另一个稳态过渡的暂态过程. 如果万用表选用欧姆挡（一般大于 10 kΩ）, 那么当两表笔接到电容的两极时（相当于把电容器接在一个直流电源上）, 由于电容器两极板的电荷量不能突变, 所以流过电容的电流存在一个由极大值逐渐减小到零的过程, 反映到万用表的读数上就是从一个较小的电阻值逐渐过渡到无穷大. 根据这一特点, 可以判断出所测元件是电容元件还是断路状态. 注意：实验中如需重新判断是否为电容元件, 则应先将元件两端短接（电容器充分放电）后, 再进行操作.

如果电容和其他元件串联, 那么稳态表现为电容特性（断路）. 如果多个电容串联, 那么总电容的倒数等于各串联电容的倒数之和：

$$\frac{1}{C} = \frac{1}{C_1} + \frac{1}{C_2} + \frac{1}{C_3} \qquad (5.11.1)$$

对于小容量电容元件,如果使用万用表欧姆挡不足以做出判断,也可以将其与交流电源(或方波)连接,利用其稳态(或暂态)特性进行判断(参考实验 5.5 和实验 5.6).

(5) 电感.电感是能够把电能转化为磁能的元件,一般由漆包线缠绕而成.电感在电路中的作用可简单总结为通直流、阻低频、隔高频,即在直流电路中,电感仅相当于一个阻值恒定的小的直流电阻;而在交流电路中,电感感抗($Z_L = 2\pi f L$)随频率增大而增大,电感对电流的阻碍作用也会随之增大.

当电感元件两端的电压发生突变时,也会存在一个暂态过程,即在使用万用表测量电感的直流电阻时,反映到阻值上,会出现由阻值较大迅速减小到某一固定值的现象.但这一变化过程持续时间较短,且与测电阻时万用表指针的摆动趋势(或数字表数值的变化趋势)相同,不足以对其进行判断.要想对其做出准确判断,应该将其与交流电源连接,利用其稳态特性进行判断.

2. 黑盒内元件数值的计算

如果黑盒内电感或电容数值超出万用表量程,那么可以使用函数信号发生器及示波器等设备进行观察、计算.

(1) 电容的测量.真实的电容可以视为一个理想电容和一个寄生电阻(ESR,用符号 R_{ES} 表示)及一个寄生电感(ESL,用符号 L_{ES} 表示)的串联.当外加信号频率远小于其自身谐振频率(电解电容多为兆赫兹量级,瓷片电容多为千兆赫兹量级)时,该电容表现为电容特性,用公式表示为

$$2\pi f L_{ES} \ll \frac{1}{2\pi f C} \qquad (5.11.2)$$

测量电容的大小,一般采用稳态法,如图 5.11.1 所示.将电容和外接电阻串联,信号源提供一个交流正弦信号,分别使用万用表测量电容和电阻压降,代入公式,计算电容值.忽略电容的寄生电阻、电感,外接电阻的寄生电感、电容以及信号源提供信号不规范等带来的影响后,可认为

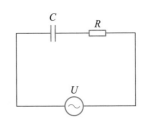

图 5.11.1　稳态法测电容接线图

$$Z_C \approx \frac{1}{\omega C} \qquad (5.11.3)$$

$$U_C \approx I\, Z_C \approx \frac{U_R}{R}\frac{1}{\omega C} = \frac{U_R}{\omega C R} \qquad (5.11.4)$$

$$C \approx \frac{U_R}{U_C}\frac{1}{\omega R} \qquad (5.11.5)$$

如果电阻 R 设置为 1 kΩ,信号源频率设置为 159.155 Hz(此时角频率为 $\omega = 1\,000.00$ rad/s),则可以很轻易地根据电容和电阻压降计算出电容 C 的值.

(2) 电感的测量.真实的电感可以视为一个理想电感串联一个寄生电阻后总体再并

联一个寄生电容.当外加信号频率小于其自身谐振频率(兆赫兹量级)时,该电感表现为电感特性.(由于趋肤效应,在交流电路中电感的寄生电阻将大于直流电阻,并且其阻值随频率的增加而增大,因此电感的寄生电阻不能用万用表直接测量.)

稳态法测量电感值(图 5.11.2):将电感串接电阻,接入交流正弦信号,分别测量电感和电阻压降.电感感抗为

$$Z_L = \frac{U_L}{I} = \frac{U_L}{U_R} R \tag{5.11.6}$$

通常电感的寄生电阻 $R_{ES} \ll Z_L$,可认为 $Z_L \approx \omega L$,故有

$$L \approx \frac{U_L}{U_R} \frac{R}{\omega} \tag{5.11.7}$$

若电阻 R 设置为 1 kΩ,信号源频率设置为 159.155 Hz (此时角频率为 $\omega = 1\,000.00\mathrm{rad/s}$),则可以轻易地计算出电感 L 的值.

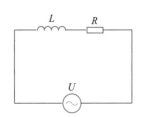

应该指出的是,稳态法测量电感时存在寄生电阻的影响,所测的电感值要比实际值偏大,精确的测量可考虑使用谐振的方法进行.

图 5.11.2　稳态法测电感接线图

另外,在分析和计算时还应注意,在交流电路中,电阻电压与电流同相,电感电压超前电流 $\pi/2$,电容电压滞后电流 $\pi/2$,因此在串联电路中,当我们使用万用表测量回路中不同元件电压时,如果回路中存在电容或电感,则回路中的总电压并不等于分离元件的电压和,而是它们的向量和(请参阅实验5.5).

四、预习要求

(1)参阅实验5.5和实验5.6,熟悉电容、电感元件的稳态和暂态特性,熟悉用万用表判别各类元件的基本方法.

(2)设计测量黑盒内元件的实验过程,写出简单的实验操作步骤并简单说明理由.

五、思考题

(1)指针式万用表和数字式万用表的表笔正负分别是如何定义的? 如何用万用表判断二极管的正负? 如何判断电解电容的正负?

(2)应该如何用暂态法测量电感和电容的值? 暂态法和稳态法相比有何缺点? 还可以用什么方法测量电感和电容? 请简单描述.

(3)实际电感的等效电路和实际电阻的等效电路有何区别?

(4)经检测,在黑盒内 A_1、A_2 接线端子间连有电阻,A_3、A_4 接线端子间连有电感,而电容可能出现在图5.11.3中所示的4个位置,请问该如何利用各接线端子间元件的暂态特性确定电容的具体位置? 要求写出外接方波后 C、RC、LC、RLC 四种不同接线方法的波形区别.

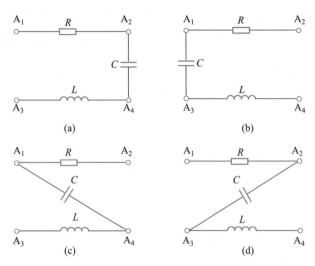

图 5.11.3　电阻、电感、电容的四种连接

实验 5.11 数字学习资源

（李建东　王茂仁　刘渊　秦颖）

实验 5.12　全波整流与滤波实验

　　整流和滤波是直流稳压电源的重要组成部分.而全波整流是最常用的一种整流形式.全波整流电路中,在半个周期内,电流流过一组整流器件,在另外半个周期内,电流流过第二组整流器件,并且两组整流器件的连接能使流经它们的电流以同一方向流过负载.全波整流利用了交流的两个半波,这就提高了整流器的效率.经整流后,交流信号变成脉动直流信号,其电压值在零到最大值之间周期性变化.为减小输出信号中的纹波,实际使用中必须对整流信号进行滤波,常见的有电容滤波和电感滤波.电容滤波属于电压滤波,直接储存脉动电压来平滑输出电压,其输出电压可接近交流信号的峰值.

　　本实验以示波器为基本测量仪器,对全波整流和电容滤波前、后的信号进行观测,掌握输入和输出信号的关系,以加深对整流滤波电路的理解.

一、实验设计内容及要求

　　（1）搭建一个全波整流电路,电路形式自选.

　　（2）测量整流前后信号的参量（最大值、平均值、有效值、周期和频率）.

　　（3）在示波器上同时显示并绘制输入信号和整流输出信号的波形（注意二者的对应

关系).

（4）在整流输出端接入滤波电容,绘制经电容滤波的输出信号波形(注意与输入信号的对应关系).

（5）根据所选参量计算电容器充放电时间常量,测量二极管的关断时间和导通时间,计算导通角.

（6）改变电容(或电阻),重新测量关断时间、导通时间,计算导通角和时间常量.

（7）分析参量变化对电容器充放电时间常量和滤波的影响.

二、实验室提供的仪器及元器件

数字示波器、函数信号发生器(输出阻抗为 50 Ω)、变压器、桥式整流块、二极管、电容、电阻、九孔板.

三、实验设计提示

1. 正弦交流电的基本知识

正弦交流电的电压或电流是按正弦规律周期性变化的,电压表达式为

$$u = U_m \sin(\omega t + \varphi) \tag{5.12.1}$$

式(5.12.1)中 u 称为瞬时值,U_m 称为幅值(或最大值),ω 为角频率,φ 为初相位.常见的表示电压变化快慢的量为周期 T(频率 f).周期 T、频率 f 与角频率 ω 的关系为

$$f = \frac{1}{T} = \frac{\omega}{2\pi} \tag{5.12.2}$$

频率、幅值和初相位称为正弦量的三要素.

正弦量的大小常用有效值(方均根值)来表示,有效值是用电流的热效应来定义的,有效值和幅值的关系为(以电压为例)

$$U = \frac{U_m}{\sqrt{2}} \tag{5.12.3}$$

对于交流电来说,电压的平均值为

$$\bar{U} = \frac{1}{T} \int_0^T u \, \mathrm{d}t \tag{5.12.4}$$

数学上的平均值是 0(因为正负是对称的).但电工技术上我们关心的是其量值(绝对值)的大小,这时可用半周期的平均值来表示,即

$$\bar{U} = \frac{2}{T} \int_0^{\frac{T}{2}} u \, \mathrm{d}t = 0.637 \, U_m \tag{5.12.5}$$

2. 双半波整流电路

双半波整流电路是由两个半波整流电路结合而成的.搭建该整流电路时,所使用的变压器的次级线圈必须具备中心抽头,电路如图 5.12.1 所示.从图中很容易看出,变压器的

中心抽头为地电位,把交流电压正、负半周分成两部分.正弦交流电正半周时二极管 D_1 导通,电流通过 D_1 到负载;负半周时二极管 D_2 导通,电流通过 D_2 也到负载.和半波整流电路相比,在交流电压的正、负半周上都有电流通过负载.虽然每个时刻流到负载的电流并未增加,但平均输出电流比半波整流加倍.

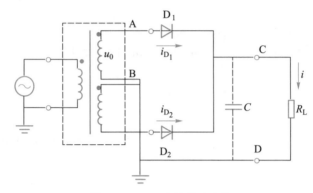

图 5.12.1   双半波整流电路

如图 5.12.1 所示,由于在信号源和全波整流电路的输入端插入了一个隔离变压器,所以使得全波整流电路的输入端接地悬浮.实验时要观测输入、输出信号的关系,需要将示波器的一个输入通道(如 CH1)接在 A、B 端,可观察到图 5.12.2(a)所示波形图,另一个输入通道(如 CH2)接 C、D 端,当二极管 D_1 单独工作时,可观察到图 5.12.2(b)所示波形图;当二极管 D_2 单独工作时,可观察到图 5.12.2(c)所示波形图;当 D_1、D_2 同时工作时,可观察到图 5.12.2(d)所示波形图.

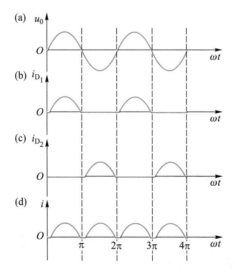

图 5.12.2   双半波整流输入、输出信号关系示意图

二极管存在正向导通电压,如硅管为 0.5~0.7 V、锗管为 0.3~0.5 V 等.低于正向导通电压的二极管处于截止状态.当把二极管串联在电路中时,正向导通电压就是二极管的压降,因此全波整流后,输出信号变成了脉动直流信号,其最大值较输入信号的最大值有所减小,而且在输入信号的瞬时值低于一定数值时,尽管施加给二极管的电压为正向电

压,但二极管依然是处于截止状态的.

3. 桥式全波整流电路

桥式全波整流电路是最常用的一种全波整流电路,如图 5.12.3 所示.变压器次级的一个绕组接在由四只二极管组成的电桥上.四只二极管又分成两对,每对串联起来工作.在正弦交流电的正半周,即变压器次级上端为正时,二极管 D_1 和 D_2 导通,而二极管 D_3 和 D_4 截止,电流从 A 出发,依次经过 D_1、R_L、D_2 回到 B.在正弦交流电负半周,即变压器上端相对于下端为负时,二极管 D_3 和 D_4 导通,而二极管 D_1 和 D_2 截止,电流从 B 出发,依次经过 D_3、R_L、D_4 回到 A.可以看出,无论是 D_1 和 D_2 导通,还是 D_3 和 D_4 导通,流过负载 R_L 的电流方向都是一致的,在负载上产生的电压都是上正下负.输出波形与变压器具有中心抽头的双半波整流的波形相同,如图 5.12.2(d)所示.

在图 5.12.3 中,信号源和全波整流电路输入端插入的隔离变压器,依然使得全波整流电路的输入端接地悬浮.由于"共地"的问题,当示波器的两个通道同时接入 A、B 端和 C、D 端时,无论两个通道的"地"如何选择,总会造成其中的一个二极管短路.因此,在观测输入信号和输出信号时,只能将示波器的输入通道分别接入 A、B 端或者 C、D 端,即示波器上不能同时观测输入、输出信号,不能直观比较两个信号的对应关系.如图 5.12.3 所示,如果隔离变压器带有中心抽头,即假定 AB 和 EF 的绕线比为 1∶1,则可以考虑把示波器的一个通道接到 E、F 端,另一个通道接到 C、D 端,这样就可以用示波器同时观察输入和输出信号的波形了.

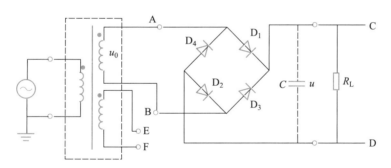

图 5.12.3　桥式全波整流电路

4. 电容滤波

如图 5.12.2(d)所示,经整流后频率为 f 的交流信号变成频率为 $2f$ 的脉动直流信号,随时间的变化,其输出信号在零到最大值之间变化.要想使其变得平滑(脉动较小),可在输出回路中并联电容或者串联电感,利用电抗元件对交、直流阻抗的不同,以实现滤波.图 5.12.1 和图 5.12.3 中负载电阻 R_L 两端并联的电容就是滤波电容.

滤波电容是指安装在整流电路两端用以降低交流脉动波纹系数,并提升高效平滑直流输出的一种储能器件.由于滤波电路要求储能电容有较大电容,所以绝大多数滤波电路使用电解电容.本实验对储能要求不高,使用普通电容也能观测到较理想的实验现象.

以图 5.12.4 所示的桥式整流的滤波为例,当电路处于第一个正半周($0 \sim t_1$)时,二极管 D_1、D_2 导通,变压器次级线圈的输出电压 u_0 对电容器充电;当刚过 t_1($\pi/2$)

时,正弦曲线下降较慢,二极管依然处于导通状态,电容器的端电压与输入波形相同;到 t_2 时刻,正弦曲线下降得越来越快,超过电容器放电曲线(指数衰减)的下降速率,二极管关断,电容器放电,电压继续降低;进入正弦曲线的负半周后,直到 t_3 时刻, u_0 的瞬时输出电压大于电容 C 两端的电压, D_3、D_4 导通,电容器充电,在 t_4 时刻二极管关断,在 t_5 时刻二极管 D_1、D_2 导通……

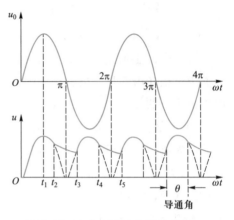

图 5.12.4　电容滤波效果示意图

电容器充放电的时间常量为 $\tau = R_L C$,当时间常量增加时, t_2 左移、t_3 右移,二极管关断时间加长,导通角(控制二极管导通的角度)变小,因此对于滤波电路而言,时间常量小,电容滤波效果不好.在实际使用中,为获得较好的滤波效果,通常取时间常量为 3~5 个电源的半周期.

四、预习要求

通过阅读讲义或电工技术相关资料,掌握如下基本知识:
(1)正弦交流信号的表示方式.
(2)交流信号的最大值、有效值、平均值之间的关系.
(3)二极管的工作特点.
(4)双半波整流和桥式整流的工作原理.
(5)电容滤波的工作原理和特点.

五、思考题

(1)图 5.12.3 的输入端(A、B)与输出端(C、D)不能用两个通道同时观测,为什么?如果需要用两个通道同时观测整流前和整流后的波形,应怎样解决?

(2)在输出端(C、D)分别并联一个 100 μF(注意极性)和 1 μF 的电容,观察到的波形有什么区别?请解释原因,并说明电容在电路中的作用.

实验 5.12 数字学习资源

(李建东　王茂仁　李敬安　秦颖)

第6章

专题研究实验

实验 6.1 扫描隧道显微镜实验

一、研究背景

1981 年,IBM 公司苏黎世研究所的物理学家宾尼希(G. Binnig)和罗雷尔(H. Rohrer)合作发明了扫描隧道显微镜(scanning tunneling microscope,STM),观察到了 Si(111)表面清晰的原子结构,使人类第一次进入原子世界,直接观察到了物质表面上的单个原子。使用 STM 可以研究原子之间微小的结合能,制造人造分子;可以观察生物大分子,如 DNA (脱氧核糖核酸)、RNA(核糖核酸)和蛋白质等分子的原子布阵,以及某些生物结构,如生物膜、细胞壁等的原子排列,进行分子切割和组装术;可以分析材料的晶格和原子结构,考察晶体中原子尺度上的缺陷,加工小至原子尺度的新型量子器件.1986 年,宾尼希和罗雷尔因发明 STM 而被授予诺贝尔物理学奖.我国在 STM 领域的发展目前居于世界前列,自 STM 技术获得诺贝尔物理学奖后,中国科学院院士白春礼敏锐地感到 STM 技术在中国还是一项空白,如果能将这项技术掌握,从而建立起中国自己的 STM,将是一项非常有意义的工作。1988 年,在白春礼的带领下,我国科研团队经过坚持不懈的努力,研制出了我国第一台由计算机控制的 STM,并在世界上首次观察到 DNA 的三链特殊结构,研究了 DNA 三螺旋结构,引起了国际科学界的广泛关注.目前,我国的 STM 技术又取得了重大突破,中国科学院物理研究所高鸿钧研究组对商业化的四探针 STM 系统进行了全面彻底的改造,从根本上解决了系统信噪比、机械和温度稳定性、成像分辨率以及降温等问题.鉴于 STM 在科学研究领域具有广泛的应用,掌握 STM 的工作原理和正确使用方法非常重要.

二、实验仪器

AJ-I 型 STM、探针、高序石墨、镊子、剪刀、丙酮溶液、防震动悬吊系统、扫描探针显微镜图像处理及分析软件系统.

三、实验原理

STM 的成像原理基于量子力学隧道效应,隧道效应表明金属表面的自由电子有可能穿越比自身能量高的势垒。对于大量的电子来说,总有一些电子穿越表面电势的束缚,从而在金属表面形成厚度约为 1 nm 的电子云,如图 6.1.1 所示.当样品表面和探针针尖的距离小于 1 nm 时,两者的电子云就会有重叠.此时若在探针和样品之间加上偏置电压,就会产生隧穿电流.隧穿电流的大小与针尖和样品之间的距离以及样品表面的势垒高度有关,其关系满足

$$I \propto V_b \exp(-As\sqrt{\phi}) \tag{6.1.1}$$

式中,I 为隧穿电流,V_b 为针尖和样品之间加的偏置电压,A 为常数,在真空条件下约等于 1,s 为针尖和样品之间的距离,ϕ 为样品表面的平均势垒高度.从式(6.1.1)可知,I 与 s 呈指数关系,因此隧穿电流对针尖与样品之间的距离非常敏感.如果针尖和样品之间的距离变化 10%,隧穿电流则变化一个数量级.可见,STM 具有很高的灵敏度,通常可以得到具有 0.01 nm 数量级的垂直精度和 0.1 nm 数量级的横向分辨率的图像.

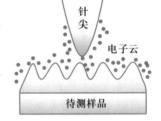

图 6.1.1　待测样品表面和针尖之间的电子云

STM 的核心部件是扫描器和扫描探针,扫描器可以在 x、y、z 三个方向上做纳米级的精密移动。扫描电压发生器产生如三角波的扫描波形,控制扫描器对样品进行逐行扫描。样品固定在扫描器上,随扫描器运动。在针尖上施加一个偏置电压,当针尖和样品足够接近时,会有隧穿电流产生。灵敏的隧穿电流放大器可检出隧穿电流,再与电流设置点做比较,比较的结果反映了针尖样品间距与设定值之间的偏差.反馈电路将电流信号转换为 STM 的图像信号,通过计算机在屏幕上显示出来,同时依据隧穿电流的大小控制压电扫描器的运动(图 6.1.2).

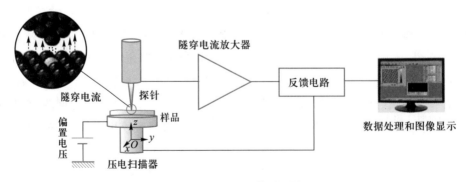

图 6.1.2　STM 工作原理图

在实验当中,STM 探针的制备非常关键,探针针尖的曲率半径为几 nm 到几十 nm,通常采用的材料有钨丝、铂铱合金丝等.针尖的曲率半径越小、导电性能越好,通常就越容易

得到较好的扫描图像。因此,在探针趋近样品的过程中,一定要避免探针直接接触样品,否则会导致探针曲率半径增大,探针直接报废。在进针时,基座上有三个高度调节旋钮,前两个为手动调节旋钮,后一个为马达控制旋钮。先手动调节左、右粗调螺杆和步进马达,使针尖与样品表面垂直,然后仔细调节左、右粗调螺杆,调节时先在样品表面上找到由于红光反射形成的镜像红灯,再找到实际针尖的镜像针尖,调节实际针尖和镜像针尖的距离,使实际针尖与镜像针尖的距离无法分辨且确认没有撞针(图 6.1.3).

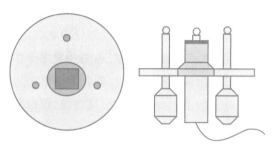

图 6.1.3　粗调趋近装置(左:顶视图,右:剖面图)

当进针完成后,选取扫描模式也非常关键,STM 有恒定高度和恒定电流两种扫描模式.采用恒高模式时,保持压电扫描器平台的 z 坐标不变,只在 xy 平面上做水平运动.样品表面的起伏使间距 s 变化,导致隧穿电流 I 变化,采集在样品表面每个局域检测到的隧穿电流数据,进而转换成形貌图像.恒流模式即保持 I 不变,系统通过调整样品和针尖的距离 s 达到目的.两种扫描模式各有利弊.恒高模式扫描速率较快,因为控制系统不必上下移动扫描器,但这种模式仅适用于相对平滑的表面.恒流模式可以较高的精度扫描不规则表面,但比较耗时.

在实验中,有效的振动隔离是 STM 达到原子分辨率所严格要求的一个条件,STM 原子图像的典型起伏是 0.1 Å,因此外来振动的干扰必须小于 0.05 Å。在实验中,振动和冲击是必须隔离的,振动一般是重复性和连续性的,而冲击则是瞬态变化的,在两者之中,振动的隔离是最主要的。因此在实验中一定要使用光学平台,使用气浮动光学平台效果最佳。

四、实验研究内容及要求

(1) 利用剪切法制备探针针尖,要求制备出有尖锐针尖的探针,制备探针前要用丙酮溶液对探针及剪刀进行清洁.利用 I–z 曲线图来定量检验针尖质量的好坏,通过判断针尖电流的衰减情况来确定探针是否可以使用.

(2) 对石墨样品进行阶梯扫描,扫描出质量较好的阶梯后,用鼠标单击马达控制面板中的“连续退”,退到 500 步左右停止,扣上隔音罩,自动进针并开始在线扫描,观察是否有较为清晰的原子形貌图出现.若无,则需调节扫描速率和旋转角度(一般此时调节扫描速率和旋转角度都可以出现较为清晰的原子形貌图),调节旋转角度时先以 15° 为一个阶梯进行粗调,然后再以 1° 为一个阶梯进行微调,直至出现满意的图像为止.

(3) 利用电化学腐蚀法,自制探针并进行样品扫描,掌握电化学腐蚀法制备针尖的原理,探究腐蚀电压、溶液浓度以及温度对制备探针质量的影响,总结出实验室条件下制备探针针尖的最优化条件.

(4) 撰写实验研究论文.实验论文要求按照科研论文的格式撰写,包括题目(中英文)、摘要(中英文)、正文、参考文献.摘要为 300 字左右,简述实验项目的物理背景、主要实验目标和内容、主要结论和建议等.正文应该包括以下几个部分:

① 实验原理与内容:简述 STM 的工作原理.

② 实验仪器及设备:简述实验设备的组成和各部分功能.

③ 实验方法与步骤:根据实验实际操作程序,总结并叙述操作步骤.

④ 实验图像与分析:对扫描图像进行粗糙度、颗粒度分析.

⑤ 实验结果与讨论:通过分析不同参量下的扫描图像,得出不同样品的扫描方法.

实验 6.1 数字学习资源

(刘升光　常葆荣　王艳辉)

实验 6.2　原子力显微镜实验

一、研究背景

扫描隧道显微镜工作时要检测针尖和样品之间隧穿电流的变化,因此它只能观测导体和半导体的表面结构.而在研究非导电材料时必须在其表面覆盖一层导电膜,这样往往会掩盖样品表面结构的细节.为了弥补扫描隧道显微镜的这一不足,1986 年,宾尼希(G. Binnig)、库特(C. F. Quate)和革贝尔(C. Gerber)利用当时的扫描隧道显微镜技术,开发出能够探测探针和样品间原子力的扫描探针显微镜,即原子力显微镜(atomic force microscope, AFM).原子力显微镜的许多元件与扫描隧道显微镜是相同的,如用于三维扫描的压电陶瓷系统以及反馈控制器等.它与扫描隧道显微镜的主要不同点是用一个对微弱力极其敏感的微悬臂针尖代替了扫描隧道显微镜的隧道针尖,并以探测微悬臂的微小偏折代替了扫描隧道显微镜中的微小隧穿电流.因为 AFM 工作时不需要探测隧穿电流,所以它可以用于观测包括绝缘体在内的各种材料的表面结构,其应用范围无疑比扫描隧道显微镜更加广阔.AFM可以在多种环境下工作,既可以在真空中,也可以在大气中;既可以在气体氛围中,也可以进行湿度控制;既可以加热样品,也可以冷却样品;既可以对样品进行气体喷雾,也可以在溶液中观察.AFM 可以用于测量一些只有在溶液中才能保持生物活性的特定的生物样品,如 DNA 大分子等.AFM 是当前电化学、生物医学、材料科学等领域的必备检测仪器.

二、实验仪器

AJ-Ⅲ型 AFM、三角形针尖探针、石墨样品、镊子、防震悬吊系统、扫描探针显微镜图像处理及分析软件系统.

三、实验原理

自然界中存在四种作用力:强相互作用力、弱相互作用力、电磁力和万有引力.它们决定着从原子核到宇宙天体的结构和行为.它们有效作用距离的范围相差很大.强、弱相互作用力都是短程力(力程约为 10^{-15} m),是用来描述质子、中子等粒子的运动的.万有引力是长程力(力程约为 10^{26} m),用来描述各天体之间的作用力及其所引起的一些现象.电磁力能够引起并制约其他各种普通作用力,并且是它们的基础.AFM 主要探测的是原子、分子之间的力.在 AFM 工作过程中,当探针和样品相互逼近到接触范围时,样品离子和探针离子之间的排斥力占主导,在这个区域扫描,得到的即待测样品表面的形貌图.

AFM 的基本原理与 STM 类似,在 AFM 中,对微弱力非常敏感的弹性微悬臂上的针尖尖端对样品表面做光栅式扫描.当针尖尖端和样品表面的距离非常接近时,针尖尖端的原子与样品表面的原子之间存在极微弱的作用力($10^{-12} \sim 10^{-6}$ N),微悬臂会发生微小的弹性形变.针尖与样品之间的力 F 与微悬臂的形变 Δz 之间遵循胡克定律:$F = -k\Delta z$,其中 k 为微悬臂的力常数.测定微悬臂形变量的大小,就可以获得针尖与样品之间作用力的大小.针尖与样品之间的作用力与距离有强烈的依赖关系,因此在扫描过程中利用反馈回路保持针尖与样品之间的作用力恒定,如图 6.2.1 所示,即保持微悬臂的形变量不变,针尖就会随表面的起伏上下移动,因此,反射到光电探测器中光敏二极管阵列的光束也将发生偏移.光电探测器通过检测光斑位置的变化,就可以获得微悬臂的偏转状态,反馈电路可把探测到的微悬臂偏移量信号转换成图像信号,通过计算机输出到屏幕上,同时根据微悬臂的偏移量控制压电扫描器上下运动.记录针尖上下运动的轨迹即可得到样品表面形貌的信息.这种工作模式称为"恒力"扫描模式,是使用最广泛的扫描模式.

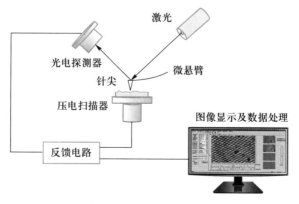

图 6.2.1　AFM 工作原理图

AFM 的图像也可以使用"恒高"扫描模式来获得,也就是在 xy 扫描过程中,不使用反馈回路,保持针尖与样品之间的距离恒定,通过测量微悬臂 z 方向的形变量来成像.这种方式不使用反馈回路,可以采用更高的扫描速度,在观察原子、分子像时用得比较多,不适合用于表面起伏比较大的样品.

根据 AFM 的工作原理,通常有三种操作模式来控制探针的运动,分别是接触模式、非接触模式和轻敲模式.实际使用时,可根据样品表面不同的结构特征和材料的特性以及不同的研究需要,选择合适的操作模式.

1. 接触模式

在图 6.2.2 中,用粗线标示出来的两个区域分别为接触区间和非接触区间.在接触区间,样品与针尖始终维持在几 Å 的距离内,并且二者之间的作用力为排斥力;在非接触区间,样品与针尖维持在几十到几百 Å 的距离内,并且针尖与样品之间的作用力为吸引力.接触模式也称为排斥力模式,此模式下针尖和样品之间的距离对应图 6.2.2 中的接触区间.在接触模式中,针尖始终与样品保持轻微接触,以恒高或恒力的模式进行扫描.接触区间内相互作用力曲线的斜率非常大,这意味着只要针尖与样品的距离发生一

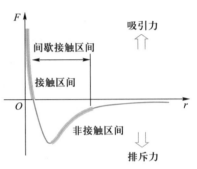

图 6.2.2 原子间作用力与针尖-样品距离的关系

个极微小的变化,就会造成相应的作用力的显著变化,因此这种扫描模式灵敏度很高.但是,当悬臂的材料非常硬时,此模式容易造成样品表面变形.因此,在接触模式中,如果扫描样品较软,那么由于样品表面和针尖直接接触,有可能造成样品损伤.如果为了保护样品,在扫描过程中将样品和针尖之间的作用力减弱再扫描,那么图像可能会发生扭曲或得到伪像.同时,表面的毛细作用也会降低分辨率.因此,接触模式一般不适用于研究生物大分子、低弹性模量样品以及容易移动和变形的样品.

2. 非接触模式

非接触模式应用的是一种振动悬臂技术,此模式下针尖与样品之间的距离对应图 6.2.2 中的非接触区间.在这种扫描模式下,针尖和样品之间的力很小,一般只有 10^{-12} N,在非接触模式中,针尖在样品表面上方振动,始终不与样品接触,探针检测的是范德瓦耳斯力和静电力等对成像样品无破坏的长程作用力.这种模式对于研究软体或弹性样品是非常有利的.但是,由于针尖和样品间的作用力太弱,此模式下的扫描信号很弱,而且成像不稳定,操作相对困难,通常不适用于在液体中成像,在生物学中的应用也比较少.

3. 轻敲模式

在轻敲模式中,微悬臂在其共振频率附近做受迫振动,振荡的针尖轻轻敲击样品表面,间断地和样品接触,所以轻敲模式又称为间歇接触模式.其工作区间为图 6.2.2 所示的"间歇接触区间",这种模式属于振幅调制的成像技术.在轻敲模式下,AFM 针尖和样品

间的作用力通常为 $10^{-12} \sim 10^{-8}$ N.轻敲模式能够避免针尖黏附到样品上,它可以对相对柔软、易脆和黏附性较强的样品成像,并对它们不产生破坏.在针尖接触样品表面时,轻敲模式可以通过为针尖提供足够的振幅来克服针尖和样品间的黏附力.同时,由于作用力是垂直的,所以材料表面受横向摩擦力、压缩力和剪切力的影响较小.轻敲模式同非接触模式相比较的另一优点是拥有大而且线性的工作范围,这使得垂直反馈系统高度稳定,可重复进行样品测量.尤其是轻敲模式克服了与摩擦、黏附、静电力有关的问题,解决了常规 AFM 扫描方法的困难.人们用这种方法成功地获得了相当多样品的高分辨率图像,如硅、薄膜、金属、感光树脂、高聚物和生物样品等,这使得 AFM 仪器的应用扩展到更为宽广的领域,将 AFM 仪器的应用上升到一个更高的层次,轻敲模式已成为当前最为广泛应用的扫描模式.

四、实验研究内容及要求

（1）通过理论分析,掌握把光斑调节到探针针尖上的方法,调节光斑在四象限上的位置,找到合适的共振峰值,此环节需要对理论有深刻理解,才会快速而准确地找到共振峰.共振峰的选取直接影响扫描图像的清晰度.

（2）在线扫描待测样品,观察扫描曲线,调节积分增益值和比例增益值,尽量降低噪声和振动的影响,适时地调整"扫描控制""反馈控制""通道 1 控制"窗口中的参量,以获得一幅比较满意的图片.

（3）用软件对扫描对象进行分析,以获得三维图像和多重视图,通过软件分析并得到所扫描样品的粗糙度、颗粒尺寸分布及深度分布等信息.

（4）撰写实验研究论文.实验论文要求按照科研论文的格式撰写,包括题目（中英文）、摘要（中英文）、正文、参考文献.摘要为 300 字左右,简述实验项目的物理背景、主要实验目标和内容、主要结论和建议等.正文应该包括以下几个部分.

① 实验原理与内容:简述 AFM 的工作原理.

② 实验仪器及设备:简述实验设备的组成和各部分功能.

③ 实验方法与步骤:根据实验实际操作程序,总结并叙述操作步骤.

④ 实验图像与分析:对扫描图像进行粗糙度、颗粒度和深度分析.

⑤ 实验结果与讨论:根据扫描的图像,探讨针尖和共振峰对扫描结果的影响.

实验 6.2 数字学习资源

（刘升光　常葆荣　王艳辉）

实验 6.3 低压气体直流放电伏安特性研究

一、研究背景

气体放电是指在电场作用下气体中的载流子定向迁移而导电的现象,是气体原子或者分子等中性粒子因为各种激励机制发生电离而产生正负带电粒子的过程.直流放电是一种典型的气体放电形式,放电产生的等离子体具有功率密度适中、覆盖面积大等优点,在机械加工、电子工业、材料表面改性、污染物处理等领域具有广泛应用.气体放电等离子体处理废弃物技术发展迅速,近年来美国、法国、日本等国家纷纷进行废液、废气、废渣、有毒废物及医疗废弃物的等离子体处理研究,并建成日处理金属氧化物废弃物达数十吨的试验工厂.从 20 世纪末开始,我国许多单位(清华大学、中国科学院物理研究所、大连理工大学等)先后开展了低压气体直流放电现象的研究,并在能量效率、处理效果等方面取得重要进展.

低压气体放电形态与电极形状、间距、气压和外电路特性有关,可以呈现暗放电、电晕放电、辉光放电、火花放电和电弧放电等多种不同形态.其中电晕放电是在电极形状极不对称的情况下发生的,而火花放电则是在外电路限流电阻太大或电源负载能力不足时的自脉冲放电形式.在直流电场中,电晕或者火花等脉冲放电形式是由放电回路或者放电通道的障碍等原因造成的.而暗放电、辉光放电和电弧放电在直流情况下都是稳定的放电模式.

低压气体的击穿过程已经被汤森理论和帕邢定律从理论和实验两个层面做了解释.但是气体击穿之后其导电行为的演化却不是汤森理论所能涵盖的.其实,随着气体导电能力的提高,放电气体本身的物理状态也在发生显著的变化,特别是导电特性的变化.气体导电与金属导电的根本差异就在于气体放电状态与导电过程相互作用而导致的非线性行为,这种非线性行为在放电气体的伏安特性曲线中可反映出来,比如低压气体放电的伏安特性曲线可以划分为放电形态演化的三个不同阶段,即三种放电模式:暗放电、辉光放电和电弧放电.放电气体伏安特性是气体放电物理学的重要内容,也是气体放电应用技术的基础.本实验通过气体放电伏安特性的测量,研究不同放电模式的特点以及它们之间的区别与联系.

二、实验仪器

本实验所用仪器与实验 4.13 相同,即直流辉光等离子体实验装置,这是一台辉光放电等离子体综合实验装置,其介绍详见实验 4.13.本实验"工作选择"开关设定在"辉光电流"挡.

三、实验原理

1. 气体放电过程的发展

常态下气体是绝缘体,但由于宇宙射线等背景放射线的存在,气体中总发生一定的电离过程,形成背景电离.背景电离发生概率很低,因此带电粒子背景密度很低,当外加电场较小时,背景电离产生的载流子被电场驱动做定向运动,形成电流,此时电流密度很小并且在空间的分布是均匀的,这是一种暗放电,因为带电粒子的定向运动没有引起电离和发光过程,所以放电区域不发光.

随着电场继续增强,电子逐渐获得了足够的能量,从而发生电子碰撞电离,使放电区电子密度大幅提高,导致电流快速增加.这一阶段的放电称为汤森放电,其特点是电子在电场中定向运动时,不断获得能量,不但产生焦耳热效应而且可以诱导碰撞电离过程,因此气体导电不再服从欧姆定律.

电子碰撞电离过程也伴随光辐射过程,使得放电开始发光,而且部分光子能够照射阴极表面而发生光电效应,产生阴极电子发射,进一步增加电子密度并增强气体的导电能力.电离过程产生电子的同时也产生离子,离子向阴极运动.随着电场继续增强,离子能量也在增加.当电场达到一定强度时,离子轰击阴极的能量会足够大,从而在阴极产生二次电子发射,实际上二次电子发射和阴极光电效应过程是殊途同归的.当阴极电子发射足够强烈以至于满足自持条件时,放电转变为自持放电,气体发生击穿,电流突然迅速增强.

气体击穿后,阴极发射的电子作为种子电子产生电离,碰撞电离产生的电子也具有电离能力,即碰撞电离呈现为雪崩电离过程.由于雪崩击穿的自动正反馈特性,电离区的带电粒子密度会迅速增加,因放电通道上的电流连续性无法维持而在一定区域内积累电荷直至电场强度分布被电荷积累所改变,从而使得某些区域的雪崩电离停止,放电趋于稳定状态.在这种稳定放电状态下,放电区的电场被带电粒子扭曲而不再均匀,即放电区的电场已经受到了放电电流的影响.放电区在空间上呈现多个不同的区域,同时发出辉光,因此这种放电模式称为辉光放电.

在辉光放电模式下,汤森电离在空间中不再均匀发生,而只局限于阴极附近,其他区域的放电是靠电子和离子的迁移和扩散维持的.在阳极附近还会出现阳极位降区,这也是阳极区对阴极区内电离过程的一种帮助反应.阳极位降进一步提高扩散区的电位,从而加强阴极区内的电场,增强阴极表面的二次电子发射和阴极区内的电离强度.辉光放电的扩散和迁移导电是一种连续导电,与汤森放电的电流特点不同.

在直流放电中,电子与离子的运动是定向迁移,因此电极需要具有足够强的电子提供能力.特别是在阴极附近,离子的碰撞电离能力远比电子低,因此离子碰撞不能成为阴极提供电子的主要机制,阴极二次电子发射成为放电自持的必要条件.

2. 气体放电不同阶段的电流增长特性

直流情况下低压气体放电的三种稳定模式包括暗放电、辉光放电和电弧放电,如图

6.3.1 所示.

在暗放电阶段,背景电离维持带电粒子的存在,电子和离子均不能诱发电离,因此气体导电类似于金属导体的特性,服从欧姆定律,电流随电压线性增加.随着电场逐渐增强,背景电离产生的电子数量逐渐不足以维持电流的增加,因此电流逐渐趋于饱和.

继续增强电场,电子在电场中获得的动能可以通过碰撞导致气体分子或原子的电离,使得气体中电子和离子密度提高,提高的程度取决于电子的碰撞电离本领.电场的增强不仅增加了电子的迁移速度,也增加了电子的电离能力,因此电子密度和迁移速度同时增加,放电电流随着电压的增加几乎呈指数规律上升.在电子碰撞电离的过程中,也会产生激发而发光,这种放电称为汤森 α 放电.

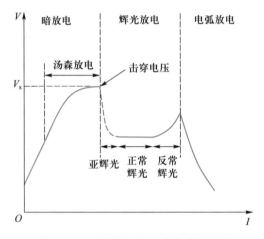

图 6.3.1   直流辉光放电伏安特性曲线

在上述两个放电阶段中,放电电流主要是由电子的运动行为决定的.继续增强电场,离子也被加速到了足够的能量,在离子轰击阴极的过程中,发生二次电子发射,二次电子极大增加了背景带电离子密度,因此放电电流继续以更高的速率随着电压呈指数规律升高(这种模式就是汤森 γ 放电),一直到临界击穿电压,电流突然自动升高,发生气体击穿.

气体击穿之后,放电电流自动增加,放电电压也借助放电回路自动适应和调整,直至达到稳定.稳定之后的放电状态通常为辉光状态.进入辉光模式之后,放电气体的空间分布发生明显变化,呈现空间不均匀性和层次特征.辉光模式可以分为亚辉光、正常辉光和反常辉光三种.

亚辉光模式是放电电流密度比较小的辉光状态,放电电压在击穿电压附近,电压可变范围很小.这种模式表现为负阻性,即随电流增加,极间电压反而在外回路的调整之下降低.其原因在于:(1) 放电电流比较小,在阳极附近有明显的阳极位降,补足了部分因放电电压降低引起的阴极位降的减小;(2) 在击穿电压附近,阴极二次电子发射效率随离子能量变化敏感,而击穿后电离速率增加得很快,使得轰击阴极的离子流增长得很快,超过了电流的增长,因此只得自动降低阴极压降以减少阴极二次电子发射.

在正常辉光模式下,电流增加不是由增加放电电压产生的,而是由增加放电区的截面积实现的.在通常的平行板放电中,电场的分布不是均匀的,中心区电场较强,因此辉光模式首先在中心建立,如果放电电流继续增加,那么中心区放电通道中的电子和离子的扩散会增加外围临域的种子电子密度,使得外围区也逐渐进入辉光状态.这一模式的伏安特性表现为无电阻或者极低电阻.

反常辉光模式是指在辉光完全覆盖了阴极表面之后,放电电流的继续增加必须通过增加电流密度来实现,因此阴极区的压降必须升高,使得轰击阴极的离子动能迅速提高,以保证阴极表面的二次电子发射速率得以提高.这一模式的典型特点是电流密度较大,辉光很明亮,伏安特性呈现为正电阻性.在反常辉光模式下,放电功率主要消耗在阴极上,阴极发热很快,这为反常辉光放电转变为电弧放电准备了条件.

四、实验研究内容及要求

1. 研究内容

测量并研究直流低压氩气(氮气)放电的伏安特性及放电模式,具体要求如下:

(1) 根据实验 4.13 的结论,确定氩气(氮气)的最佳击穿条件,计算最佳击穿气压.

(2) 测量并研究不同气压下(10 Pa 和 40 Pa),放电电流随放电电压的变化规律,描绘放电气体从暗放电到反常辉光放电的伏安特性曲线.

(3) 根据伏安特性曲线,研究放电模式转换的机制,分析放电模式转换与伏安特性曲线不同阶段的对应关系.

(4) 观测正常辉光放电模式下,放电区间的发光特点和空间分布特点,并描绘放电区间两种气压条件下的发光分布图,对其形成机制进行分析讨论.

2. 实验操作要求

(1) 实验前,检查放电管与电源之间的电路连接是否可靠,电源调压旋钮是否在最小位置,质量流量计调节旋钮是否在最小位置.按照实验 4.13 的操作步骤启动放电.

(2) 调节电源电压输出时,先快速将放电管电压增加至击穿电压附近,略低于击穿电压($50 \sim 80$ V),然后再缓慢升高电压,每隔 10 V 记录一次电流值,共记录 $3 \sim 5$ 次电流值.在升高电压的过程中,要及时更换电流表的量程,以保证电流数据有 4 位有效数字.当 10 V 电压的增加导致的电流增加超过 1 mA 时,改变数据记录方式,调整电压,在电流每增加 1 mA 时,记录一次放电管电压值,共记录 $3 \sim 5$ 次电压值,直至电流大小达到 50 mA 为止.在增加电压的过程中,应密切观察电压表和电流表示数的变化,以保证放电模式转变能被记录下来.

(3) 在降低电压时,按照(2)的反步骤操作,依次记录电流值,直至放电熄灭,电流为零为止.

3. 实验论文格式要求

实验论文要求按照科研论文的格式撰写,包括题目、摘要、正文、参考文献.摘要为 300 字左右,简述实验项目的物理背景、主要实验目标和内容、主要结论和建议等.正文应该包括以下几个部分.

    (1)实验原理与内容:简述气体放电不同阶段的模式及转换机制.

    (2)实验仪器及设备:简述实验设备的组成和各部分功能.

    (3)实验方法与步骤:根据实验实际操作程序,总结并叙述操作步骤.

    (4)实验数据与分析.

    (5)实验结果与讨论.

实验 6.3 数字学习资源

(张莹莹　张家良　王艳辉)

实验 6.4　直流辉光放电静电探针诊断

一、研究背景

    低压气体直流辉光放电是一种稳定的自持放电,主要包括正常辉光和反常辉光两种模式,是实验室产生等离子体的主要方法之一,在实验 6.3 中已做详细介绍.等离子体是一种包含等量足够多正负带电粒子的宏观呈准中性的电离气体.气体辉光放电产生的导电气体中心部分就是一种等离子体,可以作为研究等离子体基本性质的实验对象.

    放电气体产生的等离子体作为气体导体,其导电特性随其中电子密度的不同而显著不同,因此在研究等离子体基本性质的过程中,电子温度和电子密度(也是离子密度)是两个最重要的特征参量.在工业制造中,特别是在半导体芯片加工过程中,电子密度和电子温度等参量的大小,往往决定了等离子体处理工艺的精度.众所周知,半导体芯片几乎应用在我们生活中的所有电子设备中,它是由大量晶体管构成的微电路系统.在制造芯片的过程中,有接近三分之一的工序需要借助等离子体处理技术完成,因此如何快速准确地测量等离子体的电子温度和电子密度成为需要关注的物理问题.

    实验上采用多种诊断方法对等离子体的电子温度和电子密度进行测量,包括朗缪尔(Langmuir)静电探针、微波共振探针、磁探针等.其中,朗缪尔探针是 1932 年诺贝尔化学奖获得者朗缪尔提出的一种诊断方法,由于其结构简单、操作方便、适用范围广等优点,已经成为低温等离子体领域使用最为广泛的诊断工具之一.

二、实验仪器

    本实验所用仪器与实验 4.13 相同,即直流辉光等离子体实验装置,这是一台辉光放电等离子体综合实验装置,其介绍详见实验 4.13.本次实验"工作选择"开关设定在"探针测量"挡.

三、实验原理

低压气体直流辉光放电空间根据发光性质可以分为多个区域,从放电阴极到阳极依次包括:(1)阴极鞘层(包括阿斯顿暗区,电子刚离开阴极,能量很小;阴极辉光区,电子被加速并具有较大能量,部分电子激发气体分子使其辐射发光;阴极暗区,产生大量二次电子);(2)明亮的负辉区(大量电子发生强烈的碰撞激发或与离子复合,形成激发发光或复合发光);(3)法拉第暗区(大部分电子失去能量,不足以引起激发);(4)正柱区(带电粒子做无规则随机运动,基本遵从麦克斯韦速度分布律);(5)阳极鞘层(包括阳极暗区、阳极辉光区).其中,正柱区是放电中明亮均匀的一段辉光区,电子和离子的数目维持相等,因此整体呈中性.正柱区内没有明显的电场存在,电子服从玻耳兹曼分布,可以用电子温度表示.因此,正柱区是低压气体直流辉光放电过程中产生的理想等离子体区.

朗缪尔探针实际上就是插入等离子体中的微小测验电极,测验电极再与外接测量电路连接构成探针系统.插入一根测验电极,并选择等离子体放电的某一个电极作为参考电极构成测量回路,就形成了单探针诊断系统.如果插入两个测验电极,形成独立测量回路,就形成了双探针诊断系统.接下来详细介绍朗缪尔单探针的工作原理.

1. 等离子体内的悬浮金属丝——朗缪尔探针

如图 6.4.1 所示,真空室内以直流辉光放电方法产生了正柱区等离子体,金属丝悬浮地插入其中.由于电子质量远比离子质量小,所以其运动速度远比离子高,导致在悬浮金属丝上积累相当数量的负电荷,产生明显的悬浮负电位.

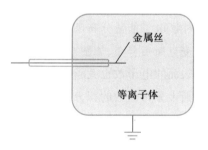

图 6.4.1　探针位置示意图

2. 朗缪尔单探针电路及其 $I\text{-}V$ 特性曲线

如果为插入等离子体中的金属丝连接回路,如图 6.4.2 所示,便构成了朗缪尔单探针电路.调节电源输出电压可使探针(即金属丝)的电位逐渐变化.假设在调节探针电位的过程中,电路对于等离子体状态没有显著干扰,保持稳定.对应每一个探针电位,记录流过探针的电流值,据此即可得单探针 $I\text{-}V$ 特性曲线,如图 6.4.3 所示.

单探针 $I\text{-}V$ 特性曲线可以分为 A、B、C 三个区域.

A 区:离子饱和电流区.在该区,探针电位(V_p)远远低于气体导体电位(V_{sp},也称为等离子体空间电位),即 $V_p \ll V_{sp}$.此时,鞘层(鞘层是探针表面与等离子体之间建立起来的电位降层)内是负电位降,全部电子受排斥作用无法到达探针表面,只有正离子能被探针收集,这些正离子也就是到达鞘层表面的那些正离子,其数量由等离子体的性质(n_i 与 T_e,分

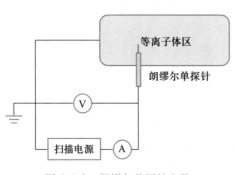

图 6.4.2   朗缪尔单探针电路

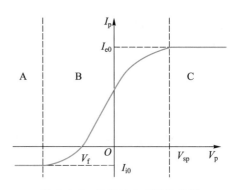

图 6.4.3   单探针 $I\text{-}V$ 特性曲线

别为离子密度和电子温度)决定,而与鞘层压降大小无关,因此探针所能收集到的离子电流密度称为离子饱和电流密度,将其乘以探针暴露在等离子体里的总面积,即得探针的离子饱和电流 I_{i0}.

C 区:电子饱和电流区.与 A 区的情形类似,在该区, $V_p \geqslant V_{sp}$,此时鞘层内是正电位降,全部正离子都受鞘层排斥作用而不能到达探针表面,只有电子能被探针收集.这些电子也就是到达鞘层表面的那些电子.同样,其数量由等离子体的性质(n_{e0} 和 T_e 分别为电子密度和电子温度)决定.探针与等离子体等电位时,鞘层消失,探针直接收集因热运动到达探针表面的电子,由此产生的电流称为电子饱和电流 I_{e0}.

B 区:过渡区.在该区间内, $V_p < V_{sp}$,因此鞘层为负电位降,落在鞘层表面的正离子全部都能到达探针表面,构成探针电流(I_p)的离子流部分.由于它在数值上较电子电流小得多,所以为了方便起见,我们往往忽略它对 I_p 的贡献,只考虑电子电流对探针电流的贡献.正柱区电子能量分布函数(EEDF)接近麦克斯韦分布,为了方便起见,假定电子能量分布为麦克斯韦分布,如图 6.4.4 所示.当 V_p 越来越小于 V_{sp} 时,能够克服鞘层排斥场而到达探针表面的电子数也就越来越少.实际上,能够克服排斥场作用而到达探针的电子流是对麦克斯韦分布函数的积分.显然,此积分函数也具有指数函数的性质.因此,过渡区探针电流(I_p)具有指数函数的形式.正因为如此,朗缪尔单探针的 $I\text{-}V$ 特性函数过渡区携带了电子能量分布函数的信息(即电子温度的信息).

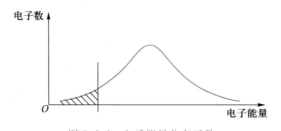

图 6.4.4   电子能量分布函数

3. 由 $I\text{-}V$ 特性曲线获取等离子体参量

(1) 等离子体空间电位 V_{sp} 与悬浮电位 V_f.由前面的分析可知,当 $V_p \geqslant V_{sp}$ 时,探针电流为电子饱和电流;而当 $V_p < V_{sp}$ 时,探针电流按指数函数衰减.故在 $I\text{-}V$ 特性曲线上会出现一拐点,此拐点对应的横坐标即等离子体空间电位 V_{sp} (实验中,拐点有时并不十分明显,

其原因参看二维码中的参考文献 1），$I\text{-}V$ 特性曲线与横坐标轴的交点即悬浮电位 V_f.被探针收集到的电子电流与离子电流大小相等而方向相反.

（2）电子温度.在过渡区,探针电流 I_p 与鞘层电位降 $(V_\mathrm{p} - V_\mathrm{sp})$ 服从指数函数关系,即

$$I_\mathrm{p} = I_\mathrm{e} - I_\mathrm{i} \approx I_\mathrm{e} = I_{\mathrm{e}0} \exp\left[\frac{e(V_\mathrm{p} - V_\mathrm{sp})}{kT_\mathrm{e}}\right] \tag{6.4.1}$$

将上式取对数,可得

$$\frac{e(V_\mathrm{p} - V_\mathrm{sp})}{kT_\mathrm{e}} = \ln I_\mathrm{p} - \ln I_{\mathrm{e}0} \tag{6.4.2}$$

$$\frac{e}{kT_\mathrm{e}} V_\mathrm{p} + \ln I_{\mathrm{e}0} - \frac{eV_\mathrm{sp}}{kT_\mathrm{e}} = \ln I_\mathrm{p} \tag{6.4.3}$$

$$kT_\mathrm{e} = \frac{e(V_\mathrm{p} - V_\mathrm{sp})}{\ln I_\mathrm{p} - \ln I_{\mathrm{e}0}} \tag{6.4.4}$$

由上式可知,如果将实验测得的探针电流取对数,则过渡区探针曲线是一条直线,该直线的斜率与等离子体的电子温度(kT_e)为倒数关系.在过渡区直线上任取两点,根据其坐标也可计算电子温度：

$$kT_\mathrm{e} = \frac{e(V_{\mathrm{p}1} - V_{\mathrm{p}2})}{\ln I_{\mathrm{p}1} - \ln I_{\mathrm{p}2}} \tag{6.4.5}$$

（3）电子密度与离子密度.对应等离子体空间电位 V_sp 的纵坐标即电子饱和电流 $I_{\mathrm{e}0}$,它的表达式为

$$I_{\mathrm{e}0} = j_{\mathrm{e}0} A_\mathrm{p} = \frac{1}{4} e n_{\mathrm{e}0} A_\mathrm{p} \bar{v}_\mathrm{e} = 2.7 \times 10^{-9} n_{\mathrm{e}0} A_\mathrm{p} \sqrt{kT_\mathrm{e}} \tag{6.4.6}$$

$$n_{\mathrm{e}0} = 3.7 \times 10^{8} I_{\mathrm{e}0} / (A_\mathrm{p} \sqrt{kT_\mathrm{e}}) \tag{6.4.7}$$

其中,A_p 为探针的表面积,以 cm^2 为单位；$I_{\mathrm{e}0}$ 以 mA 为单位；kT_e 以 eV 为单位.由等离子体的电中性可知 $n_\mathrm{i} = n_{\mathrm{e}0}$,故可求得离子密度 n_i. $n_{\mathrm{e}0}$ 与 n_i 的单位是 cm^{-3}.

综上所述,由朗缪尔单探针的 $I\text{-}V$ 特性曲线可求得以下等离子体参量：等离子体空间电位 V_sp、悬浮电位 V_f、电子温度 kT_e、电子密度 $n_{\mathrm{e}0}$、离子密度 n_i.

四、实验研究内容及要求

1. 氩(氮)气低压辉光放电等离子体参量的朗缪尔单探针诊断

（1）在放电装置中产生氩(氮)气直流辉光放电,使放电电流为 20 mA 左右,放电气压在 10~40 Pa 之间,具体操作参照实验 4.13.注意：启动放电前需将已经制作好的探针接入对应接口.

（2）逐点测量 $I\text{-}V$ 特性曲线.按照图 6.4.2 连接电路,使探针电位由 −100 V 变到 +30 V,每隔 0.5~5 V(在过渡区可取 0.5 V)测量对应的 V_p 与 I_p,作 $I\text{-}V$ 特性曲线.

（3）作出过渡区 $\ln I_\mathrm{p}\text{-}V_\mathrm{p}$ 关系曲线,并采用最小二乘法进行直线拟合,如图 6.4.5 所示.在直线上取点,求出等离子体的电子温度和电子密度.

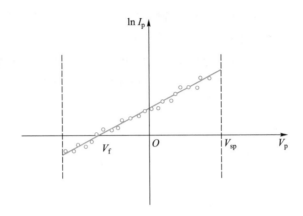

图 6.4.5   最小二乘法直线拟合

（4）对实验结果进行分析讨论.

2.不同放电条件下等离子体参量测量研究

改变等离子体的放电条件（气压为 10~40 Pa，改变间隔为 10 Pa，放电电流分别为 10 mA 和 30 mA），分别选择位于阴极和阳极附近的探针，对应不同放电参量（气压、电流），测量探针的 $I-V$ 特性曲线，计算不同放电参量条件下的等离子体电子温度和电子密度，然后根据不同放电参量下所测得的等离子体电子温度和电子密度作图，研究等离子体参量随不同放电参量的变化规律.

3.撰写实验研究论文

论文格式要求：按照科研论文的格式撰写，包括题目、摘要、正文、参考文献.

摘要：300 字左右，简述实验项目的物理背景、主要实验目标和内容、主要结论和建议等.

正文应该包括以下几个部分.

（1）实验原理与内容：在理解朗缪尔单探针工作原理的基础上，用自己的语言（不要照抄讲义）阐明探针电路的工作原理；简述探针 $I-V$ 特性曲线的测量方法、原理及参量选择.

（2）实验仪器及设备：简述实验设备的组成和各部分功能.

（3）实验方法与步骤：总结探针测量的实验操作过程以及逐点测量法的测量步骤.

（4）实验数据与分析：根据最小二乘法拟合原理，推导出直线最小二乘法拟合的表达式，并对 $I-V$ 特性曲线的数据进行处理.

（5）实验结果与讨论：作图说明等离子体电子温度和电子密度随放电参量的变化规律，并对结果进行分析讨论，说明物理原因.

五、选做研究内容

1.用示波器观察并采集 $I-V$ 特性曲线

逐点测量法是一种比较费时的测量方法.在测量 $I-V$ 特性曲线的过程中，人们很难保证放电产生的等离子体状态完全不变,因此这势必会带来较大误差.如果采用快速扫描方法测量 I–V 特性曲线,则不仅可以大大提高工作效率,而且可以显著降低误差.图 6.4.6 所示为用示波器观察并用计算机采集单探针 I–V 特性曲线的原理图.按仪器说明书连接好探针、示波器及与计算机传输数据的电缆,即可快速测量 I–V 特性曲线.

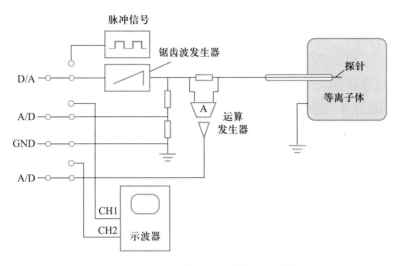

图 6.4.6   示波器显示并采集单探针的 I–V 特性曲线

具体方法如下:

在产生等离子体之前,先检查 I–V 特性数据采集与观察系统(包括探针、探针电路、示波器与计算机)是否正常.此时可从探针接线头处断开探针连接电缆,用一个 2 kΩ 的电阻作为负载跨接在该电缆的芯线与屏蔽层之间,可从示波器上观察到连续不断的锯齿波,因以一固定电阻(2 kΩ)作负载,故电流波形也是连续不断的锯齿波,如图 6.4.7 所示.将工作模式切换为"外"(此时以计算机程控脉冲作为锯齿波的触发信号),启动计算机探针数据采集程序,可在计算机屏幕上显示一条过坐标原点的斜直线,如图 6.4.8 所示.

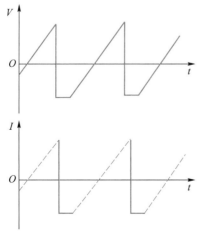

图 6.4.7   锯齿波波形

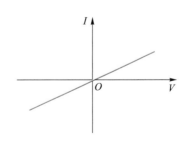

图 6.4.8   探针扫描定标图

　　数据采集系统正常后,将 2 kΩ 电阻取下,将探针电缆与探针连接好.启动等离子体,将工作模式切换为"内",从示波器上观察电压波形与电流波形.这时电压波形仍是连续不断的锯齿波,而电流波形则是重复出现的单探针 I-V 特性曲线.然后,将工作模式切换为"外"(此时以计算机程控脉冲作为锯齿波的触发信号),启动计算机探针数据采集程序,即可将对应一个锯齿波的单探针 I-V 特性曲线采集到计算机内.借助计算机程序可在计算机屏幕上显示单探针的 I-V 特性曲线,借助该程序的数据处理模块可求得等离子体的各个参量.

　　2.更换探针测量

　　在靠近阳极处有一组探针,在靠近阴极处同样有一组探针.一组探针包括两根同样的探针,其中每一根探针都可以用于单探针,两根探针也可以组合为一对朗缪尔双探针.两根探针处于放电通道与放电方向垂直的同一个截面上,更换同组的另一根探针,对同一位置进行 I-V 特性曲线测量,进行比较,研究曲线的异同并探索其原因.

实验 6.4 数字学习资源

（张莹莹　　张家良　　王艳辉）

实验 6.5　液体表面张力的动态测量

一、研究背景

　　液体的表面张力是液体的重要特性,它可以解释生活中的许多现象,例如雨后荷叶上滚动的水珠,清晨草叶上凝聚的露珠,水龙头下将滴未滴的水珠,夏天水黾在水面一跳一跳地前行,大头针浮在水面,吹泡泡水飞出一大串七彩的泡泡,两块干燥的玻璃叠在一起很容易分开,但是如果在玻璃之间加一些水,再试图去将它们分开就相对困难,这些物理现象都和液体的表面张力有关.工业生产中经常使用的浮选技术、电镀技术、铸造成型技术等也都涉及对液体表面张力的应用.近年来,人们还利用水的表面张力原理,发明了水上行走的微型机器人,这些微型机器人相较传统的水上装置,具有体积小、重量轻、能耗低、噪声低、成本低、活动范围广等优点,群体作业可以执行水质监测、水上侦查、水上搜索与救援等任务,具有广阔的应用前景.因此,测量液体的表面张力系数对于科学研究和实际应用都具有重要意义.测量液体表面张力系数的方法较多,如拉脱法、毛细管法、最大气泡压力法、悬滴法、表面波激光干涉法等.目前国内大学物理实验教学中采用最多的是基于拉力传感器的拉脱法,但是在吊环拉脱的过程中,传感器的数据是动态变化的,仅靠人工记录实验数据会引入较大的人为误差,并且温度和吊环的运动速度都会影响测量的精度,因此对于拉脱法测量液体的表面张力系数而言,如何测得不同条件下的表面张力系数以及如何提高测量精度都是非常值得研究的课题.

二、实验仪器

力传感器、电动升降台、吊环、步进电机驱动器、温度控制器、数据采集卡.

三、实验原理

液体的表面张力系数是表征液体性质的一个重要参量,从图 6.5.1 中可以看出,液体内部的水分子各个方向受力均匀,而液体跟气体接触的表面层分子会显著受到液体内侧分子的作用,使液体表面在宏观上就好像一张绷紧的橡皮膜,产生沿着表面并使表面趋于收缩的应力,这种力称为表面张力.更详细的关于液体表面张力的知识可以参考实验 3.2,这里主要介绍拉脱法测量液体表面张力的动态演化规律.

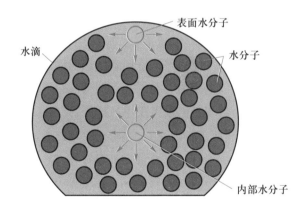

图 6.5.1　表面张力产生示意图

所谓动态法是指在整个实验过程中,吊环的拉脱过程通过信号发生器驱动步进电机完成,这样可以使升降台平稳升降,从而实现稳定可控的拉脱速度,同时在吊环拉脱的过程中,吊环受的力可通过力传感器进行实时数据采集,采集的曲线可实时显示在计算机屏幕上,便于准确分析不同时刻表面张力的演化规律.动态法测量液体表面张力的实验模块如图 6.5.2 所示,主要由数据采集卡、步进电机驱动器和温度控制器三部分组成.数据采集卡采样率最高可达 48 ks/s,分辨率为 14 位,最高支持 4 通道同时采样,在采集表面张力数据点时,采样率的设置很关键,采样率过小,容易忽略掉液膜断裂的瞬态过程,而采样率过大,则会引入一些干扰因素,因此选择合适的采样率,有利于提高实验的精度;步进电机驱动器频率调节范围在 0.1~20 kHz 之间,步距角为 1.8°,最小调整量为 0.25 μm,在实验过程中,可通过信号发生器提供脉冲频率,精

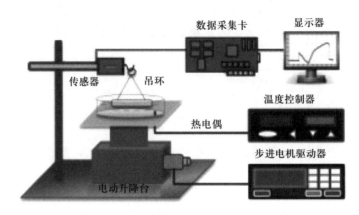

图 6.5.2   表面张力测量模块示意图

确控制电机的运动,进而控制拉膜速度;待测液体加热功率为 300 W,液体的温度通过温度控制器进行调节,温度控制器会根据液体的温度实时反馈,从而将液体的温控误差控制在±1 ℃.

图 6.5.3 给出了吊环从入水到拉脱整个过程的电压变化曲线.整条曲线分为 6 个阶段,虚线左侧的曲线为液面上升过程中的电压变化曲线,虚线右侧的曲线为液面下降过程中的电压变化曲线.从图 6.5.3 中可以看出,在第 1 个阶段,电压值保持恒定,此阶段对应图 6.5.4 中的(a)图,此时吊环还未接触到水面,吊环只受到重力的作用,故电压值保持恒定.在第 2 个阶段,电压值突然升高,这是因为吊环刚接触到液面时由于水的浸润性,水分子吸附在吊环表面产生张力,所以电压值会突然升高,此阶段对应图 6.5.4 中的(b)图.随着液面继续升高,第 3 个阶段为吊环慢慢浸入水中的阶段,此时水会对吊环产生向上的浮力,随着吊环浸入深度增加,吊环所受到的浮力逐渐增大,所以电压值会逐渐减小,此阶段对应图 6.5.4 中的(c)图.从第 4 个阶段开始,液面开始下降,在第 4 个阶段,电压值都在增加,但是存在一个转折点 P,在 P 点以前,吊环始终浸在水中,随着液面的下降,吊环浸入水中的深度越来越小,因此受到的浮力也越来越小,并且液面与吊环垂直方向夹角的减小导致表面张力的垂直分量增大,所以电压值会逐渐增加;在 P 点以后,吊环开始离开液面,此时浮力消失,吊环会受到表面张力的作用并拉起液膜,此时吊环的状态对应图 6.5.4 中的(d)图,由于吊环内外表面都会受到表面张力的作用,所以此时吊环所受合力为

$$F = m_{吊环}g + F_外 \cos \theta + F_内 \cos \theta + m_{液膜}g \qquad (6.5.1)$$

随着吊环的持续升高,从图 6.5.4 中的(d)图和(e)图可以看出,吊环将拉出更多的液膜,并且 θ 角逐渐减小,所以在 P 点以后,电压值将继续增加,但是增加的趋势和 P 点以前不同.当电压值增加到最大值时,曲线的演化开始进入第 5 个阶段,此时的电压值开始减小,此阶段对应图 6.5.4 中的(f)图,此时 θ 角趋于 0,随着液面继续下降,液膜会变得越来越薄,因此电压值会逐渐减小,当液膜被拉到临界状态发生破裂时,电压值突然下降,此时张力消失,曲线的演化进入第 6 个阶段,从图 6.5.3 中可以看出,在第 6 个阶段,由于液膜瞬

间断裂,所以电压值会有一个微小的振荡,此时吊环状态又回到了图 6.5.4 中的(a)图状态.

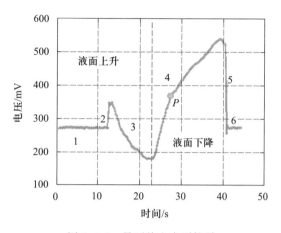

图 6.5.3　吊环从入水到拉脱
过程的电压变化曲线

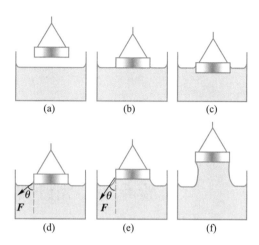

图 6.5.4　吊环从入水到拉脱
过程的剖面示意图

四、实验研究内容及要求

1. 研究内容

(1)研究吊环的拉脱速度对实验测量结果的影响,并提出一种精确判断吊环水平度的方法.

(2)研究数据采集卡不同的采样率对实验结果的影响,并对采集曲线进行分析.

(3)研究不同温度下的液体表面张力系数,分析温度影响液体表面张力系数的原因.

2. 实验操作具体要求

(1)在改变信号源的脉冲频率以控制升降台的速度时,脉冲频率从 1 kHz 逐渐增加到 10 kHz,记录整个拉脱过程中的表面张力数据.

(2)利用差分采集方法,设置采样率从 10 个采样点每秒到 1 000 个采样点每秒,记录不同采样率下所获得的液体表面张力演化曲线.

(3)以室温作为起点,采用智能恒温控制装置,每隔 5 ℃记录不同温度下的液体表面张力演化曲线,最高加热温度不要超过 70 ℃.

3. 实验论文格式要求

实验论文要求按照科研论文的格式撰写,包括题目(中英文)、摘要(中英文)、正文、参考文献.摘要为 300 字左右,简述实验项目的物理背景、主要实验目标和内容、主要结论和建议等.正文应该包括以下几个部分.

(1)实验原理与内容:简述水的表面张力产生的原理及测量方法.

(2)实验仪器及设备:简述测量设备的组成和各部分功能.

（3）实验方法与步骤：根据实验实际操作程序，总结并叙述操作步骤.

（4）实验数据与分析.

（5）实验结果与讨论.

实验 6.5 数字学习资源

（刘升光　王艳辉　戴忠玲）

实验 6.6　光纤传输多波段损耗特性研究

一、研究背景

光纤，全称为光导纤维. 20 世纪 60 年代，华裔科学家高锟首次提出并通过理论分析，证明了光纤作为传输介质实现光通信的潜质，预言了制造通信用的超低损耗光纤的可能性.该理论为光通信理论的突破及现代光纤通信的产业化打下坚实基础，高锟也因此获得了 2009 年诺贝尔物理学奖.在过去的几十年里，我国在光纤通信领域迅猛发展，取得了巨大成就，我国的光纤通信设备及服务提供商，在标准制定和专利积累上已处于国际领先地位.作为信息技术的核心，光通信技术是关系国计民生的核心技术.

光纤之所以能够成为现代光通信的核心传输介质，是因为它可以实现超低的光信号传输损耗，从而能够实现远超传统电线的传输距离.目前以光纤为单元组成的光缆已经像血管一样构成了整个地球的信息交流网络.本实验将通过学生的自主学习，研究并设计多种测量光纤在不同波段损耗特性的方法，了解并掌握光纤独特的传输特性及在光通信中的优势，了解光通信产业的现状及发展趋势，激发学生对我国核心技术的学习兴趣.

二、实验仪器

实验仪器主要包括氮化镓半导体激光器、OPT-1A 型激光功率计、多功能光源、多波段光功率计、单模光纤、光时域反射计（OTDR）.

（1）氮化镓半导体激光器：工作电流为 0~70 mA，激光功率为 0~10 mW，输出波长为 650 nm，总输出电压为 3.5~4 V，考虑保护电路分压，所以管芯电压降为 2.2 V.

（2）单模光纤：为康宁 SMF-28 通信单模光纤，其参量见下表.

芯径/μm	包层直径/μm	芯子折射率（@ 1 550 nm）	纤芯/包层折射率差	包层折射率
8.3	125	1.468 1	0.36%	1.462 8

（3）OPT-1A 型激光功率计：一种数字显示的光功率测量仪器，采用硅光电池作为光传感器，针对 650 nm 波长的激光进行了标定，用于测量该波段的激光功率.

（4）多波段光功率计：为德力 AE100B 光功率计，精度为 3%，功率范围为 −50 ～ +25 dBm，1 310 nm、1 490 nm、1 550 nm 多波长自定义，FC/SC/ST 接口.

（5）光时域反射计：波长范围为 850～1 650 nm，功率范围为 −50～+26 dBm，3 m 盲区，工作波长为 1 550 nm，测距为 60 km.

（6）多功能光源：为安普鸿图 JW 3116 多波长光源，波长为 1 310 nm/1 550 nm，输出功率为 −12 ～ −5 dBm，FC/PC 连接.

三、实验原理

光信号经光纤传输后，由于吸收、散射等原因引起光功率的减小，这称为光纤损耗.光纤损耗是光纤传输的重要指标，对光纤通信的传输距离有决定性的影响.光纤损耗主要包括散射损耗、弯曲损耗、吸收损耗等.光信号在光纤中传播的时候，其功率随距离 L 的增加呈指数衰减.光纤损耗特性可以通过损耗系数来衡量.光纤的损耗系数定义为

$$\alpha = \frac{10}{L}\lg\frac{P_{\text{in}}}{P_{\text{out}}}\ (\text{dB/km}) \tag{6.6.1}$$

其中，L 为光纤长度，P_{in} 和 P_{out} 分别为输入和输出光功率.一般标准单模光纤在 1 550 nm 的损耗系数为 0.2 dB/km.

测量光纤损耗的方法有三种：切断法、插入损耗法和背向散射法.

1. 切断法

切断法是一种按衰减定义进行测量的方法，切断法的原理如图 6.6.1 所示，光源发出光信号，要求满足稳态注入条件，光信号达到稳态模功率分布，利用光功率计先测出光纤的输出光功率 P_{out}，然后保持注入条件不变，在距离注入处约 2 m 处切断光纤，测出此时的光纤输出功率 P_{in}.由于测量是在稳态条件下进行的，约 2 m 长的光纤损耗可以忽略，所以 P_{in} 可以看成被测光纤的始端输入功率.这种方法虽然具有破坏性，但测量精度高.

图 6.6.1　切断法原理

2. 插入损耗法

其原理如图 6.6.2 所示.先测量输入光功率 P_1,然后把待测光纤插入,调整耦合端使其达到最佳耦合,记录光功率 P_2,则衰减 $A = P_1 - P_2$.A 包括光纤衰减 A_1 和连接器损耗 A_2.因此被测光纤的衰减为 $a = A_1/L$.插入损耗法的测量精度和重复性受到耦合接头的精度和重复性的影响,因此其精度不如切断法高,但是这种方法是非破坏性的,测量简单方便.

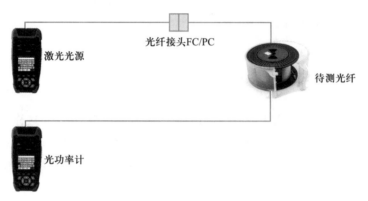

图 6.6.2　插入损耗法原理

3. 背向散射法

背向散射法也是一种非破坏性的测量方法.光纤中的散射无法消除,尤其是瑞利散射,它在整个空间都有分布.因此光纤在轴向存在向前和向后的散射.沿着轴向向后的散射称为背向散射.瑞利散射光功率与传输光功率成正比.利用与传输光方向相反的瑞利散射光功率来确定光纤损耗的方法,称为背向散射法.

利用该测量原理设计的仪器称为光时域反射计(OTDR).其基本原理是将大功率的窄脉冲光注入光纤,然后在同一端检测沿着光纤轴向反射回的散射光功率.由于瑞利散射的存在,任一点的散射光返回入射端的路程都不同,受到的损耗也不同.根据脉冲信号输入光纤中的后向回波强度的图形,我们可以得到光纤的传输损耗信息,从而能够判断光纤中传输光的损耗特性,包括跳线位置、端面、接头以及弯曲损耗,甚至断点信息及位置,如图 6.6.3 所示.

图 6.6.3　背向散射法原理

背向散射法的优点非常明显,它可以不破坏光纤,并采用单端输入和输出的便捷方式,而且这种方法不仅可以测量光纤的衰减系数,还可以提供沿光纤长度损耗特性的详细情况,其中包括检测光纤的缺陷和断裂点位置,接头的损耗和位置等.因此这种方法对实验研究、光纤制造和工程现场都很有用.

四、实验研究内容及要求

1.研究内容

（1）根据单模通信光纤传输及损耗特性，考虑材料色散关系及波导模式特性，进行光纤损耗的多波段、多方法检测.

（2）根据所选取的光纤损耗测量原理及方案，对各测量方案进行详细的误差来源及特性分析，加深理解光纤在数字信号传输过程中的损耗及色散特性对信号的影响.

（3）掌握光时域反射计的基本原理，利用光时域反射计实现分布式长距离的多种物理信号传感和检测.

2.实验操作

（1）利用实验室现有仪器，选取三种不同的方法中的两种，分别对 2 km 和 10 km 光纤进行传输损耗检测.注意：在测量过程中应先搭建并连接好光路，再打开激光光源进行测量.应尽量保证在每次测量中光纤光路状态一致，避免较大弯折影响测量准确性.

（2）利用三种不同波段（650 nm/1 310 nm/1 550 nm）的光源及光功率计检测 10 km 光纤在不同波段的损耗情况（任选检测方案）.

（3）测量三次，详细分析和比较不同方法的误差来源，并比较其中两种测量方法在多方面的优缺点.注意光源的稳定性及波动带来的影响以及 FC/PC 耦合器带来的误差及影响.

（4）分析不同波段下单模光纤的损耗特性，根据光纤材料的结构分析损耗原因.查阅文献，给出详细理论分析.

（5）利用光时域反射计测量光纤损耗特性，获得光纤长度数据（2 km 和 10 km），并对光纤进行弯曲损耗检测分析，记录弯曲损耗大小及位置数据.

（6）利用光时域反射计，尝试对光纤局部进行轴向拉伸，通过反射光谱寻找局域应变位置并记录数据.

3.实验论文格式要求

实验论文要求按照科研论文的格式撰写，包括题目、摘要、正文、参考文献.

摘要：500 字左右，简述实验项目的物理背景、主要实验目标和内容、主要结论和建议等.

正文应该包括以下几个部分.

（1）实验原理与内容：详细综述光纤发展历史及光纤损耗相关基本原理和特性.

（2）实验仪器及设备：简述实验设备的组成和各部分功能.

（3）实验方法与步骤：详细记录实验过程及操作步骤.

（4）实验数据与分析：通过查阅文献并结合具体的实验数据进行光纤损耗特性汇总及较为全面的分析.

（5）实验结果与讨论：讨论光纤损耗在通信领域的发展趋势；讨论光时域反射计测量光纤损耗在众多领域的应用现状及前景，设想光时域反射计可能应用的领域.

实验 6.6 数字学习资源

（张扬　李会杏　王艳辉）

实验 6.7　激光牵引磁悬浮实验研究

一、研究背景

激光牵引是指悬浮的物体被激光照射时，由于入射光的吸收、反射或散射而产生的光子和物体之间的直接动量转移，使物体发生定向运动的一种现象.激光牵引是一种新型的驱动方式，一方面该驱动方式对物体没有直接接触，保证了物体的洁净；另一方面激光对物体性质的改变多数是可逆的，即在没有其他影响条件下，物体既不会发生磨损，也不会发生变质，可以长时间投入工作.在生物学领域，如何在无损的条件下操纵生物分子，如蛋白质、DNA 以至于活体细胞等一直是难题，而利用激光牵引技术，可以在非接触的情况下操纵单个分子，很好地克服了这个难题.美国物理学家阿什金（Arthur Ashkin）因发明了激光牵引技术控制生物细胞，被授予 2018 年诺贝尔物理学奖.激光牵引技术可以最大限度地减少细胞、病毒等在被操作时受到的伤害，在生物学及医学领域得到广泛应用.目前，激光牵引仅能移动小物体，随着科学技术的进一步发展，有望移动更大的物体，甚至牵引太空飞船在宇宙中穿梭.因此，激光牵引技术具有广阔的应用前景.

二、实验仪器

激光器、NdFeB 磁铁、热解石墨片、二维滑台、光功率计、激光测距仪、数据采集卡.

三、实验原理

自然界中的材料有抗磁质与顺磁质之分.抗磁性是所有物质都具有的一种性质，是物质中运动电子在外磁场作用下受电磁感应而表现出的特性.通常，抗磁磁化率是负值且很小.大多数物质的抗磁性由于被该物质中较强的顺磁性所掩盖，所以未能表现出来.但是某些材料，如热解石墨，表现出较强的抗磁性.如图 6.7.1 所示，热解石墨片在磁场中会与磁铁相排斥，产生悬浮效果.

图 6.7.1　热解石墨片在磁铁上方悬浮效果图

　　热解石墨片在磁场中悬浮时,满足受力平衡方程:

$$mg = F_{\text{mag}} = \frac{\chi V}{\mu_0} B \frac{\mathrm{d}B}{\mathrm{d}z} \tag{6.7.1}$$

其中,mg 是热解石墨片所受的重力,F_{mag} 是悬浮力,χ 是抗磁磁化率,V 是热解石墨片的体积,μ_0 是真空磁导率,B 是距离磁铁表面 z 处的磁感应强度,$\frac{\mathrm{d}B}{\mathrm{d}z}$ 为 z 处的磁感应强度的梯度.当 $\chi<0$ 时,悬浮力与重力方向相反,若两者大小相等,则可以实现稳定磁悬浮.

1. 热解石墨片的平动

　　从式(6.7.1)中可以看出,当抗磁磁化率 χ 改变时,$B \frac{\mathrm{d}B}{\mathrm{d}z}$ 的值就会发生改变,表现在实验现象上,就是热解石墨片悬浮高度 z 发生改变.热解石墨片的抗磁性对温度变化十分敏感,当热解石墨片的某一处温度升高时,其内部产生的大量热激电子使该处磁化率增加,抗磁性下降.当处于磁场中时,该处所受抗磁力就会减小.利用激光照射热解石墨片具有以下优点:首先可以避免与热解石墨片直接接触;其次是激光器产生的激光照射范围很小,可以将热量集中在热解石墨片上面积很小的一个点,以提高光热效率.

　　图 6.7.2 是激光牵引热解石墨片平动示意图,当激光照射在热解石墨片的边缘某处时,该处磁化率增加,抗磁力减小.热解石墨片所受抗磁力不均并向该方向倾斜,产生一个由中心指向激光照射处的分力,该分力驱使热解石墨片穿越磁场中的势垒并产生平动.当移除激光时,由于石墨良好的导热性,热解石墨片的温度立刻降低到光照前的程度,抗磁性也随之恢复,热解石墨片受力平衡并被限制在密排的 NdFeB 磁铁的势垒中,此后热解石墨片静止.当激光继续照射时,重复该现象.

2. 热解石墨片的转动

　　首先需要把热解石墨片悬浮在柱状磁铁上,如图 6.7.3(a)所示,此时用激光照射热解石墨片边缘某处,将产生一个由圆心指向激光照射处的力.但由于 NdFeB 磁铁所产生的磁场并不是完全均匀的,所以热解石墨片所受到的抗磁力会产生一个微小的切向分力,如图 6.7.3(b)所示,该切向分力驱动热解石墨片发生转动.当移除激光时,在阻力的作用下,热解石墨片转速逐渐减小至零.当激光继续照射时,重复该现象.

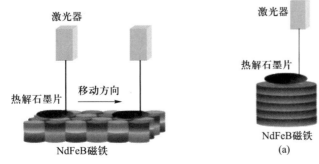

图 6.7.2　激光牵引热解石墨片平动示意图

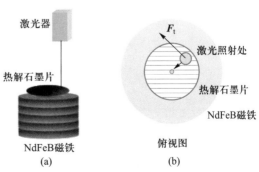

图 6.7.3　激光牵引热解石墨片转动示意图

四、实验研究内容及要求

1. 研究内容

（1）研究激光功率对热解石墨片悬浮高度的影响，探索激光牵引热解石墨片的功率阈值.

（2）研究热解石墨片的尺寸、形状以及厚度对激光牵引效果的影响.

（3）要实现稳定的激光牵引现象，磁铁的位形分布非常关键，采用实验和模拟的方法研究磁铁的位形分布，并给出最佳的磁铁位形分布.

2. 实验操作

（1）将密排纽扣磁铁组成长方形，磁铁大小、型号需要一致，密排时使磁铁的同一极性面朝上.

（2）将热解石墨片悬浮于密排磁铁上方，待热解石墨片稳定悬浮后，再开启激光器.

（3）戴上激光防护镜，使激光照射在热解石墨片边缘，功率从 100 mW 逐渐增大到 500 mW，记录不同功率下热解石墨片的悬浮高度和牵引速度.

（4）将热解石墨片放置在柱状磁铁中央，记录在不同的激光照射功率下，热解石墨片的转速.

3. 实验论文格式要求

实验论文要求按照科研论文的格式撰写，包括题目（中英文）、摘要（中英文）、正文、参考文献.摘要为 300 字左右，简述实验项目的物理背景、主要实验目标和内容、主要结论和建议等.正文应该包括以下几个部分.

（1）实验原理与内容：简述激光牵引和磁悬浮的工作原理.

（2）实验仪器及设备：简述实验设备的组成和各部分功能.

（3）实验方法与步骤：根据实验实际操作程序，总结并叙述操作步骤.

（4）实验数据与分析：对悬浮高度、牵引速度以及磁场的数据进行分析.

（5）实验结果与讨论：根据实验结果，讨论实现激光牵引的最佳条件和激光牵引的应用领域.

实验 6.7 数字学习资源

（刘升光   王艳辉   戴忠玲）

实验 6.8　地磁场测量

一、研究背景

　　地磁场作为一种天然磁源,与人类生活息息相关.在地球科学领域,进行地磁场测量有助于人类了解地球的成因和演变过程,掌握火山的活动规律和预报地震等;在航海领域,进行地磁场测量可以保证航海安全,了解海底构造;在资源探测方面,通过大规模进行地磁场测量,可以探测地下储油分布以及铁、铜、镍、铬、金刚石等各种矿石的分布;在交通运输方面,可以通过测量车辆对地磁场的干扰情况来反映车辆的性能特点.正是因为地磁场在诸多领域有着广泛的应用,所以研究和掌握地磁场的固有特性和变化规律显得十分重要,尤其是掌握地磁场的精确测量方法,对于地球科学、航天航空、资源探测、交通运输、测绘等领域具有巨大的应用价值.时至今日,我国已经绘制了完整的地磁图,并建立了大量的地磁台,地磁台的共享数据为研究地磁场的演化和分布规律提供了重要的参考.

二、实验仪器

　　零高斯腔、DIN 电缆、磁针、磁场传感器、转动传感器、500 接口数据采集器、数据采集软件、计算机.

三、实验原理

　　地球是一个巨大的天然磁体,其在周围空间所产生的磁场称为地磁场.可以把地球视为一个磁偶极子,从图 6.8.1 中可以看出,磁南极在地理北极附近,磁北极在地理南极附近.磁偶极子的磁轴和地球的自转轴并不重合,而是有一个约 11.5° 的夹角.地磁场的强度和大小会随着地点和时间的变化而发生改变.

　　通常用地磁场的水平分量、磁偏角和磁倾角三个量来描述地磁场的方向和大小.如图 6.8.2 所示,O 点为从地球周围空间任选的一个测量点,x 轴指向北即经线方向,y 轴指向东即纬线方向.xy 所构成的平面称为地平面,xz 所构成的平面称为地理子午面.B 在 xy 平面上的投影 $B_{//}$ 称为地磁场的水平分量,水平分量所指的方向即磁针北极所指的方向,其与 z 方向所构成的平面称为地磁子午面;地理子午面和地磁子午面的夹角 α 称为磁偏角,B 与地平面之间的夹角 β 称为磁倾角.确定了地磁场的水平分量、磁偏角和磁倾角这三个量,就可以完全确定 O 点的磁场分布情况,O 点总的磁感应强度大小为

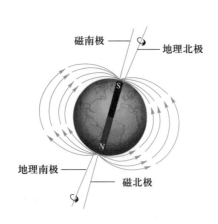

图 6.8.1　地磁场示意图

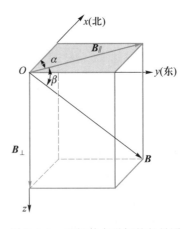

图 6.8.2　空间某点磁场的矢量图

$$B = \sqrt{B_{//}^2 + B_{\perp}^2} \qquad (6.8.1)$$

式中,$B_{\perp}$ 为 B 在 z 方向的分量大小,$B_{\perp} = B_{//} \tan \beta$.

实验中使用的传感器是基于霍尔效应的,探头中放置了两个霍尔效应传感器,它们用来测量径向和轴向的磁场.实验装置如图 6.8.3 所示,磁场传感器和转动传感器耦合在一起并固定在不锈钢支撑杆上,转动传感器旋转时会带动磁场传感器同步运动,从而方便测量不同角度的磁感应强度.传感器采集到的信号会通过500 接口数据采集器输出到计算机显示屏上.

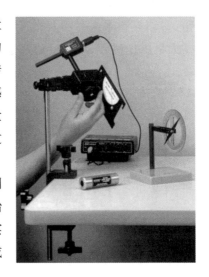

由于地磁场的强度比较小,所以在进行地磁场测量时,周围环境对测量精度的影响较大.在实验开始时,首先要将探头放置在消磁室内并按下置零按钮,实验过程中要使磁场传感器远离一切带有磁性的物体或铁磁材料.

图 6.8.3　实验装置图

四、实验研究内容及要求

1. 研究内容

(1) 利用磁针测量磁偏角,并与标准值相比较.

(2) 利用现有仪器,通过磁场传感器测量地磁场的水平分量和竖直分量,给出详细的测量方法与步骤,并求出总磁感应强度的大小.

(3) 利用磁场传感器测量身边的无线充电器、手机、蓝牙耳机等的辐射功率,并对辐射危害进行评估.

2. 实验操作具体要求

(1) 实验测量前,要对传感器探头进行零点校正.用金属腔将探头完全屏蔽后,进行仔细校正,保证此时采集到的磁感应强度数据为零.

(2)测量不同角度的地磁场分量时,应尽可能使探头的旋转缓慢且匀速,为提高测量精度,可以与高精度步进电机组合,进行更精确的测量.

(3)在实验测量过程中,探头要远离磁铁、手机等带有磁性的物质.

3.实验论文格式要求

实验论文要求按照科研论文的格式撰写,包括题目(中英文)、摘要(中英文)、正文、参考文献.摘要为 300 字左右,简述实验项目的物理背景、主要实验目标和内容、主要结论和建议等.正文应该包括以下几个部分.

(1)实验原理与内容:简述地磁场的定义和测量原理.

(2)实验仪器及设备:简述实验设备的组成和各部分功能.

(3)实验方法与步骤:根据实验实际操作程序,总结并叙述操作步骤.

(4)实验数据与分析.

(5)实验结果与讨论.

实验 6.8 数字学习资源

(刘升光　王艳辉　戴忠玲)

实验 6.9　磁悬浮实验研究

一、研究背景

磁悬浮技术是指利用磁力克服重力使物体悬浮的一种技术.目前实现稳定磁悬浮的技术主要包括电磁斥力悬浮、抗磁质悬浮、超导斥力悬浮、超导钉扎悬浮、涡流悬浮等.磁悬浮技术是集传统学科和新兴学科于一体的高新技术,涉及电磁学、机械学、动力科学、电机学、电子技术以及控制学和信号处理等学科.随着近年来电子器件、信号处理元件、机械系统、控制系统以及稀土永磁材料的发展,磁悬浮技术的应用领域也在不断拓展,尤其是磁悬浮列车应运而生,它和常规交通工具相比,具有舒适、高速、安全、无污染、无噪声、无振动、节能等优点.2006 年,上海磁悬浮列车示范运营线正式投入商业运营,这是世界上第一条商业化运营的磁悬浮列车示范线.

二、实验仪器

直流稳压电源、旋转电机、铝盘、永磁体、力传感器、光电门、500 接口数据采集器、数据采集软件、计算机.

三、实验原理

本实验采用的磁悬浮技术是涡流悬浮技术, 它是基于法拉第电磁感应定律而发展的一种技术. 根据法拉第电磁感应定律, 当穿过闭合回路的磁通量发生变化时, 回路中将产生感应电流, 回路中有感应电流意味着回路中有感应电动势的存在, 感应电动势和穿过闭合回路的磁通量之间存在如下关系:

$$\mathscr{E} = -\frac{\mathrm{d}\Phi}{\mathrm{d}t} \tag{6.9.1}$$

即感应电动势等于穿过回路的磁通量随时间变化率的负值, 式中负号反映了感应电动势的方向与磁通量变化的关系. 根据楞次定律可以较为简便地判断感应电动势的方向: 导体回路中感应电流的方向总是使感应电流所激发的磁场阻止感应电流磁通量的变化, 或者说感应电流产生的磁场总是阻碍原来磁场的变化. 楞次定律是能量守恒定律在电磁感应现象中的具体表现.

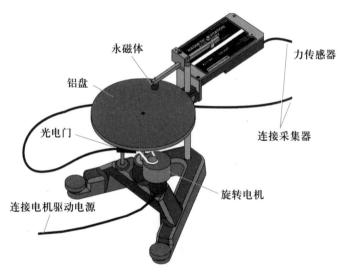

图 6.9.1 实验装置示意图

实验装置如图 6.9.1 所示, 当旋转电机带动永磁体下方的铝盘转动时, 通过铝盘单位面积内的磁通量总在发生变化, 永磁体就会在铝盘上感应涡电流, 涡电流产生的磁场与永磁体产生的磁场将会相互作用而产生竖直方向的悬浮力和水平方向的牵引力, 当悬浮力大于某一值时, 永磁体在悬浮力的作用下往上抬起, 并在水平牵引力的作用下沿铝盘转动的切线方向被拖曳. 通过采集力传感器和光电门的数据, 可以研究铝盘转速与悬浮力的关系.

在安装力传感器和永磁体时, 要注意永磁体与铝盘的距离, 距离太远电磁感应太弱, 测量灵敏度太低; 距离太近可能导致永磁体与铝盘的摩擦, 在铝盘高速旋转时还可能导致永磁体飞出,造成伤人事故.因此,永磁体与铝盘的距离一定要适中.为了防止在铝盘高速转动时的震动导致力传感器和永磁体随支持杆下滑以致永磁体飞出,立柱上的固定螺丝一定要拧紧.

四、实验研究内容及要求

1.研究内容

(1)研究永磁体竖直悬浮力和水平牵引力与铝盘旋转速度的关系.

(2)改变永磁体的初始高度和距离铝盘中心的长度,研究其对悬浮力的影响.

(3)铝盘旋转时,永磁体会受到三个方向的力,分别为竖直向上的悬浮力、沿圆盘切向的牵引力以及沿半径方向的径向力,建立模型对这三个力进行定量分析.

2.实验操作具体要求

(1)实验测量前,将永磁体固定在杠杆前端,调节杠杆的位置,使永磁体轻触铝盘表面,并使杠杆取向与铝盘半径重合.

(2)利用直流稳压电源控制铝盘转速,电压从 10 V 逐渐增大到 15 V,每隔 1 V 测量铝盘的转速和悬浮力.

(3)分别改变电源的方向和杠杆取向与铝盘半径方向的夹角,观察永磁体悬浮高度的变化和悬浮力曲线的变化.

3.实验论文格式要求

实验论文要求按照科研论文的格式撰写,包括题目(中英文)、摘要(中英文)、正文、参考文献.摘要为 300 字左右,简述实验项目的物理背景、主要实验目标和内容、主要结论和建议等.正文应该包括以下几个部分.

(1)实验原理与内容:简述磁悬浮的原理及实现磁悬浮的方法.

(2)实验仪器及设备:简述磁悬浮实验设备的组成和各部分功能.

(3)实验方法与步骤:根据实验实际操作程序,总结并叙述操作步骤.

(4)实验数据与分析.

(5)实验结果与讨论.

实验 6.9 数字学习资源

(刘升光　　王艳辉　　戴忠玲)

实验 6.10　表面等离激元共振实验研究

一、研究背景

　　表面等离激元光子学是研究光和金属表面自由电子耦合所引起的金属表面电荷密度振荡性质及其应用的一门学科.金属中的自由电子在入射光的作用下产生集体振荡,激发表面等离极化激元.这是一种在金属和电介质界面传播的表面波,在垂直于表面的方向上强度呈指数衰减,使得亚波长金属结构中光场高度局域化,具有突破光传播衍射极限的能力,其被誉为最有希望的纳米集成光波导的信息载体.这种特殊的光学性质所产生的一个重要应用就是表面等离激元共振(surface plasmon resonance,SPR)传感,其原理是通过检测目标分子对等离激元共振峰的影响进行定量检测.表面等离激元共振是一种发生在介质和金属表面的特殊的光学现象,对它的研究已逐步形成了一套完备的理论体系.目前,各国都有相当规模的研究团队在丰富和发展相关理论,同时,扩展该技术的应用领域也是科学界研究的热点之一.

　　SPR 技术应用的一个重要方面就是测量液体的折射率.折射率是物质的重要参数,物质的浓度、纯度、光学性能等都可以通过折射率来了解.一般的液体折射率的测量方法通常难以保证精确度,稳定性不高,测量范围有限,而 SPR 技术测量液体折射率的精确、便捷、一次调节即可重复测量等优点,使其在工业生产中具有广阔的应用前景.

二、实验仪器

　　实验装置的示意图和实物图如图 6.10.1 所示.其主要部件包括:

　　① 经过改装的 JJY1 型分光计.

　　② 激光器:固定在分光计的一个臂上,作为入射光光源,用于激发金属薄膜表面的等离激元,输出波长为 650 nm.

　　③ 光耦合器件:置于载物台上,由定制的半球玻璃与镀金属膜的光学玻璃黏合而成,如图 6.10.2 所示,提供表面等离激元共振发生的界面,本实验采用金膜,其厚度约为 50 nm.

　　④ 流通池:定制尺寸的石英玻璃液池,用于固定耦合器件并提供待测液体与金属膜的接触环境,容积为 25 μL.

　　⑤ 蠕动泵(型号为 IPUMP2S):提供具有稳定流速的待测液,设置转速为 30 r/min(可调).

　　⑥ 光功率计(型号为 HG-OPM):用于检测反射光功率,以便找到反射光强曲线的波谷,进而确定 SPR 角的大小.

　　⑦ 光探头:与光功率计相连,用于接收反射光.

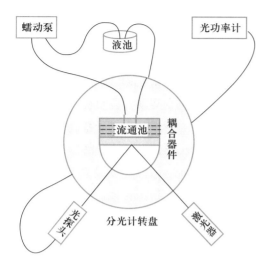
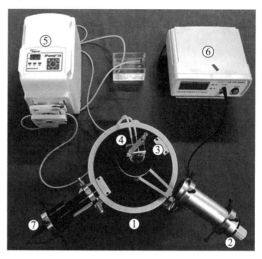

图 6.10.1　表面等离激元共振实验装置示意图和实物图

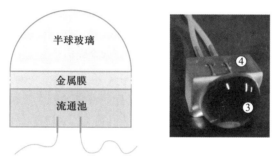

图 6.10.2　光耦合器件示意图及实物图

三、实验原理

1. 隐失波

从几何光学的角度来看,光在发生全反射时,会被完全反射回第一种介质,这部分光是传统光学显微镜能接收到的信息.而实际上由于光的波动效应,全反射发生时,同样会有一部分入射光透入第二种介质大概一个波长的深度,并沿着界面流过波长量级的距离,之后重新返回第一种介质,方向与反射光的方向相同.这部分只能沿着第二种介质表面传播的光波称为隐失波,也叫隐逝波或倏逝波.一旦离开介质表面,隐失波会随着与界面距离的增加而呈指数型衰减.

2. 表面等离激元

等离子体通常是指以自由电子和带电离子为主要成分的类似气体状物质,即电离了的"气体",其中正、负带电粒子数目几乎相等,整体呈电中性,被称为物质的第四态.通过核聚变、核裂变、气体放电等人工方法均可获得等离子体.金属中的价电子被整个晶体所共有,形成费米电子气,价电子可在晶体中移动,而金属离子则被束缚在晶格位置,但总的电子密度和离子密度是相等的,从整体来看金属是呈电中性的.这种情况和气体放电中的等离子体类似,因此可以把金属表面的价电子看成均匀正电荷背景下运动的电子气体,实际上相当于一种电荷密度很高的低温等离子体.当金属受到电磁干扰时,金属内部的电子密度分布会变得不均匀,库仑力的存在会将部分电子吸引到正电荷过剩的区域,被吸引的电子由于获得动量,不会在平衡位置停下,而是继续向前运动一段距离,而后电子间存在的斥力会使已经聚集起来的电子再次离开该区域,由此会形成整个电子系统的集体振荡,这称为表面等离激元(surface plasmon).这种集体振荡反复进行,形成的振荡称为等离子振荡,并以波的形式呈现,称之为表面等离子波(surface plasmon wave).表面等离激元作为光与金属薄膜表面自由电子相互作用产生的一种电磁模式,其性质依赖于金属纳米结构的形状、尺寸、材料以及周围介质环境,分为局域表面等离激元(localized surface plasmon,LSP)和表面等离极化激元(surface plasmon polariton,SPP),前者是一种准静电模式,即入射光的外电磁场主要用于激发这种电子振荡模式,并无新的耦合,只是局域在金属纳米结构上的,是非传导的;后者则是外电磁场与表面等离激元的强烈耦合模式(图 6.10.3),具有更好的空间局域性和更高的局部场强,沿界面传播,是一种传导的电磁波.

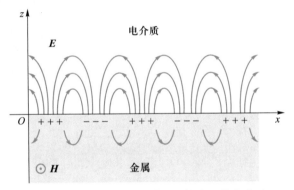

图 6.10.3   金属与电介质界面的表面等离激元

3. 表面等离激元共振

如图 6.10.4 所示,入射光在光疏介质与光密介质界面发生全反射而形成隐失波,两种介质之间存在一定厚度的金属膜时,隐失波中的 P 偏振分量将会进入金属膜,并在一定的条件下与金属膜中的自由电子相互作用,激发产生沿着金属膜传播的表面等离子波.

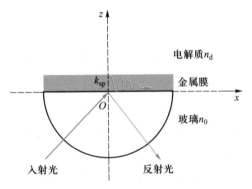

图 6.10.4   光耦合器件中金属与玻璃界面的表面等离激元

隐失波的能量会转化到表面等离激元波中,入射光的能量大量减少,在反射谱中会出现一个光强急剧下降的波谷,这就是表面等离激元共振现象,此时入射光的角度即表面等离激元共振角(SPR 角).当入射光波长一定时,通过改变入射角,可以实现角度指示型表面等离激元共振.理论推导可得 SPR 共振角 δ 的表达式:

$$\sin\delta = \frac{\sqrt{\mathrm{Re}\,n_{\mathrm{d}}^2/(\mathrm{Re}+n_{\mathrm{d}}^2)}}{n} \tag{6.10.1}$$

其中,Re 为金属薄膜电容率实部,n_{d} 为待测液体折射率,n 为棱镜折射率.

由于 SPP 的波矢总是大于入射光的波矢,即两者的动量不匹配,所以入射光不能直接激发表面等离子波,需要引入一些特殊的结构对入射光波矢进行补偿,进而达到波矢匹配.常用方法有近场激发、光栅耦合、强光束聚焦以及棱镜耦合等.本实验采用棱镜耦合的方法,金属膜镀在平板玻璃表面并与棱镜黏合,金属膜直接与待测样品接触,隐失波在玻璃和金属膜界面激发 SPP.

4. 表面等离极化激元环及 SPR 传感

P 偏振光沿玻璃半球入射到金属膜上,激发表面等离极化激元.增大光线的入射角度,当光全反射产生的隐失波的频率和波矢与金属表面电子振荡的固有频率和波矢一致时,两者发生共振,此时反射能量最小.金属中电子的振荡使电磁波沿着平行于金属表面的各个方向传播,因此返回到玻璃中的光波不只是在入射面内,而是在与表面法线夹角相同的各个方向上.在一定的距离上用光屏接收可观察到一个亮的圆环,即在金属膜上激励出表面等离极化激元环.SPR 角与金属膜表面的性质密切相关,若使金属膜表面附着被测物质(一般为溶液或者生物分子),则会引起金属膜表面折射率的变化,进而引起共振角度的变化,根据这个信号就可以获得被测物质的折射率或浓度等信息.

四、实验研究内容及要求

1. 研究内容

(1)通过改变入射光的角度,观察反射光随入射角的变化情况,绘制反射光光强随入射角的变化曲线,根据曲线确定 SPR 角的大小并观察表面等离极化激元环现象,分析并研究表面等离激元共振现象发生需要满足的条件.

(2)研究金属膜表面附着不同浓度的溶液时,SPR 角的偏移情况,根据公式计算不同浓度溶液的折射率,进而理解利用表面等离激元共振测量液体折射率的原理.

2. 实验操作具体要求

(1)测量光路要准直,即要求载物台水平,激光器光束、耦合器件、光探头在同一水平高度处共轴.

(2)光耦合器件要放在载物台的合适位置以消除偏心差.

(3)寻找表面等离极化激元环时,实验装置各器件的调节应轻缓,避免震动,逐次缓慢增大入射角,直至某一时刻在反射光方向的白屏上观察到明显的红色圆环,即表面等离极化激元环.

(4) 向流通池通入纯净水(市售饮用纯净水即可)作为待测溶液,设置蠕动泵的转速(不宜过快),根据公式计算 Re 的值,已知水的折射率为 $n_d = 1.333$,半球玻璃对红光的折射率可自行测量或查阅文献.

(5) 配置不同浓度的葡萄糖溶液并测量相应的 SPR 角,计算其折射率,每次变换溶液的浓度进行测量前需保证溶液流通 3 min 以上.

3. 实验论文格式要求

实验论文要求按照科研论文的格式撰写,包括题目、摘要、正文、参考文献.摘要应简述实验研究的意义、背景,主要的研究内容及结论;正文应包含实验原理介绍、实验仪器介绍及关键的参量设置、详细的实验方法及步骤、关键实验现象的展示、重要实验数据以及误差分析,最后总结实验研究得到的结论及展望.注意:实验内容及方法不限于教材内容,可将仪器做适当扩展,如设计改进实验装置以实现强度调制型的 SPR 测量等.

实验 6.10 数字学习资源

(李会杏   张扬   王艳辉)

实验 6.11   新能源系统

一、研究背景

一般来说,常规能源是指技术上比较成熟且已被大规模利用的能源,而新能源通常是指尚未被大规模利用、正在积极研究开发的能源.因此,煤、石油、天然气以及大中型水电都被视为传统能源,而太阳能、风能、现代生物质能、地热能、海洋能以及核能、氢能、废弃物的资源化利用等被视为新能源.新能源相对于传统能源具有污染少、储量大的特点,对于解决当今世界严重的环境污染问题和资源枯竭问题具有重要意义.

太阳能和氢能都是具有巨大应用前景的新能源.利用太阳能的方法主要有太阳能电池、太阳能热水器等,其中太阳能电池已经实现了大规模应用.利用氢能的方法有燃烧、燃料电池等,其中燃料电池是一种将存在于燃料与氧化剂中的化学能直接转化为电能的发电装置.燃料电池有能量转化效率高、有害气体和噪声排放低、负荷响应快、运行质量高等优点,具有广泛的民用、军事和工业应用潜力.

本实验利用太阳能电池将光能转化为电能,再通过电解池将电能转化为氢能储存,再通过燃料电池将氢能转化为电能使用.通过观察光能—电能—化学能—电能的能量转化过程,探究并熟悉太阳能电池、燃料电池的特性.

二、实验仪器

DH-NE-1 型新能源实验系统由新能源电池综合特性测试仪、太阳能电池测试架、燃料电池测试架、太阳能控制系统、负载电阻、照度计以及专用连接线等组成(图 6.11.1).

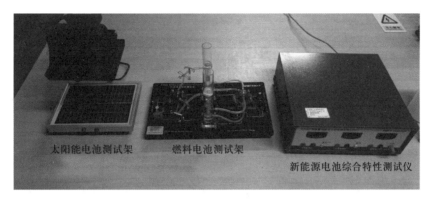

图 6.11.1　新能源实验系统

新能源电池综合特性测试仪由三位半数显电流表、电压表以及恒流源组成,电流表、电压表测量太阳能电池和燃料电池的电流和电压,恒流源为电解池提供电流输入.其面板如图 6.11.2 所示.

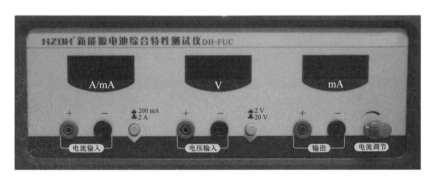

图 6.11.2　测试仪面板

太阳能电池测试架由一功率为 300 W 的卤钨灯组成,卤钨灯为太阳能电池提供光源.卤钨灯位置上下可调,以改变光强.

燃料电池测试架包含电解池和燃料电池两部分,电解池产生的气体储存于储氧罐、储氢罐中.储氧罐、储氢罐与燃料电池的进气口相连,从而将电解池的产物作为燃料电池的燃料使用.其结构如图 6.11.3 所示.

太阳能控制系统由高速微处理器(CPU)和高精度模数(A/D)转换器组成,是一个微机数据采集和监测控制系统;采用一系列专用芯片电路对其进行数字化调节,从而稳定和控制太阳能电池的输出电流;同时加入多级充放电保护,确保电池和负载的运行安全和使用寿命。工业中太阳能电池给蓄电池或负载供电时,需要先接入太阳能控制系统。

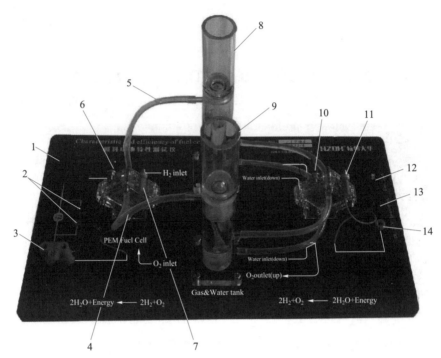

1,3—短接插;2—燃料电池电压输出;4—氧气连接管;5—氢气连接管;6—燃料电池负极;

7—燃料电池正极;8—储氢罐;9—储氧罐;10—电解池负极;11—电解池正极;

12—保险丝座(0.5 A);13—电解池电源输入负极;14—电解池电源输入正极

图 6.11.3   燃料电池测试架

逆变器是把直流电(电池、蓄电瓶)转换成定频定压或调频调压交流电(一般为 220 V,50 Hz 正弦波)的转换器.

三、实验原理

太阳能电池板属于光伏设备,它经过光照射后发生光电效应而产生电流,这是一种清洁能源.但由于材料和光所具有的属性和局限性,生成的电流也是具有波动性的,如果将生成的电流直接充入蓄电池或直接给负载供电,则容易造成蓄电池和负载的损坏,严重缩短它们的寿命.因此,必须把电流先送入太阳能控制系统或其他类似设备,并加入多级充放电保护,确保电池和负载的运行安全和使用寿命.

氢能来源于水,燃烧后又还原成水.氢气泄漏于空气中会自动逃离地面,不污染环境. 1 kg 氢气的热值为 34 000 kcal,是汽油的 3 倍.利用太阳能生产氢气的系统有光分解制氢系统、太阳能发电和电解水组合制氢系统,本实验采用太阳能发电和电解水组合制氢系统.

燃料电池(fuel cell)是一种将存在于燃料与氧化剂中的化学能直接转化为电能的发电装置.它从外表上看有正负极和电解质等,像一个蓄电池,但实质上它不能"储电"而能"发电".燃料电池不受卡诺循环限制,能量转化效率高、无污染、噪声低.依据电解质的不同,燃料电池分为碱性燃料电池(AFC)、磷酸燃料电池(PAFC)、熔融碳酸盐燃料电池(MCFC)、固体氧化物燃料电池(SOFC)及质子交换膜燃料电池(PEMFC)等.本实验使用太阳能电池和质子交换膜燃料电池.

1. 太阳能电池原理

太阳能电池在没有光照时可视为一个二极管,其正向偏压 U 与通过电流 I 的关系为

$$I = I_0(e^{\beta U} - 1) \tag{6.11.1}$$

式中,I_0 和 β 是常量.

由半导体理论可知,二极管主要是由能隙为 $E_C - E_V$ 的半导体构成的.如图 6.11.4 所示,E_C 为半导体导电带,E_V 为半导体价电带.当入射光子能量大于能隙时,光子会被半导体吸收,产生电子和空穴对.电子和空穴对会分别受到二极管内电场的影响而产生光电流.

图 6.11.4 光子被半导体吸收

假设太阳能电池由一个理想电流源(光照产生光电流的电流源)、一个理想二极管、一个并联电阻 R_{sh} 与一个电阻 R_s 所组成,如图 6.11.5 所示.其中,I_{ph} 为太阳能电池在光照时的等效电源输出电流,I_d 为光照时通过太阳能电池内部二极管的电流.由基尔霍夫定律得

$$I R_s + U - (I_{ph} - I_d - I) R_{sh} = 0 \tag{6.11.2}$$

在式(6.11.2)中,I 为太阳能电池的输出电流,U 为输出电压.由式(6.11.2)可得

$$I\left(1 + \frac{R_s}{R_{sh}}\right) = I_{ph} - \frac{U}{R_{sh}} - I_d \tag{6.11.3}$$

假定 $R_{sh} = \infty$ 和 $R_s = 0$,太阳能电池可简化为图 6.11.6 所示电路.

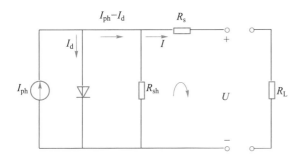
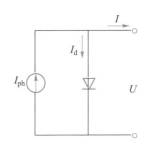

图 6.11.5 太阳能电池理论模型   图 6.11.6 太阳能电池简化电路

这里,

$$I = I_{ph} - I_d = I_{ph} - I_0(e^{\beta U} - 1)$$

在短路时,

$$U = 0, I_{ph} = I_{sc}$$

而在开路时,

$$I = 0, I_{sc} - I_0(e^{\beta U_{oc}} - 1) = 0$$

因此,

$$U_{oc} = \frac{1}{\beta} \ln\left(\frac{I_{sc}}{I_0} + 1\right)$$

太阳能电池的转换效率 η 定义为最大输出功率 P_m 和入射光功率 P_{in} 的比值：

$$\eta = \frac{P_m}{P_{in}} \times 100\% = \frac{I_m U_m}{P_{in}} \times 100\% \qquad (6.11.4)$$

图 6.11.7 为太阳能电池伏安特性曲线，U_{oc} 为开路电压，I_{sc} 为短路电流，图中阴影面积在数值上等于太阳能电池的最大输出功率 P_m，P_m 对应的最大工作电压为 U_m，最大工作电流为 I_m.

太阳能电池的填充因子 FF 定义为

$$\text{FF} = \frac{P_m}{U_{oc} I_{sc}} = \frac{U_m I_m}{U_{oc} I_{sc}} \qquad (6.11.5)$$

填充因子是评价太阳能电池输出特性好坏的一个重要参量，它的值越大，太阳能电池输出特性曲线就越趋近于矩形，太阳能电池的光电转换效率就越高.

2. 质子交换膜燃料电池工作原理

质子交换膜燃料电池技术是目前世界上最成熟的一种将氢气与空气中的氧气化合成洁净水并释放出电能的技术，其工作原理如图 6.11.8 所示.

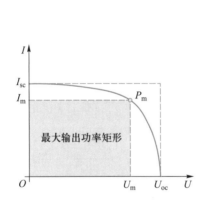

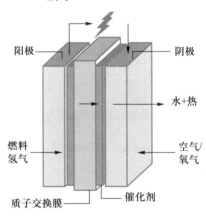

图 6.11.7 太阳能电池伏安特性曲线   图 6.11.8 质子交换膜燃料电池工作原理

（1）氢气通过管道到达阳极，在阳极催化剂作用下，氢分子解离为带正电的氢离子（即质子）并释放出带负电的电子.

$$H_2 == 2H^+ + 2e \qquad (6.11.6)$$

（2）氢离子穿过质子交换膜到达阴极；电子则通过外电路到达阴极.电子在外电路形成电流，通过适当连接可向负载输出电能.

（3）在电池另一端，氧气通过管道到达阴极；在阴极催化剂作用下，氧分子与氢离子及电子发生反应生成水.

$$O_2 + 4H^+ + 4e^- == 2H_2O \qquad (6.11.7)$$

总的反应方程式为

$$2H_2 + O_2 == 2H_2O \qquad (6.11.8)$$

当质子交换膜的湿润状况良好时,由于电池的内阻低,所以燃料电池的输出电压高,负载能力强.反之,当质子交换膜的湿润状况变坏时,电池的内阻变大,燃料电池的输出电压下降,负载能力降低.在大的负荷下,燃料电池内部的电流密度增加,电化学反应加强,燃料电池阴极侧水的生成也相应增多.此时,如不及时排水,阴极将会被淹,正常的电化学反应被破坏,致使燃料电池失效.

在一定的温度与气体压强下,改变负载电阻的大小,可测量燃料电池的输出电压与输出电流之间的关系,即质子交换膜燃料电池的静态特性,如图 6.11.9 所示.该特性曲线分为三个区域:活化极化区(又称电化学极化区)、欧姆极化区和浓差极化区,燃料电池正常工作在欧姆极化区.空载时,燃料电池输出电压为其平衡电位,在实际工作过程中,由于有电流流过,所以电极的电位会偏离平衡电位,实际电位与平衡电位的差称为过电位,燃料电池的过电位主要包括活化过电位、欧姆过电位、浓差过电位.

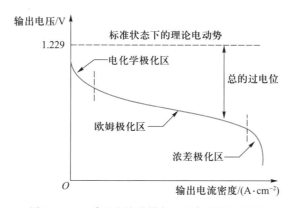

图 6.11.9　质子交换膜燃料电池静态特性曲线

因此,质子交换膜燃料电池的输出电压可以表示为

$$U = U_r - u_{act} - u_{ohm} - u_{com} \qquad (6.11.9)$$

其中,U 为燃料电池输出电压,U_r 为燃料电池理论电动势,u_{act}、u_{ohm}、u_{com} 分别为活化过电位、欧姆过电位、浓差过电位.

(1) 理论电动势.理论电动势是指标准状态下燃料电池的可逆电动势,与外接负载无关,其公认值为 1.229 V.

(2) 活化过电位.活化过电位主要由电极表面的反应速度过慢导致.在驱动电子传输到或传输出电极的化学反应中,产生的部分电压会被损耗掉.活化过电位分为阴极活化过电位和阳极活化过电位.

(3) 欧姆过电位.这种过电位是克服电子通过电极材料以及各种连接部件以及离子通过电子质的阻力引起的.

(4) 浓差过电位.浓差过电位主要是由电极表面反应物的压强发生变化而导致的,而电极表面压强的变化主要是由电流的变化引起的.输出电流过大时,燃料供应不足,电极表面的反应物浓度下降,使输出电压迅速降低,而输出电流基本不再增加.

电解池产生氢氧燃料的体积与输入电解电流大小成正比,而氢氧燃料进入燃料电池后将产生电压和电流,若不考虑电解器的能量损失,燃料电池效率可以定义为

$$\eta = \frac{I_{\text{FUC}} U_{\text{FUC}}}{I_{\text{WE}} \times (1.23\ \text{V})} \times 100\% \tag{6.11.10}$$

式中, I_{FUC} 、U_{FUC} 分别为燃料电池的输出电流和输出电压, I_{WE} 为水电解器电解电流, 1.23 V 是水的理论分解电压.

电解池燃料电池系统的最大效率定义为

$$\eta_{\max} = \frac{P_{\text{m}}}{I_{\text{WE}} \times (1.23\ \text{V})} \times 100\% \tag{6.11.11}$$

式中, P_{m} 为燃料电池的最大输出功率.

3. 质子交换膜电解池工作原理

同燃料电池一样, 水电解装置因电解质的不同而异, 碱性溶液和质子交换膜是最常见的电解质, 图 6.11.10 为质子交换膜电解池工作原理图.

质子交换膜电解池的核心是一块涂覆了贵金属催化剂铂(Pt)的质子交换膜和两块钛网电极.

电解池将水电解并产生氢气和氧气, 与燃料电池中氢气和氧气反应生成水互为逆过程, 其具体工作原理如下.

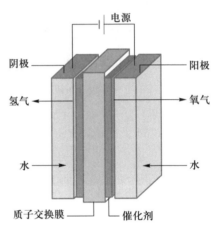

图 6.11.10　质子交换膜电解池工作原理

（1）外加电源向电解池阳极施加直流电压, 水在阳极发生电解, 生成氢离子、电子和氧, 氧从水分子中分离出来生成氧气, 从氧气通道溢出.

$$2H_2O = O_2 + 4H^+ + 4e^- \tag{6.11.12}$$

（2）电子通过外电路从电解池阳极流动到电解池阴极, 氢离子透过聚合物膜从电解池阳极转移到电解池阴极, 在阴极还原成氢分子, 从氢气通道溢出, 完成整个电解过程.

$$2H^+ + 2e^- = H_2 \tag{6.11.13}$$

总的反应方程式为

$$2H_2O = 2H_2 + O_2 \tag{6.11.14}$$

四、 实验研究内容及要求

1. 太阳能电池特性的测量研究

具体要求:

（1）在一定的光照条件下, 测量太阳能电池的伏安特性. 测量原理和具体接线参照图 6.11.11 和图 6.11.12, 改变负载电阻 R, 测出相应的太阳能电池的输出电压和输出电流. 注意: 接线时正负极不要接反!

（2）绘制太阳能电池的伏安特性曲线, 在图中标出 U_{oc} 、I_{sc} 、P_{m} 、U_{m} 、I_{m} 对应的点.

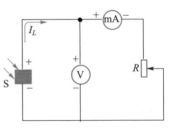

图 6.11.11　太阳能电池
伏安特性测量电路

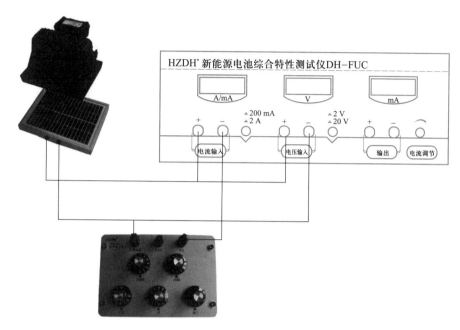

图 6.11.12　太阳能电池特性测量实验连线图

（3）求出该太阳能电池的开路电压 U_{oc}、短路电流 I_{sc}、最大输出功率 P_m、最大工作电压 U_m 及最大工作电流 I_m.

（4）求出该太阳能电池的填充因子及转换效率.

（5）探究伏安特性曲线、U_{oc}、I_{sc} 随光照强度的变化规律.并用理论（太阳能电池的基本原理）解释实验现象.（若理论与实验偏差较大,试分析原因.）

（6）从理论（太阳能电池的基本原理）角度,分析伏安特性曲线、U_{oc}、I_{sc} 随温度的变化规律.

2. 燃料电池输出特性的测量研究

注意:燃料电池、电解池接线时要特别注意正负极不要接反!

具体要求:

（1）参照图 6.11.13,测量出不同负载电阻下燃料电池的输出电压和输出电流.（负载电阻要求大于 0.4 Ω.当负载电阻比较小时,不要长时间通电测量.）

（2）根据测量数据绘制燃料电池静态特性曲线（伏安特性曲线）.标出电化学极化区、欧姆极化区、浓差极化区并分析三个极化区的形成机理.

（3）作出燃料电池输出功率和输出电压之间的关系曲线,并分析输出功率随电压的变化规律.

（4）根据测量数据给出燃料电池最大输出功率,并拟合伏安特性曲线欧姆极化区,求出最大输出功率（计算值）,与测量的最大功率对比.根据拟合结果计算燃料电池输出功率最大时对应的效率.

（5）负载电阻值不变,改变电解池电流大小,测量并研究燃料电池输出电压和输出电流随时间变化的趋势,并分析原因.

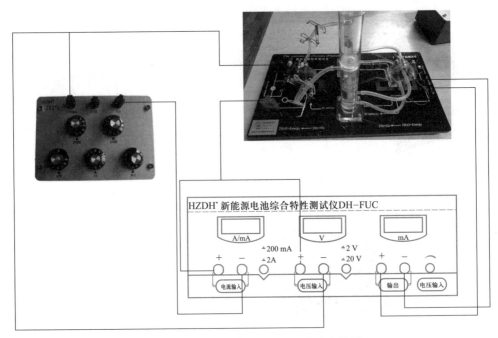

图 6.11.13   燃料电池特性测量实验连线图

具体操作要求:

① 开启电源前首先要把测试仪的恒流输出连接到电解池供电输入端,断开燃料电池输出和风扇的连接(拔开短接插),把电流调节电位器打到最小,打开燃料电池下部的排气口胶塞.

② 开启电源后要缓慢调节电流调节电位器,使恒流输出大概在 100 mA,预热5 min.

③ 把电解池电解电流调到 350 mA,使电解池快速产生氢气和氧气,排出储水储气管(gas & water tank)中的空气,等待 10 min,确保电池中燃料的浓度达到平衡值,此时用电压表测量燃料电池的开路输出电压,它将会恒定不变.

④ 先把电阻箱的阻值打到最大,参照图 6.11.13,连接燃料电池、电压表、电流表以及电阻箱.电压表量程选择 2 V,电流表量程选择 200 mA(若电流超过 200 mA,可以选择2 A 量程).

⑤ 改变负载电阻箱,记录燃料电池的输出电压和输出电流.在负载调节过程中,要依次减小电阻值,不可突变;当电阻较小时,每 0.1 Ω 测量一次.测量时间要尽可能短,这是因为电阻过小时,负载较大,燃料电池输出电流很大,造成燃料供应不足,输出稳定性降低.在实验过程中,应避免长时间短路.

⑥ 在测量的过程中要考虑电流表的内阻.200 mA 挡电流表的内阻为 1 Ω,2 A 挡电流表的内阻为 0.1 Ω,在换挡测量过程中须把电流表的内阻考虑进去,即实际负载为电流表内阻与负载电阻箱显示值之和.

3. 撰写实验研究论文

论文格式要求:按照科研论文的格式撰写,包括题目、摘要、正文、参考文献.

摘要:300 字左右,简述实验项目的物理背景、主要实验目标和内容、主要结论和建议等.

正文应该包括以下几个部分.

（1）实验原理与内容:用自己的语言(不要照抄讲义)阐明太阳能电池、质子交换膜燃料电池、质子交换膜电解池的工作原理.简述实验测量方法(按照科研论文的结构阐述).

（2）实验仪器及设备:简述实验设备的组成和各部分功能.

（3）实验方法与步骤:详细记录实验操作过程.

（4）实验数据与分析:根据太阳能电池特性的测量研究、燃料电池输出特性的测量研究中的"具体要求"部分完成.

（5）实验结果与讨论:根据太阳能电池特性的测量研究、燃料电池输出特性的测量研究中的"具体要求"部分完成.

注:整个实验分为太阳能电池特性的测量研究、燃料电池输出特性的测量研究两部分,建议论文的每个大章节中用小标题区分实验,使论文条理清晰.

实验 6.11 数字学习资源

（关放　王茂仁　王艳辉）

实验 6.12　激光诱导击穿光谱分析合金成分

一、研究背景

激光诱导击穿光谱术(laser induced breakdown spectroscopy,LIBS)采用高能量脉冲激光烧蚀待测样品表面,使微量样品瞬间蒸发、离化,形成高温、高密度的激光诱导等离子体,根据等离子体的发射光谱计算出样品元素的组成及相对含量信息.LIBS 无需预处理样品,具有分析取样质量低(近无损)、检测速度快、分析简便、可同时进行多元素测定的特点,可以完成远程、原位、实时分析任务,可进行三维分析成像等.

有关 LIBS 最早的报道可以追溯到 1962 年,布雷克(Brech)和克罗斯(Cross)运用红宝石激光脉冲烧蚀固体材料的方法产生蒸气,并通过辅助电离的方式产生原子发射光谱,完成了被烧蚀样品元素组分的分析任务.该种实验方案被公认为 LIBS 初始版本.1963 年调 Q 激光器的发明,将激光器输出的单脉冲激光功率密度提高到了样品的烧蚀阈值,使等离子体发射光谱的产生成为可能.有人认为调 Q 激光器的发明是 LIBS 诞生的标志.1964 年,龙格(Runge)首次完成了仅依靠高能激光脉冲来烧蚀样品、激发电离的方式直接产生发射光谱,进行化学成分分析的实验.20 世纪 80 年代中期,随着激光器技术的迅猛发展,LIBS 迎来了快速发展的黄金时期.20 世纪 90 年代以后,LIBS 逐渐走向应用领域.2012 年,

LIBS 成功地应用在"好奇"号火星车上,用于火星表面岩石的元素原位分析.LIBS 作为一种可以在极其恶劣的环境下完成远程、原位全元素分析的微损激光光谱诊断方法备受关注.

目前 LIBS 已经用于检测固体、液体、气体,并成功应用于矿业探测、环境监测、电子工业、合金制造、生物医药、军事爆炸物探测、文物鉴定、水下分析、核聚变装置、深空探测等诸多领域.我国自行设计、自主集成研制的"蛟龙号"载人潜水器,最大下潜深度超过了7 000 米,搭载 LIBS 进行海底探测,揭秘深海.我国自行设计研制的世界上第一个"全超导非圆截面托卡马克"核聚变实验装置 EAST,被人们称为"人造小太阳",2014 年以来采用LIBS 进行面对等离子体材料样品元素成分的原位诊断.2020 年 7 月 23 日,我国自主研发的"天问一号"火星探测器开启火星探测之旅,2021 年 5 月 22 日,祝融号火星车安全驶离着陆平台,到达火星表面,开始巡视探测.祝融号搭载的科学载荷包括 LIBS(240 ~850 nm),可用于元素组成分析,更好地了解火星环境.

本实验通过测定不同合金的 LIBS 光谱,完成合金成分的分析.由此实验可掌握固体激光器、光纤光谱仪的使用方法,学会搭建复杂光路的方法,更深入地理解激光烧蚀等离子体、原子发射光谱的原理及应用,并初步掌握使用 LIBS 分析待测物质成分的方法.

二、实验仪器

多通道光纤光谱仪[波长覆盖范围为 200~980 nm,光谱分辨率为 0.1 nm(FWHM)]、Nd:YAG 激光器(掺钕钇铝石榴石激光器,波长为 1 064 nm,脉宽为 5 ns)、平面反射镜、透镜、半波片、偏振分束立方体、光阑、二维电动位移平台、计算机等.

三、实验原理

LIBS 是一种基于激光烧蚀样品诱导生成等离子体的发射光谱分析技术,其原理示意图如图 6.12.1 所示.一束高能量密度的激光脉冲被聚焦到样品表面,当到达样品表面的功率密度大于样品材料的击穿阈值时,烧蚀区域的材料会被激光加热、蒸发、电离,形成等离子体.

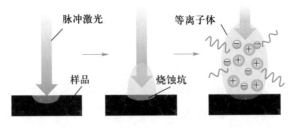

图 6.12.1　LIBS 原理示意图

在等离子体形成的初期,轫致辐射占主导,连续背景辐射较强,这使得等离子体的发射光谱以连续谱为主.随着时间的推移,等离子体温度降低,连续背景辐射迅速减弱,等离子体的离子和原子的特征离散谱线逐渐占据主导.随着等离子体的膨胀、冷却,等离子体温度继续降低,特征谱线强度也随之减弱.LIBS 主要依靠提取激光诱导等离子体光谱中的特征谱线波长定性推断出样品的元素组成,结合离散特征谱强度等信息定量计算出各种元素的含量.因此,为了得到较高的信号背景比和信号噪声比,需要适当的时间延迟(time delay)和积分时间(integration time),如图 6.12.2 所示.

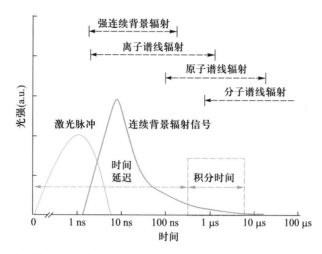

图 6.12.2　激光等离子体产生演化过程中各种辐射机制时序示意图(时间延迟和积分时间示意图)

典型 LIBS 实验装置如图 6.12.3 所示,主要由时序控制系统、激光发射系统、光谱探测系统和数据采集处理系统四部分组成.时序控制系统发射的触发信号控制激光器发射高能激光脉冲,激光脉冲经透镜聚焦后射向待测实验样品表面,诱导生成激光等离子体.等离子体所发射的光谱信号经透镜聚焦耦合输入传输光纤,经光纤传导后输入光谱探测系统.光谱探测系统在时序控制系统的控制下,在特定的时间窗口内记录等离子体发射光谱信息,并传输给数据采集处理系统,定性或定量地给出样品成分信息.计算机作为时序控制系统和数据采集处理系统,根据操作界面输入的实验参量发出一系列触发信号控制激光器和光谱仪协同工作,完成特定参量下的光谱采集、存储、数据分析处理的任务.激光器、反射镜、半波片、偏振分束立方体、光阑和聚焦透镜作为激光发射系统,调控到达样品表面激光的波长、光斑大小和功率密度.收集透镜、光纤和光谱仪作为光谱探测系统,采集特定时间延迟和积分时间下的等离子体发射光谱,即LIBS 光谱.

原子(离子)发射光谱是指处于激发态的原子(离子)在退激发过程中所辐射的离散谱线.在激光诱导等离子体中,由于光致激发、热致激发等,原子(离子)获得能量后,外层电子从基态(低能级)E_1 跃迁到高能级 E_2 变为激发态,所获能量($\Delta E = E_2 - E_1$)称为激发能或激发电位.处于高能级的电子并不稳定,在大约 10^{-8} s 时间内,处于高能级的电子会向低能级跃迁,同时向外界发射特定波长 λ 的光,在等离子体发射光谱中产生一条特征谱线:

$$\lambda = \frac{c}{\nu} = \frac{hc}{E_2 - E_1} \tag{6.12.1}$$

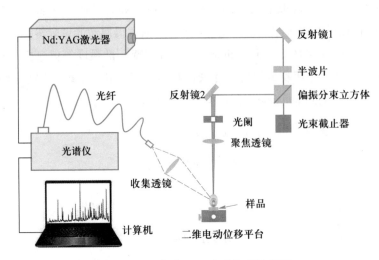

图 6.12.3　典型 LIBS 实验装置示意图

式中,c 为光速,ν 为光子频率,h 为普朗克常量.当该激发态原子(离子)中的电子可以通过某些中间能级间接跃迁回原来的能级时,电子在这些能级间跃迁过程中会辐射出一系列不同波长的光信号,在等离子体光谱中形成一系列谱线.

四、实验研究内容及要求

1. 研究内容

测量不同合金的 LIBS 光谱并研究时间延迟对 LIBS 光谱的影响.具体要求如下.

(1) 根据图 6.12.3 搭建 LIBS 系统.

(2) 选取合金样品并将其放在样品架(二维电动位移平台)上,通过计算机软件控制激光器及光谱仪工作,采集 LIBS 光谱图.

(3) 选择信噪比合适、特征峰明显的光谱图进行保存.

(4) 重复上述过程,获得同一合金在相同实验参量、不同采样深度下的光谱图.

(5) 更改光谱探测系统的时间延迟,获得同一合金在相同深度、不同时间延迟下的光谱图.

(6) 更换样品,重复步骤(2)—(5).

注意:

① 实验过程中必须正确佩戴护目镜,在任何情况下都不能使激光直接射入眼睛;② 激光束应在平行于光学平台表面的平面内传播;③ 光学组件表面不可任意触摸.

2. 实验论文格式要求

实验论文要求按照科研论文的格式撰写,包括题目、摘要、正文、参考文献.摘要应简述实验项目的物理背景、主要实验目标和内容、主要结论和建议等.正文应该包括以下几个部分.

(1) 实验原理与内容:简述激光烧蚀生成等离子体的机理、激光诱导击穿光谱技术的工作原理以及采用发射光谱特征谱线波长和谱线强度推断样品的元素组成和含量的方法.

（2）实验仪器及设备:简述所搭建 LIBS 系统的组成和各部分的功能.

（3）实验方法与步骤:根据实验实际操作程序,总结并叙述操作步骤.

（4）实验数据与分析:根据所采集的数据,利用获取的特征谱线在 NIST Atomic Spectra Database(美国国家标准与技术研究院原子光谱数据库)中查找相关数据来判断待测合金的成分并给出各成分的含量估计值,通过与标称值对比,给出测量值的误差.

（5）实验结果与讨论:进行误差分析并查阅资料探讨解决方案.

实验 6.12 数字学习资源

（吴兴伟　李聪　海然）

附　　录

附表 1　国际单位制(SI)的基本单位

量的名称	单位名称	单位符号	定义
时间	秒	s	当铯频率 $\Delta\nu_{Cs}$，也就是铯-133 原子不受干扰的基态超精细跃迁频率，以单位 Hz 即 s^{-1} 表示时，将其固定数值取为 9 192 631 770来定义秒
长度	米	m	当真空中光速 c 以单位 $m \cdot s^{-1}$ 表示时，将其固定数值取为 299 792 458来定义米，其中秒用 $\Delta\nu_{Cs}$定义
质量	千克	kg	当普朗克常量 h 以单位 J·s 即 $kg \cdot m^2 \cdot s^{-1}$ 表示时，将其固定数值取为 $6.626\ 070\ 15 \times 10^{-34}$ 来定义千克，其中米和秒分别用 c 和 $\Delta\nu_{Cs}$定义
电流	安[培]	A	当元电荷 e 以单位 C 即 A·s 表示时，将其固定数值取为 $1.602\ 176\ 634 \times 10^{-19}$ 来定义安培，其中秒用 $\Delta\nu_{Cs}$定义
热力学温度	开[尔文]	K	当玻耳兹曼常量 k 以单位 $J \cdot K^{-1}$ 即 $kg \cdot m^2 \cdot s^{-2} \cdot K^{-1}$ 表示时，将其固定数值取为 $1.380\ 649 \times 10^{-23}$ 来定义开尔文，其中千克、米和秒分别用 h、c 和 $\Delta\nu_{Cs}$定义
物质的量	摩[尔]	mol	1 mol 精确包含 $6.022\ 140\ 76 \times 10^{23}$ 个基本单元，该数称为阿伏伽德罗数，为以单位 mol^{-1} 表示的阿伏伽德罗常量 N_A 的固定数值.一个系统的物质的量，符号为 n，是该系统包含的特定基本单元数的量度.基本单元可以是原子、分子、离子、电子及其他任意粒子或粒子的特定组合
发光强度	坎[德拉]	cd	当频率为 540×10^{12} Hz 的单色辐射的光视效能 K_{cd} 以单位 $lm \cdot W^{-1}$ 即 $cd \cdot sr \cdot W^{-1}$ 或 $cd \cdot sr \cdot kg^{-1} \cdot m^{-2} \cdot s^3$ 表示时，将其固定数值取为 683 来定义坎德拉，其中千克、米和秒分别用 h、c 和 $\Delta\nu_{Cs}$定义

附表 2　国际单位制(SI)的辅助单位

量的名称	单位名称	单位符合	定义
平面角	弧度	rad	当一个圆内的两条半径在圆周上截取的弧度与半径相等时，其间夹角为 1 弧度
立体角	球面度	sr	如果一个立体角顶点位于球心，其在球面上截取的面积等于以球半径为边长的正方形面积时，即 1 球面度

附表 3　国际单位制(SI)中具有专门名称的导出单位

量的名称	单位名称	单位符合	用 SI 基本单位和 SI 导出单位表示
频率	赫[兹]	Hz	$1\ Hz = 1\ s^{-1}$
力	牛[顿]	N	$1\ N = 1\ kg \cdot m \cdot s^{-2}$
压强,应力	帕[斯卡]	Pa	$1\ Pa = 1\ N \cdot m^{-2}$
能[量],功,热量	焦[耳]	J	$1\ J = 1\ N \cdot m$
功率,辐[射能]通量	瓦[特]	W	$1\ W = 1\ J \cdot s^{-1}$
电荷[量]	库[仑]	C	$1\ C = 1\ A \cdot s$
电压,电动势,电位(电势)	伏[特]	V	$1\ V = 1\ W \cdot A^{-1}$
电容	法[拉]	F	$1\ F = 1\ C \cdot V^{-1}$
电阻	欧[姆]	Ω	$1\ \Omega = V \cdot A^{-1}$
电导	西[门子]	S	$1\ S = 1\ \Omega^{-1}$
磁通[量]	韦[伯]	Wb	$1\ Wb = 1\ V \cdot s$
磁通[量]密度,磁感应强度	特[斯拉]	T	$1\ T = 1\ Wb \cdot m^{-2}$
电感	亨[利]	H	$1\ H = 1\ Wb \cdot A^{-1}$
摄氏温度	摄氏度	℃	$1\ ℃ = 1\ K$
光通量	流[明]	lm	$1\ lm = 1\ cd \cdot sr$
[光]照度	勒[克斯]	lx	$1\ lx = 1\ lm \cdot m^{-2}$
[放射性]活度	贝可[勒尔]	Bq	$1\ Bq = 1\ s^{-1}$
吸收剂量	戈[瑞]	Gy	$1\ Gy = 1\ J \cdot kg^{-1}$
剂量当量	希[沃特]	Sv	$1\ Sv = 1\ J \cdot kg^{-1}$

附表 4　国际单位制(SI)词头

因数	词头名称		符号	因数	词头名称		符号
	英文	中文			英文	中文	
10^{1}	deca	十	da	10^{-1}	deci	分	d
10^{2}	hecto	百	h	10^{-2}	centi	厘	c
10^{3}	kilo	千	k	10^{-3}	milli	毫	m
10^{6}	mega	兆	M	10^{-6}	micro	微	μ
10^{9}	giga	吉[咖]	G	10^{-9}	nano	纳[诺]	n
10^{12}	tera	太[拉]	T	10^{-12}	pico	皮[可]	p
10^{15}	peta	拍[它]	P	10^{-15}	femto	飞[母托]	f
10^{18}	exa	艾[可萨]	E	10^{-18}	atto	阿[托]	a
10^{21}	zetta	泽[它]	Z	10^{-21}	zepto	仄[普托]	z
10^{24}	yotta	尧[它]	Y	10^{-24}	yocto	幺[科托]	y

附表 5　可与国际单位制单位并用的我国法定计量单位

量的名称	单位名称	单位符号	换算关系和说明
时间	分	min	$1 \ \text{min} = 60 \ \text{s}$
	[小]时	h	$1 \ \text{h} = 60 \ \text{min} = 3 \ 600 \ \text{s}$
	日(天)	d	$1 \ \text{d} = 24 \ \text{h} = 86 \ 400 \ \text{s}$
[平面]角	度	°	$1° = (\pi/180) \ \text{rad}$
	[角]分	′	$1' = (1/60)° = (\pi/10 \ 800) \ \text{rad}$
	[角]秒	″	$1'' = (1/60)' = (\pi/648 \ 000) \ \text{rad}$
体积	升	L(l)	$1 \ \text{L} = 1 \ \text{dm}^3 = 10^{-3} \ \text{m}^3$
质量	吨	t	$1 \ \text{t} = 10^3 \ \text{kg}$
	原子质量单位	u	$1 \ \text{u} \approx 1.660 \ 539 \times 10^{-27} \ \text{kg}$
旋转速度	转每分	r/min	$1 \ \text{r/min} = (1/60) \ \text{r/s}$
长度	海里	n mile	$1 \ \text{n mile} = 1 \ 852 \ \text{m}$(只用于航行)
速度	节	kn	$1 \ \text{kn} = 1 \ \text{n mile/h} = (1 \ 852/3 \ 600) \ \text{m/s}$(只用于航行)
能[量]	电子伏	eV	$1 \ \text{eV} \approx 1.602 \ 176 \ 634 \times 10^{-19} \ \text{J}$
级差	分贝	dB	
线密度	特[克斯]	tex	$1 \ \text{tex} = 10^{-6} \ \text{kg/m}$
面积	公顷	hm²	$1 \ \text{hm}^2 = 10^4 \ \text{m}^2$

附表 6　常用物理常量

量的名称	符号	数值	单位	相对标准不确定度
真空中的光速	c	$2.997 \ 924 \ 58 \times 10^8$	$\text{m} \cdot \text{s}^{-1}$	精确
普朗克常量	h	$6.626 \ 070 \ 15 \times 10^{-34}$	$\text{J} \cdot \text{s}$	精确
约化普朗克常量	$h/2\pi$	$1.054 \ 571 \ 817 \cdots \times 10^{-34}$	$\text{J} \cdot \text{s}$	精确
基本电荷	e	$1.602 \ 176 \ 634 \times 10^{-19}$	C	精确
阿伏伽德罗常量	N_A	$6.022 \ 140 \ 76 \times 10^{23}$	mol^{-1}	精确
摩尔气体常量	R	$8.314 \ 462 \ 618 \cdots$	$\text{J} \cdot \text{mol}^{-1} \cdot \text{K}^{-1}$	精确
玻耳兹曼常量	k	$1.380 \ 649 \times 10^{-23}$	$\text{J} \cdot \text{K}^{-1}$	精确
理想气体的摩尔体积 (标准状态下)	V_m	$22.413 \ 969 \ 54 \cdots \times 10^{-3}$	$\text{m}^3 \cdot \text{mol}^{-1}$	精确
斯特藩-玻耳兹曼常量	σ	$5.670 \ 374 \ 419 \cdots \times 10^{-8}$	$\text{W} \cdot \text{m}^{-2} \cdot \text{K}^{-4}$	精确
维恩位移定律常量	b	$2.897 \ 771 \ 955 \times 10^{-3}$	$\text{m} \cdot \text{K}$	精确

续表

量的名称	符号	数值	单位	相对标准不确定度
引力常量	G	$6.674\ 30(15)\times10^{-11}$	$m^3\cdot kg^{-1}\cdot s^{-2}$	2.2×10^{-5}
真空磁导率	μ_0	$1.256\ 637\ 062\ 12(19)\times10^{-6}$	$N\cdot A^{-2}$	1.5×10^{-10}
真空电容率	ε_0	$8.854\ 187\ 8128(13)\times10^{-12}$	$F\cdot m^{-1}$	1.5×10^{-10}
电子质量	m_e	$9.109\ 383\ 7015(28)\times10^{-31}$	kg	3.0×10^{-10}
电子荷质比	$-e/m_e$	$-1.758\ 820\ 010\ 76(53)\times10^{11}$	$C\cdot kg^{-1}$	3.0×10^{-10}
质子质量	m_p	$1.672\ 621\ 923\ 69(51)\times10^{-27}$	kg	3.1×10^{-10}
中子质量	m_n	$1.674\ 927\ 498\ 04(95)\times10^{-27}$	kg	5.7×10^{-10}
里德伯常量	R_∞	$1.097\ 373\ 156\ 8160(21)\times10^7$	m^{-1}	1.9×10^{-12}
精细结构常数	α	$7.297\ 352\ 5693(11)\times10^{-3}$		1.5×10^{-10}
精细结构常数的倒数	α^{-1}	$137.035\ 999\ 084(21)$		1.5×10^{-10}
玻尔磁子	μ_B	$9.274\ 010\ 0783(28)\times10^{-24}$	$J\cdot T^{-1}$	3.0×10^{-10}
核磁子	μ_N	$5.050\ 783\ 7461(15)\times10^{-27}$	$J\cdot T^{-1}$	3.1×10^{-10}
玻尔半径	a_0	$5.291\ 772\ 109\ 03(80)\times10^{-11}$	m	1.5×10^{-10}
康普顿波长	λ_C	$2.426\ 310\ 238\ 67(73)\times10^{-12}$	m	3.0×10^{-10}
原子质量常量	m_u	$1.660\ 539\ 066\ 60(50)\times10^{-27}$	kg	3.0×10^{-10}
磁通量量子	φ_0	$2.067\ 833\ 848\cdots\times10^{-15}$	Wb	精确

注:表中数据为国际科学联合会理事会科学技术数据委员会(CODATA)2018 年的国际推荐值.

附表 7　常用单位换算

量的名称	单位名称	单位符号	换算关系
长度	公里	km	1 千米(km)= 1 000 米(m)= 0.621 371 2 英里(mile)
	米	m	1 米(m)= 100 厘米(cm)= 3.280 839 9 英尺(ft) 1 米(m)= 1.093 613 3 码(yd)= 39.370 078 7 英寸(in)
	厘米	cm	1 厘米(cm)= 10 毫米(mm)= 0.393 700 8 英寸(in)
	毫米	mm	1 毫米(mm)= 1 000 微米(μm)= 39.370 078 7 密耳(mil)
	微米	μm	1 微米(μm)= 1 000 纳米(nm)
	英里	mile	1 英里(mile)= 1.609 344 千米(km) 1 英里(mile)= 0.868 976 2 海里(n mile) 1 英里(mile)= 5 280 英尺(ft)= 1 760 码(yd)
	英尺	ft	1 英尺(ft)= 12 英寸(in)= 0.304 8 米(m)= 1/3 码(yd)

续表

量的名称	单位名称	单位符号	换算关系
长度	英寸	in	1 英寸（in）= 25.4 毫米（mm）= 1 000 密耳（mil）
	海里	n mile	1 海里（n mile）= 1.852 千米（km） 1 海里（n mile）= 1.150 779 4 英里（mile）
	码	yd	1 码（yd）= 3 英尺（ft）= 36 英寸（in）= 0.914 4 米（m）
面积	平方公里	km^2	1 平方公里（km^2）= 100 公顷（ha）= 10 000 公亩（a） 1 平方公里（km^2）= 247.105 381 5 英亩（acre） 1 平方公里（km^2）= 0.386 102 2 平方英里（$mile^2$）
	公顷	ha	1 公顷（ha）= 10 000 平方米（m^2）= 2.471 053 8 英亩（acre）
	公亩	a	1 公亩（a）= 100 平方米（m^2）
	平方米	m^2	1 平方米（m^2）= 10.763 910 4 平方英尺（ft^2）
	平方英里	$mile^2$	1 平方英里（$mile^2$）= 640 英亩（acre） 1 平方英里（$mile^2$）= 2.589 988 1 平方千米（km^2）
	英亩	acre	1 英亩（acre）= 0.404 685 6 公顷（ha）= 4 840 平方码（yd^2）
	平方英尺	ft^2	1 平方英尺（ft^2）= 0.092 903 平方米（m^2）
	平方英寸	in^2	1 平方英寸（in^2）= 6.451 6 平方厘米（cm^2）
	平方码	yd^2	1 平方码（yd^2）= 9 平方英尺（ft^2）= 0.836 127 4 平方米（m^2）
体积 （容积）	立方米	m^3	1 立方米（m^3）= 1 000 升（L）= 35.314 724 8 立方英尺（ft^3）
	升	L	1 升（L）= 1 立方分米（dm^3）= 1 000 立方厘米（cm^3） 1 升（L）= 0.219 969 2 英制加仑（uk gal） 1 升（L）= 0.264 172 1 美制加仑（us gal）
	毫升	mL	1 毫升（mL）= 1 立方厘米（cm^3）
	英制加仑	uk gal	1 英制加仑（uk gal）= 4.546 091 9 升（L）
	美制加仑	us gal	1 美制加仑（us gal）= 3.785 411 8 升（L）
质量	吨	t	1 吨（t）= 1 000 千克（kg）= 2 204.622 621 8 磅（lb）
	千克（公斤）	kg	1 千克（kg）= 1 000 克（g）= 2.204 622 6 磅（lb）
	克	g	1 克（g）= 5 克拉（ct）
	磅	lb	1 磅（lb）= 0.453 592 4 千克（kg）= 16 盎司（oz）
	盎司	oz	1 盎司（oz）= 0.062 5 磅（lb）= 28.349 523 1 克（g）
力	牛［顿］	N	1 牛（N）= 0.101 971 6 千克力（kgf）= 0.224 808 9 磅力（lbf） 1 牛（N）= 100 000 达因（dyn）
	千克力	kgf	1 千克力（kgf）= 9.806 65 牛（N）
	磅力	lbf	1 磅力（lbf）= 4.448 222 牛（N）
	达因	dyn	1 达因（dyn）= 10^{-5} 牛（N）

续表

量的名称	单位名称	单位符号	换算关系
密度	千克每立方米	kg·m^{-3}	1 千克·米$^{-3}$(kg·m^{-3})＝0.001 克·厘米$^{-3}$(g·cm^{-3}) 1 千克·米$^{-3}$(kg·m^{-3})＝0.062 4 磅·英尺$^{-3}$(lb·ft^{-3})
动力黏度	泊	P	1 泊(P)＝0.1 帕·秒(Pa·s)
	千克力秒每平方米	kgf·s·m^{-2}	1 千克力·秒·米$^{-2}$(kgf·s·m^{-2})＝9.806 65 帕·秒(Pa·s)
	帕秒	Pa·s	1 帕·秒(Pa·s)＝1 牛·秒·米$^{-2}$(N·s·m^{-2})
	厘泊	cP	1 厘泊(cP)＝10^{-3}帕·秒(Pa·s)
	磅力秒每平方英尺	lbf·s·ft^{-2}	1 磅力·秒·英尺$^{-2}$(lbf·s·ft^{-2})＝47.880 3 帕·秒(Pa·s)
温度	开尔文	K	开尔文(K)＝摄氏度(℃)+273.15 开尔文(K)＝$\frac{5}{9}$(华氏度(℉)+459.67)
	华氏度	℉	华氏度(℉)＝$\frac{9}{5}$摄氏度(℃)+32
	摄氏度	℃	摄氏度(℃)＝$\frac{5}{9}$(华氏度(℉)-32)
压强	兆帕	MPa	1 兆帕(MPa)＝1 000 千帕(kPa)＝10 巴(bar) 1 兆帕(MPa)＝145.037 743 9 磅力·英寸$^{-2}$(psi) 1 兆帕(MPa)＝9.869 232 7 标准大气压(atm)
	千帕	kPa	1 千帕(kPa)＝10 毫巴(mbar)＝101.972 毫米水柱(mmH$_2$O)
	标准大气压	atm	1 标准大气压(atm)＝760 毫米汞柱(mmHg) 1 标准大气压(atm)＝10 332.312 9 毫米水柱(mmH$_2$O) 1 标准大气压(atm)＝1.013 25 巴(bar) 1 标准大气压(atm)＝1.033 227 5 千克力·厘米$^{-2}$(kgf·cm^{-2})
	巴	bar	1 巴(bar)＝10^{5}帕(Pa)＝0.1 兆帕(MPa)
	毫米汞柱	mmHg	1 毫米汞柱(mmHg)＝1 托(Torr)＝133.322 帕(Pa)
	毫米水柱	mmH$_2$O	1 毫米水柱(mmH$_2$O)＝9.806 65 帕(Pa)
传热系数			1 千卡·米$^{-2}$·小时$^{-1}$(kcal·m^{-2}·h^{-1})＝1.162 79 瓦·米$^{-2}$(W·m^{-2}) 1 千卡·米$^{-2}$·小时$^{-1}$·摄氏度$^{-1}$(kcal·m^{-2}·h^{-1}·℃$^{-1}$)＝1.162 79 瓦·米$^{-2}$·开尔文$^{-1}$(W·m^{-2}·K^{-1}) 1 米^2·小时·摄氏度·千卡$^{-1}$(m^2·h·℃·kcal^{-1})＝0.860 00 米^2·开尔文·瓦$^{-1}$(m^2·K·W^{-1})

量的名称	单位名称	单位符号	换算关系
热导率			1 千卡·米$^{-1}$·小时$^{-1}$·摄氏度$^{-1}$(kcal·m^{-1}·h^{-1}·℃$^{-1}$) = 1.162 79 瓦·米$^{-1}$·开尔文$^{-1}$(W·m^{-1}·K^{-1})
比热容			1 千卡·千克$^{-1}$·摄氏度$^{-1}$(kcal·kg^{-1}·℃$^{-1}$) = 4 185.8 焦耳·千克$^{-1}$·开尔文$^{-1}$(J·kg^{-1}·K^{-1})
热量,功	卡	cal	1 卡(cal) = 4.186 8 焦耳(J)
	千卡	kcal	1 千卡(kcal) = 4 186.75 焦耳(J)
	千克力米	kgf·m	1 千克力·米(kgf·m) = 9.806 65 焦耳(J)
	千瓦时	kW·h	1 千瓦·小时(kW·h) = 3.6×10^{6}焦耳(J)
	焦耳	J	1 焦耳(J) = 0.101 971 6 千克力·米(kgf·m) = 0.238 9 卡(cal)
功率	瓦	W	1 瓦(W) = 1 焦耳·秒$^{-1}$(J·s^{-1}) = 1 牛顿·米·秒$^{-1}$(N·m·s^{-1})
	千瓦	kW	1 千瓦(kW) = 1.359 621 6 米制马力(ps)
			1 千瓦(kW) = 0.238 9 千卡·秒$^{-1}$(kcal·s^{-1})
	米制马力	ps	1 米制马力(ps) = 75 千克力·米·秒$^{-1}$(kgf·m·s^{-1})
			1 米制马力(ps) = 735.498 75 瓦(W)

附表 8　常用光源的谱线波长

光谱名称	波长 λ/nm	颜色	光谱名称	波长 λ/nm	颜色	光谱名称	波长 λ/nm	颜色
1. Na(钠)	589.592(D$_1$)	黄$_1$				5. Ne(氖)	650.65	红
	588.995(D$_2$)	黄$_2$					640.23	橙$_1$
2. Hg(汞)	623.44	橙		706.52	红$_1$		638.30	橙$_2$
	579.07	黄$_1$		667.82	红$_2$		626.65	橙$_3$
	576.96	黄$_2$		587.56(D$_3$)	黄		621.73	橙$_4$
	546.07	绿	4. He(氦)	501.57	绿$_1$		614.31	橙$_5$
	491.60	绿蓝		492.19	绿$_2$		588.19	黄$_1$
	435.83	蓝		471.31	蓝$_1$		585.25	黄$_2$
	407.78	蓝紫		447.15	蓝$_2$	6. H(氢)	656.28	红
	404.66	紫		402.62	蓝紫		486.13	蓝绿
3. He-Ne (氦氖) 激光	632.8	橙红		388.87	紫		434.05	蓝
							410.17	蓝紫
							397.01	紫